GAODENG YUANXIAO JINGPIN
GUIHUA JIAOCAI

高等院校精品规划教材

CAXA制造工程师2006精编实例教程

◎ 刘京辉 编著

内 容 提 要

本书是针对CAXA制造工程师数控加工而编写的教材。从软件介绍、造型建模到数控加工进行了详细的讲解。它适用于高等职业院校、高等专科学校、及有数控加工专业的院校使用。

本书由浅入深，但定位于实际应用，特征造型通过15个典型零件的制作，由浅入深地介绍各种建模方法和技巧，初学者在学习的过程中可以很快地了解各种特征造型方法。并通过大量的实例讲解了各种加工方法及加工参数的涵义，并且详细阐述了各种加工方法在实际中适合零件的加工部位，而且每种加工都配有一个详尽的加工实例。

本书着重实际应用，特别适合高级设计人员、工艺员、教师、学生及操作工人使用，具有很高的实用价值。

图书在版编目（CIP）数据

CAXA制造工程师2006精编实例教程 / 刘京辉编著. —北京：中国水利水电出版社，2007

高等院校精品规划教材

ISBN 978-7-5084-5145-9

Ⅰ.C… Ⅱ.刘… Ⅲ.数控机床—计算机辅助设计—应用软件，CAXA—高等学校—教材 Ⅳ.TG659

中国版本图书馆CIP数据核字（2007）第182805号

书　　名	高等院校精品规划教材 **CAXA制造工程师2006精编实例教程**
作　　者	刘京辉　编著
出版发行	中国水利水电出版社（北京市三里河路6号　100044） 网址：www.waterpub.com.cn E-mail：sales@waterpub.com.cn 电话：（010）63202266（总机）、68367658（营销中心）
经　　售	北京科水图书销售中心（零售） 电话：（010）88383994、63202643 全国各地新华书店和相关出版物销售网点
排　　版	北京民智奥本图文设计有限公司
印　　刷	北京纪元彩艺印刷有限公司
规　　格	184mm×260mm　16开本　16.5印张　423千字
版　　次	2007年12月第1版　2009年3月第2次印刷
印　　数	5001—9000册
定　　价	30.00元

作品欣赏

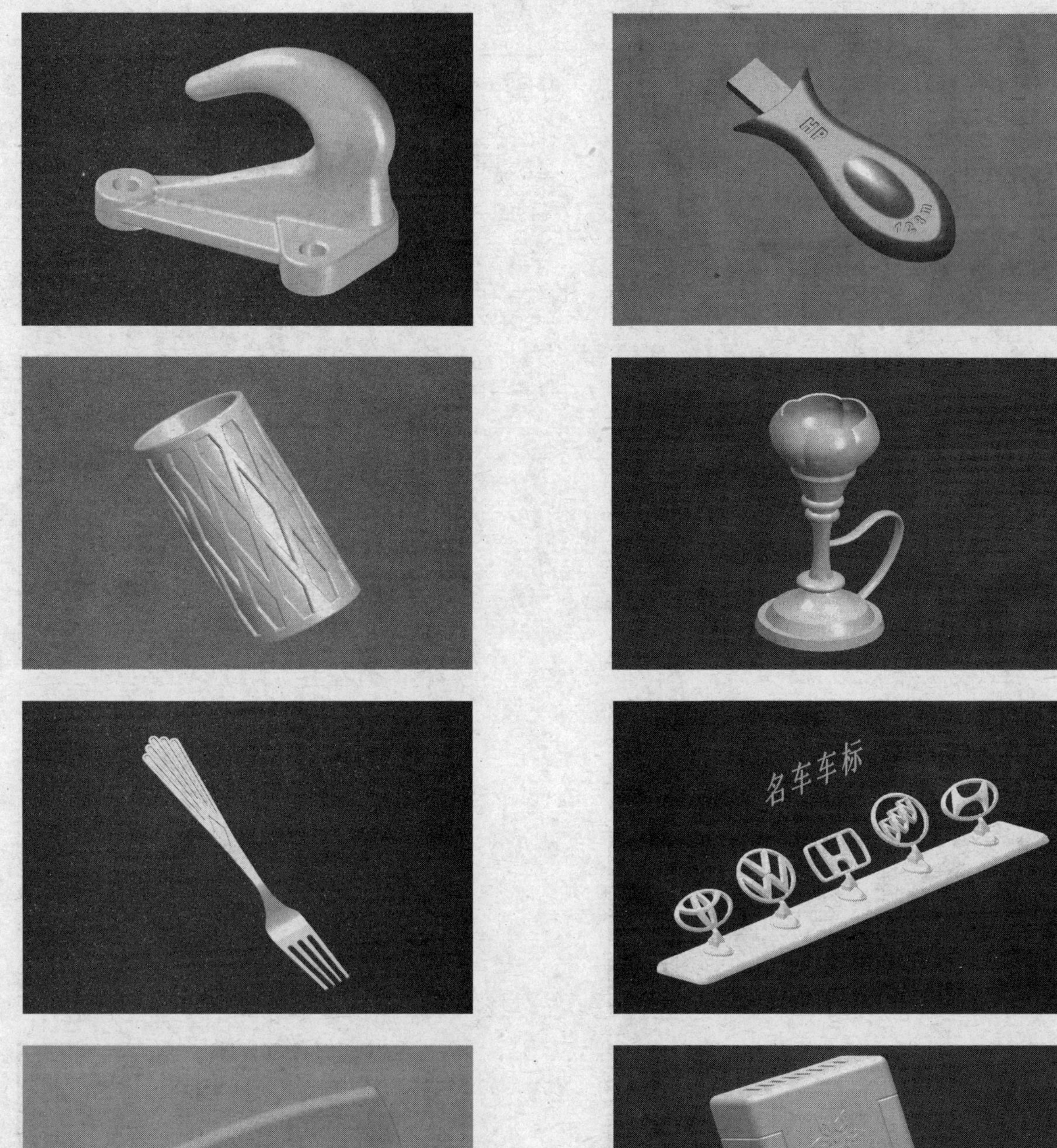

作品欣赏

作品欣赏

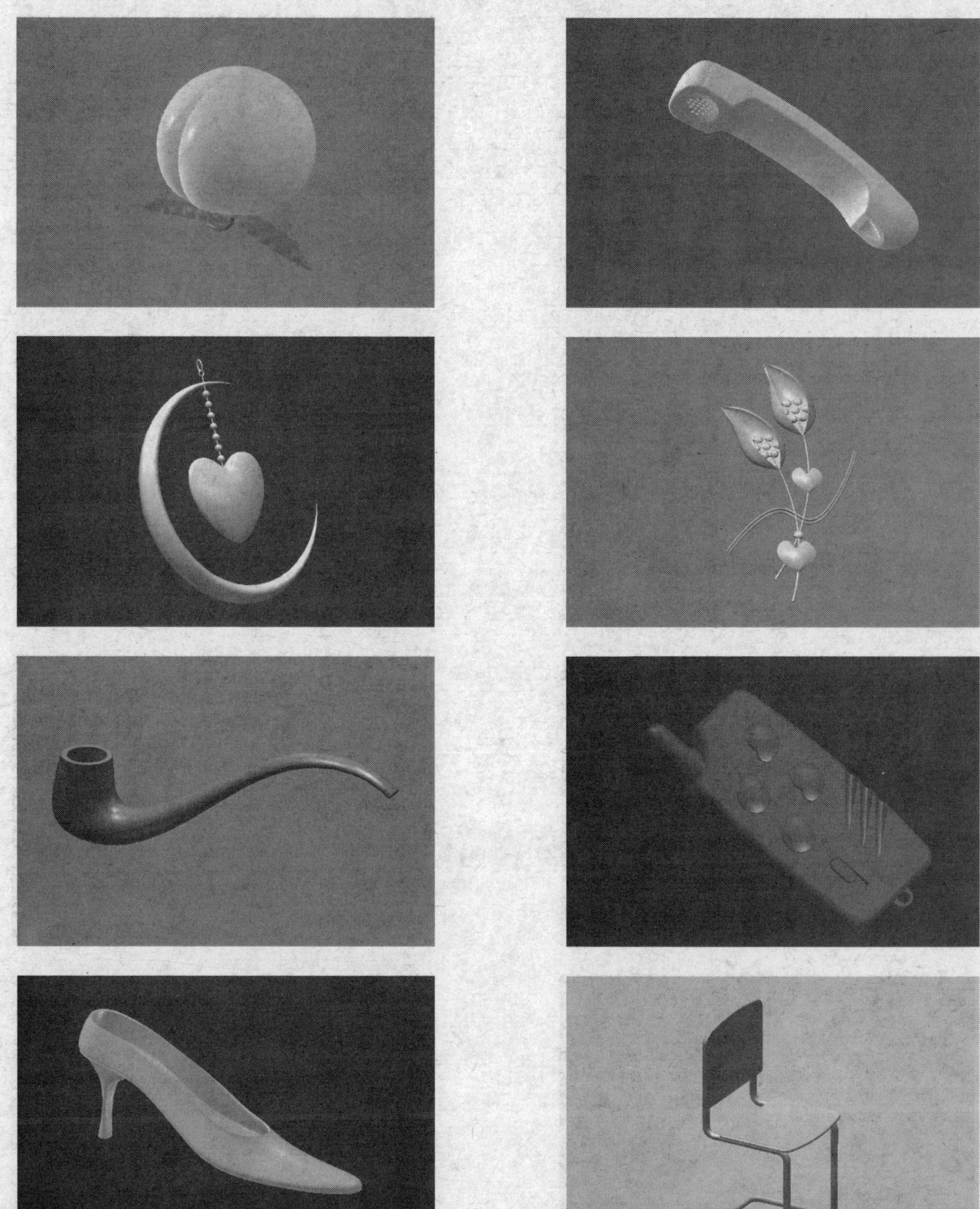

作品欣赏

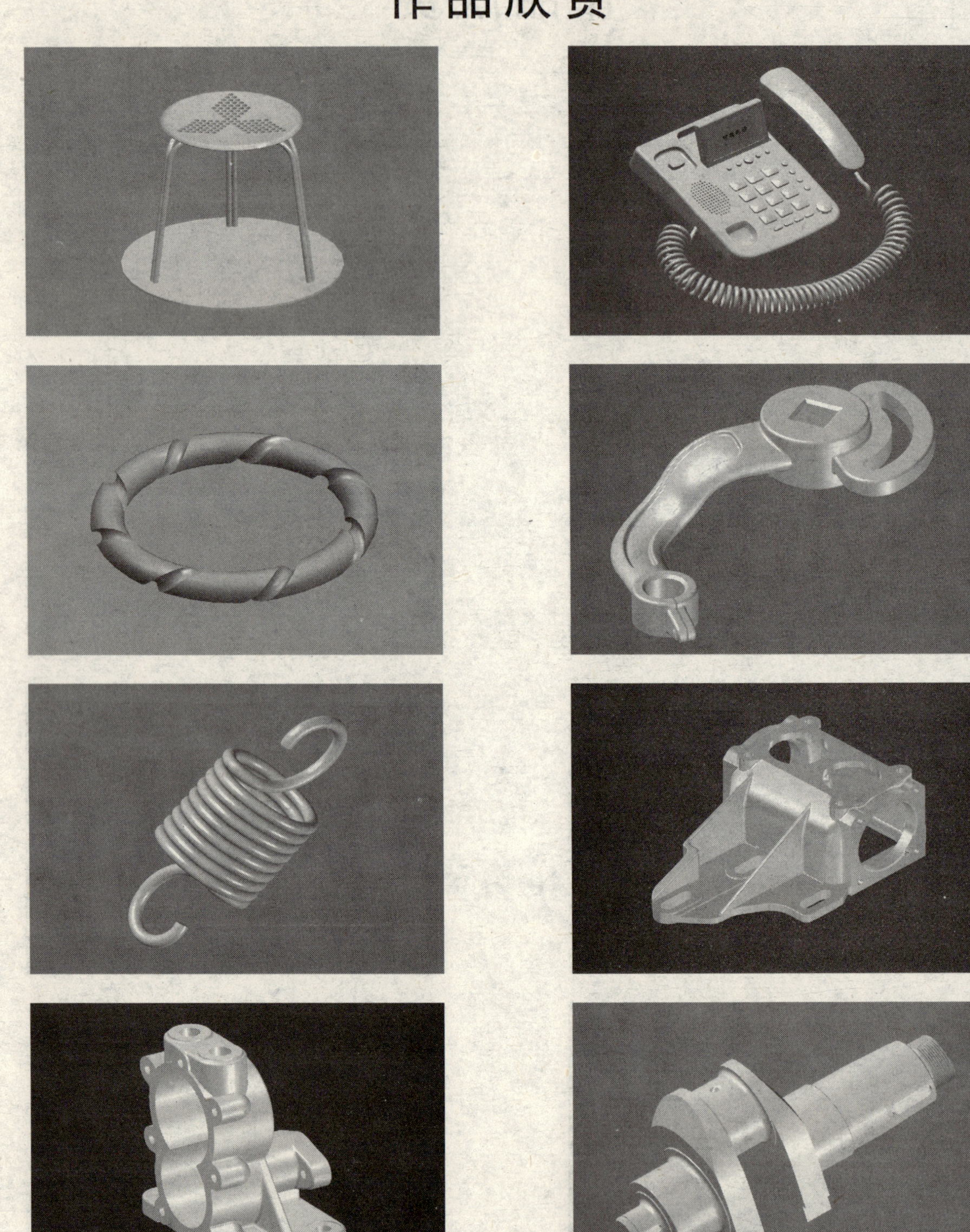

前　言

随着世界制造业的发展，我国的制造业也得到了飞速的发展，但是相对发达国家而言，我国现在只能算是制造业大国，还不能算是制造业强国，为了推动我国制造业向更高的水平迈进，国产数控机床及国产数控加工自动编程软件水平正在大步向前，在国产软件中，CAXA就是其中的佼佼者，它是北京数码大方科技有限公司的系列产品，它不仅从产品二维、三维设计，而且从加工、管理等众多方面，对产品的全生命周期提供了更加强大、更加完美的服务，广泛应用于机械、航天、汽车、船舶、轻工、化工、纺织等众多领域。

在机械加工行业的软件使用过程中，我们发现，学会软件并不难，但是如何在实际中灵活地用好软件却是一个关键点，也就是说提高应用能力成了关键中的关键，所以本书将从基本入手，但是重点放在开阔设计者思路、注重加工实用这两个方面上，本书特别适合从事中高级设计人员、工艺员、教师、学生及操作工人使用，本书采用了知识点与实例并行的教学形式，不仅介绍了知识点，而且使初学者能够快速上手，具有很高的实用价值，提高了用户的学习积极性。可以说学以致用是本书的最大特点之一。

本书构成思路：

一、功能介绍、操作界面的介绍、基本图形的绘制。使初学者快速了解操作环境及相应的绘图技巧，熟悉操作环境；

二、曲面应用的高级设计。主要是提高设计者的设计思路，使设计水平得到大大提高，从而能够完成复杂零件的设计造型；

三、典型零件的建模设计。介绍常用的建模方法，如：拉伸、除料、抽壳、导动、筋板等基本指令及多种建模技巧；

四、模具的设计。通过典型模具的设计，使得设计者了解模具的设计过程，并能制作较为复杂的模具；

五、典型零件的加工及技巧。通过常用的加工方法和典型零件的建模及加工技巧的介绍，可以使机械加工人员以最少的工作量完成加工任务。

本书特点：

一、各种曲线的绘制、曲面的制作，不仅讲解详细，而且都配有实例；

二、特征造型通过15个典型零件的制作，由浅入深地介绍各种建模方法和技巧；

三、详细讲解了各种加工参数的涵义，而且每种加工都配有一个加工实例。

由于编者水平有限，加之时间仓促，书中错误和不足之处在所难免，恳请读者海涵、不吝指正。

编者

2008年1月

目　录

第 1 章 概　　述

1.1 数控加工技术简介

数字控制（Numerical Control）简称数控（NC），是近代发展起来的一种自动加工技术。1948 年美国帕森斯公司接受美国空军委托，研制飞机螺旋桨叶片轮廓样板的加工设备，由于叶片样板形状复杂、精度要求高，一般设备难以加工，于是提出了用计算机控制机床来加工的设想，并在美国麻省理工学院伺服机构研究室的协助下，于 1952 年试制成功第一台三坐标数控铣床，由此揭开了数控加工的序幕。

数控加工就是根据零件的加工图样的要求确定零件加工的工艺过程、工艺参数和刀具参数，再按照不同系统规定的程序格式和语言将所有加工参数记录在程序中，并编写成程序，最后通过手动数据输入或计算机通信等不同的方式输入到机床的数控系统，从而加工出合格零件的方法。

随着计算机技术的发展，数控系统也得到了飞速的发展，相继出现了由一台计算机直接控制多台数控设备的 DNC（Directly Numerical Control）数控系统及小型计算机控制的 CNC（Computer Numerical Control）数控系统。

与普通加工方法相比，数控加工有着非常突出的优势：①自动化程度高；②加工复杂零件的能力很高；③生产准备时间短；④加工精度高，且质量稳定；⑤生产效率很高；⑥加工新产品的应变能力强；⑦易于使用网络通信加工。虽然数控加工也有不足之处，但突出的优势决定了它必将成为机械加工行业的发展方向。

数控加工依赖于数控机床和数控加工程序。数控机床是使数控加工得以实现的硬件基础，它对产品质量和加工效率等方面起着决定性的作用。数控程序是数控加工的灵魂，它对产品质量的控制起着至关重要的作用，数控程序的编制有手工编程和计算机编程两种方式。手工编程对编程人员的要求极高，应该熟知数控加工工艺、编程规则、机床性能参数等知识，还要具备数学计算能力，有耐心细致的工作作风和高度的工作责任感。手工编程失误率较高，且速度慢、效率低，特别是对于复杂零件的编程，有时几乎是不可能的。而计算机编程是借助数控自动编程系统由计算机来辅助生成加工程序，编程人员只需对加工零件的几何参数、工艺参数及加工过程进行较简单的描述，它对编程人员的要求相对较低，且效率、准确性高，应用日益广泛，因此很多自动编程系统应运而生，本书介绍的“CAXA 制造工程师”就是其中优秀的数控铣削自动编程系统之一。

CAXA 制造工程师是北航海尔软件有限公司推出的众多软件之一，它是主要用于加工的 CAM 软件，用来辅助编程人员完成数控铣削程序的编制工作。“CAXA 制造工程师”结合实际加工情况提供了多种造型、加工方法，对加工轨迹和程序的编辑灵活方便，并可以动态地仿真加工全过程，使得在未实际加工前就可以掌控加工的全过程。其主要特点就是建模快速灵活、加工参数简洁明了、轨迹准确、加工方法多。它的 Windows 操作环境为用户所熟悉，中文操作环境特别适合于中国人学习使用。

1.2 CAXA 简 介

CAXA 是北京数码大方科技有限公司系列数码产品的总称。"Computer Aided X Alliance-Always a Step Ahead"，它的涵义是：计算机辅助设计联盟总是以超前的形式为您的技术、产品提供最佳的解决方案和服务。CAXA 公司是我国制造业信息化领域主要的 PLM 方案和服务提供商，拥有自主知识产权的 9 大系列 30 多种 CAD、CAPP、CAM、DNC、PDM、MPM 和 PLM 软件产品和解决方案，覆盖了制造业信息化设计、工艺、制造和管理四大领域，"CAXA 制造工程师"就是由该公司开发的具有自主版权的 CAM 软件。CAXA 公司主要系列产品、解决方案与服务包括：

（1）设计（CAD）。

- CAXA 电子图板（二维绘图的 CAD 软件）
- CAXA 实体设计（三维创新设计的 CAD 软件）

（2）工艺（CAPP）。

- CAXA 工艺图表（工艺设计、工艺图表编制和工装设计的 CAPP 软件）
- CAXA 工艺汇总表（工艺和设计信息汇总软件）

（3）数控加工（CAM）。

- CAXA 制造工程师（2~5 轴的加工中心/数控铣机床编程 CAM 软件）
- CAXA 线切割（线切割机床数控编程软件）
- CAXA 数控车（数控车床编程软件）
- CAXA 网络 DNC（数控机床集中管理、通讯连接和数据传输软件）

（4）管理（Management）。

- CAXA 图文档管理（工程图文档管理软件）
- V5 PL 解决方案（V5 PLM SOFTWARE）
- CAXA V5（集成化、可扩展的 PLM 解决方案）
- CAXA V5 PDM（以产品数据为核心的企业级设计、工艺、制造的协同工作平台）
- CAXA V5 2D（集成化的全功能企业二维图设计环境）
- CAXA V5 3D（集成化的三维产品设计、工程分析和数控编程环境）
- CAXA V5 CAPP（集成化的工艺设计和工艺管理环境）
- CAXA V5 MPM（集成化的生产计划和生成过程管理平台）
- 编程系统及设备解决方案（PC Controller and NC Equipments Solutions）
- CAXA 图形编控系统（为 2～4 轴各类数控设备提供 PC 控制系统和编程软件）
- CAXA 模具铣雕方案（为模具加工者提供编程软件，以及数控设备和技术服务的整套解决方案）

1.3 “CAXA制造工程师”的主要功能

（1）“CAXA制造工程师”主要是用来配合三坐标联动铣削加工的软件，从建模到G代码的生成快速准确。由于采用了Windows的操作风格，用户可以随意移动、组合菜单和工具条，设置自己的快捷键，给软件初学者带来了很大的方便，易学易用。

（2）与电子图板和实体设计都有数据接口，可以将实体设计的零件直接调入加工，也可以将设计零件输入到电子图板中自动生成二维工程图，还可以通过丰富的数据接口实现畅通无阻的数据交换，如：IGES、X_T、X_B、DXF、DWG、EXB、VRML等。

（3）可以根据机床的不同进行不同的设置，从而自动生成适合不同机床的加工程序，同时也可以为自己的机床设置刀具库，操作灵活简便。

（4）对于加工轨迹也可由设计者进行灵活的修改，专业的程序员也可对生成的程序进行修改，再输入机床进行加工。

（5）建模速度超快，可以进行实体和曲面的混合造型，通过拉伸、旋转、导动、放样、孔、抽壳、过渡、倒角、筋板等实体设计手段设计出各种复杂的零件；特别是在模具设计时可以只制作出成品零件，然后根据收缩率自动生成模具。

（6）CAXA采用了参数化的设计，在草图状态下可以通过修改尺寸来调整图形的具体大小和位置，从而使设计绘图更加灵活快捷。

（7）可以使用布尔零件来快速设计产品，使得设计过程简化；另外软件还自带了很多渲染模式，使得渲染快速方便，用户也可将作品保存成图片，以便交流。

（8）CAXA制造工程师还可以辅助编程员进行手动编程，它对坐标点位置的数据查询准确、快速。

1.4 操作界面的简介

操作界面是用户完成各种操作的主窗口，如图1.1所示，它是交互式绘图软件与用户进行信息交流的中介。系统通过界面反映当前信息状态及将要执行的操作，用户按照界面提示的信息执行相应的操作。

1. 标题栏

标题栏是用来控制操作窗口的显示，如还原、最小化、最大化及退出系统等操作，如图1.2所示。

2. 主菜单栏

主菜单栏包括：“文件”、“编辑”、“显示”、“造型”、“加工”、“工具”、“设置”、“帮助”。每个主菜单都有若干个下拉菜单，各种工具都可在主菜单下找到，如图1.3所示。

3. 立即菜单

当用户使用曲线工具栏绘图或利用几何变换等工具对其编辑时，在界面的左下角会跳出立即菜单，它根据操作的不同将会显示不同的内容，辅助设计人员进行绘图操作，如图1.4所示。

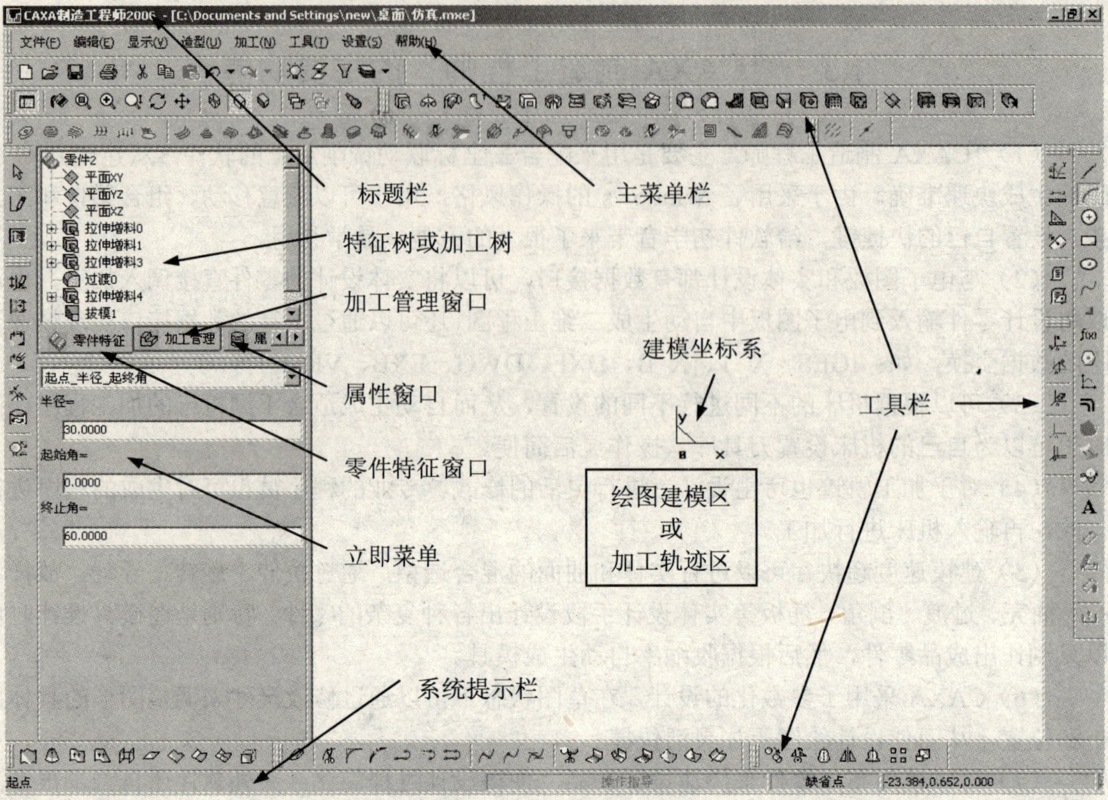

图 1.1

CAXA制造工程师2006 - [D:\壳体.mxe]

图 1.2

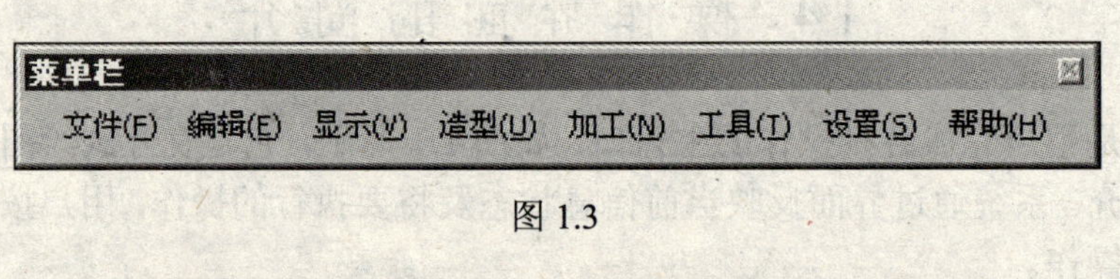

图 1.3

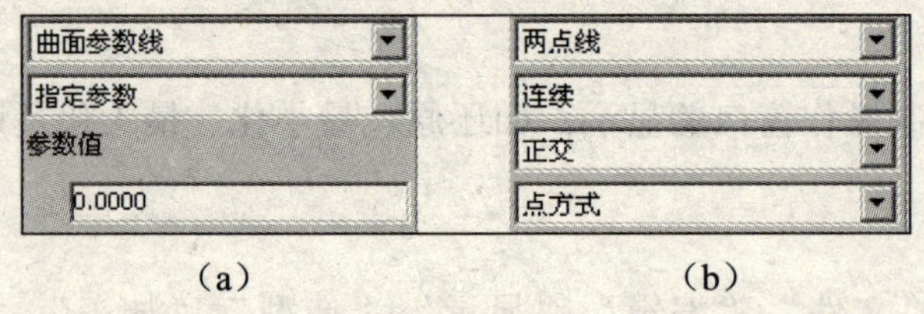

（a） （b）

图 1.4

4．快捷菜单

当光标处于不同位置时，点击鼠标右键或敲击空格键，会弹出不同的快捷菜单，供设计人员快速选择不同的操作，如图 1.5 所示。

5．对话框

当用户进行某些操作时，如拉伸、布尔零件等，将会弹出相应对话框，让用户作出相应选择，从而完成相应操作，如图 1.6 所示。

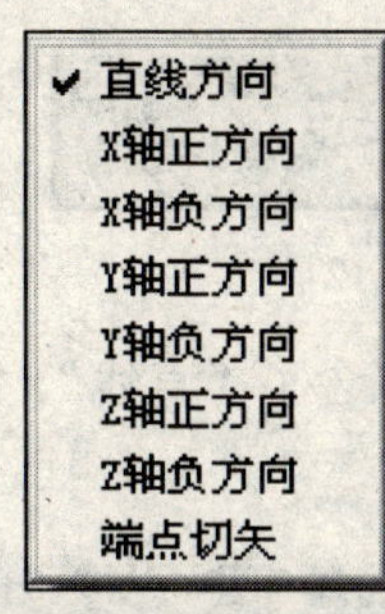

图 1.5

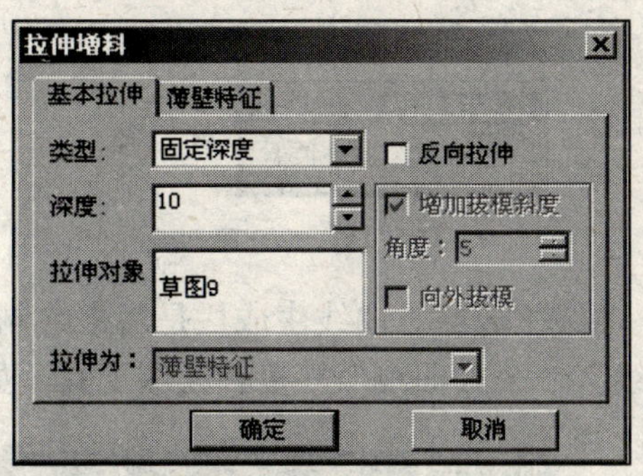

图 1.6

6. 工具栏

（1）标准工具栏。标准工具栏用来完成“打开文件”、“保存文件”、“复制选定内容”、“当前颜色设置”等操作，如图 1.7 所示。

图 1.7

（2）显示变换栏。显示变换栏是用来完成“显示特征树”、“缩放窗口”、“移动窗口”、“定向显示视图”等操作，如图 1.8 所示。

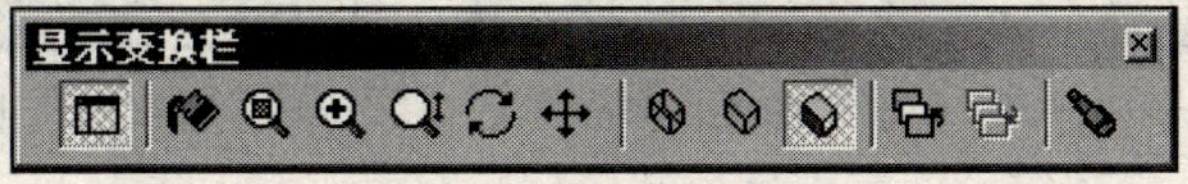

图 1.8

（3）特征生成栏。特征生成栏使用各种手段，如：“拉伸”、“导动”、“抽壳”、“阵列”等工具生成实体模型，如图 1.9 所示。

图 1.9

（4）加工工具栏。加工工具栏是用各种加工方法，如：“等高线精加工”、“导动线粗加工”、“槽加工”、“孔加工”等方法对零件进行加工，如图 1.10 所示。

图 1.10

（5）状态控制栏。状态控制栏是用来“绘制草图”、“启动二维电子图板”、“启动实体设计”，从而用各种手段进行零件设计，实现数据交换，给各种用户提供了多种设计方法，如图 1.11 所示。

（6）三维尺寸栏。三维尺寸栏是用来标注空间三维尺寸，并可控制其显示方式，如图 1.12 所示。

图 1.11　　图 1.12

（7）曲线生成栏。曲线生成栏是用来绘制各种图形，其包含了“直线”、“圆弧”、“点”、“样条曲线”、“公式曲线”等多种绘图工具，如图 1.13 所示。

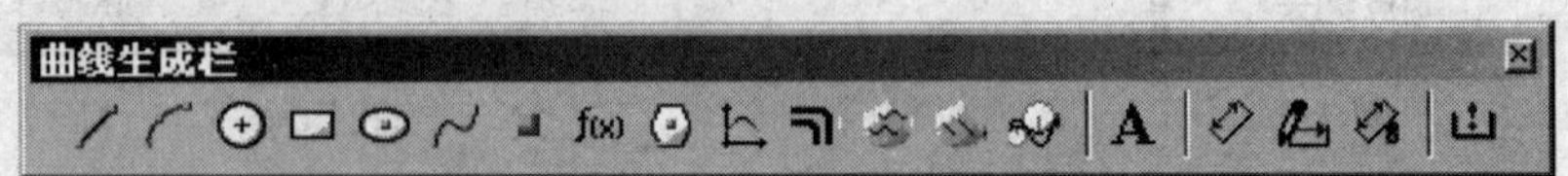

图 1.13

（8）查询工具栏。查询工具栏是用来查询“点的坐标”、“几何要素属性”等相关信息，如图 1.14 所示。

（9）坐标系工具。坐标系工具是用来建立设计者自己的坐标系，也可以删除或隐藏某坐标系，如图 1.15 所示。

（10）曲面生成栏。曲面生成栏是用来构造“直纹面”、“旋转面”、“放样面”等各种曲面，如图 1.16 所示。

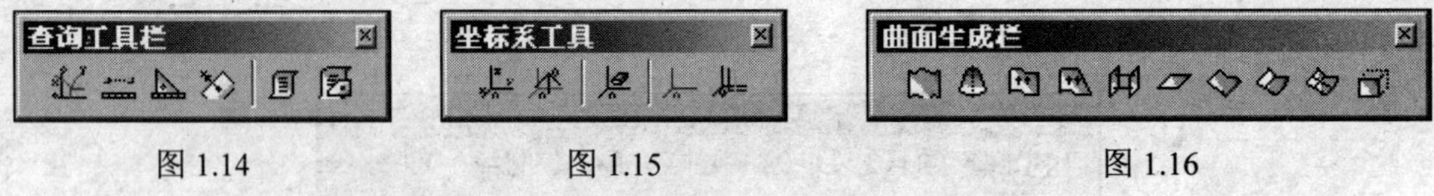

图 1.14　　图 1.15　　图 1.16

（11）线面编辑栏。线面编辑栏是用来对各种线型、表面进行“删除”、“组合曲线”、“剪裁表面”、“优化表面”等操作，如图 1.17 所示。

图 1.17

（12）几何变换栏。几何变换栏是用来“移动”、“镜像”、“阵列”、“缩放”各种图形和曲面，如图 1.18 所示。

（13）轨迹显示工具栏。轨迹显示工具栏是用来动态简化显示轨迹或显示刀位点，如图 1.19 所示。

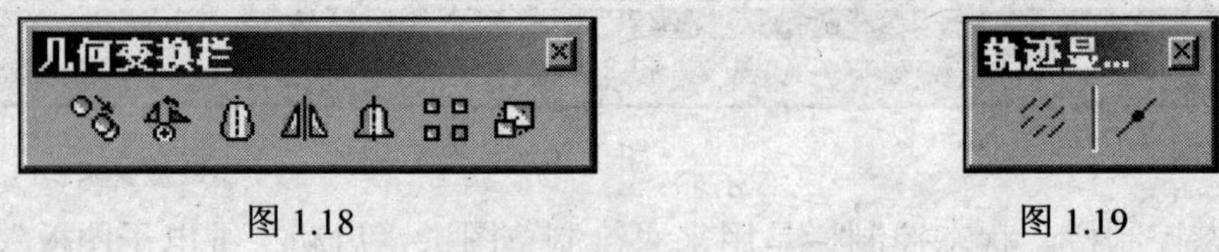

图 1.18　　图 1.19

7. 特征树

特征树是用来记录零件生成的操作步骤，用户可以直接在特征树中对零件进行编辑，如：

“删除”、“编辑草图”、“修改特征”等操作，如图 1.20 所示。

8. 加工管理树

加工管理树是用来引导用户进行加工操作，如：“设置毛坯”、“设置刀具”、“编辑加工参数”、“轨迹仿真”等操作，如图 1.21 所示。

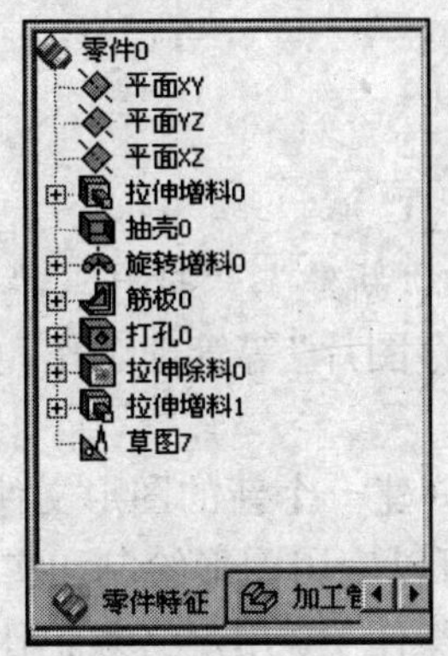

图 1.20

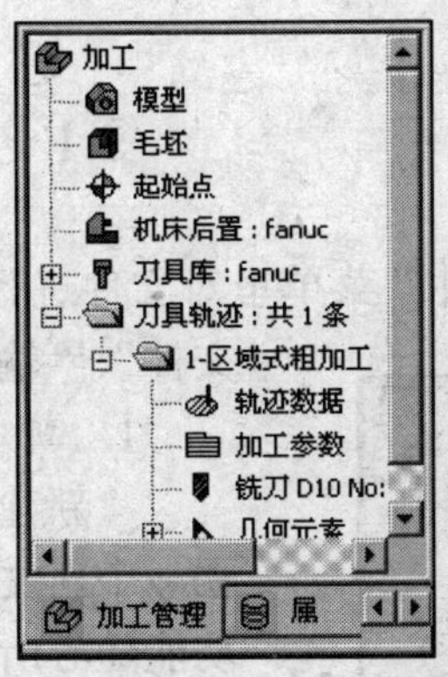

图 1.21

9. 属性窗口

属性窗口是在查询不同元素时用来显示其特性内容的窗口，如图 1.22 所示。

图 1.22

第2章　主菜单介绍

2.1　文　　件

用户可以在“文件”菜单里对文件进行各种操作，如“新建”、“打开”、“保存”、“并入文件”、“输出视图”、“保存图片”等管理工作，如图 2.1 所示。

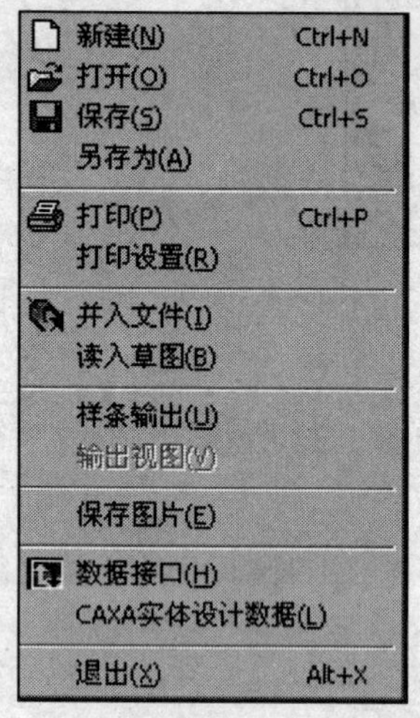

图 2.1

1. 新建

“新建”功能是用来创建一个新的图形文件（*.mxe）。建立一个新文件后，用户就可以应用图形绘制和实体造型等各项功能随心所欲地进行各种操作了。用户必须记住，当前的所有操作结果都记录在内存中，只有在存盘以后，设计成果才会被永久地保存下来。

2. 打开

“打开”功能是用来打开一个已有的“CAXA 制造工程师”存储的数据文件，并为非“CAXA 制造工程师”的数据文件格式提供相应接口，使在其他软件上生成的文件也可以通过此接口转换成“CAXA 制造工程师”的文件格式，并进行处理。本软件只可以打开一个窗口，不能同时打开多个窗口。在“CAXA 制造工程师”中可以读入：ME 数据文件(*.mxe)、EB3D 数据文件(*.epb)、ME1.0、ME2.0 数据文件(*.csn)、Parasolid x_t 文件(*.x_t)、Parasolid x_b 文件(*.x_b)、dxf 文件(*.dxf)、IGES 文件(*.igs)、DAT 数据文件(*.dat) 和 STL 文件(*.stl)。

3. 保存

“保存”功能可以将当前绘制的图形、零件或加工内容以文件形式存储到磁盘上。在“存储文件”对话框的“文件名”输入框内输入一个文件名，点击“保存”按钮即可。在“保存类型”中可以选用 ME 数据文件(*.mxe)、Parasolid x_t 文件(*.x_t)等形式保存文件。

4. 另存为

“另存为”功能可以将当前绘制的图形、零件或加工内容另取一个文件名或将当前文件以另一种文件格式存储到磁盘上。

5. 打印

“打印”功能可由输出设备输出操作窗口图形。“CAXA 制造工程师”的打印功能采用了 Windows 的标准输出接口，因此可以使用任何 Windows 支持的打印机，在“CAXA 制造工程师”系统内无须单独安装打印机。

6. 打印设置

用户可利用“打印设置”功能，根据当前绘图输出的需要，从中选择纸张大小、设备型号、图纸方向等一系列相关内容进行设置。

7. 并入文件

“并入文件”功能可并入一个实体或者线面数据文件（*.x_t、*.igs、*.dat ），与当前图形合并为一个图形。具体操作参照“特征生成”中的“实体布尔运算”。

8. 读入草图

“读入草图”功能是将已有的二维图作为草图读入到“CAXA 制造工程师”中。在草图绘制状态下，点击“文件”下拉菜单中的“读入草图”，状态栏中提示“请指定草图的插入位置”，用光标拖动图形到某点，点击鼠标左键，草图读入结束。

9. 样条输出

“样条输出”功能是将样条线输出为*.dat 文件。文件中记录了每个样条线的型值点的个数和坐标值，输出的样条可并入其他文件中。

10. 输出视图

“输出视图”功能可以输出三维实体的投影视图和剖视图。

11. 保存图片

“保存”图片功能是将“CAXA 制造工程师”的操作窗口部分的内容导出为类型为 bmp 的图像。

12. 启动电子图板

“启动电子图板”功能可以打开 CAXA 二维电子图板，可在电子图板中绘制草图，再导入到“CAXA 制造工程师”当中进行实体设计。

13. 数据接口

“数据接口”功能可以打开数据接口。用户可用“CAXA 制造工程师”的数据接口模块在实体设计中对零件进行建模造型，然后返回进行加工。

14. CAXA 实体设计数据

“CAXA 实体设计数据”功能是将 CAXA 实体设计中的数据转换到“CAXA 制造工程师”系统中来。

15. 退出

“退出”功能用来关闭“CAXA 制造工程师”软件。

2.2 编 辑

用户可以使用各种编辑功能，如“取消上次操作”、“删除”、“剪切”、“粘贴”、“颜色修改”、“编辑草图”、“修改特征”等来完成多种编辑工作，如图 2.2 所示。

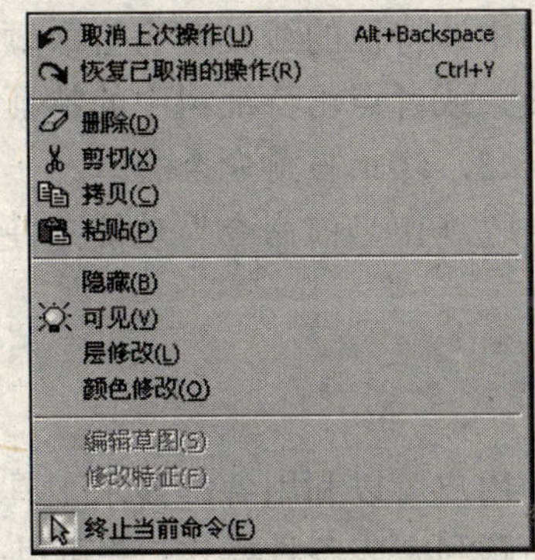

图 2.2

1. 取消上次操作

“取消上次操作”功能是用于取消最近一次发生的编辑操作。

2. 恢复已取消的操作

“恢复已取消的操作”功能是用于恢复已取消的操作，但不能恢复取消的草图和实体特征的操作。

3. 删除

“删除”功能是用于删除拾取到的元素。

4. 剪切

“剪切”功能是将选中的图形或曲面剪切并存储在剪贴板中，以供粘贴时使用。系统只记忆最后一次剪切情况。

5. 拷贝

“拷贝”功能是将选中的图形或曲面存储在剪贴板中，以供粘贴使用。系统只记忆最后一次拷贝情况。

6. 粘贴

“粘贴”功能是将剪贴板中存储的图形粘贴到用户所指定的位置，也就是将临时存储区中的图形粘贴到当前文件或新打开的其他文件中。

7. 隐藏

“隐藏”功能是用于隐藏选定的曲线或曲面。

8. 可见

“可见”功能是使隐藏的元素可见，须用鼠标选取可见元素，点击鼠标右键确认。

9. 层修改

“层修改”功能是用于修改曲线和曲面所在的层。点击“层修改”命令，拾取元素，点击鼠标右键确认，在弹出的图层管理对话框中，点击新建图层，点击“确定”按钮，层修改完成。使不同的曲线和曲面位于不同的层上，便于进行显示或拾取等操作。在“图层管理”对话框中，对于不是当前图层的图层，双击鼠标左键，可见就变成了隐藏，再次双击鼠标左键即为可见。

10. 颜色修改

“颜色修改”功能是用于修改拾取元素的颜色，在弹出的“颜色管理”窗口中选取颜色，点击“确定”按钮完成修改。

11. 编辑草图

“编辑草图”功能是用于编辑修改已有草图。先在特征树中选中要修改的草图，窗口中该草图变为拾取颜色，处于选中状态，然后点击“编辑草图”命令按钮即可进行编辑修改，或者在特征树中点击要修改草图的特征，直接点击鼠标右键，在快捷菜单中选择“编辑草图”命令。

12. 修改特征

“修改特征”功能是用于修改特征实体的特征参数。先在特征树中选中要修改的特征，窗口中该特征的线架变为拾取颜色，处于选中状态，然后点击“修改特征”命令即可进行编辑修改，或者点击特征树中的特征，直接点击鼠标右键，在快捷菜单中选择“修改特征”命令。

13. 终止当前命令

“终止当前命令”功能是使当前命令终止。

2.3 显　　示

用户可以利用各种显示工具，帮助自己在零件的建模设计过程中，从各种角度观察零件，从而顺利完成各种操作，并可以打开或关闭各工具栏的显示，用来扩大操作窗口，方便设计者观察操作，如图 2.3 所示。

2.3.1 显示变换

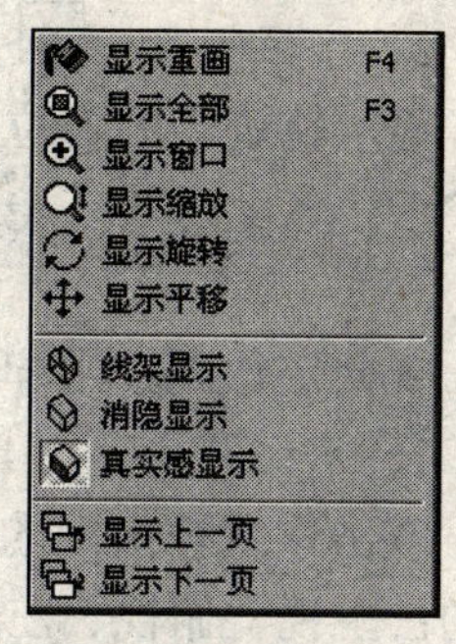

图 2.3

以各种方式显示绘制图形或零件在屏幕上显示的位置、比例、范围等，不改变原图形或零件的实际尺寸。在图形绘制和编辑过程中也要经常使用。

1. 显示重画

“显示重画”功能是用于刷新当前屏幕所有图形。经过一段时间的图形绘制和编辑，屏幕绘图区可能会留下一些擦除痕迹，或者使一些图形上产生部分残缺，虽然不影响图形的输出结果，但不便于用户观察、操作。使用此功能对屏幕进行刷新，可使屏幕恢复到正常显示状态。

2. 显示全部

“显示全部”功能是使操作窗口绘制的所有图形或零件全部显示在屏幕绘图区内。

3. 显示窗口

“显示窗口”功能是用于提示用户用鼠标左键在窗口输入上角点和下角点，系统将两角点所包含的图形充满屏幕绘图区加以显示。这样便于用户观察、操作细小部分。

4. 显示缩放

“显示缩放”功能是利用鼠标拖动，对操作窗口中的图形或零件进行放大或缩小。也可以通过滚动鼠标中轮进行放大或缩小。

5. 显示旋转

“显示旋转”功能是对操作窗口中的图形或零件进行旋转，从而可以从各个角度观察，也可按住鼠标中轮移动鼠标。

6. 显示平移

“显示平移”功能是利用鼠标在操作窗口中拖动，使图形或零件移动到便于观察和操作的位置。

7. 显示效果

“显示效果”功能是根据不同操作者的喜好及操作时的需要，可以对曲面或零件进行一定效果的显示。显示效果有3种：线架显示、消隐显示和真实感显示。

（1）线架显示：将零件的所有边界以线条形式显示。

（2）消隐显示：只显示零件正对观察者一面的边界线。

（3）真实感显示：将零件采用真实效果显示。

8. 显示上一页

“显示上一页”功能是使窗口视图返回到上一次观察的角度。

9. 显示下一页

“显示下一页”功能是使窗口视图返回到下一次观察的角度。只有使用了“显示上一页”命令后，此功能才可用。

2.3.2 轨迹显示

1. 动态简化显示

窗口翻转时以动态的方式简化显示轨迹。

2. 刀位点显示

显示轨迹上的刀位点。

2.3.3 视向定位

视向定位是按用户给定的方向观察零件，也可按系统视向观察零件，如图 2.4 所示。

1. 系统视向

双击系统视向中的某视图，图形或零件按选择的视图来显示。系统中给定了 11 个固定的视向：主视、俯视、左视、右视、仰视、后视、正等侧、正二侧、正三侧、机床 XY 视、机床轴侧视。

2. 添加视向类型

先选择在系统视向添加还是在当前文档添加，在“视向方向”栏内输入观察角度向量值，窗口中的观察情况随之变化，单击“添加”按钮，弹出显示命名对话框，输入视向名称，单击“确定”按钮，即在系统视向或文档视向添加了新的视向。

如果添加到系统视向中，系统自动保存这一视向，可在任何文件中使用。如果将视向加入到当前文档的视向中，该视向只能在该文件中使用，使用时双击鼠标左键选定视向即可。

用户还可以对自定义的视向更新或删除，也可一次性清空用户建立在系统或文档视向中的视向，清空的只是用户自定义的视向，系统给定的视向不可删除。

2.3.4 特征树栏

利用此功能可以控制特征树显示与否，关闭特征树可以增大操作窗口的显示，便于观察操作。可以在特征树、加工管理树中进行各种造型和加工操作，同时在属性窗口中也可以了解几何要素的属性，如图 2.5 所示。

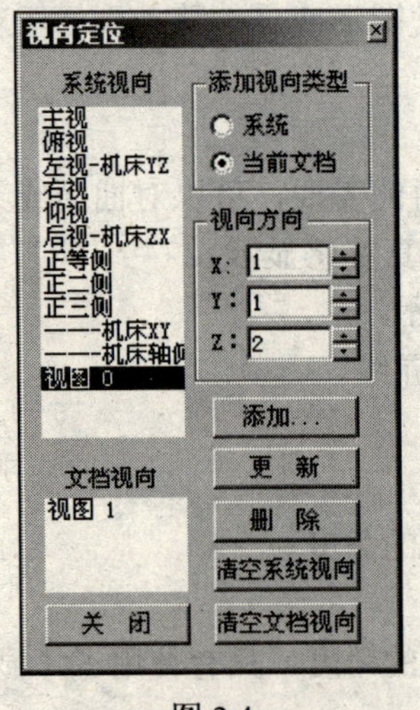

图 2.4

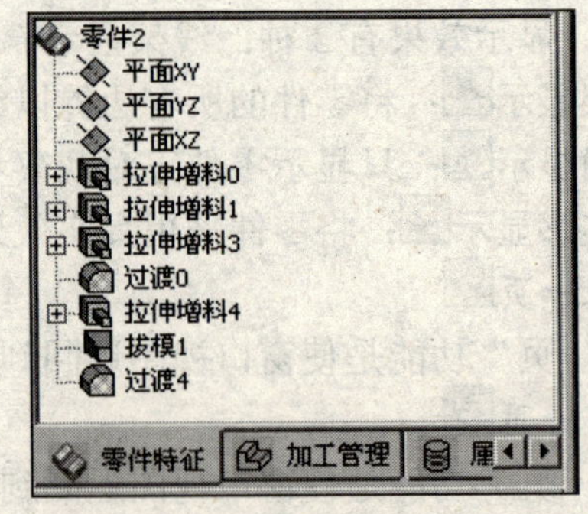

图 2.5

2.4 造 型

造型是“CAXA 制造工程师”数控加工的前提，只有在生成模型后才可以对模型特征进行相应的数控加工。用户可以在“造型”下拉菜单中利用各种造型功能，如“曲线生成”、“曲面生成”、“特征生成”、“曲线编辑”、“文字”、“尺寸”等，完成零件的建模设计过程，如图 2.6 所示。具体操作过程将在后续章节介绍。

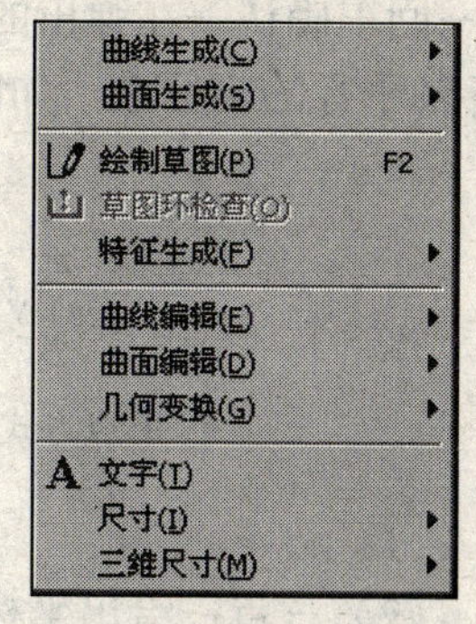

图 2.6

2.5 加　　工

“CAXA 制造工程师”提供了粗加工、精加工、补加工等多种数控加工方法供用户选择，可以对轨迹进行编辑、仿真加工，可以生成 G 代码和工艺清单，并且可以针对不同的机床系统进行设置，使得生成的程序可以在相应的机床中使用，完全适合实际加工的各种需要。图 2.7 是加工的主菜单，图 2.8 是粗加工方式，图 2.9 是精加工方式。具体操作过程将在后续章节介绍。

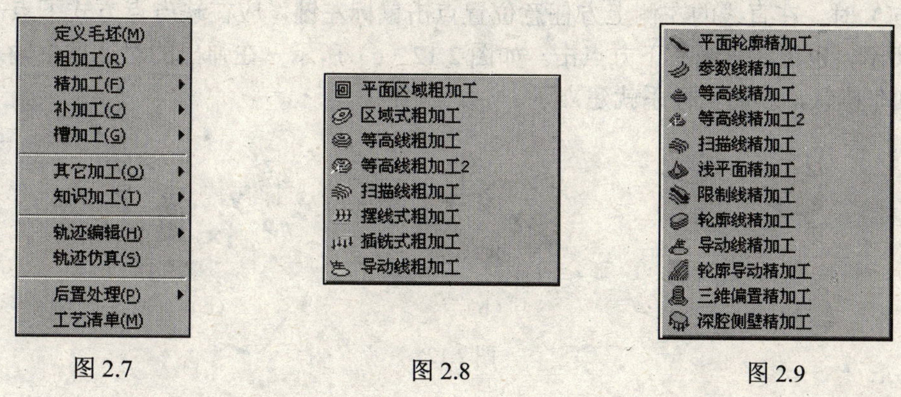

图 2.7　　图 2.8　　图 2.9

2.6 工　　具

用户可以利用各种工具，如“建立坐标系”、“查询”、“点工具”、“矢量工具”等，顺利地完成各种操作，如图 2.10 所示。

2.6.1 坐标系

为了方便用户作图，“坐标系”功能包括 5 种方式：“创建坐标系”、“激活坐标系”、“删除坐标系”、“隐藏坐标系”和“显示所有坐标系”。

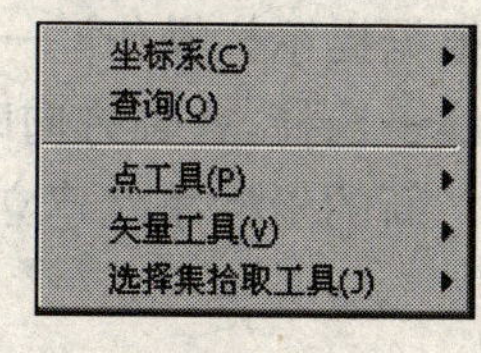

图 2.10

1. 创建坐标系

根据用户的需要建立一个新的坐标系。创建坐标系有 5 种方式：单点、三点、两相交直线、圆或圆弧和曲线切法线。新建立的坐标系为当前坐标系，以后绘制的图形都是以当前坐标系为准。

（1）单点：通过一个点来确定新坐标系原点位置，新建一个与系统坐标系各轴平行的坐标系。

【例 2.1】按 F8 键→点击“创建坐标系”按钮→输入坐标原点时，回车输入（10，10，

5）→回车确认→在弹出的对话框中输入坐标系的名称→回车确认，就新建了一个与系统坐标系各轴平行的坐标系，如图 2.11 所示。

单点方式新建的坐标系　　新建坐标系名称对话框

图 2.11

（2）三点：给出坐标原点、X 轴正方向上一点和 Y 轴正方向上一点，生成新坐标系。

【例 2.2】按 F5 键→在 XY 平面绘制任意一条直线，如图 2.12（a）所示→点击“创建坐标系”按钮→在立即菜单中选中“三点”→根据提示栏的提示，输入原点时，用鼠标左键拾取直线左端点→输入 X 轴正方向上一点时，拾取直线的右端点→输入一点（确定 XOY 面及 Y 轴正方向）时，在直线的左侧上方任意位置点击鼠标左键，应在缺省点方式下点击，如图 2.12（b）所示，也可在直线右下方点击，如图 2.12（c）所示→在弹出的对话框中输入坐标系的名称→回车确认，新的坐标系就建立了。

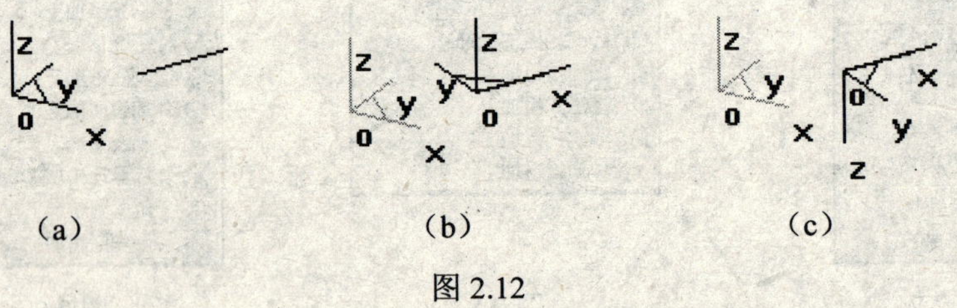

（a）　　（b）　　（c）

图 2.12

（3）两相交直线：拾取直线作为 X 轴，给出正方向，再拾取直线作为 Y 轴，给出正方向，生成新坐标系。

【例 2.3】按 F6 键（使绘图平面位于 YOZ 平面）→绘制两条交叉直线，如图 2.13（a）所示（它们可以不相互垂直）→按 F8 键→点击“创建坐标系”按钮→在立即菜单中选中“两相交直线”→拾取第一条直线（X 轴正方向）时，用鼠标左键点击 X 轴将要位于其上的直线（根据提示栏操作）→选择 X 轴方向时向下方点击→拾取第二条直线时，请拾取另一条相交直线→选择 Y 轴方向时向右侧点击鼠标左键→在弹出的对话框中输入坐标系的名称→回车确认，新的坐标系就建立了，如图 2.13（b）所示。

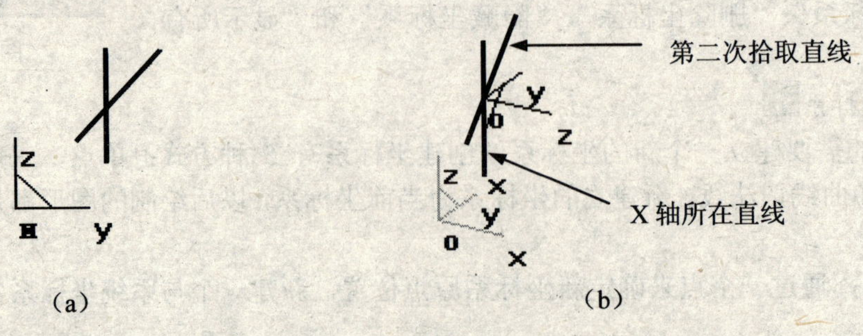

（a）　　（b）

图 2.13

（4）圆或圆弧：以指定圆或圆弧的圆心为新坐标原点，以圆心指向圆弧端点（系统默认圆有一个开口点）的方向为 X 轴正方向，然后根据右手螺旋法则确定 Z 轴正方向，生成新坐标系。

【例 2.4】按 F5 键→在 XY 平面绘制任意直径大小的圆，如图 2.14（a）所示→按 F8 键→点击“创建坐标系”按钮→在立即菜单中选中“圆或圆弧”→根据提示栏的提示，拾取圆或圆弧时点击圆→选择 X 轴位置（圆弧起点或终点位置）时向左下方点击鼠标右键，如图 2.14（b）所示，也可向右上方点击，如图 2.14（c）所示→在弹出的对话框中输入坐标系的名称→回车确认，新的坐标系就建立了。

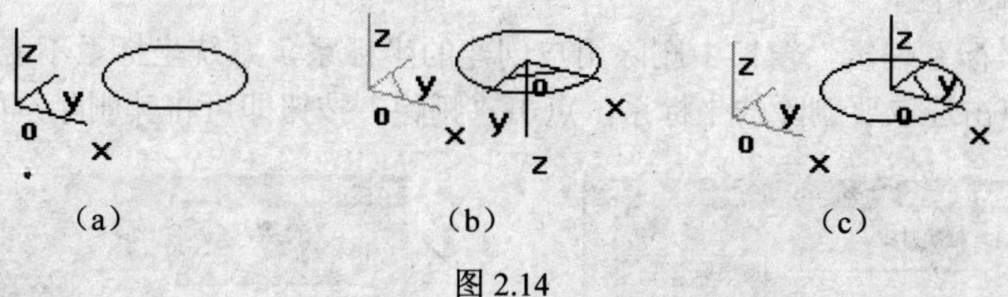

（a）　（b）　（c）

图 2.14

【例 2.5】按 F5 键→在 XY 平面绘制任意半径大小的一段圆弧，如图 2.15（a）所示→按 F8 键→点击“创建坐标系”按钮→在立即菜单中选中“圆或圆弧”→根据提示栏的提示，拾取圆或圆弧时点击圆弧→选择 X 轴位置（圆弧起点或终点位置）时向左下方点击鼠标右键，如图 2.15（b）所示，也可向右上方点击，如图 2.15（c）所示→在弹出的对话框中输入坐标系的名称→回车确认，新的坐标系就建立了。

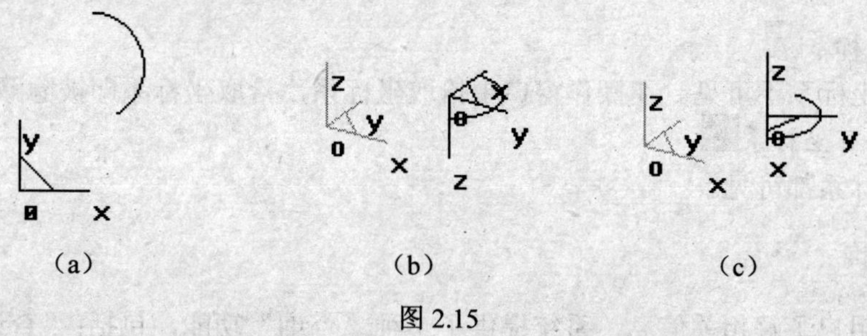

（a）　（b）　（c）

图 2.15

（5）曲线切法线：选择曲线上一点作为坐标原点，以曲线上该点的切线方向为 X 轴，该点的法线方向为 Y 轴，生成新坐标系。

【例 2.6】按 F5 键→在 XY 平面绘制任意一条样条曲线，如图 2.16（a）所示→按 F8 键→点击“创建坐标系”按钮→在立即菜单中选中“曲线切法线”→根据提示栏的提示，拾取曲线时点击曲线→输入坐标原点时点击右端点→在弹出的对话框中输入坐标系的名称→回车确认，新的坐标系就建立了，如图 2.16（b）所示。

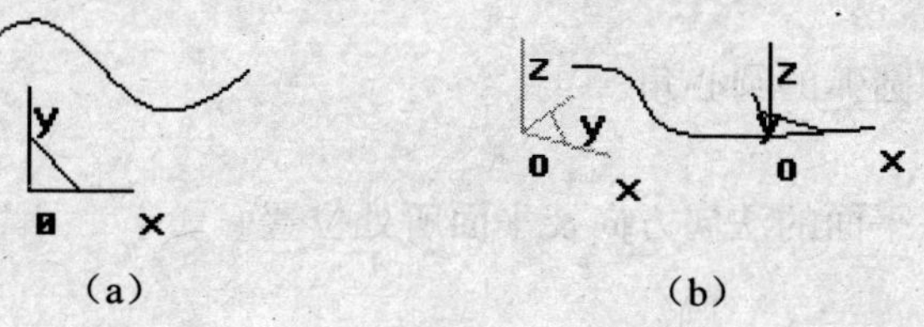

（a）　（b）

图 2.16

【注意】

（1）在建立新坐标系时，应在弹出的输入框中输入新建坐标系的名称，按回车键确定。

（2）新建坐标系为当前坐标系（亮显），所有图形的绘制都是在当前坐标系下进行，原坐标系将处于无效状态（灰显）。

2. 激活坐标系

有多个坐标系时，激活某一坐标系就是将这一坐标系设为当前坐标系。在坐标系列表中选取某一坐标系，点击“激活”按钮，然后点击“激活结束”按钮关闭窗口，被激活坐标系变为红色（在系统默认状态下），其他坐标系则灰显。“激活坐标系”窗口如图 2.17 所示。

3. 删除坐标系

可以在“坐标系编辑”窗口中删除用户创建的坐标系，系统坐标系不能被删除。在窗口的左侧列表中点击选取要删除的坐标系，点击“删除”按钮即可将其删除，如图 2.18 所示。

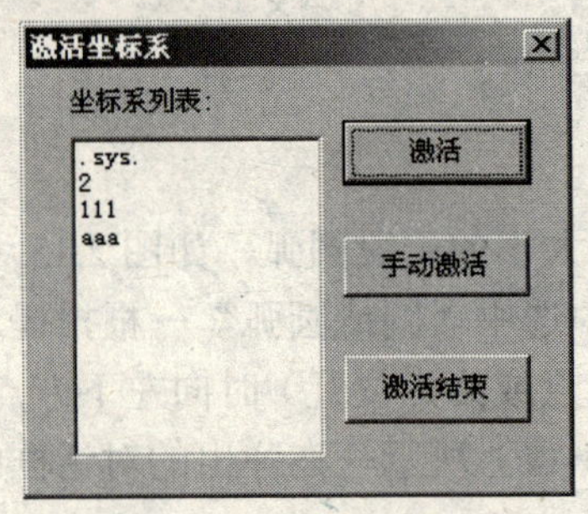

图 2.17

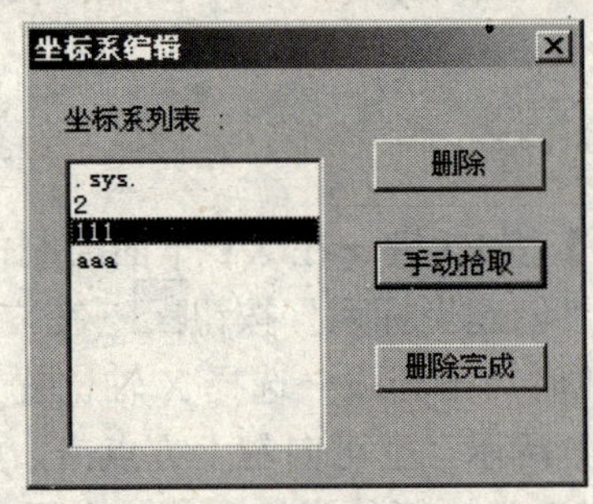

图 2.18

4. 隐藏坐标系

可使任何坐标系不可见。在操作窗口中拾取坐标系，拾取坐标系即被隐藏。

5. 显示所有坐标系

使所有坐标系都可见。

2.6.2 查询

为了方便用户了解相关信息，系统提供了 7 种“查询”功能，包括：“查询坐标”、“查询距离”、“查询角度”、“草图属性”、“线面属性”、“实体属性”和“粗加工层轨迹属性”。查询的相关结果会出现在属性窗口中。

1. 坐标

可查询操作窗口中各点的坐标。

2. 距离

查询任意两点之间的距离。

3. 角度

查询两直线夹角和圆弧的圆心角。

4. 草图属性

用来查询草图所在平面的法向方向及平面所处位置。

5. 线面属性

查询拾取到的图形元素及曲面的属性，这些元素包括：点、直线、圆、圆弧、公式曲线、椭圆、曲面等。

6. 实体属性

查询零件属性，包括：密度、体积、表面积、质量、重心坐标、惯性张量。

2.6.3 点工具

点工具就是用来捕捉在操作过程中具有几何特征的点，如圆心点、中点、切点、端点等。用户进入操作命令，需要输入特征点时，也可以按下空格键，在弹出的“点工具”菜单中用鼠标点击选取相应点即可，如图 2.19 所示。

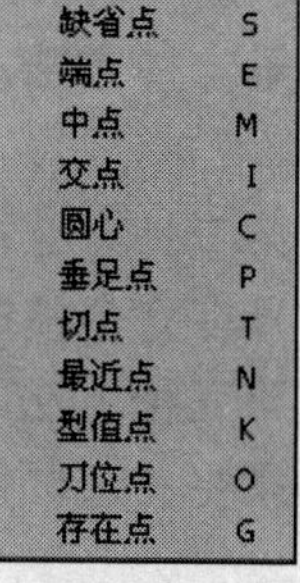

图 2.19

（1）缺省点 S：屏幕上的任意位置点。

（2）端点 E：曲线的端点。

（3）中点 M：曲线的中点。

（4）交点 I：两曲线的交点。

（5）圆心 C：圆或圆弧的圆心。

（6）垂足点 P：曲线的垂足点。

（7）切点 T：曲线的切点。

（8）最近点 N：曲线上距离捕捉光标最近的点。

（9）型值点 K：各种线型的特征点。

（10）刀位点 O：加工轨迹上确定刀具位置的点。

（11）存在点 G：用点工具生成的点。

2.6.4 矢量工具

矢量工具主要是用来选择方向的，在曲面生成时经常要用到。在选择方向时，按下空格键就会弹出“矢量工具”菜单，通过鼠标点击选择需要的方向，如图 2.20 所示。

✔ 直线方向
X轴正方向
X轴负方向
Y轴正方向
Y轴负方向
Z轴正方向
Z轴负方向
端点切矢

图 2.20

（1）直线方向：用鼠标点击直线的某一方向。

（2）X 轴正方向：对当前坐标系而言。

（3）X 轴负方向：对当前坐标系而言。

（4）Y 轴正方向：对当前坐标系而言。

（5）Y 轴负方向：对当前坐标系而言。

（6）Z 轴正方向：对当前坐标系而言。

（7）Z 轴负方向：对当前坐标系而言。

（8）端点切矢：各种线型端点的切线方向。

2.6.5 选择集拾取工具

拾取图形元素（点、线、面）的目的就是根据操作的需要，在已经完成的图形或曲面中，选取所需的某个、某几个或全部元素。选择集拾取工具可以使用户方便地拾取需要的元素。在需要拾取元素时，也是通过空格键来选取。

（1）拾取添加 A：拾取元素后，可以继续拾取其他元素。

（2）拾取所有 W：拾取操作窗口中所有的元素。但不包含拾取设置中被过滤掉的元素或被关闭图层中的元素。

（3）拾取取消 R：从拾取到的元素中取消某一元素。要取消多个元素，须反复使用空格键，再拾取各元素。

（4）取消尾项 L：取消最后一次被拾取到的某一元素。

（5）取消所有 D：取消所有被拾取到的元素。

【综述】

上述几种拾取元素的操作，都是通过鼠标左键来完成的。被拾取到的元素呈加亮颜色的显示状态（缺省为红色）。

第一种方法：通过移动鼠标对准要选择的某个元素，然后点击鼠标左键，即可拾取到该元素。

第二种方法：用鼠标左键从操作窗口左上角（或左下角）向右下角（或右上角）拖动框选，只有完全被选框包含的元素能够被选中。

第三种方法：用鼠标左键从操作窗口右上角（或右下角）向左下角（或左上角）拖动框选，只要被选框包含或与选框相交的元素，都将被拾取。

2.7 设　　置

用户可以在“设置”菜单中对层、拾取过滤、系统、光源、材质等进行设置，如图 2.21 所示。

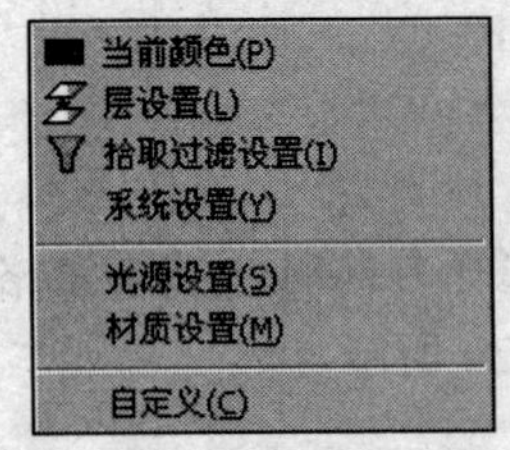

图 2.21

2.7.1 当前颜色

设置系统当前层颜色。可以在颜色管理窗口中选择喜好的颜色。

2.7.2 层设置

此菜单项的功能是修改或查询图层名、图层状态、图层颜色、图层可见性以及创建新图层或删除已有图层。

使某一图层处于选中状态，用鼠标双击“名称”、“颜色”、“状态”、“可见性”和“描述”中任一项，可以进行修改。

（1）新建图层：建立一个新图层。

（2）删除图层：删除选定的非当前图层。

（3）当前图层：将选定图层设置为当前图层。

（4）重置图层：恢复到系统中层设置初始化状态。

（5）导入设置：调入曾经导出的层状态。

（6）导出设置：将当前层状态存储下来，以便将来导入。

2.7.3 拾取过滤设置

设置拾取过滤和导航过滤类型。用户能够更加方便快速地拾取到需要编辑的几何元素。拾取过滤是指光标能够拾取到屏幕上的图形类型，用户可以通过选择图形元素的类型或图形元素的颜色来决定，哪些图形元素可以被选择，哪些不可以选择。并可以通过导航选项，设置光标移动到要拾取的图形类型附近时，图形是否加亮显示。

"系统拾取盒大小"：拾取元素时，系统提示导航功能。拾取盒的大小与光标拾取范围成正比。当拾取盒较大时，光标距离要拾取到的元素较远时，也可以拾取到该元素，如图 2.22 所示。

2.7.4 系统设置

用户根据绘图的需要，对系统的一系列参数进行设置，如图 2.23 所示。

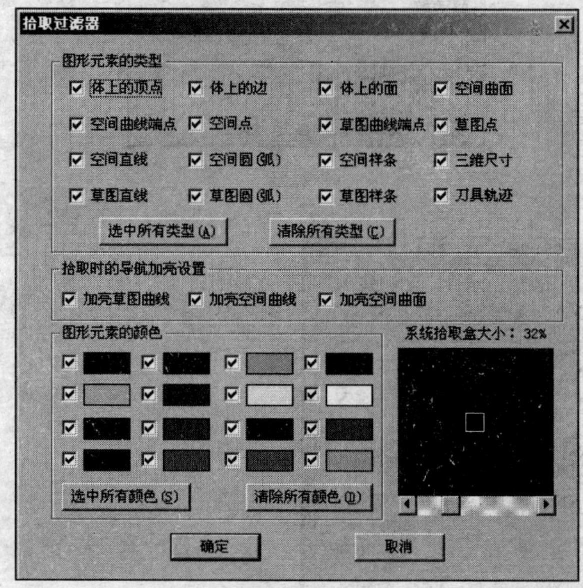

图 2.22

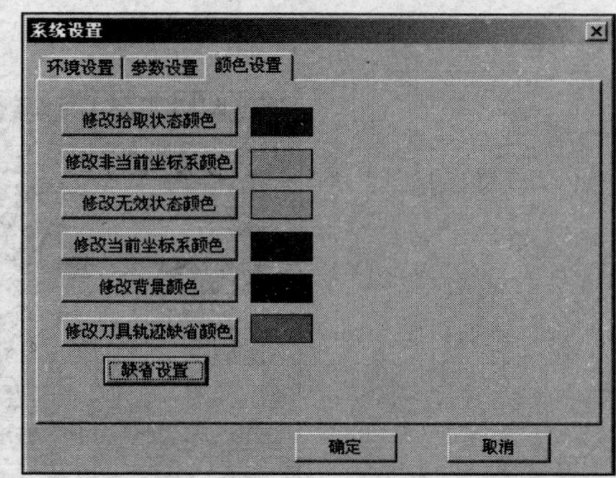

图 2.23

（1）环境设置：设置键盘显示旋转角度、鼠标显示旋转角度、曲面 U 向网格数、曲面 V 向网格数、自动存盘操作次数、自动存盘文件名、系统层数上限和最大取消次数等。

（2）参数设置：样条最大点数、最大长度、圆弧最大半径、系统精度上限、系统精度下限、显示基准面的长度等。

（3）颜色设置：修改拾取状态颜色、修改无效状态颜色、修改非当前坐标系颜色、修改当前坐标系颜色等。

2.7.5 光源设置

对零件的环境和自身的光线强度进行改变，使得视觉效果更好，如图 2.24 所示。

2.7.6 材质设置

对生成实体的材质进行改变。用户可从系统给定的材质中任意选择，也可以自定义材质属性，如图 2.25 所示。

2.7.7 自定义

用户可以定义符合自己使用习惯的操作环境，如图 2.26 所示。

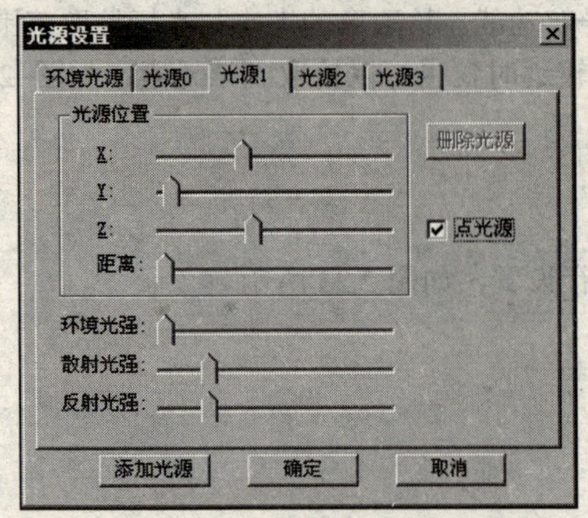

图 2.24

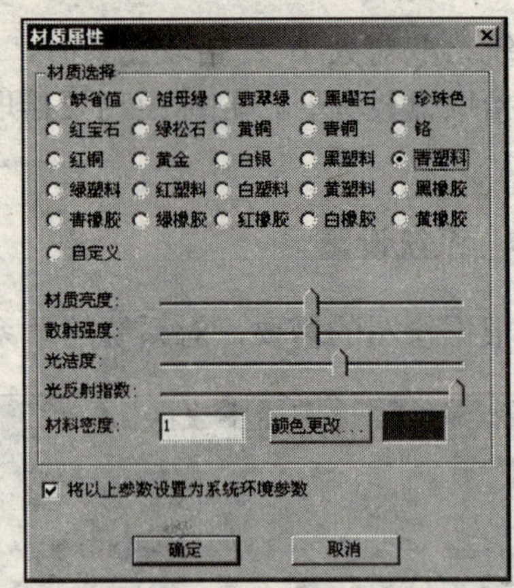

图 2.25

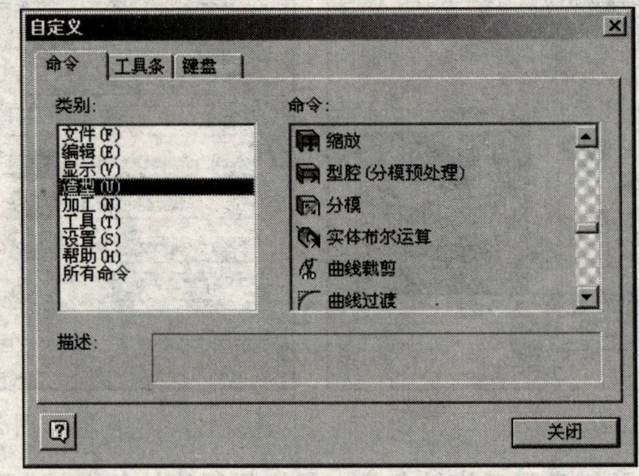

图 2.26

1. 命令

可以用鼠标左键将需要的功能图标拖动到操作窗口中的工具栏上，也可将不需要的工具拖回来。

2. 工具条

用户可开启或关闭相应的工具条，也可根据自己的使用习惯，定义自己的工具条。

（1）打开“工具条”页面。

（2）点击“新建”按钮，弹出“创建工具条”对话框，输入名称，点击“确定”按钮，出现新工具条。点击“命令”按钮，拖动某些命令到新工具条中即可，而且可以在相应命令上点击鼠标右键，从快捷菜单中进行删除或更改按钮外观等操作。系统会将其自动保存，可在以后的任何文件中使用。

（3）用户可以为没有按钮的命令设计自己喜欢的按钮。在“设置”菜单中选择“自定义”，在“命令”页面中选择没有图标的命令，将其拖到任意工具条上，弹出“按钮外观”窗口，如图 2.27 所示。用户可以选择系统推荐的一些图标，也可以点击“新建”按钮，弹出“编辑按钮图标”窗口，如图 2.28 所示，此时就可以利用系统提供的工具来制作自己喜欢的按钮了。

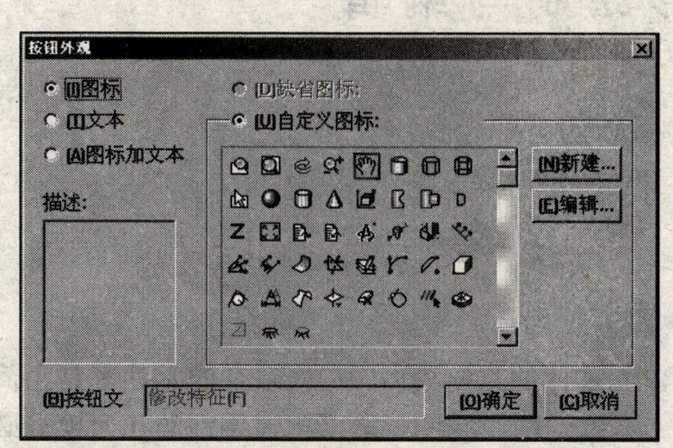

图 2.27

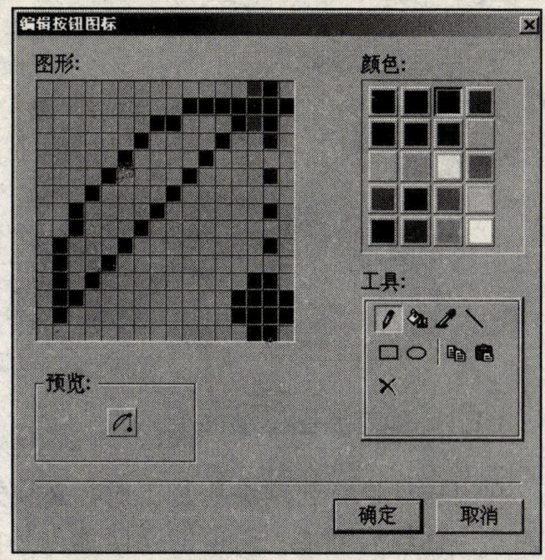

图 2.28

3. 键盘

根据用户的使用习惯定义自己的快捷键。

在“键盘”页面的“类”和“命令”选项中，作出相应选择，点击“按下新加速键”下的输入栏，在键盘上按下要自定义的快捷键（Ctrl+字母或单个字母也可以），该栏中显示出此快捷键。点击“指定”按钮，确认新的快捷键。点击“全部重置”按钮，可以恢复系统默认设置。

2.8 帮 助

用户对于造型或加工等方面遇到问题时，可以在“帮助”菜单中获得帮助，它基本上包括了所有的软件使用方面的知识点。

第3章　图形绘制与编辑

3.1　操　作　要　点

3.1.1　确定绘图基准面

利用软件进行自动编程加工时，必须先建立零件的几何模型。任何复杂的零件都是由简单的几何体组合而成，简单的几何体也是由点、线、面组成的，所以构建零件的几何模型必须从点、线、面开始。确定绘图基准面是建模加工的第一步，绘图基准面可以是特征树中的坐标平面，也可以是实体上的某个平面，还可以是构造出的平面，而不是用曲面工具制作出来的平面。

3.1.2　在建模坐标系绘图

几何建模是人们对于现实世界中的物体，从想象出发，利用交互的方式将物体的想象模型输入计算机，而计算机以一定的方式将模型存储起来，这种过程称为几何建模。一般的，常用的三种建模方式为：线框模型、表面模型和实体模型。“CAXA 制造工程师”包含了这三种模型，使得建模造型更加方便、灵活。

在建模坐标系当中，三个坐标轴中有两个轴之间有一根斜线，这根线表示了当前绘图所在平面。按 F5 键，则 XOY 平面正对操作者；按 F6 键，则 YOZ 平面正对操作者；按 F7 键，则 XOZ 平面正对操作者；按 F8 键，则窗口显示轴测图；按 F9 键，这根横线将在三个坐标平面之间切换，从而切换绘图平面。在空间状态下绘图时，用鼠标点击空白处，则输入的点位于该绘图平面；点击其他平面上几何元素，则输入点位于相应位置。在草图状态下绘图时，无论用鼠标点击或回车输入的点，只能位于该草图平面上。

（1）生成实体必须依赖草图，选择合适的基准面，在草图状态下绘制草图，一般封闭的草图才能生成实体，且不能有重叠线条。但拉伸或除料时，如不封闭，将以薄壁方式处理实体。生成筋板时无需封闭。

（2）生成空间曲线、曲面或导动线时不能在草图状态下进行，须在空间状态下绘制线条，如旋转轴、导动线、直纹面和放样面等。

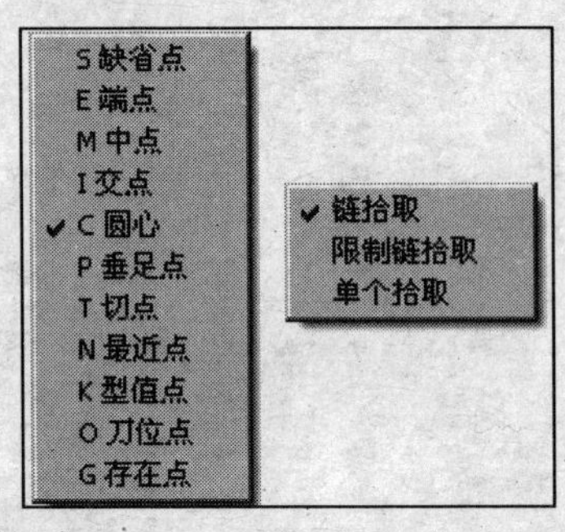

图 3.1

3.1.3　数值的输入和点类型控制

在“CAXA 制造工程师”中，应先按下回车键，再用数字键输入数值，最后回车确定；点类型的控制是按下空格键，再用鼠标左键在菜单中选取对应项，如图 3.1 所示。在选择某些功能后，还可以使用空格键来选择扫描方向、拾取方式。

3.2 图形曲线绘制

三维设计都是在头脑中想出实体，然后回归到点、线、面上进行造型设计。无论在空间还是在草图状态下，都要使用曲线工具来绘制需要的线型。在立即菜单中输入数值后，可点击鼠标右键或按下键盘上的回车键确认操作。

3.2.1 直线

直线功能提供了“两点线”、“平行线”、“角度线”、“切线/法线”、“角等分线”和“水平/铅垂线”6种直线绘制方式，如图3.2所示。绘制时可以点击“造型”菜单，指向“曲线生成”，点击相应线型，或者点击曲线工具条上的“直线”按钮，然后在立即菜单中作出单个或连续、正交或非正交、点方式或长度方式等选择，再根据操作界面底端的状态栏提示，进行相应操作即可。

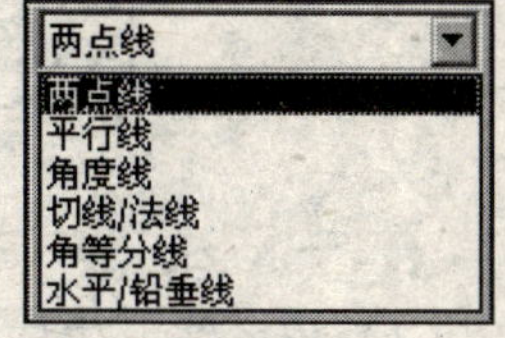

图3.2

（1）两点线：就是在屏幕上按给定两点画一条直线段或按给定的连续条件画连续直线段。此时要注意用空格键选择合适的点或用回车键输入数值。

【例3.1】按F5键（使绘图平面位于XOY）→点击“直线”工具按钮→在立即菜单中选中“两点线，连续，正交，长度方式，长度=20”→按空格键，用鼠标左键选择“缺省点”→用鼠标左键点击原点→将鼠标移动至X轴正方向，点击鼠标左键→在立即菜单中将长度改为15→将鼠标移动至Y轴正方向，点击鼠标左键→在立即菜单中将“连续”改为“单个”，“正交”改为“非正交”→回车输入（10，25）→回车确认，如图3.3所示。

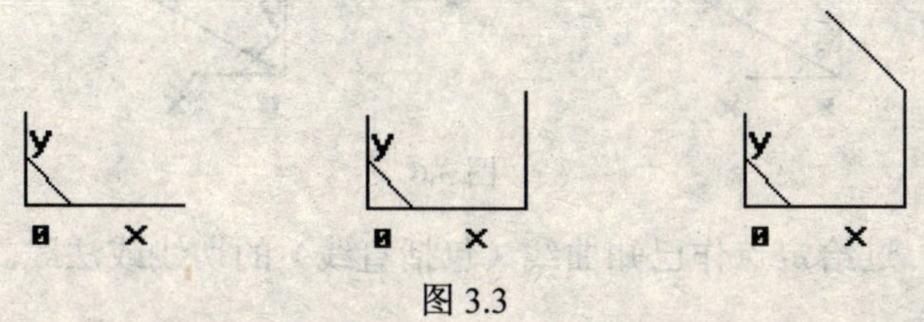

图3.3

【例3.2】在【例3.1】基础上按F8键→按F9（使坐标轴之间的斜线位于YOZ平面上）→在立即菜单中选中“两点线，连续，正交，长度方式，长度=20”→用鼠标左键点击最后一条直线的终点→将鼠标移动至Z轴正方向，点击鼠标左键→将鼠标移动至Y轴负方向，点击鼠标左键→点击鼠标右键确认，如图3.4所示（按住鼠标中轮移动鼠标，可以进行空间观察）。

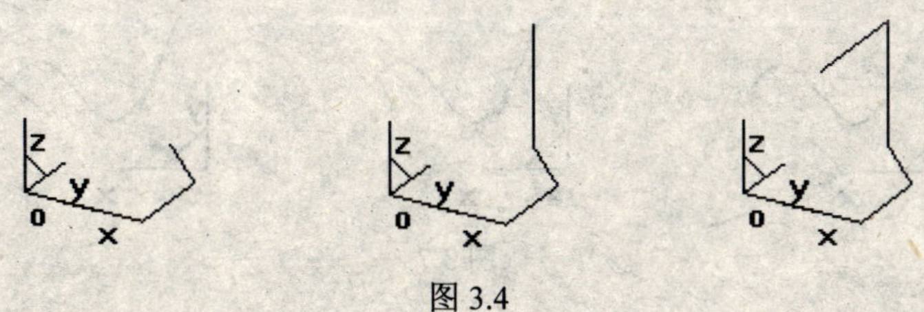

图3.4

（2）平行线：按给定距离或通过给定的已知点绘制与已知线段平行且长度相等的平行线段。过点时，默认为直线中点为移动点，移动鼠标时即可看到。

【例 3.3】在【例 3.2】基础上→点击“直线”工具按钮→在立即菜单中选中“平行线，距离，距离=5，条数=1”→用鼠标左键拾取与 Z 轴平行直线→选择等距方向时，在左方箭头附近点击鼠标左键→按 F9 键（使绘图平面位于 XOZ）→再次拾取与 Z 轴平行直线→选择等距方向时，在右方箭头附近点击鼠标左键→在立即菜单中将“距离”改为“过点”→用鼠标左键选择非正交直线→敲击空格键，选择“中点”→点击第二条平行线→点击鼠标右键，结束操作，如图 3.5 所示。

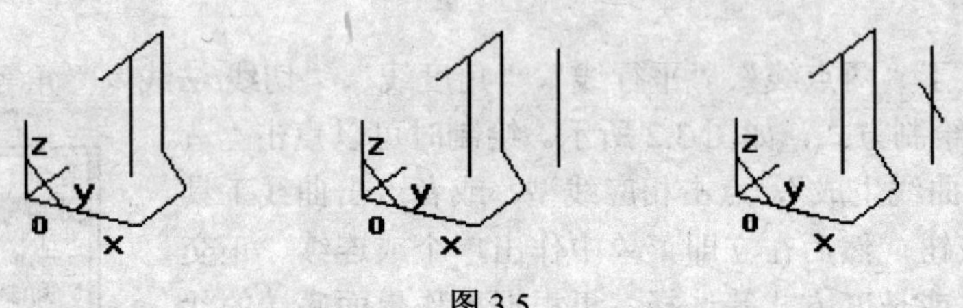

图 3.5

（3）角度线：生成与坐标轴或一条直线成一定夹角的直线。角度值的输入符合右手螺旋法则，即大拇指指向绘图平面的法线正方向，四指的指向为旋转角度的正方向。如在 XY 平面绘图，则 XY 平面的法线正方向为 Z 轴正方向。

【例 3.4】按 F5 键→点击“直线”工具按钮→在立即菜单中选中“角度线，X 轴夹角，角度=30”→敲击空格键，用鼠标左键选择“缺省点”→用鼠标左键点击原点→向 X 轴正方向移动鼠标，在任意位置点击→在立即菜单中选择“角度线，直线夹角，角度 45”→拾取直线→用鼠标左键点击上一直线中点→向右移动鼠标，在任意位置点击，如图 3.6 所示。

图 3.6

（4）切线/法线：过给定点作已知曲线（包括直线）的切线或法线。切线或法线的中点将与输入点重合。

【例 3.5】按 F5 键→在 XOY 平面绘制任意一条样条曲线→点击“直线”工具按钮→在立即菜单中选中“切线/法线，切线，长度=30”→用鼠标左键拾取样条曲线→输入直线中点时点击样条左端点→在立即菜单中将“切线”改为“法线”→点击样条曲线的右端点，如图 3.7 所示。

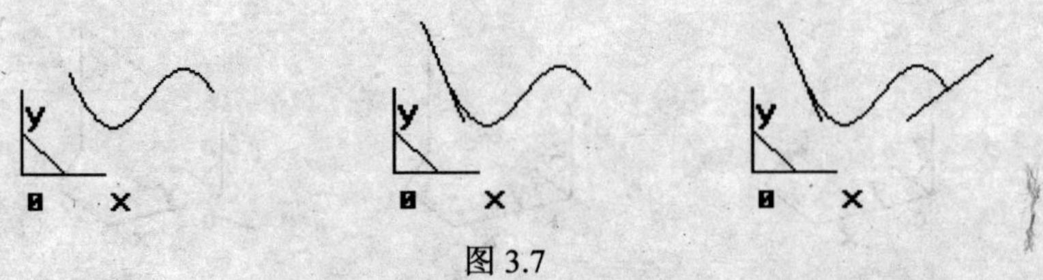

图 3.7

（5）角等分线：按给定等分份数、给定长度画出一条或多条直线段，将一个小于 180°角等分，也就是说与直线的拾取顺序无关。

【例 3.6】按 F5 键→在 XOY 平面绘制两条不平行直线（可不相交）→点击“直线”工具按钮→在立即菜单中选中“角等分线，份数=3，长度=50（也可设定其他值）”→分别拾取两条直线，如图 3.8 所示。

图 3.8

（6）水平/铅垂线：在当前绘图平面上生成平行或垂直于当前平面坐标轴的给定长度的直线。

【例 3.7】按 F5 键→按 F8 键→按 F9 键（使坐标轴之间的斜线位于 XOY 平面上）→点击“直线”工具按钮→在立即菜单中选中“水平/铅垂线，水平，长度=20（也可设定其他值）”→回车输入（15，15）→回车确认→在立即菜单中将“水平”改为“水平+铅垂线”→按 F9 键（使坐标轴之间的斜线位于 YOZ 平面上）→点击水平线右端点，如图 3.9 所示。

图 3.9

【注意】：

（1）本软件是设计、加工的应用软件，不是二维绘图软件，所以不存在线型及粗细等内容。

（2）初学者经常出现鼠标不能拾取点的情况，此时应该利用空格键选择合适的点。

（3）在回车输入数值时，有时会出现输入点与实际点不符的情况，此时输入法应改为“中文”。

（4）在输入直线的终点时，可用增量方式输入，即在输入的数值之前加“@”。如：“@20，50”。

（5）绘制圆弧的切线时，在拾取圆时，拾取位置不同，则切线绘制的位置也不同。

3.2.2 圆弧

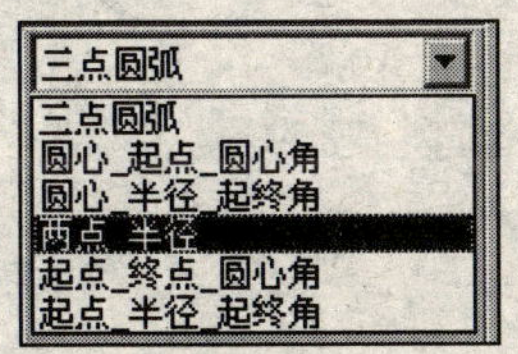

图 3.10

“圆弧”功能提供了“三点圆弧”、“圆心_起点_圆心角”、“圆心_半径_起终角”、“两点_半径”、“起点_终点_圆心角”和“起点_半径_起终角”6 种圆弧绘制方式，如图 3.10 所示。

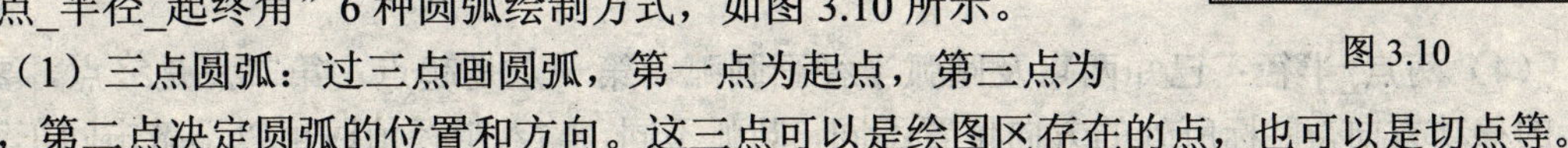

（1）三点圆弧：过三点画圆弧，第一点为起点，第三点为终点，第二点决定圆弧的位置和方向。这三点可以是绘图区存在的点，也可以是切点等。

【例 3.8】按 F5 键→在 XOY 平面大致绘制两条直线（缺省点）→点击“圆弧”工具按钮→在立即菜单中选中“三点圆弧”→按空格键，用鼠标左键选择“缺省点”→输入第一点时，点击上面直线的右端点→输入第二点时点击左端点→输入第三点时敲击空格键，用鼠标左键选择“切点”→拾取下面的直线，如图 3.11 所示。

图 3.11

（2）圆心_起点_圆心角：已知圆心、起点及圆心角画圆弧。圆心角的大小是靠拾取圆心指向圆弧终点的射线上的点来确定的。

【例 3.9】按 F5 键→在 XOY 平面利用两点线大致绘制两条水平和铅垂直线→点击“圆弧”工具按钮→在立即菜单中选中“圆心_起点_圆心角”→敲击空格键，用鼠标左键选择“缺省点”→输入圆心点（提示栏）时点击两直线的交点→输入起点（提示栏）时点击水平线的右端点→给出圆心与弧终点所确定射线上的点时，点击铅垂线上端点，如图 3.12 所示。

图 3.12

（3）圆心_半径_起终角：由圆心、半径和起终角画圆弧。圆弧的起始角和终止角的大小符合前面讲过的右手螺旋法则。

【例 3.10】按 F5 键→点击“圆弧”工具按钮→在立即菜单中选中“圆心_半径_起终角，起始角=20，终止角=135”→输入圆心点时点击原点→输入圆上一点（切点）或半径时回车输入（20），如图 3.13 所示。

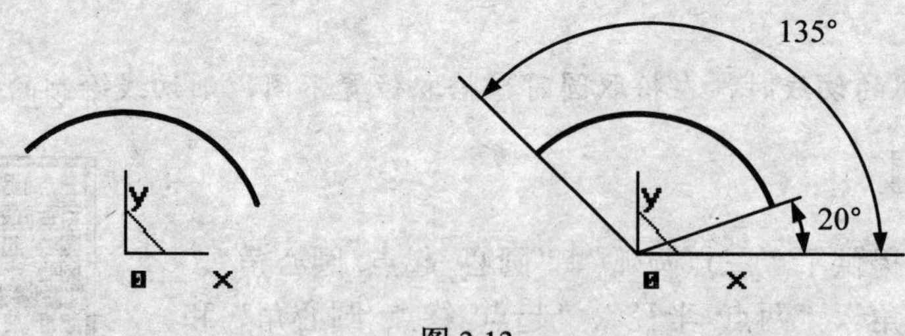

图 3.13

（4）两点_半径：已知两点及圆弧半径画圆弧。第一点是起点，第二点是终点，要注意鼠标的移动方向，鼠标所处的方向位置不同，圆弧不同，输入半径值时可以不敲击回车键，直接按数字键也可以。

【例 3.11】按 F5 键→在 XOY 平面上大致绘制出两个圆→点击“圆弧”工具按钮→在立即菜单中选中“两点_半径”→敲击空格键，用鼠标左键选择“切点”→输入第一点时，在将要形成的切点附近拾取一个圆→输入第二点时，同理拾取另一个圆→输入第三点或半径时向上（或向下）移动鼠标（使圆弧出现在想要的位置上）→回车输入（80）（注意尺寸值，不宜过小，否则不能生成圆弧，也可根据提示栏中给出的半径值输入），拾取位置、鼠标移动的方向位置不同，可得到多种结果，如图 3.14 所示。

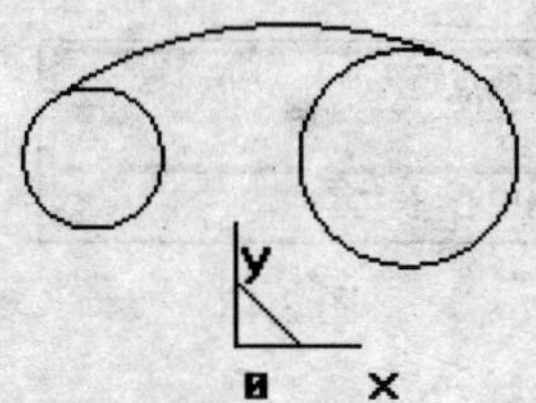

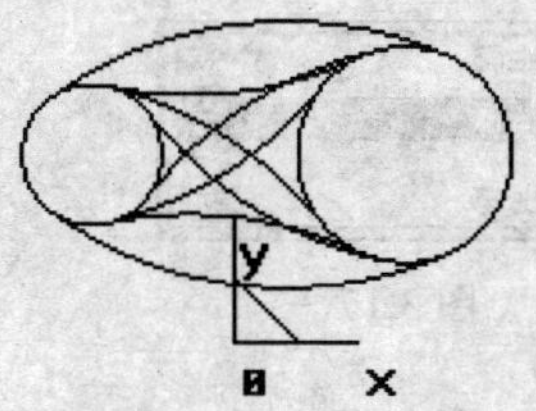

图 3.14

（5）起点_终点_圆心角：已知起点、终点和圆心角的大小画圆弧。圆心角的正负决定了圆弧的凸起方向，用右手螺旋法则判断。

【例 3.12】按 F5 键→在 XOY 平面大致绘制一条斜直线→点击圆弧工具按钮→在立即菜单中选中“起点_终点_圆心角，圆心角=120”→按空格键，用鼠标左键选择“缺省点”→输入起点时点击斜线的右端点→输入终点时点击斜线左端点→在立即菜单中将圆心角改为-120→输入起点时点击斜线的右端点→输入终点时点击斜线左端点，两次拾取的顺序相同，但结果不同，如图 3.15 所示。

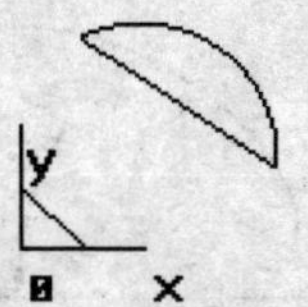

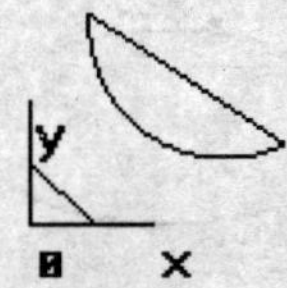

图 3.15

（6）起点_半径_起终角：由起点、半径和起终角画圆弧。起终角只能输入正值，输入相应值后，输入起点即可画出圆弧。

【例 3.13】按 F5 键→点击“圆弧”工具按钮→在立即菜单中选中“起点_半径_起终角，半径=20，起始角=0，终止角=180”→按空格键，用鼠标左键选择“缺省点”→用鼠标左键点击原点（也可在任意位置点击），如图 3.16 所示。

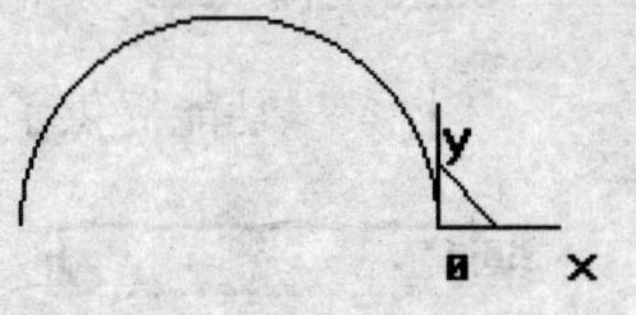

图 3.16

3.2.3 圆

“圆”功能提供了“圆心_半径”、“三点”和“两点_半径”3 种绘制圆的方式，如图 3.17 所示。

（1）圆心_半径：已知圆心和半径画圆。圆心及半径可用鼠标输入，也可用回车键加数字键输入。

（2）三点：过已知三点画圆。

（3）两点_半径：已知圆上两点和半径画圆。

3.2.4 矩形

“矩形”功能提供了“两点矩形”和“中心_长_宽”两种绘制矩形的方式，如图 3.18 所示。

（1）两点矩形：给定对角线上两点绘制矩形。

（2）中心_长_宽：给定长度、宽度值及矩形中心点来绘制矩形。

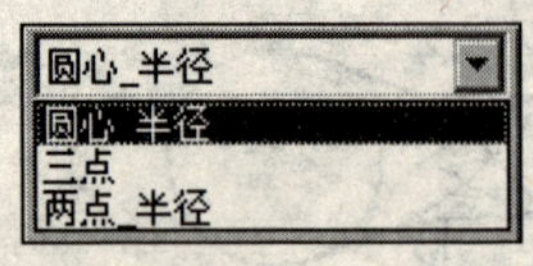

图 3.17

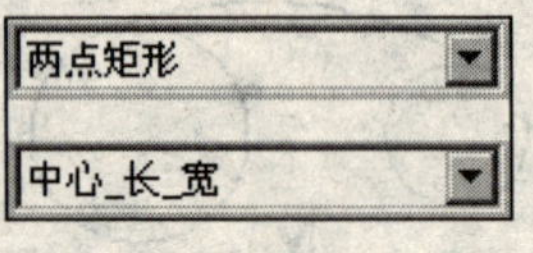

图 3.18

3.2.5 椭圆

用鼠标或回车键加数字键输入椭圆中心，然后按给定参数画一个任意方向的椭圆或椭圆弧。旋转角是指椭圆的长轴与默认起始基准（水平向右为正方向）间夹角，起始角、终止角都是相对默认起始基准所夹的角度。

【例 3.14】按 F5 键→点击“圆弧”工具按钮→在立即菜单中设置“长半轴=20，短半轴=10，旋转角=0，起始角=0，终止角=360”→回车输入（25，15）→在立即菜单中将参数改为“长半轴=20，短半轴=10，旋转角=30，起始角=0，终止角=180”→回车输入（25，15），两次绘制的图形如图 3.19 所示。

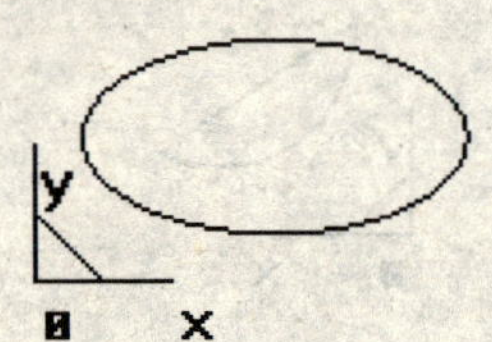

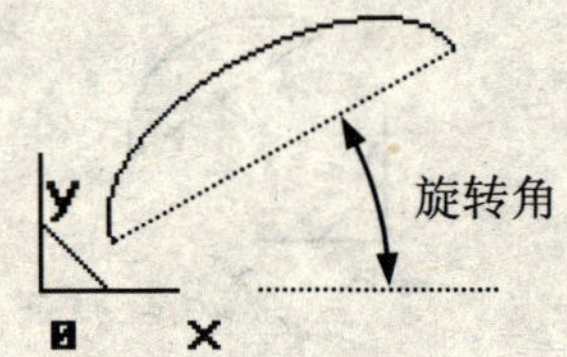

图 3.19

3.2.6 样条

“样条”功能提供了“逼近”和“插值”两种方式绘制样条曲线，如图 3.20 所示。可以生成过给定顶点的样条曲线。可以控制生成的样条的端点切矢，使其满足一定的相切条件，也可以生成一条封闭的样条曲线。

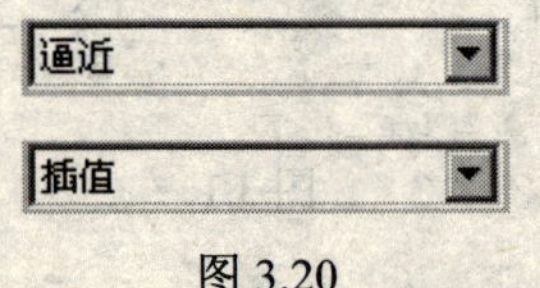

图 3.20

（1）逼近：按顺序输入一系列点，系统按给定的精度生成拟合这些点的光滑样条曲线。用逼近方式拟合一批点，生成的样条曲线品质比较好，适用于数据点比较多且排列不规则的情况。样条不一定通过输入点，但是偏离误差不超过给定值，所以称为“逼近”。

（2）插值：按顺序输入一系列点，系统将顺序通过这些点，生成一条光滑的样条曲线。

3.2.7 点

“点”功能提供了“单个点”、“批量点”两种绘制点的方式，如图 3.21 所示。可以输入单个点，也可以在曲线上制作出等分点、等距点等。

(1) 单个点：生成单个点。包括“工具点”、“曲线投影交点”、“曲面上投影点”和“曲线曲面交点”等。

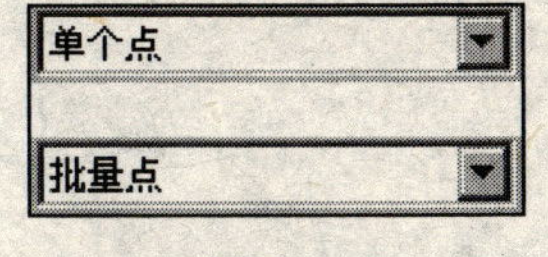

图 3.21

- 曲线投影交点：对于两条不相交的空间曲线，如果它们在当前绘图平面的投影有交点，则在先拾取的直线上生成该投影交点。
- 曲面上投影点：对于一个给定位置的点，通过空格键从菜单选择投影方向，可以在一个曲面上得到一个投影点。
- 曲线曲面交点：可以得到一条曲线和一个曲面的交点。

【例 3.15】按 F5 键→在 XOY 平面大致绘制如图 3.22 (a) 所示的一条曲线和一条直线（要使它们相交）→点击几何变换工具栏中的“平移”按钮→在立即菜单中选中“偏移量，移动，DX=0，DY=0，DZ=10”→拾取曲线→点击鼠标右键确认，如图 3.22 (b) 所示→点击“点”工具按钮→在立即菜单中选中“单点，曲线投影交点”→拾取第一条曲线（提示栏）时拾取上部曲线→拾取第二条曲线（提示栏）时拾取下部直线，即得到沿 Z 轴方向的投影点，如图 3.22 (c) 所示。

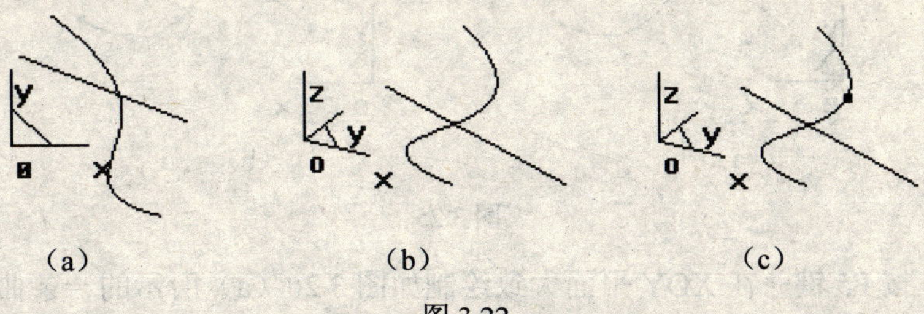
(a) (b) (c)

图 3.22

【例 3.16】按 F7 键→在 XOZ 平面利用样条工具大致绘制如图 3.23 (a) 所示的一条曲线（下端点要在 X 轴以下）→按 F5→在 XOY 平面上绘制一条起点在原点，终点坐标为（10，10）的直线→按 F8 键→点击曲面工具栏中的“扫描面”按钮→在立即菜单中设置“起始距离-10，扫描距离 30，扫描角度 0，扫描精度 0.01”→输入扫描方向（提示栏）时按空格键，用鼠标左键选择“Y 轴正方向”→拾取样条曲线，如图 3.23 (b) 所示→点击“点”工具按钮→在立即菜单中选中“单点，曲面上投影交点”→拾取曲面→输入投影方向时敲击空格键，用鼠标左键选择“X 轴负方向”→再拾取直线的右侧端点，即得到沿 X 轴方向在曲面的投影点，如图 3.23 (c) 所示。

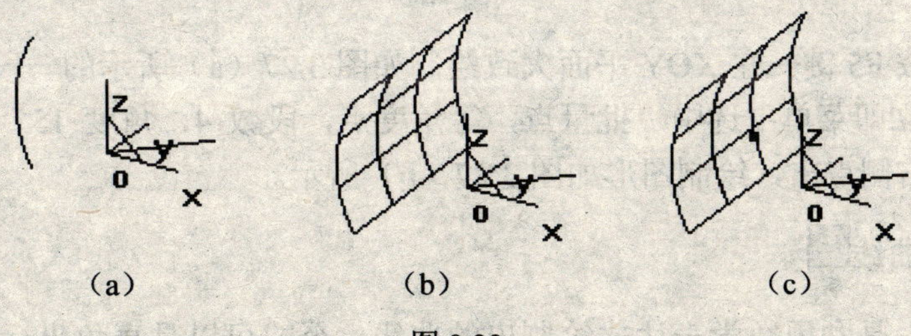
(a) (b) (c)

图 3.23

【例 3.17】按 F7 键→在 XOZ 平面大致绘制如图 3.24（a）所示的两条相交曲线→按 F8→按上例制作出曲面，如图 3.24（b）所示→点击“点”工具按钮→在立即菜单中选中“单点，曲线曲面交点”→拾取曲面→拾取曲线，即得到曲线曲面的交点，如图 3.24（c）所示。

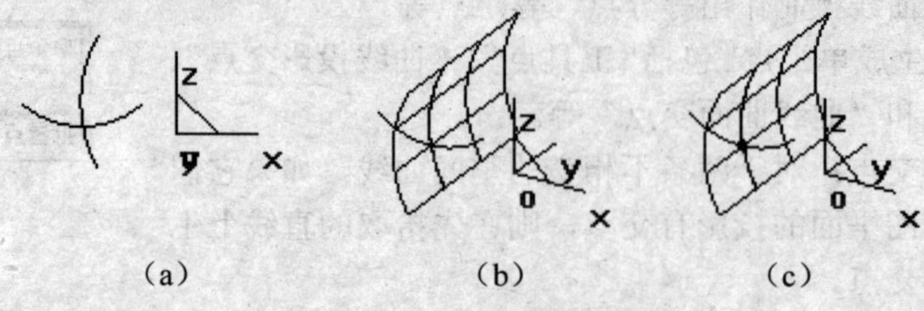

（a）　（b）　（c）

图 3.24

（2）批量点：生成多个点。包括“等分点”、“等距点”和“等角度点”。

- 等分点：可以在指定的曲线段上绘出一定数目的等分点。
- 等距点：可以在指定的曲线段上绘出一定数目的等距点。
- 等角度点：可以在指定的圆弧上绘出一定数目的等角度点。

【例 3.18】按 F5 键→在 XOY 平面大致绘制如图 3.25（a）所示的一条曲线→点击“点”工具按钮→在立即菜单中选中“批量点，等分点，段数 5”→拾取曲线，绘制图形如图 3.25（b）所示。

（a）　（b）

图 3.25

【例 3.19】按 F5 键→在 XOY 平面大致绘制如图 3.26（a）所示的一条曲线→点击“点”工具按钮→在立即菜单中选中“批量点，等距点，点数 4，弧长 6”→拾取曲线→拾取曲线上一点作为起始点时，拾取曲线的左端点→选择等距方向时用鼠标在右侧点击，绘制图形如图 3.26（b）所示。

（a）　（b）

图 3.26

【例 3.20】按 F5 键→在 XOY 平面大致绘制如图 3.27（a）所示的一段圆弧→点击“点”工具按钮→在立即菜单中选中“批量点，等角度点，段数 4，角度 15”→拾取曲线→选择方向时用鼠标在右侧点击，绘制图形如图 3.27（b）所示。

3.2.8　公式曲线

“公式曲线”是利用数学表达式绘制出的曲线，公式可以是直角坐标形式的，也可以是极坐标形式的。用公式曲线绘图时，将出现公式曲线窗口而不是立即菜单，输入数学公式、给定参数后，点击“确定”按钮，再输入定位点即可绘出曲线。用户可以将常用的公式存储起来，以便以后使用，也可以进行删除、提取等操作，如图 3.28 所示。

（a）　　（b）

图 3.27

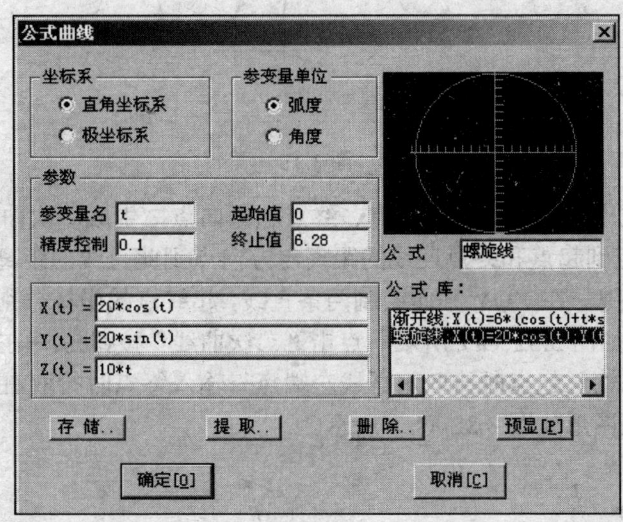

图 3.28

所有函数的参数须用括号括起来。公式曲线可用的数学函数有：正弦函数 sin、余弦函数 cos、正切函数 tan、反正弦函数 asin、反余弦函数 acos、开平方 sqrt 等共 12 个函数。

3.2.9 多边形

“多边形”功能提供了“中心”或“边”两种绘制多边形的方式，如图 3.29 所示。可以中心或边定位，在以中心定位时可绘制内切或外接多边形。

3.2.10 二次曲线

“二次曲线”功能提供了“定点”、“比例”两种绘制二次曲线的方式，如图 3.30 所示。

（1）定点：给定起点、终点和方向点，再给定肩点，生成二次曲线。方向点位于起点至终点线段的中点与二次曲线顶点的连线上，用于确定二次曲线顶点的方向。肩点是除起点、终点和顶点以外的二次曲线上的点，肩点要低于方向点。

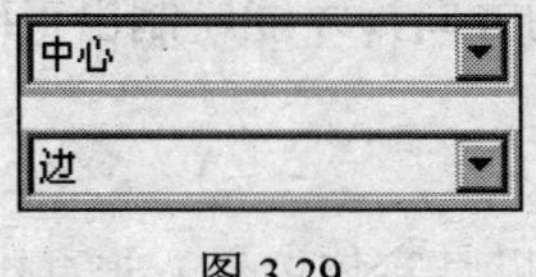

图 3.29

图 3.30

【例 3.21】按 F5 键→在 XOY 平面绘制两条直线，起终点的坐标分别为（10，6）（36，6）、（23，6）（30，32）→点击“点”工具按钮→在立即菜单中选中“单点，工具点”→回车输入（32，16）→回车确认，如图 3.31（a）所示→点击“二次曲线”按钮→在立即菜单中选中“定点”→输入起点时拾取水平线左端点→输入终点时拾取右端点→输入方向点时点击（30，32）→输入肩点时点击工具点，绘制图形如图 3.31（b）所示。

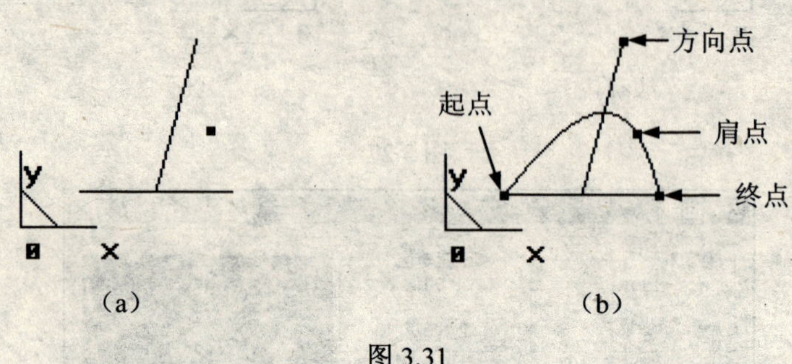

图 3.31

（2）比例：给定比例因子，以及起点、终点和方向点，生成二次曲线。比例因子为正数且小于 1，它表示顶点到起点和终点连线的距离与方向点到此直线的距离之比。

【例 3.22】按 F5 键→在 XOY 平面绘制两条直线，起终点的坐标分别为（10，6）（36，6）、（23，6）（30，32），如图 3.32（a）所示→点击“二次曲线”按钮→在立即菜单中选中“比例，比例因子 0.6”→输入起点时拾取水平线左端点→输入终点时拾取右端点→输入方向点时点击（30，32），绘制图形如图 3.32（b）所示。

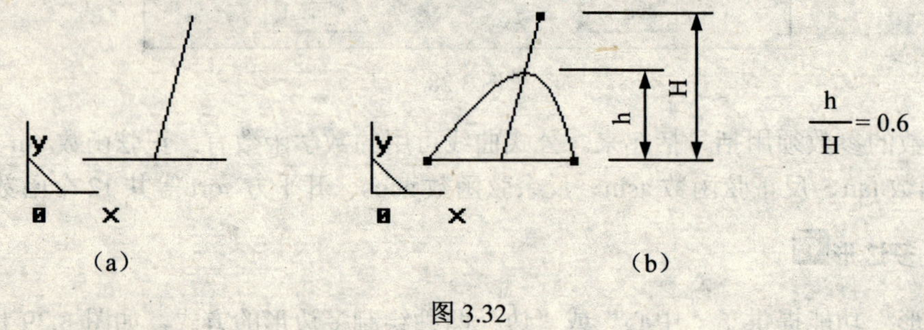

图 3.32

3.2.11 等距线

“等距线”功能提供了“单根曲线”和“组合曲线”两种绘制等距线的方式，如图 3.33 所示。输入等距值，并用鼠标确定等距方向，即可绘制出等距线。但在绘制草图状态下，使用了曲线投影命令中的组合等距往往不能实现，主要与拾取顺序有关，读者可以自己总结。

图 3.33

单根曲线还可以进行变等距，除了要输入起始距离和终止距离，还要用鼠标确定由大到小的方向，才能绘制出正确的变等距线。

3.2.12 曲线投影

在草图绘制状态下，是将指定的一条曲线（也可以是实体边界）垂直投影到草图平面上。

这样使草图的绘制更加灵活、快速。

【例 3.23】按 F5 键→在 XOY 平面绘制一个圆，圆心在原点，半径为 20→在特征树中选中 XOY 平面→点击“绘制草图”按钮→点击“多边形”按钮→在立即菜单中选中“中心，边数 6，外切”→点击原点→回车输入 30→回车确定→点击“拉伸增料”按钮→在弹出窗口中设置“固定深度，10，草图 0，实体特征”→点击“确定”按钮，如图 3.34（a）所示→拾取实体上表面→按 F2 键→点击“曲线投影”按钮→点击圆，如图 3.34（b）所示→点击“拉伸增料”按钮→在弹出窗口中设置“固定深度，10，草图 1，薄壁特征，单一方向，壁厚 5”→点击“确定”按钮，实体制作如图 3.34（c）所示。

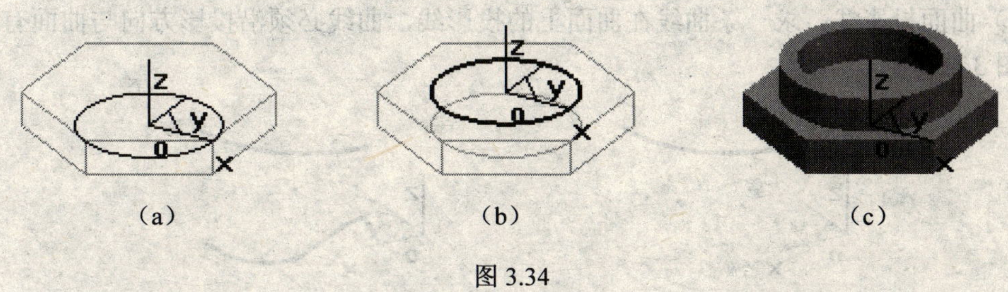

图 3.34

3.2.13 相关线

“相关线”功能提供了“曲面交线”、“曲面边界线”、“曲面参数线”、“曲面法线”、“曲面投影线”和“实体边界”6 种导出曲线的方法，如图 3.35 所示。导出的曲线为空间曲线。

（1）曲面交线：求两相交曲面的交线，如图 3.36 所示。

（2）曲面边界线：求曲面的外边界线或内边界线，应靠近想要曲面边界线附近拾取，如图 3.37 所示。

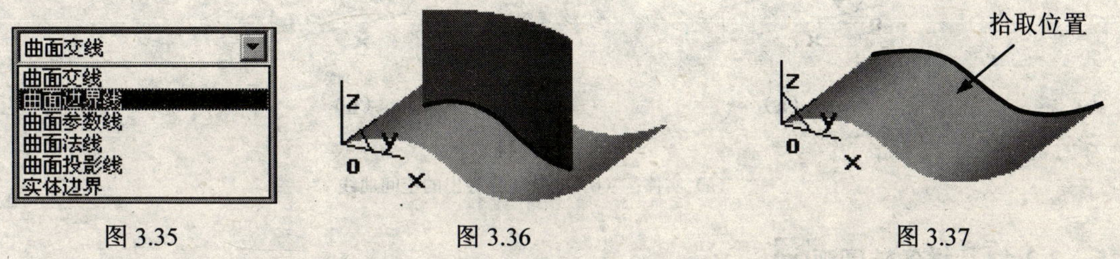

图 3.35　　图 3.36　　图 3.37

（3）曲面参数线：求曲面的 U 向或 W 向的参数线，指定参数时，参数值小于 1，它表示参数线在整个曲面上的比例位置。过点时，拾取的点可以不在曲面上，但此点将沿曲面的法线方向向曲面投影，从而得到参数线。多条曲线时，是将曲面在某个方向上的长度等分而得到曲线，如图 3.38 所示。

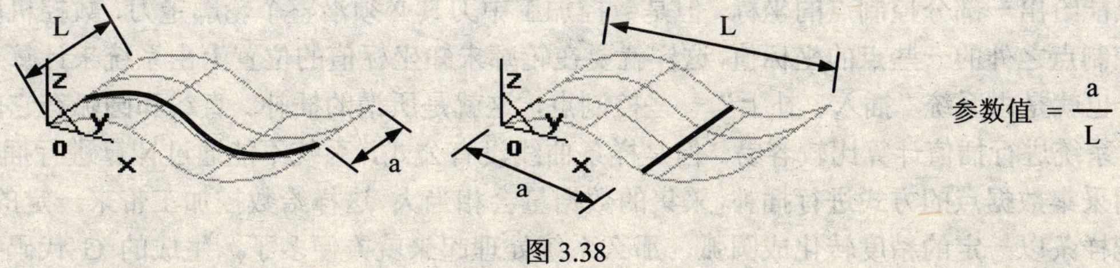

图 3.38

（4）曲面法线：求曲面上指定点处的法线，如图 3.39 所示。

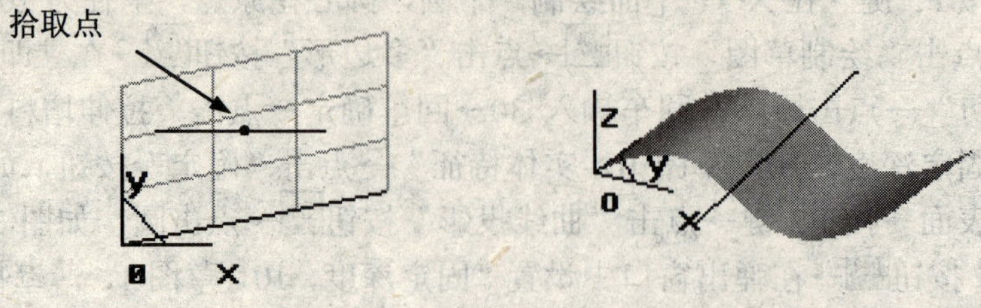

图 3.39

（5）曲面投影线：求一条曲线在曲面上的投影线，曲线必须沿投影方向与曲面有相交部分，如图 3.40 所示。

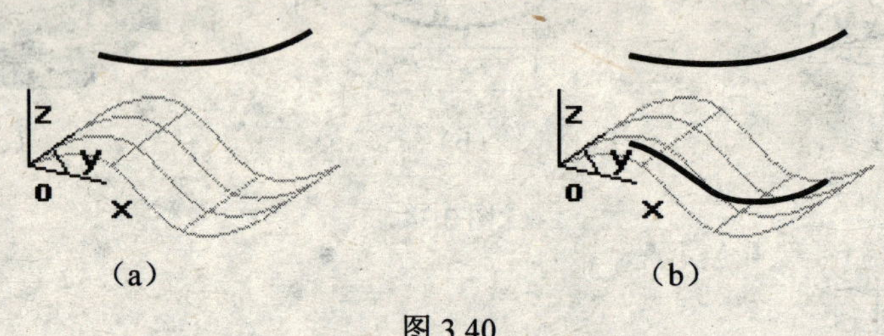

图 3.40

（a）曲面和曲线；（b）曲面投影线

（6）实体边界：将实体特征的棱边导出为空间曲线，如图 3.41 所示。

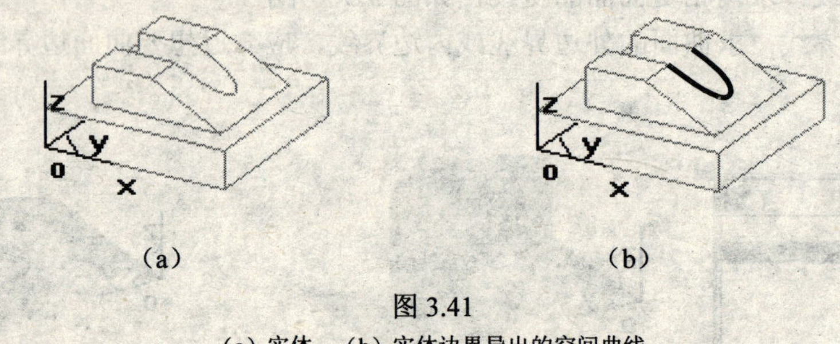

图 3.41

（a）实体；（b）实体边界导出的空间曲线

3.2.14 样条转圆弧

“样条转圆弧”功能提供了“步长离散”、“弓高离散”两种用圆弧按给定的精度来表示样条的方式，如图 3.42 所示。

数控加工中，零件的轮廓一般由直线、圆弧和样条曲线等组成。对于这些线型，设计零件时只能给出一部分控制点的坐标，但是数控加工中刀具必须沿整个轮廓走刀，数控机床就需要除控制点之外的一些点的坐标值，这样就要在轮廓未知坐标值的位置上由系统来计算各点的坐标，也就是由系统“插入、补上”一些控制点，这就是所谓的插补。直线和圆弧有它的曲线公式，系统进行插值计算比较容易。但是样条曲线没有公式，系统不能通过计算进行插补，只能采用采集数据点的方式进行插补，采集的数据量会相当大，这样给数控加工带来一定的难度。如果把样条以一定的精度转化成圆弧，那么系统处理起来就方便多了，生成的 G 代码数据量也将大大减少。

（1）步长离散：根据样条的各部分曲率由系统来估算步长，将样条离散为点，然后在这些离散的点之间用圆弧来拟合连接。转化的圆弧由离散步长和拟合精度共同来控制，应取较小值，如图 3.43 所示。

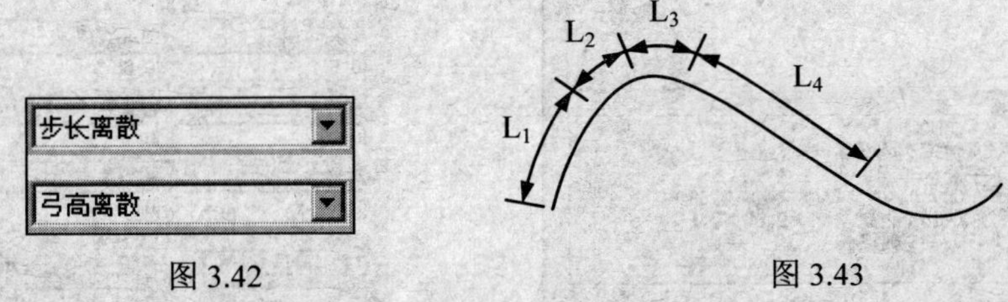

图 3.42　　　　图 3.43

（2）弓高离散：按照样条的弓高误差将样条离散为圆弧。其中，G1 连续表示用相切圆弧拟合，G0 连续表示用圆弧（可包含直线）拟合，各段不相切。设置时步长不宜过大、精度不宜过低，否则生成的圆弧与原样条曲线的误差太大，不能够保证零件的加工精度，如图 3.44 所示。

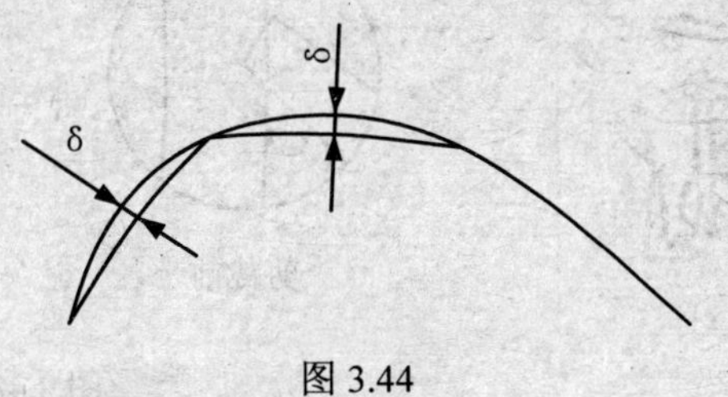

图 3.44

3.2.15　文字

无论在空间还是在草图状态下，都可以输入文字，可对字体的字型、大小、间距等进行设置，生成文字后也可对文字的线条进行编辑，如删除某段或添加线条。但在草图状态下，有些有相交线条的字体不能直接生成实体特征，可对其编辑后再生成实体。

【例 3.24】在特征树中选中 XOY 平面→按 F2 键→按 F5 键→点击“矩形”工具按钮→在立即菜单中选中“中心_长_宽，长度=50，宽度=50”→按空格键，用鼠标左键选择“缺省点”→点击原点→点击“拉伸增料”按钮→在弹出窗口中设置“固定深度，10，草图 0，实体特征”→点击“确定”按钮→拾取实体上表面→按 F2 键→点击“文字”工具按钮→在立即菜单中选中“中心”→指定文字插入点时回车输入（0，3）（应在英文输入方式下）→回车确认→在弹出的文字输入框中利用其他输入法输入“瓶”字，如图 3.45 所示→点击“设置”按钮→在弹出的“字体设置”窗口中进行如图 3.46 所示的设置→点击“确定”按钮→再次点击“确定”按钮→点击“拉伸增料”按钮→在弹出窗口中设置“固定深度，3，草图 1，实体特征”→点击“确定”按钮（实体不能生成）→点击“取消”按钮→在特征树中选中草图 1→点击鼠标右键→在快捷菜单中选中“编辑草图”项→点击“显示窗口”按钮→框选如图 3.47 所示字体的一部分进行观察（由于有交叉部分，所以不能生成实体）→点击“线剪裁”按钮→在立即菜单中选中“快速剪裁，正常剪裁”→将交叉部分按图 3.48 所示进行剪裁→按 F2 键→点击“拉伸增料”按钮→在弹出窗口中设置“固定深度，3，草图 1（用鼠标在特征树或绘图窗口中拾取），实体特征”→点击“确定”按钮，生成实体如图 3.49 所示。

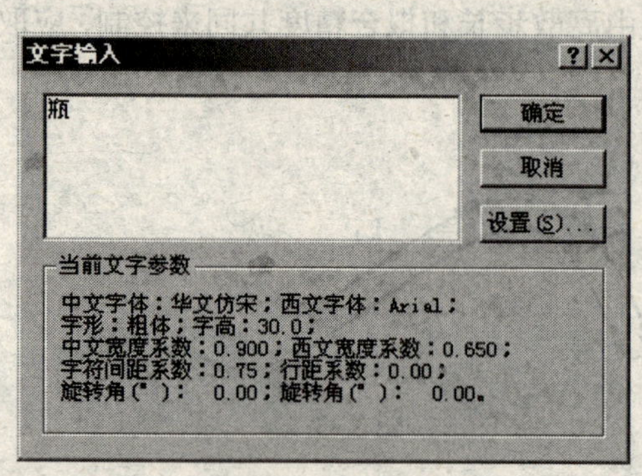

图 3.45

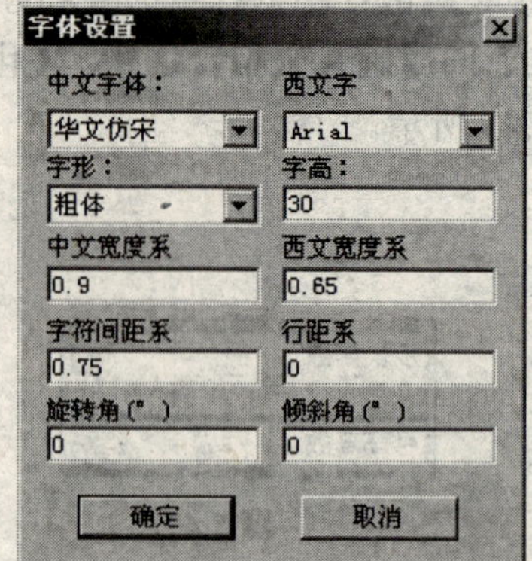

图 3.46

图 3.47

剪裁前

剪裁后

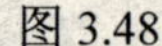

图 3.48

图 3.49

3.3 尺 寸 操 作

3.3.1 尺寸标注

只有在草图状态下，才可使用，对几何要素的大小和位置进行标识。

3.3.2 尺寸编辑

只有在草图状态下，才可使用，它只能靠拖动编辑各尺寸的位置。

3.3.3 尺寸驱动

只有在草图状态下，才可使用，它可以利用尺寸的输入改变图形的位置及大小，但要注意输入的尺寸不允许为零。

3.3.4 检查草图环是否闭合

在生成实体前一般要绘制草图，草图不能有重叠线条，且草图一般情况下需闭合。此功能能帮助用户检查草图的绘制情况，以便发现绘制有问题的部分，有问题的部分会出现标记，方便检查、修改。

【例 3.25】在特征树中选中 XOY 平面→按 F2 键→按 F5 键→点击“矩形”工具按钮→在立即菜单中选中“中心_长_宽，长度=40，宽度=40”→按空格键，用鼠标左键选择“缺省点”→点击原点→点击“删除”按钮→拾取上部直线→点击鼠标右键确认→点击“圆弧”工具按钮→在立即菜单中选中“起点_半径_起终角，半径=20，起始角=0，终止角=179.9”→敲击空格键，用鼠标左键选择“缺省点”→用鼠标左键点击右侧直线上端点→点击“检查草图环是否闭合”按钮→弹出如图 3.50 所示对话框，即可看到草图在开口处出现标记点，点击“确定”按钮→点击“显示窗口”按钮→框选如图 3.51 所示标记处→点击“曲线拉伸”按钮→在圆弧左侧端点附近点击→在立即菜单中选中“伸缩”→点击左侧直线上端点，图形此时封闭，如图 3.52 所示，可生成实体特征，如图 3.53 所示，也可生成薄壁特征，如图 3.54 所示。如不封闭，只能生成薄壁特征。

图 3.50

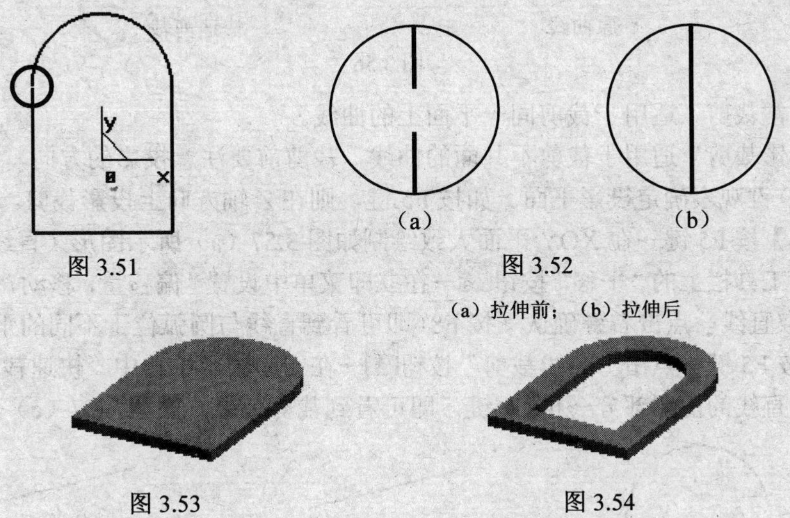

图 3.51

图 3.52
（a）拉伸前；（b）拉伸后

图 3.53

图 3.54

3.4 曲线的编辑

曲线编辑工具包括“曲线裁剪”、“曲线过渡”、“曲线打断”、“曲线组合”、“曲线拉伸”、“曲线优化”、“编辑型值点”、“编辑控制点”和“编辑端点切矢”9 种功能。可以在“造型”

菜单的“曲线编辑”下拉菜单和线面编辑工具栏中选用。

3.4.1 曲线裁剪

使用曲线作为剪刀，裁掉曲线上不需要的部分。即利用一个或多个几何元素（曲线或点，称为剪刀）对给定曲线（称为被裁剪线）进行修整，删除不需要的部分，得到新的曲线。曲线裁剪有 4 种方式：“快速裁剪”、“修剪”、“线裁剪”、“点裁剪”，如图 3.55 所示。

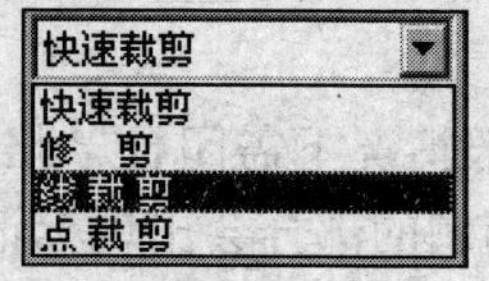

图 3.55

“线裁剪”和“点裁剪”的特色是：具有延伸特性。也就是说如果剪刀线或点和被裁剪曲线之间没有实际交点，系统在分别依次自动延长被裁剪线和剪刀线后进行求交，在得到的交点处对被裁剪线进行裁剪，延长后没有交点则不能被延伸或裁剪。延伸的规则是：直线和样条线按端点切线方向延伸，圆弧按整圆处理。由于采用延伸的做法，可以利用该功能实现对曲线的延伸。

“快速裁剪”、“修剪”和“线裁剪”中的“投影裁剪”适用于空间曲线之间的裁剪，曲线在当前坐标平面上施行正投影后，进行求交裁剪，从而实现不共面曲线的裁剪。

（1）快速裁剪：是指系统对曲线修剪具有指哪裁哪的快速反应。它包含两种剪裁方式：“正常裁剪”和“投影裁剪”。被快速裁剪的曲线必须与其他几何元素有两个以上的交点，如果曲线的端点与其他曲线只有一个交点，此段曲线不能被裁剪，只能够删除，如图 3.56 所示。

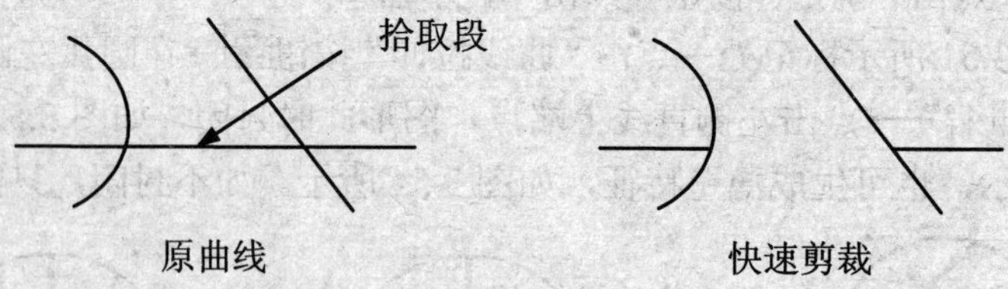

图 3.56

- “正常裁剪”适用于裁剪同一平面上的曲线。
- “投影裁剪”适用于裁剪不共面的曲线，裁剪前要注意投影的方向，按 F5、F6、F7 或 F9 键观察确定投影平面。如按 F5 键，则在 Z 轴方向上投影裁剪。

【例 3.26】按 F5 键→在 XOY 平面大致绘制如图 3.57（a）所示图形（直线应贯穿圆）→点击几何变换工具栏上的“平移”按钮→在立即菜单中设置“偏移量，移动，DX=0，DY=0，DZ=20”→拾取直线→点击右键确认→按 F8（即可看到直线与圆弧位于不同的平面），如图 3.57（b）所示→按 F5 键→点击“曲线裁剪”按钮→在立即菜单中选中“快速裁剪，投影裁剪”→点击圆位于直线的前侧部分→按 F8 键，即可看到裁剪效果，如图 3.57（c）所示。

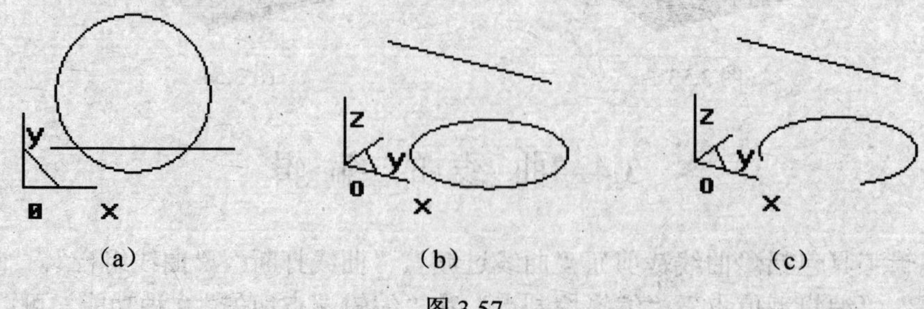

图 3.57

（2）修剪：用一条曲线或多条曲线作为剪刀，修剪在同一平面或不在同一平面的曲线。它不能用来延长曲线，因为它在修剪曲线上选取的是被裁剪段，如图3.58所示。

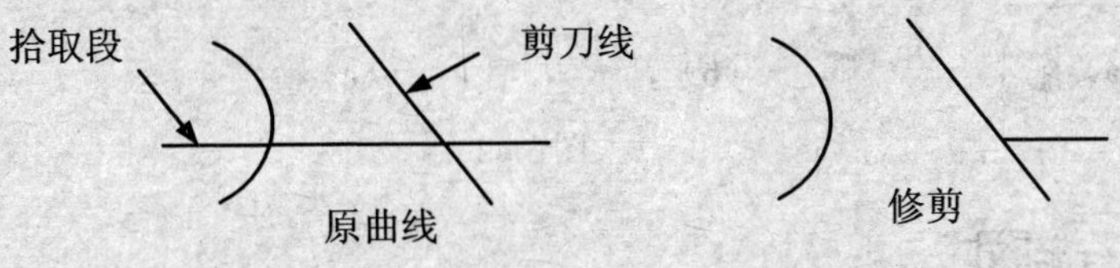

图3.58

（3）线裁剪：以一条曲线作为剪刀，对其他曲线进行裁剪。线裁剪具有曲线延伸功能，因为它选取的是保留段，如图3.59所示。

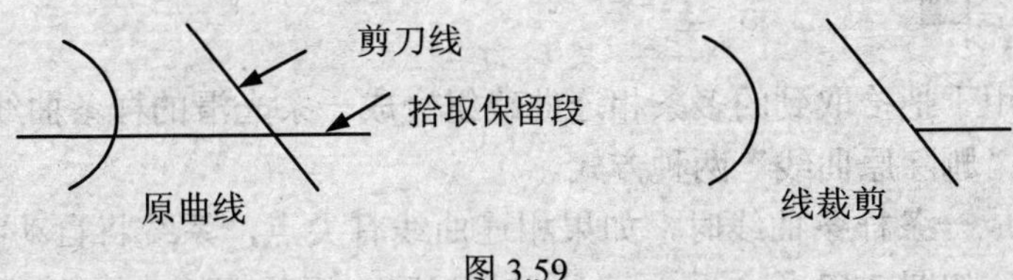

图3.59

（4）点裁剪：利用窗口上的点作为剪刀，对曲线进行裁剪。点裁剪具有曲线延伸功能。系统将对曲线在离剪刀点最近处施行裁剪，如图3.60所示。

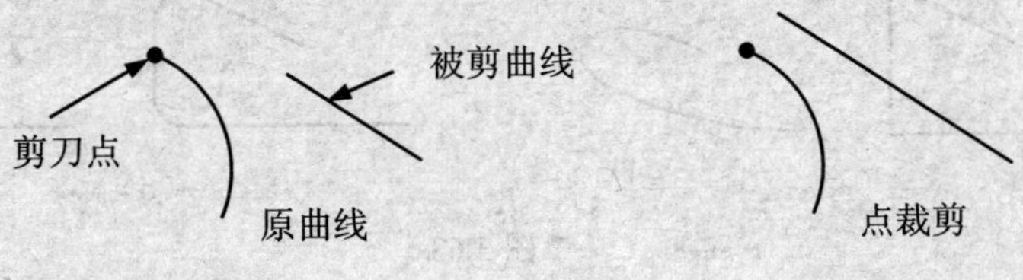

图3.60

3.4.2　曲线过渡

"曲线过渡"是对指定的两条曲线进行圆弧过渡、尖角过渡或对两条直线倒角。曲线过渡有"圆弧过渡"、"尖角"和"倒角"三种方式，如图3.61所示。

图3.61

（1）圆弧过渡：用于在两根曲线之间进行给定半径的圆弧光滑过渡。圆弧在两交叉曲线的哪个侧边生成取决于两根曲线上的拾取位置，图3.62（a）为原曲线，图3.62（b）为圆弧过渡后情况。

（2）倒角：用于在给定的两直线之间进行过渡，过渡后在两直线之间生成一条按给定角度和长度的直线。注意：此时生成的倒角直线长度是输入的距离值，如图3.62（c）所示。

（3）尖角：用于在给定的两根曲线之间进行过渡，过渡后在两曲线的交点处呈尖角。尖角就像两条曲线互相裁剪，如图3.62（d）所示。

【注意】

过渡时可对原曲线进行或不进行裁剪，编辑时均拾取需保留的段。

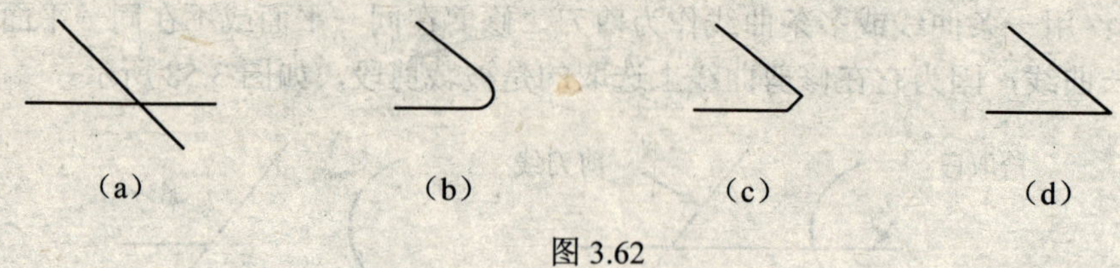

图 3.62

3.4.3 曲线打断

“曲线打断”用于把拾取到的一条曲线在指定点处打断，形成两条曲线。此时注意使用空格键，选择合适的点。

3.4.4 曲线组合

“曲线组合”用于把拾取到的多条相连曲线组合成一条光滑的样条曲线。“曲线组合”有“保留原曲线”和“删除原曲线”两种方式。

把多条曲线组成一条样条曲线时，如果相连曲线有尖点，系统将自动将其圆滑，这时变形较大，不易控制，如图 3.63（a）所示。所以最好对一组相切的曲线使用该功能，如图 3.63（b）所示。

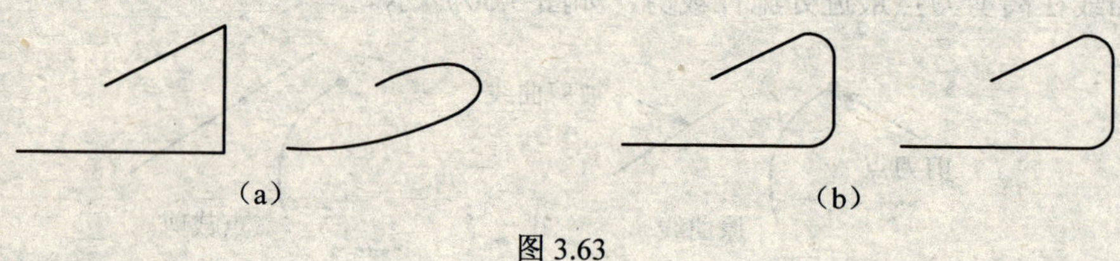

图 3.63

3.4.5 曲线拉伸

“曲线拉伸”用于将指定曲线拉伸到指定点。拉伸有伸缩和非伸缩两种方式。伸缩方式就是沿原曲线的方向进行拉伸或缩短，如图 3.64 所示。而非伸缩方式是以曲线的一个端点或两点（如三点圆弧）为定点，不受曲线原方向的限制，进行自由拉伸，如图 3.65 所示。

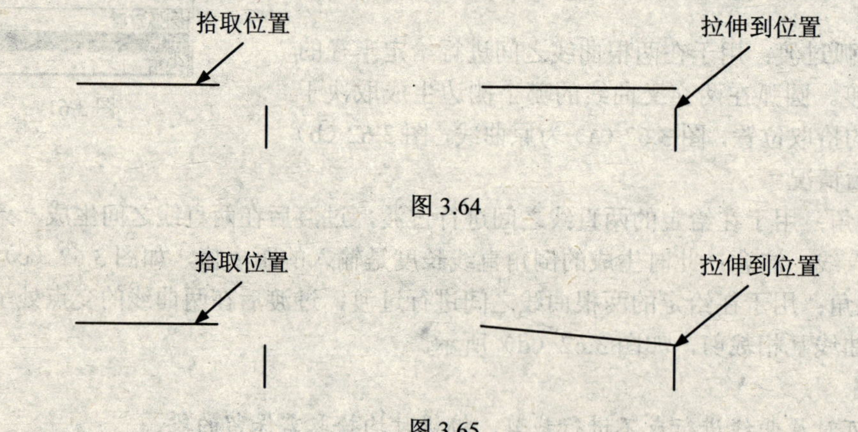

图 3.64

图 3.65

3.4.6 曲线优化

对控制顶点太密的样条曲线，在给定的精度范围内进行优化处理，减少其控制顶点，从而减少数据量，提高软件运行速度。

3.4.7 样条型值点

对已经生成的样条进行修改，编辑样条的型值点。拾取样条线后，再拾取其上某一插值点，点击新位置或直接输入坐标点，即得到新的位置。

3.4.8 样条控制顶点

对已经生成的样条进行修改，编辑样条的控制顶点。拾取样条线后，再拾取样条线上某一控制顶点，点击新位置或直接输入坐标点，即得到新的位置。

3.4.9 样条端点切矢

对已经生成的样条进行修改，编辑它的端点切矢。拾取样条线后，再拾取样条线上某一端点，移动鼠标，改变样条的端点切矢，点击新位置或直接输入坐标点，即得到新的位置。

3.5 几 何 变 换

“几何变换”对于编辑图形和曲面有着极为重要的作用，可以极大地方便用户设计建模。“几何变换”是针对空间线、面进行变换，对造型实体无效，而且几何变换前后线、面的颜色、图层等属性不发生变换。“几何变换”有 7 种功能：“移动”、“平面旋转”、“旋转”、“平面镜像”、“镜像”、“阵列”和“缩放”。

3.5.1 平移

对拾取到的曲线或曲面进行平面或空间平移或拷贝。“平移”有两种方式：“两点”和“偏移量”。

（1）两点：就是给定平移元素的基点和目标点，来实现曲线或曲面的平移或拷贝。基点和目标点可不在曲线上，但在曲线上移动更方便。

【例 3.27】按 F5 键→点击“矩形”工具按钮→在立即菜单中选中“中心_长_宽，长度=15，宽度=10”→回车输入（20，18）（也可为其他值）→回车确认→按 F7 键→点击“直线”工具按钮→在立即菜单中选中“两点线，单个，非正交”→按空格键，选择“缺省点”→点击原点→回车输入（-20，0，40）→按 F8 键，如图 3.66（a）所示→点击“平移”按钮→在立即菜单中选中“两点，拷贝，非正交”→拾取元素时框选矩形→点击鼠标右键确认→输入基点时点击矩形左下角点→输入目标点时点击直线上端点，如图 3.66（b）所示→按空格键，选择“中点”→在直线上任意位置点击，如图 3.66（c）所示。

（2）偏移量：就是给出在 X、Y、Z 三轴上的偏移量，来实现曲线或曲面的平移或拷贝。

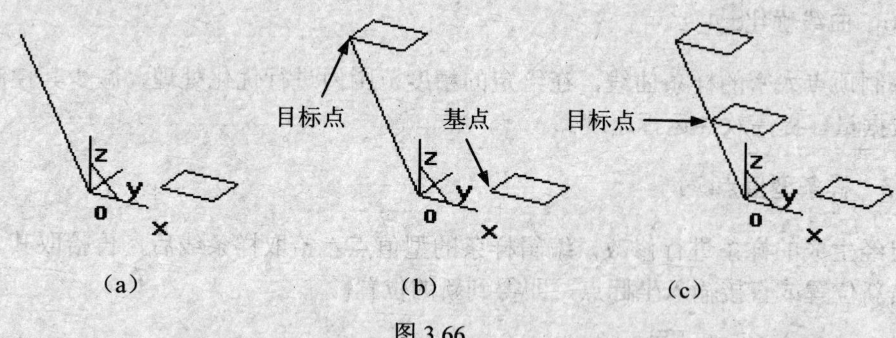

图 3.66

【例 3.28】按 F5 键→点击“圆”工具按钮→在立即菜单中选中“圆心_半径”→回车输入（18，18）→回车确认→再次回车输入（10）→回车确认→按 F8 键，如图 3.67（a）所示→点击“平移”按钮→在立即菜单中设置“偏移量，拷贝，DX=15，DY=0，DZ=0”→拾取圆→点击鼠标右键确认→再拾取刚才拷贝的圆→点击鼠标右键确认，如图 3.67（b）所示→在立即菜单中设置“偏移量，移动，DX=0，DY=0，DZ=15”→拾取第一次拷贝的圆→点击右键确认，如图 3.67（c）所示。

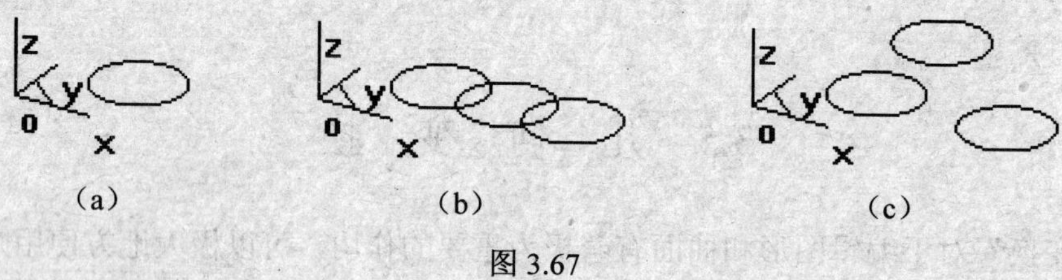

图 3.67

3.5.2 平面旋转

对拾取到的空间曲线或曲面以围绕垂直某一基准平面的旋转轴旋转或旋转拷贝。旋转角度的方向用右手螺旋法则判断，图 3.68 是将正方形旋转 45° 的情况。

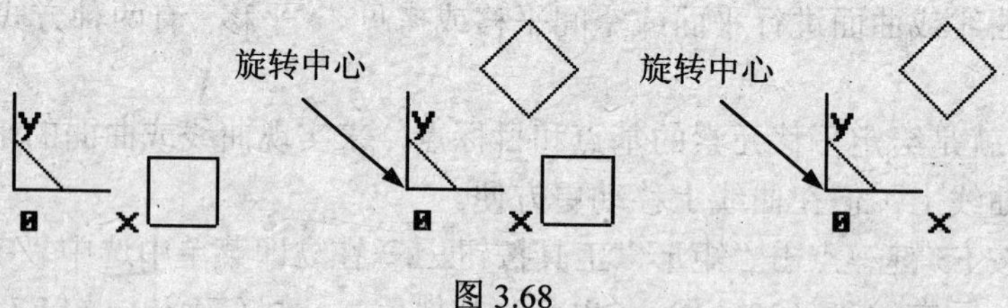

图 3.68

【例 3.29】按 F8 键→点击“矩形”工具按钮→在立即菜单中选中“中心_长_宽，长度=8，宽度=8”→回车输入（20）（也可为其他值）→回车确认，如图 3.69（a）所示→按 F9 键（使绘图平面位于 XOZ）→点击“圆弧”工具按钮→在立即菜单中选中“起点_半径_起终角，半径=20，起始角=0，终止角=30”→敲击空格键，选择“中点”→点击矩形右侧直线，如图 3.69（b）所示→按 F5 键（使绘图平面位于 XOY）→点击“平面旋转”按钮→在立即菜单中设置“拷贝，份数=1，角度=90”→敲击空格键，用鼠标左键选择“缺省点”→点击原点→框选所有元素→点击鼠标右键确认，如图 3.69（c）所示。

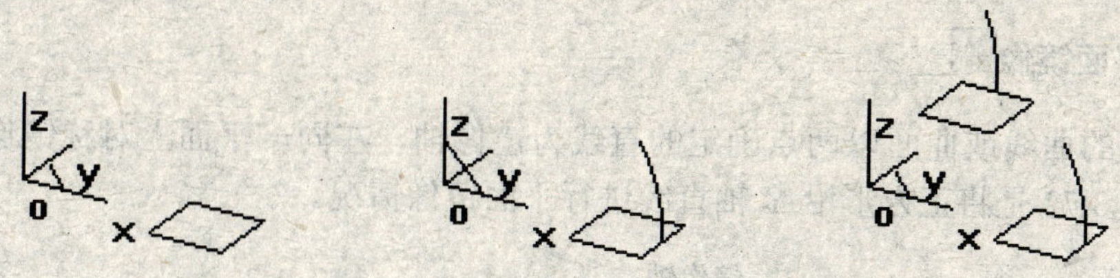

（a）　　（b）　　（c）

图 3.69

3.5.3　旋转

对拾取到的空间曲线或曲面以围绕某一空间的旋转轴旋转移动或旋转拷贝。旋转角度的方向用右手螺旋法则判断。图 3.70 是将正方形旋转 135°的情况。

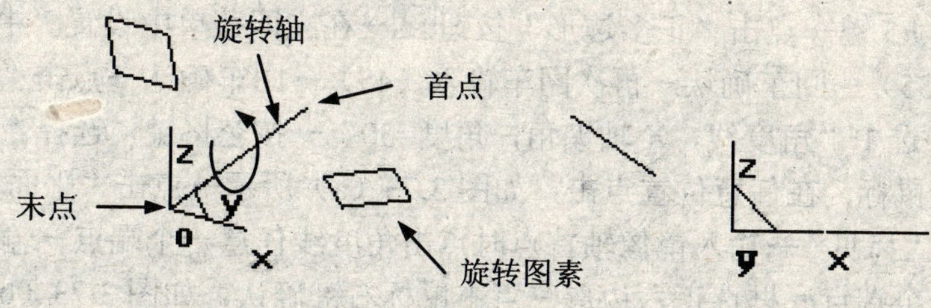

图 3.70

【例 3.30】按 F5 键→点击“矩形”工具按钮→在立即菜单中选中“中心_长_宽，长度=16，宽度=12”→回车输入（18，20）（也可为其他值）→回车确认→点击“直线”工具按钮→在立即菜单中选中“两点线，单个，正交，长度方式，长度=26”→敲击空格键，选择“缺省点”→点击原点→向 Y 轴正方向移动鼠标点击→点击“圆弧”工具按钮→在立即菜单中选中“起点_半径_起终角，半径=8，起始角=180，终止角=360”→点击矩形左下角点→按 F8，如图 3.71（a）所示→点击“旋转”工具按钮→在立即菜单中设置“拷贝，份数=1，角度=90”→输入旋转轴起点（提示栏）时点击矩形右上角点→输入旋转轴末点（提示栏）时点击矩形左上角点→拾取圆弧→点击鼠标右键确认，如图 3.71（b）所示→点击直线右侧端点→点击原点→框选除直线以外的所有元素→点击鼠标右键确认，如图 3.71c 所示。

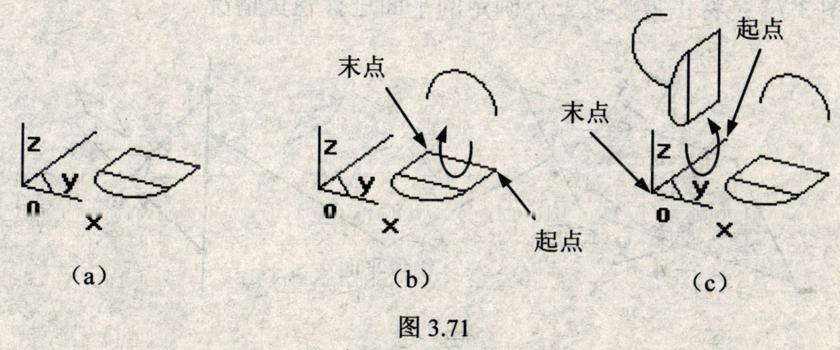

图 3.71

3.5.4　平面镜像

对拾取到的曲线或曲面以两点确定的直线为镜像轴，在同一平面上对称镜像移动或对称镜像拷贝。图 3.72 是将正方形沿 Y 轴直线进行平面镜像情况。

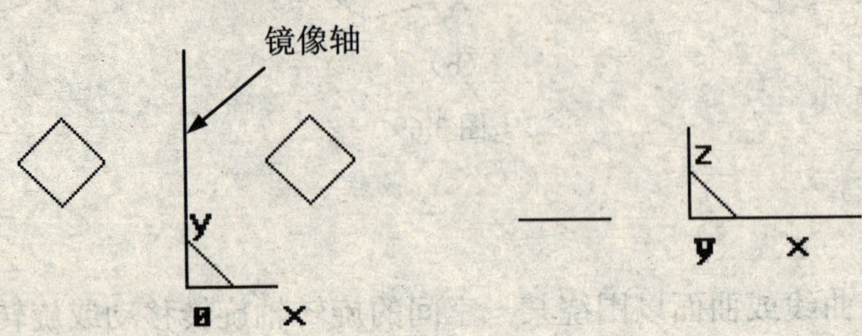

图 3.72

【例 3.31】按 F5 键→点击“正多边形”按钮→在立即菜单中设置“中心，边数 6，内接”→回车输入（35）→回车确认→再次回车输入（45）→回车确认→点击“直线”工具按钮→在立即菜单中选中“角度线，X 轴夹角，角度=30”→按空格键，选择“缺省点”→点击原点→向右方移动鼠标，在任意位置点击，如图 3.73（a）所示→点击“平面镜像”按钮→在立即菜单中选中“拷贝”→输入镜像轴首点时点击角度线任意一个端点→输入镜像轴末点时点击角度线的另一个端点→框选正六边形→点击鼠标右键确认，如图 3.73（b）所示。

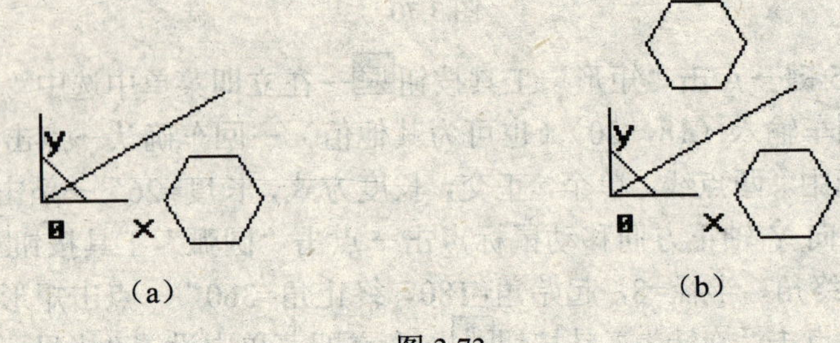

图 3.73

3.5.5　镜像

对拾取到的曲线或曲面以三点确定的平面为镜像平面，进行空间上的对称镜像移动或对称镜像拷贝。图 3.74 是将正方形以三点确定的平面进行镜像情况。

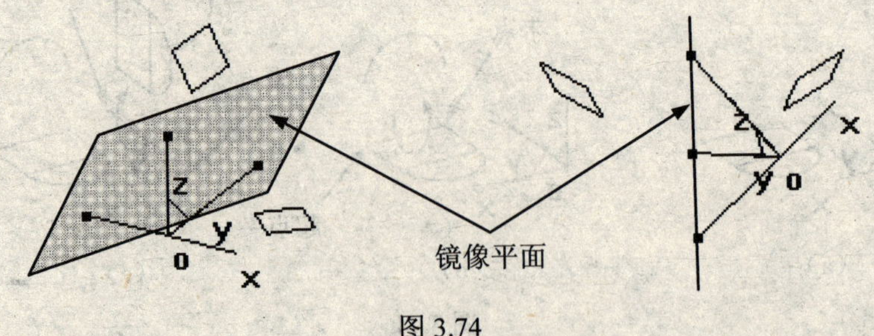

图 3.74

【例 3.32】按 F5 键→点击“椭圆”工具按钮→在立即菜单中设置“长半轴 15，短半轴

6，旋转角度 30，起始角=0，终止角=270”→回车输入（40，15）→回车确认→点击“直线”工具按钮→在立即菜单中选中“角度线，X 轴夹角，角度=60”→按空格键，选择“缺省点”→点击原点→向右移动鼠标→回车输入（40）→回车确认，如图 3.75（a）所示→点击角度线的终点→按 F7 键→回车输入（30），如图 3.75（b）所示→按 F8 键→点击“镜像”工具按钮→分别点击两条角度线的三个端点→拾取椭圆弧→点击鼠标右键确认，如图 3.75（c）所示。

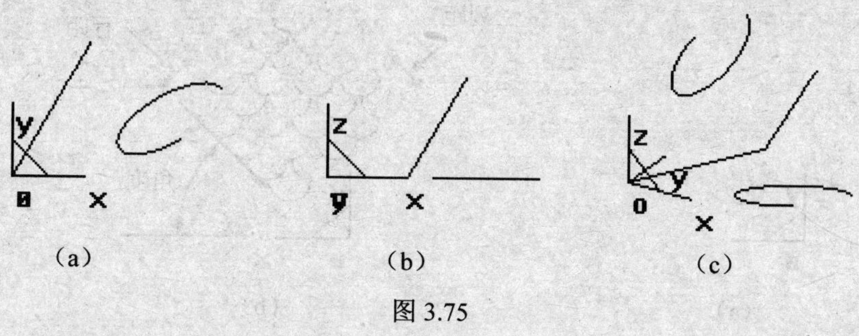

图 3.75

3.5.6　阵列

对拾取到的曲线或曲面，按圆形或矩形方式进行阵列拷贝。

（1）圆形阵列：对拾取到的曲线或曲面，按圆形方式在平面内进行阵列拷贝。图形也随着阵列方向发生角度变化。

【例 3.33】按 F5 键→点击“圆”工具按钮→回车输入（，8）→回车确认→回车输入（1）→回车确认→点击“圆弧”工具按钮→在立即菜单中选中“两点_半径”→回车输入（0，35）→回车确认→敲击空格键，选择“切点”→点击圆左下角部分→略向左移动鼠标→回车输入（20）→回车确认→回车输入（2，26）→回车确认→点击圆右上角部分→略向左移动鼠标→回车输入（16）→回车确认→按空格键，选择“缺省点”→分别点击两圆弧的上端点→略向左移动鼠标→回车输入（8）→回车确认→点击“曲线裁剪”工具按钮→在立即菜单中选中“快速裁剪，正常裁剪”→裁剪掉圆的上半部分，如图 3.76（a）所示→点击“阵列”工具按钮→在立即菜单中设置“圆形，均布，份数=12”→框选所有几何元素→点击鼠标右键确认→点击原点，如图 3.76（b）所示。

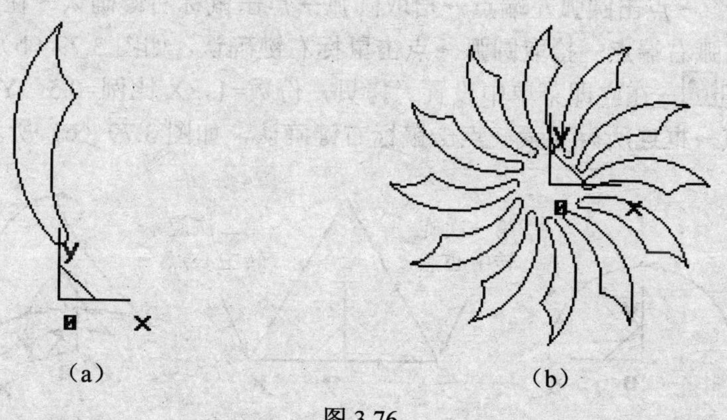

图 3.76

（2）矩形阵列：对拾取到的曲线或曲面，按矩形方式在平面内进行阵列拷贝。角度的判断使用右手螺旋法则。

【例 3.34】按 F5 键→点击“圆弧”工具按钮→在立即菜单中选中“起点_半径_起终角，半径=5，起始角=180，终止角=360”→回车输入（10，15）→回车确认，如图 3.77（a）所示→点击“阵列”工具按钮→在立即菜单中设置“矩形，行数=5，行距=8，列数=5，列距=8，旋转角度=45”→用鼠标左键点击拾取圆弧→点击鼠标右键确认，如图 3.77（b）所示。

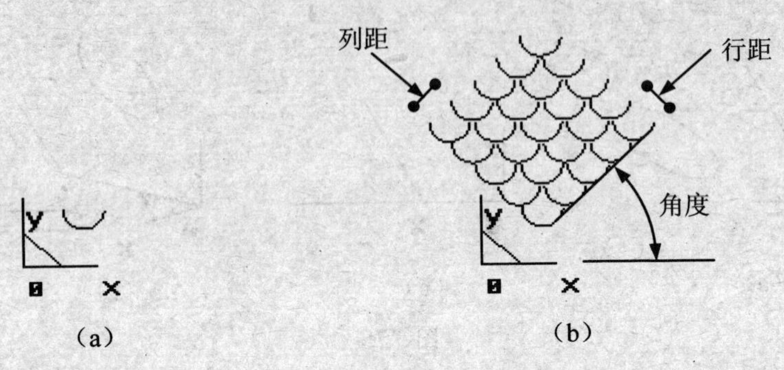

图 3.77

3.5.7　缩放

对拾取到的曲线或曲面以基点为基准进行按比例放大或缩小。图 3.78 是将正方形以原点为基点进行缩放的情况。

图 3.78

【例 3.35】按 F5 键→点击“圆弧”工具按钮→在立即菜单中选中“圆心_半径_起终角，起始角=0，终止角=180”→按空格键，选择“缺省点”→点击原点→回车输入（50）→回车确认，如图 3.79（a）所示→按 F7 键→点击“平面旋转”按钮→在立即菜单中设置“拷贝，份数=1，角度=60”→点击圆弧左端点→拾取圆弧→点击鼠标右键确认→在立即菜单中将角度改为 300→点击圆弧右端点→拾取圆弧→点击鼠标右键确认，如图 3.79（b）所示→按 F8 键→点击“缩放”按钮→在立即菜单中设置“拷贝，份数=1，X 比例=0.5，Y 比例=0.5，Z 比例=0.5”→点击原点→框选所有元素→点击鼠标右键确认，如图 3.79（c）所示。

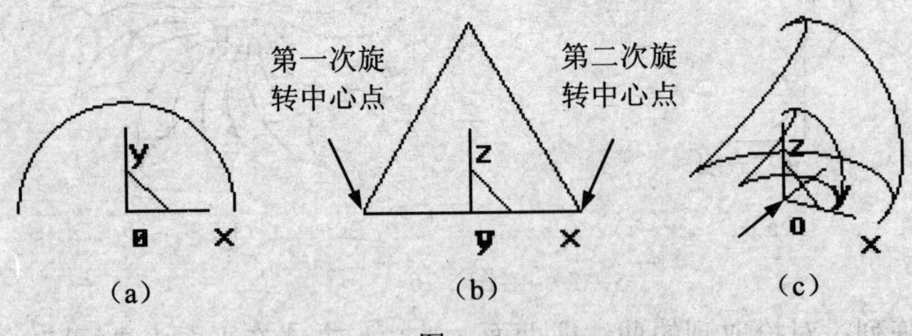

图 3.79

第4章 曲面制作与编辑

"CAXA 制造工程师"提供了丰富的曲面造型手段。曲面是由点、线组成的，所以先要从点、线入手构造线框，然后选用各种曲面的生成和编辑方法，从而生成所需曲面，进而来描述零件的外表面。曲面的构造及点、线的绘制，必须在空间状态下进行。

曲面工具提供了"直纹面"、"旋转面"、"扫描面"、"边界面"、"放样面"、"网格面"、"导动面"、"等距面"、"平面"和"实体表面"等10种构造曲面的方法。

4.1 曲面制作

4.1.1 直纹面

直纹面是用直线将两曲线上对应点连接而形成的曲面。曲线可以封闭，也可以不封闭。"直纹面"功能提供了"曲线+曲线"、"点+曲线"、"曲线+曲面"三种方式来生成直纹面，如图4.1所示。

图 4.1

（1）曲线+曲线：用两条自由曲线生成直纹面。应在想要连接的曲线端点附近拾取，拾取曲线的位置不同，得到的结果不同。

【例 4.1】按 F7 键→点击"圆弧"工具按钮→在立即菜单中选中"两点_半径"→回车输入（25）→回车确认→回车输入（-5，15）→回车确认→略向上移动鼠标→回车输入（20）→回车确认→按 F5 键→点击"直线"工具按钮→在立即菜单中设置"角度线，X 轴夹角，角度=115"→回车输入（40，10）→回车确认→向左侧移动鼠标→回车输入（35）→回车确认→按 F7 键→点击"平面旋转"按钮→在立即菜单中设置"移动，角度=320"→点击直线右端点→拾取直线→点击鼠标右键确认→按 F8 键→点击"直纹面"按钮→在立即菜单中选中"曲线+曲线"→拾取圆弧→拾取直线（拾取位置不同，得到的结果不同），如图 4.2 所示。

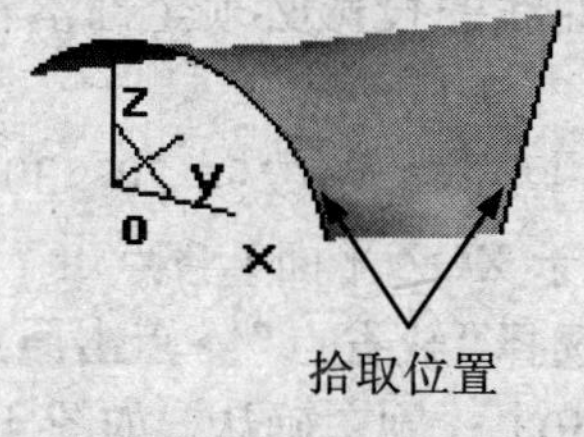

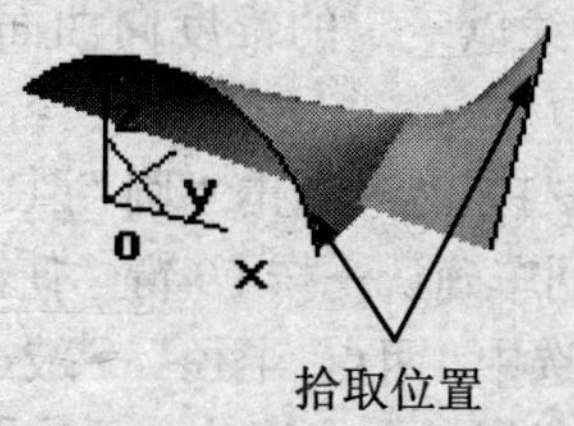

图 4.2

（2）点+曲线：用一个点和一条曲线生成直纹面。

【例 4.2】按 F5 键→点击"正多边形"按钮→在立即菜单中设置"中心，边数 5，内接"→点击原点→回车输入（，50）→回车确认→点击"直线"工具按钮→在立即菜单中选中“两点线，连续，非正交”→按空格键，选择“缺省点”→分别用直线将各对角点连接，如图 4.3（a）所示→点击“删除”按钮→拾取正五边形各边→点击鼠标右键确认→点击“曲线裁剪”按钮→在立即菜单中选中“快速裁剪，投影裁剪”→如图 4.3（b）所示，裁剪掉各直线中间部分→按 F8 键→点击“点”工具按钮→在立即菜单中选中“单点，工具点”→回车输入（0，0，8）→回车确认，如图 4.3（c）所示→点击“直纹面”按钮→在立即菜单中选中“点+曲线”→拾取点→拾取任意一条线段→拾取点→拾取一条与刚才拾取的线段相邻的线段，如图 4.3（d）所示→点击“阵列”工具按钮→在立即菜单中设置“圆形，均布，份数=5”→点击“拾取过滤器”按钮→在图形元素的类型中只选中“空间曲面”→点击“确定”按钮→框选所有图素（只选中了曲面）→点击鼠标右键确认（注意绘图平面一定要在 XOY 平面上，否则要按 F9 键切换）→点击原点，如图 4.3（e）所示→点击“编辑”下拉菜单中的“颜色修改”命令→框选所有图素（只选中了曲面）→点击鼠标右键确认→在弹出的颜色管理窗口中选中“红色”→点击“确定”按钮→按 F5 键，如图 4.3（f）所示。

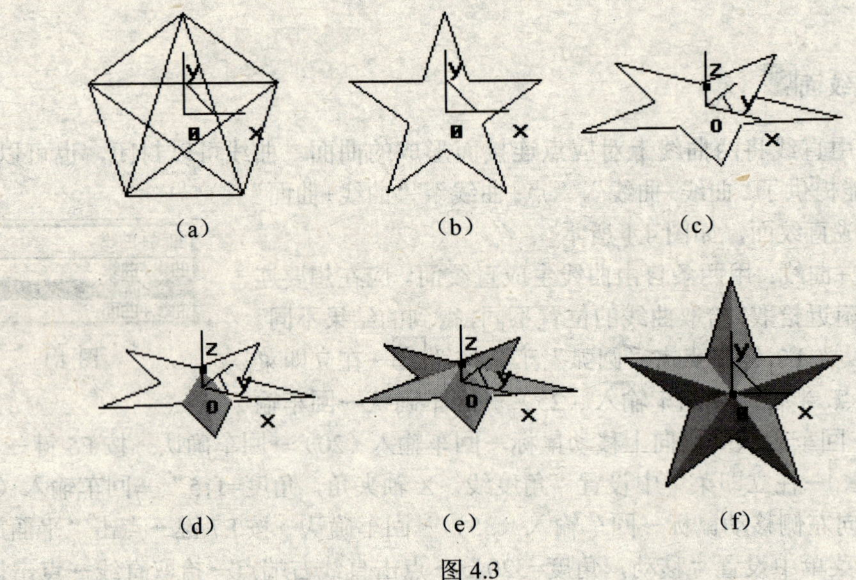

图 4.3

（3）曲线+曲面：用一条曲线和一个曲面生成直纹面。曲线沿着某一个方向向曲面投影，同时曲线可以沿投影方向锥度扩张或收缩，生成另外一条曲线，在这两条曲线之间生成直纹面。当曲线以一定的锥度向曲面投影时，曲线的投影必须全部落在曲面内，否则无法生成直纹面。

【例 4.3】按 F8 键→点击“圆”工具按钮→回车输入（25，20，30）→回车确认→回车输入（10）→回车确认→按 F9 键（使绘图平面位于 XOZ 平面）→点击“圆弧”工具按钮→在立即菜单中选中“两点_半径”→敲击空格键，选择“缺省点”→点击原点→回车输入（50）→回车确认→将鼠标向上方移动→再次回车输入（50）→回车确认，如图 4.4（a）所示→点击“扫描面”按钮→在立即菜单中设置“起始距离 0，扫描距离 40，扫描角度 0，精度 0.01”→按空格键，选择“Y 轴正方向”→拾取圆弧→点击“直纹面”按钮→在立即菜单中选中“曲线+曲面，角度 15，精度 0.01”→拾取曲面→拾取圆→按空格键，选择“Z 轴负方向”→点击圆外侧箭头，如图 4.4（b）所示→即生成曲线+曲面的直纹面，如图 4.4（c）所示。

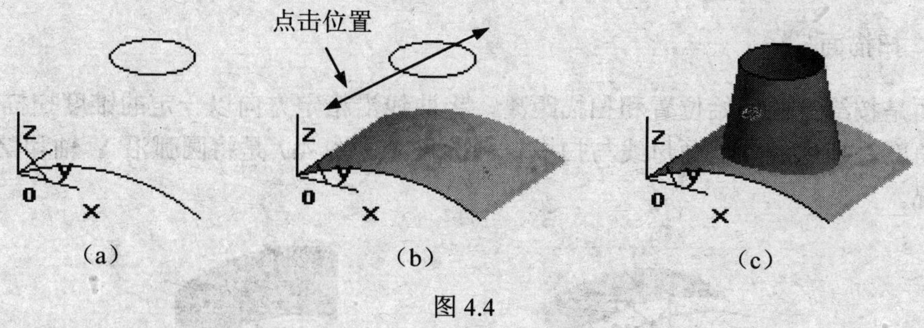

(a) (b) (c)

图 4.4

4.1.2 旋转面

旋转面是按给定的起始角度和终止角度，将曲线绕一旋转轴旋转而生成的曲面。选择方向后，按右手螺旋法则生成曲面。图 4.5 是将圆弧沿不同的方向旋转 90° 的情况。

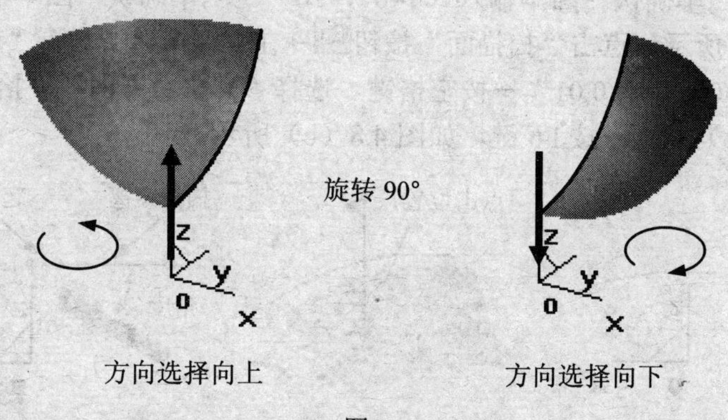

方向选择向上 方向选择向下

图 4.5

【例 4.4】按 F7 键→点击“直线”工具按钮→在立即菜单中选中“两点线，单个，正交，点方式”→敲击空格键，选择“缺省点”→点击原点→向上移动鼠标点击（沿 Z 轴绘制任意长直线）→点击“样条”工具按钮→在立即菜单中设置“插值，缺省切矢，开曲线”→回车输入（17,，60）→回车确认→多次回车，分别输入（24,，40）（7,，22）（8,，8）（20）→点击鼠标右键结束绘制，如图 4.6（a）所示→按 F8 键→点击“旋转面”按钮→在立即菜单中设置“起始角 0，终止角 360”→拾取直线→选择方向时在上部或下部箭头附近点击，如图 4.6（b）所示→拾取样条曲线，即生成旋转面，如图 4.6（c）所示。

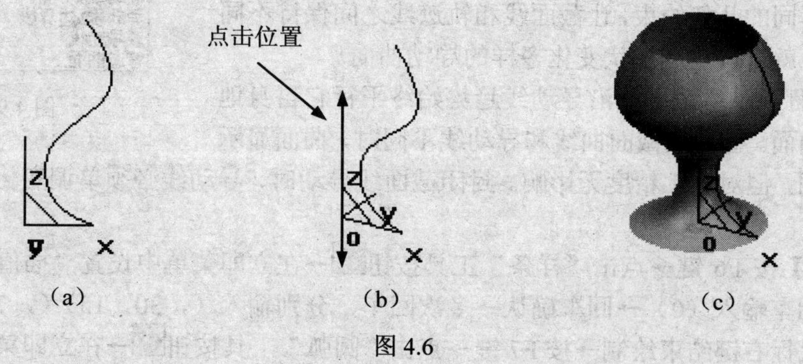

(a) (b) (c)

图 4.6

4.1.3 扫描面

扫描面是按给定的起始位置和扫描距离，将曲线沿指定方向以一定的锥度扫描生成曲面。其中扫描角度是指生成的曲面母线与扫描方向的夹角。图 4.7 是将圆弧沿 Y 轴和 Z 轴生成扫描面的情况。

图 4.7

【例 4.5】按 F7 键→点击“圆弧”工具按钮→在立即菜单中选中“两点_半径”→回车输入（40,，20）→回车确认→回车输入（-40,，20）→回车确认→回车输入（100）→回车确认，如图 4.8（a）所示→点击“扫描面”按钮→在立即菜单中设置“起始距离 10，扫描距离 40，扫描角度 30，精度 0.01”→按空格键，选择“Y 轴负方向”→拾取圆弧→点击下方向箭头，如图 4.8（b）所示→按 F6 键，如图 4.8（c）所示。

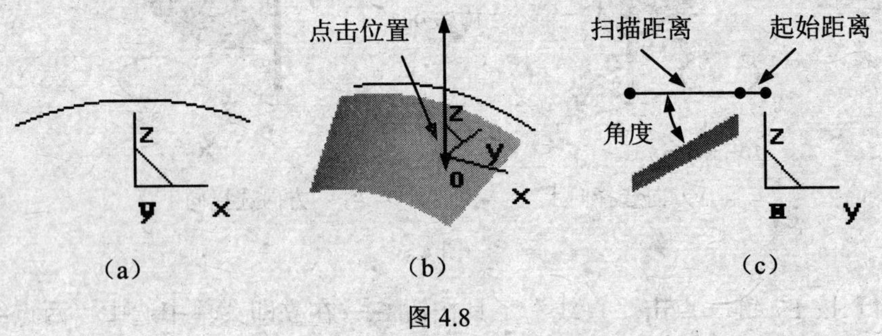

（a） （b） （c）

图 4.8

4.1.4 导动面

导动面是截面线在导动线的引导下沿某一方向扫动生成曲面。导动面生成有 6 种方式：“平行导动”、“固接导动”、“导动线&平面”、“导动线&边界线”、“双导动线”和“管道曲面”，如图 4.9 所示。

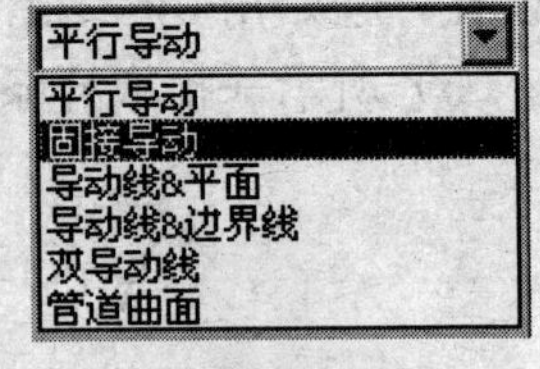

图 4.9

为了满足不同形状的要求，可以在扫动过程中对截面线和导动线施加不同的几何约束，让截面线和轨迹线之间保持不同的位置关系，就可以生成形状变化多样的导动曲面。

（1）平行导动：截面线沿导动线趋势始终平行它自身地扫动而生成曲面。在选取截面曲线和导动线不同时，曲面显示质量有所不同，但对加工精度无影响。封闭截面线导动时，导动线必须单调变化，否则生成曲面不可用。

【例 4.6】按 F6 键→点击“样条”工具按钮→在立即菜单中设置“插值，缺省切矢，开曲线”→回车输入（0）→回车确认→多次回车，分别输入（，30，15）（，70，4）（，90，20）→点击鼠标右键结束绘制→按 F7 键→点击“圆弧”工具按钮→在立即菜单中选中“两点_半径”→回车输入（0,，28）→回车确认→回车输入（-70,，28）→回车确认→鼠标略向上移动→回车输入（80）→回车确认→按F8键→点击“导动”面按钮→在立即菜单中选择“平行导动”→拾取样条曲线→点击右方箭头→拾取圆弧（如果先拾取圆弧后拾取样条曲线，亦可制作出平行导动平面，只是位置不同），即生成平行导动面，如图4.10（b）所示→按F6键，如图4.10（c）所示。

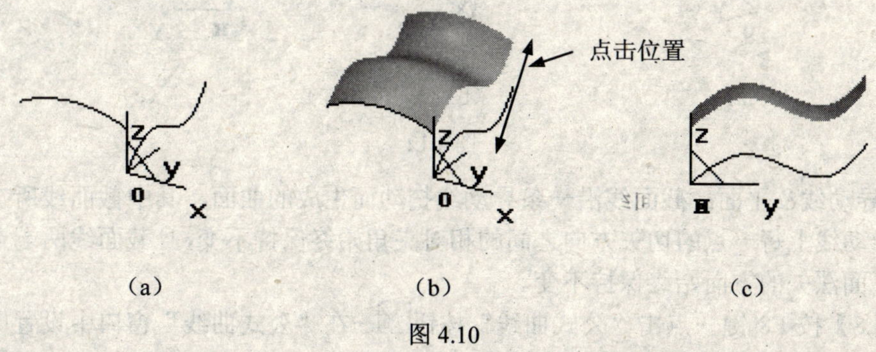

（a） （b） （c）

图4.10

（2）固接导动：在导动过程中，截面线平面的法线方向与导动线上每一点的切矢方向保持固定的角度，从而导动生成曲面。固接导动有单截面线和双截面线两种，也就是说截面线可以是一条或两条，两截面线可以不在平行平面上，而且也可以不与导动线相交，如图4.11所示。

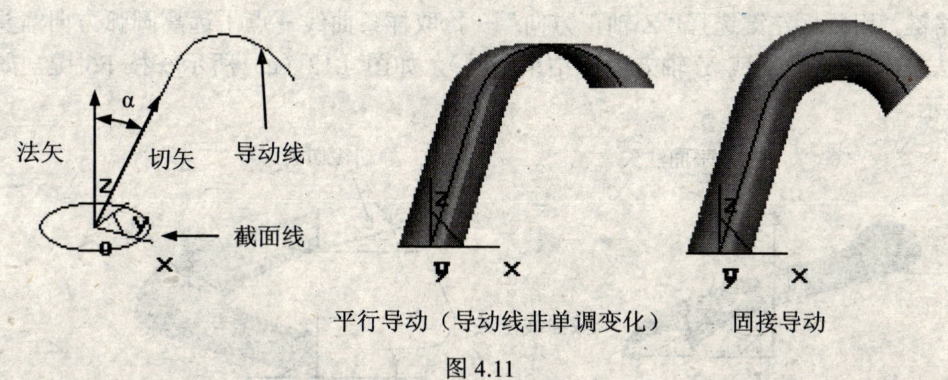

平行导动（导动线非单调变化） 固接导动

图4.11

【例4.7】按F6键→点击“圆弧”工具按钮→在立即菜单中选中“起点_半径_起终角，半径=40，起始角=90，终止角=160”→敲击空格键，用鼠标左键选择“缺省点”→在绘图窗口中任意位置点击→点击“平移”按钮→在立即菜单中设置“两点，移动，非正交”→点击圆弧→点击鼠标右键确认→点击圆弧左端点→点击原点→点击“直线”工具按钮→在立即菜单中选中“两点线，单个，正交，长度方式，长度=50”→点击圆弧右端点→向右侧移动鼠标并点击左键→点击“曲线组合”按钮→在立即菜单中选中“删除原曲线”→敲击空格键，选择“链拾取”→点击圆弧→点击直线侧箭头→点击鼠标右键确认→按F7键→点击“圆弧”工具按钮→在立即菜单中选中“两点_半径”→回车输入（0,，28）→回车确认→回车输入（-70,，28）→回车确认→将鼠标略向上移动→回车输入（80）→回车确认→按F8键，如图4.12（a）所示→点击“导动面”按钮→在立即菜单中选中“固接导动，单截面线，精度 0.01”→拾取组合曲线→点击右侧箭头→拾取圆弧，即生成固接导动面，如图 4.12（b）所示→按 F6 键，如图 4.12（c）所示。

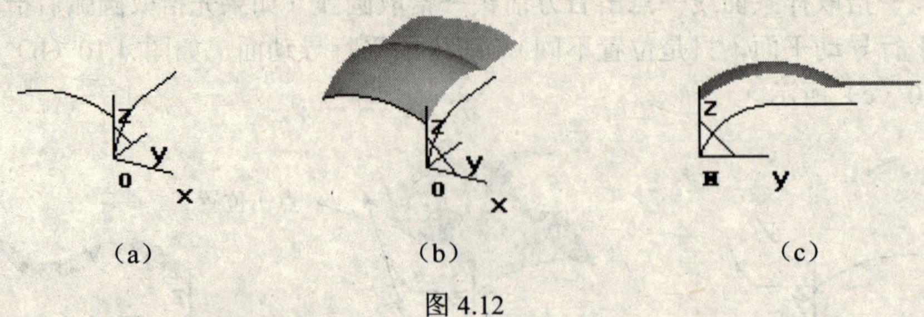

（a） （b） （c）

图 4.12

（3）导动线＆平面：截面线沿一条导动线扫动而生成的曲面，其中截面线所在平面的法线方向与导动线上每一点的切矢方向之间的相对夹角始终保持不变，且截面线两端点的矢量与所定义的平面法矢的方向始终保持不变。

【例 4.8】按 F8 键→点击“公式曲线”按钮→在“公式曲线”窗口中设置“直角坐标系，角度，变量名 t，精度控制 0.01，初始值 0，终止值 180，X（t）=20*cos(t)，Y（t）=20*sin(t)，Z（t）=0.1* t”→点击“确定”按钮→按空格键，用鼠标左键选择“缺省点”→点击原点→按 F9 键（使绘图平面位于 XOZ 平面）→点击“圆弧”工具按钮→在立即菜单中选中“圆心_半径_起终角，起始角=0，终止角=180”→点击“样条”曲线右下角点→回车输入（6）→回车确认→点击“导动面”按钮→在立即菜单中选中“导动线＆平面，单截面线，精度 0.01”→按空格键，用鼠标左键选择“Z 轴正方向”→拾取样条曲线→点击远离圆弧方向箭头→点击圆弧（法矢方向选择 X 或 Y 轴方向，结果不同），如图 4.13（a）所示→按 F6 键，如图 4.13（b）所示。

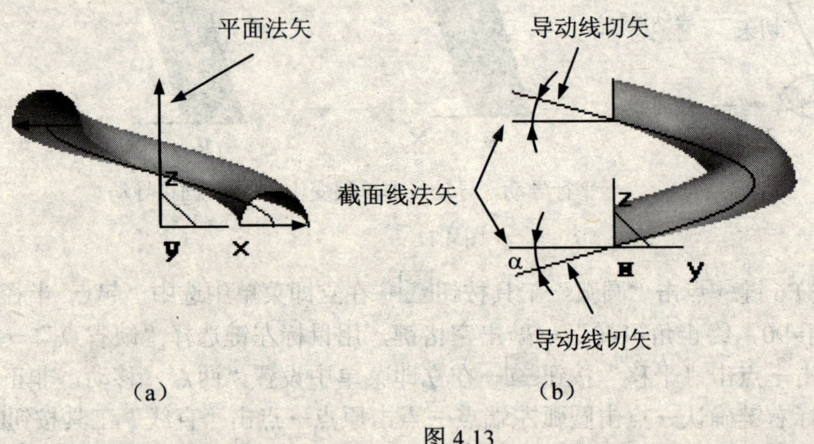

（a） （b）

图 4.13

（4）导动线＆边界线：截面线的两端分别连接在两条边界线上，整体沿一条导动线方向扫动而生成曲面，曲面的长度由两条边界线和导动线共同确定，其中截面线平面始终与导动线垂直。有等高导动和变高导动。导动线不能与截面线在同一平面或平行平面上。靠近两条边界中的一条拾取截面线时，靠近的边界不同，生成的曲面结果不同。图 4.14 为导动线不同时的比较情况。

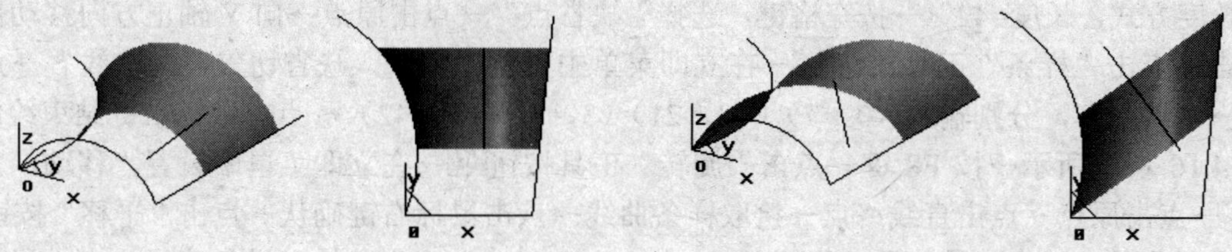

图 4.14

【例 4.9】按 F7 键→点击“直线”工具按钮→在立即菜单中选中“两点线，单个，正交，长度方式，长度=30”→按空格键，选择“缺省点”→点击原点→向右移动鼠标并点击鼠标左键→点击“圆弧”工具按钮→在立即菜单中选中“起点_半径_起终角，半径=20，起始角=220，终止角=320”→点击直线终点，如图 4.15（a）所示→点击“曲线组合”按钮→在立即菜单中选中“删除原曲线”→按空格键，选择“链拾取”→点击直线→点击靠近圆弧侧箭头→点击鼠标右键确认→点击“圆弧”工具按钮→在立即菜单中选中“两点_半径”→分别点击样条曲线的两个端点→略向上移动鼠标→回车输入（60）→回车确认→点击“直线”工具按钮→在立即菜单中选中“两点线，单个，正交，长度方式，长度=40”→点击样条曲线右端点→向左侧移动鼠标并点击，如图 4.15（b）所示→按 F8→点击“平移”按钮→在立即菜单中选中“偏移量，移动，DX=0，DY=40，DZ=0”→拾取圆弧→点击鼠标右键确认→在立即菜单中将 DY 改为 15→拾取直线→点击鼠标右键确认→按 F9（使绘图平面位于 YOZ 平面）→点击“圆弧”工具按钮→在立即菜单中选中“两点_半径”→点击原点→点击圆弧左端点→略向上移动鼠标→回车输入（25）→回车确认→点击“旋转”工具按钮→在立即菜单中设置“移动，角度=90”→点击圆弧左端点→点击圆弧右端点→拾取圆弧→点击鼠标右键确认，如图 4.15（c）所示→点击“导动面”按钮→在立即菜单中选中“导动线＆边界线，单截面线，变高，精度 0.01”→点击直线→点击右侧箭头→拾取样条曲线→拾取较大的圆弧→拾取 YOZ 平面上的圆弧（在靠近样条一侧拾取，如靠近圆弧拾取，曲面翻转），生成的导动面如图 4.15（d）所示。

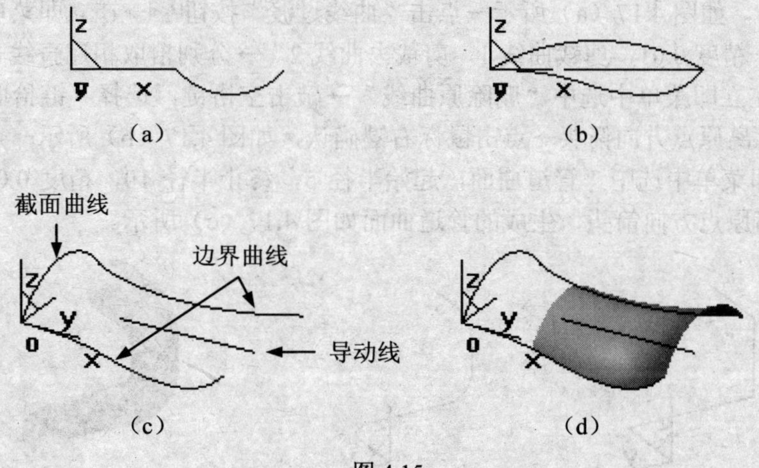

图 4.15

（5）双导动线：截面线的两端分别沿两条导动线的方向扫动而生成曲面。

【例 4.10】按 F5 键→点击“直线”工具按钮→在立即菜单中选中“两点线，单个，正交，长度方式，长度=42”→按空格键，选择“缺省点”→点击原点→向 Y 轴正方向移动鼠标并点击→点击“样条”工具按钮→在立即菜单中设置“插值，缺省切矢，开曲线”→点击原点→多次回车，分别输入（3，7）（-3，21）（3，35）（0，42）→点击鼠标右键结束绘制，如图 4.16（a）所示→按 F8 键→点击“旋转”工具按钮→在立即菜单中设置“移动，角度=90”→点击原点→点击直线终点→拾取样条曲线→点击鼠标右键确认→点击“平移”按钮→在立即菜单中选中“偏移量，移动，DX=30，DY=0，DZ=0”→拾取样条曲线→点击鼠标右键确认→按 F9 键（使绘图平面位于 XOZ 平面）→点击“圆弧”工具按钮→在立即菜单中选中“两点_半径”→点击原点→点击样条曲线的起点→向上移动鼠标→回车输入（25）→回车确认，如图 4.16（b）所示→点击“导动面”按钮→在立即菜单中选中“双导动线，单截面线，变高，精度 0.01”→拾取样条曲线→点击远离圆弧方向箭头→拾取直线→点击远离圆弧方向箭头→在靠近样条一侧拾取圆弧，生成的导动面如图 4.16（c）所示。

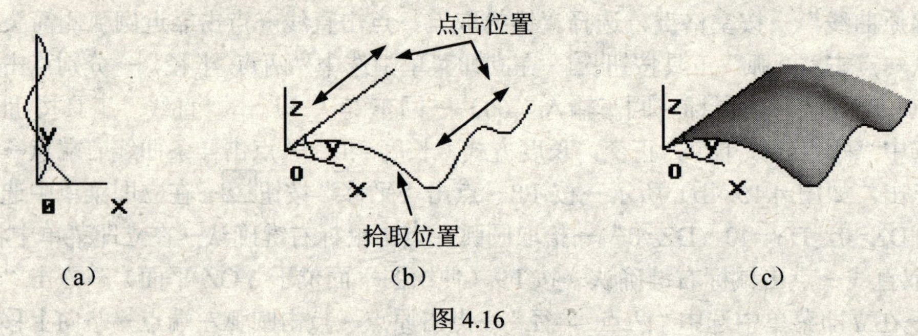

图 4.16

（6）管道曲面：给定起始半径和终止半径的圆形截面将沿导动线扫动生成曲面。

【例 4.11】按 F8 键→点击“直线”工具按钮→在立即菜单中选中“两点线，连续，正交，长度方式，长度=30”→按空格键，选择“缺省点”→按 F9 键（使绘图平面位于 XOY 平面）→点击原点→向 Y 轴正方向点击→在立即菜单中将长度改为 50→向 X 轴负方向点击→按 F9 键（使绘图平面位于 YOZ 平面）→在立即菜单中将长度改为 30→向 Z 轴正方向点击→向 Y 轴正方向点击，如图 4.17（a）所示→点击“曲线过渡”按钮→在立即菜单中设置“圆弧过渡，半径 10，精度 0.01，剪裁曲线 1，剪裁去曲线 2”→分别拾取相连直线→点击“曲线组合”按钮→在立即菜单中选中“删除原曲线”→敲击空格键，选择“链拾取”→点击过原点直线→点击远离原点方向箭头→点击鼠标右键确认，如图 4.17（b）所示→点击“导动面”按钮→在立即菜单中选中“管道曲面，起始半径 5，终止半径 10，精度 0.01”→拾取样条曲线→点击远离原点方向箭头，生成的管道曲面如图 4.17（c）所示。

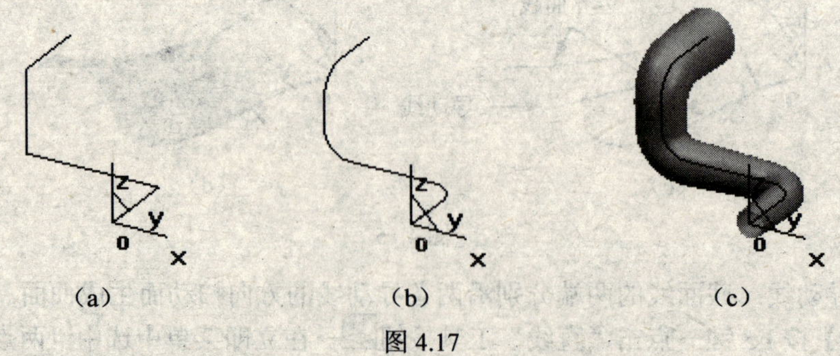

图 4.17

【注意】

（1）曲面线条必须在空间状态下绘制。

（2）导动曲线、截面曲线必须是光滑曲线。

（3）导动线和截面线条可以不相连。

（4）在两根截面线之间进行导动时，拾取两根截面线时应使它们的方向一致，否则曲面将发生扭曲，形状不可预料。

4.1.5 等距面

等距面是按给定距离和等距方向生成与已知曲面等距的曲面。向曲面内凹方向等距时，等距的距离应当小于原曲面内凹方向上的最小曲率半径，否则等距面将发生扭曲，不可用，如图 4.18 所示。等距面后的曲面，不能对其使用等距面命令。

4.1.6 平面

“平面”功能提供了“裁剪平面”、“工具平面”两种功能构造平面，如图 4.19 所示。工具平面中可利用多种方式生成所需平面。注意不能在此平面上绘制草图。

（1）裁剪平面：由封闭外轮廓限定边界形成的无内轮廓、有一个或者多个内轮廓的平面。

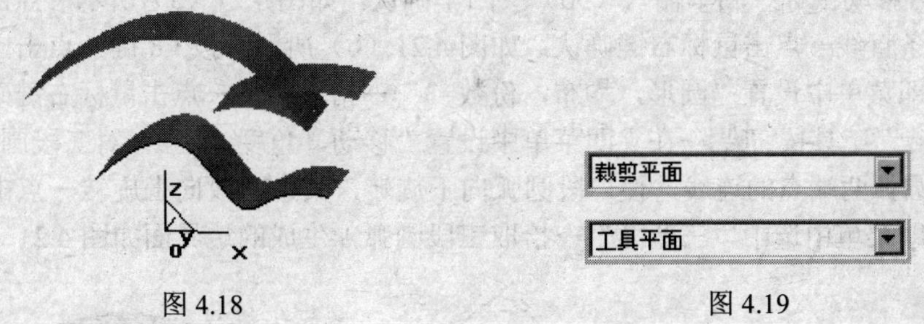

图 4.18　　图 4.19

【例 4.12】按 F5 键→点击“文字”工具按钮→在立即菜单中选中“左下角”→回车输入（5，5）→回车确认→在弹出的文字输入框中输入“B”→点击“设置”按钮→在弹出的“字体设置”对话框中设置“西文字 Arial，字高 30，西文宽度系 0.8，字符间距系 0，行距系 0，旋转角 0，倾斜角 0”→点击“确定”按钮→再次点击“确定”按钮，如图 4.20（a）所示→点击“平面”按钮→在立即菜单中选中“裁剪平面”→拾取外轮廓→点击任意方向箭头→根据提示栏分别拾取两个内轮廓→点击任意方向箭头→点击鼠标右键确认，生成的裁剪平面如图 4.20（b）所示。

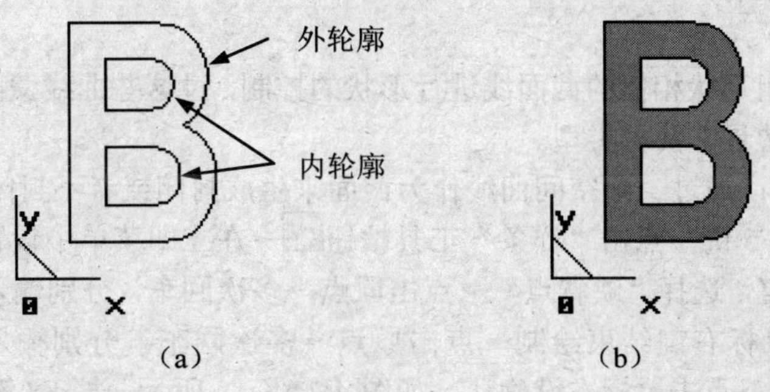

（a）　　（b）

图 4.20

（2）工具平面：包括“XOY 平面”、“YOZ 平面”、“ZOX 平面”、“三点平面”、“矢量平面”、“曲线平面”和“平行平面”7 种方式。对应的角度方向判断符合右手螺旋法则。

- XOY 平面、YOZ 平面、ZOX 平面：生成与坐标有一定夹角的平面，输入点为平面的中点。
- 三点平面：按给定三点生成一指定长度和宽度的平面，其中第一点为平面中点。
- 矢量平面：生成一个指定长度和宽度的平面，起点至终点的方向为平面的法线方向，平面的中点将定位起点。
- 曲线平面：在给定曲线的指定点上，生成一个指定长度和宽度的法平面或包络平面。
- 平行平面：按指定距离和方向，移动给定曲面生成一个拷贝平面。

4.1.7 边界面

边界面是在首尾相连曲线围成的边界区域上生成曲面。四边面需四条首尾相连的空间光滑曲线；三边面需三条首尾相连的空间光滑曲线。

【例 4.13】按 F5 键→点击“正多边形”按钮→在立即菜单中设置“中心，边数 3，内接”→敲击空格键，选择“缺省点”→点击原点→回车输入（0，30）→回车确认→点击“圆弧”工具按钮→在立即菜单中选中“两点_半径”→点击下部直线的任意一个端点→点击另一端点→向下方移动鼠标→回车输入（50）→回车确认，如图 4.21（a）所示→点击“删除”按钮→拾取三条直线→点击鼠标右键确认，如图 4.21（b）所示→按 F8 键→点击“阵列”工具按钮→在立即菜单中设置“圆形，均布，份数=3”→拾取圆弧→点击鼠标右键确认→点击原点→点击“旋转”工具按钮→在立即菜单中设置“移动，角度=90”→对三段圆弧进行旋转，旋转轴为各自圆弧两端点的连线，使一段圆弧向下旋转，其余两段向上旋转→点击“边界面”按钮→在立即菜单中选中“三边面”→拾取三段圆弧，生成的边界面如图 4.21（c）所示。

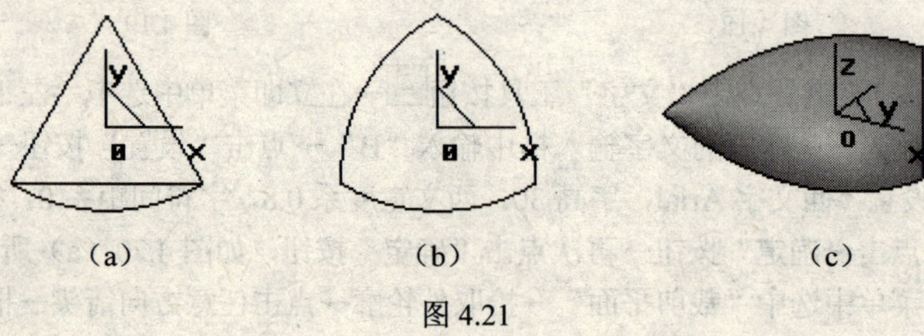

图 4.21

4.1.8 放样面

放样面是以一组形状相似的截面线进行形状的控制，过这些曲线蒙面生成的曲面。有“截面曲线”和“曲面边界”两种类型。

（1）截面曲线：通过一组空间曲线作为截面来生成封闭或者不封闭的曲面。

【例 4.14】按 F5 键→点击“样条”工具按钮→在立即菜单中设置“插值，缺省切矢，开曲线”→按空格键，选择“缺省点”→点击原点→多次回车，分别输入（28，50）（16，58）（0，50）→点击鼠标右键结束绘制→点击原点→多次回车，分别输入（9，20）（10，44）（5，49）（0，50）→点击鼠标右键确认，如图 4.22（a）所示→按 F8 键→点击“旋转”工具按钮→在立即菜单中设置“移动，角度=90”→点击样条曲线的上端点→点击样条曲线下端点→拾取较小的样条曲线→点击鼠标右键确认→在立即菜单中设置“拷贝，份数 1，角度=180”，将两条样条曲线向各自的对面拷贝，如图 4.22（b）所示→点击“放样面”按钮→在立即菜单中设置“截面曲线，封闭，精度 0.01”→在一个交点附近依次拾取各曲线（先拾取下方曲线）→点击鼠标右键确认（可将曲面改为红色）→按 F5 键，生成的放样面如图 4.22（c）所示。

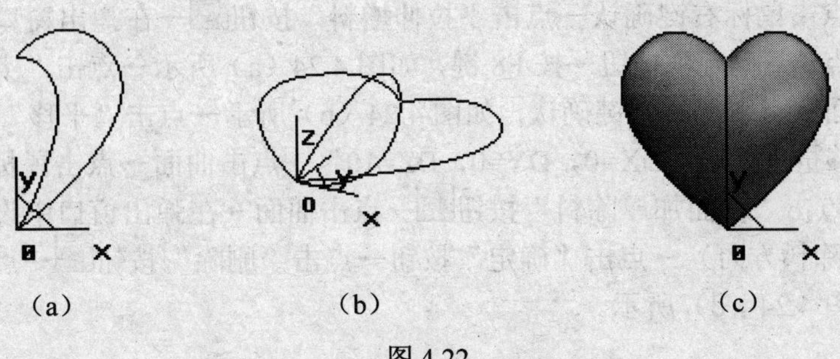

（a）　（b）　（c）

图 4.22

（2）曲面边界：以两曲面的边界线和截面曲线（不在两曲面上）生成与两曲面相切的曲面。

【例 4.15】按 F5 键→点击“直线”工具按钮→在立即菜单中选中“水平/铅垂线，水平，长度=20”→回车输入（20，10）→回车确认→回车输入（20，-10）→回车确认→按 F7 键→点击“圆弧”工具按钮→在立即菜单中选中“两点_半径”→按空格键，选择“缺省点”→点击原点→回车输入（，，30）→回车确认→略向左移动鼠标→回车输入（30）→回车确认→按 F8 键，如图 4.23（a）所示→点击“扫描面”按钮→在立即菜单中设置“起始距离 0，扫描距离 30，扫描角度 0，精度 0.01”→按空格键，选择“Z 轴正方向”→分别拾取两条直线，如图 4.23（b）所示→点击“放样面”按钮→在立即菜单中选中“边界曲面，精度 0.01”→在靠近圆弧附近拾取一个平面→拾取圆弧→点击鼠标右键确认→在靠近圆弧附近拾取第二个平面，生成的放样面如图 4.23（c）所示。

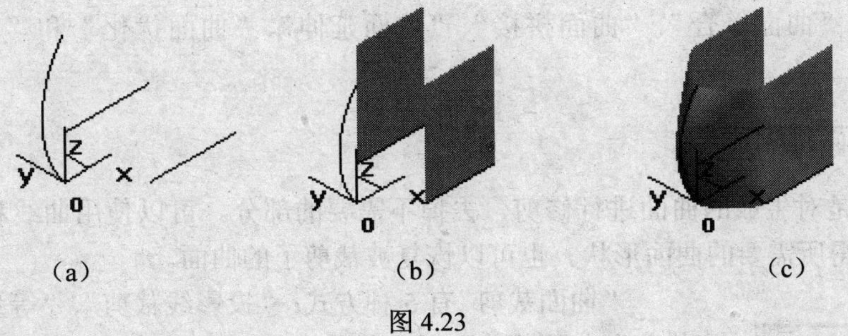

（a）　（b）　（c）

图 4.23

4.1.9 网格面

网格面是以横竖相交的网格曲线为骨架，蒙上自由曲面生成的曲面。拾取 U 向、V 向的曲线必须从靠近曲线端点的位置拾取，且应顺序拾取各曲线，使曲线的方向保持一致。

4.1.10 实体表面

实体表面是把特征实体表面剥离出来而形成的面。可以使用剥离出来的表面对实体特征进行处理。点击命令按钮后，点击拾取实体表面，点击鼠标右键确认后即可生成。

【例 4.16】在特征树中点击平面 XY→按 F2 键→按 F5 键→点击“矩形”工具按钮→在立即菜单中选中“中心_长_宽，长度=20，宽度=30”→回车输入（10，15）→回车确认→点击“圆弧”工具按钮→在立即菜单中选中“起点_半径_起终角，半径=15，起始角=270，终止角=90”→按空格键，选择“缺省点”→点击矩形右下角点→点击“删除”按钮→点击矩形右侧直线→点击鼠标右键确认→点击“拉伸增料”按钮→在弹出窗口中设置“固定深度，深度 20”→点击“确定”按钮→按 F8 键，如图 4.24（a）所示→点击“实体表面”按钮→点击右侧圆弧面→点击鼠标右键确认，如图 4.24（b）所示→点击“平移”按钮→在立即菜单中选中“偏移量，移动，DX=0，DY=0，DZ=10”→点击曲面→点击鼠标右键确认，如图 4.24（c）所示→点击“曲面加厚除料”按钮→点击曲面→在弹出窗口中设置“厚度 6，加厚方向 2”（注意除料方向）→点击“确定”按钮→点击“删除”按钮→点击曲面→点击鼠标右键确认，如图 4.24（d）所示。

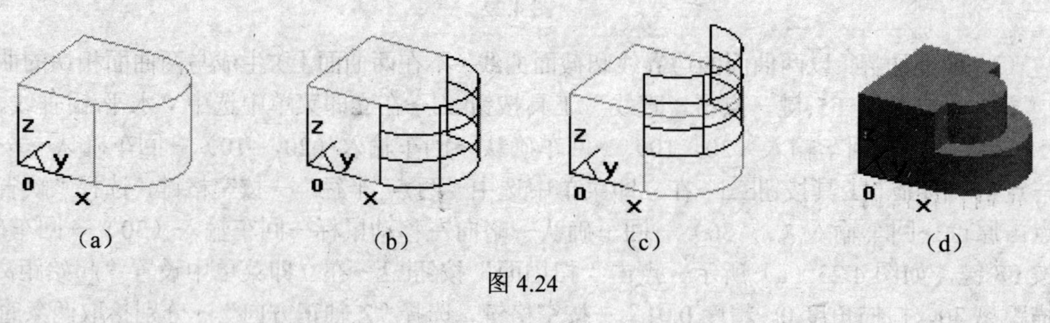

（a）（b）（c）（d）

图 4.24

4.2 曲 面 编 辑

曲面编辑是对生成的曲面进行裁剪、过渡、优化等操作。“曲面编辑”包括“曲面裁剪”、“曲面过渡”、“曲面缝合”、“曲面拼接”、“曲面延伸”、“曲面优化”和“曲面重拟合”7 种功能。

4.2.1 曲面裁剪

曲面裁剪是对生成的曲面进行修剪，去掉不需要的部分。可以使用曲线和曲面来分裂和裁剪曲面，获得所需要的曲面形状。也可以恢复被裁剪了的曲面。

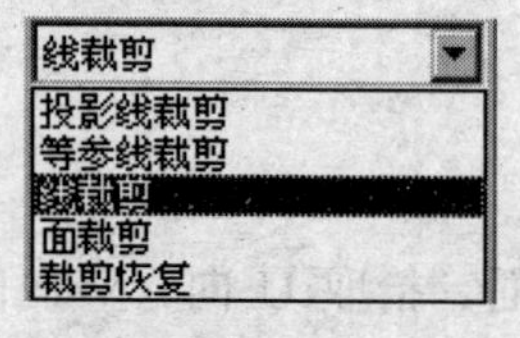

图 4.25

“曲面裁剪”有 5 种方式：“投影线裁剪”、“等参线裁剪”、“线裁剪”、“面裁剪”和“裁剪恢复”，如图 4.25 所示。

在各种曲面裁剪方式中，用户还可以选择“裁剪”或“分裂”，即剪掉多余的部分或只将曲面分割开来。拾取面时注意系统提示栏的提示，然后按提示拾取对应部分。

（1）投影线裁剪：将空间曲线沿给定的固定方向投影到曲面上，形成剪刀线来裁剪曲面。输入投影方向时可利用“矢量工具”菜单（空格键）选择所需方向。剪刀线向曲面投影后，最好大于被裁剪面，如与曲面边界线重合或部分重合以及相切时，可能得不到正确的裁剪结果。图 4.26 为空间曲线沿不同方向投影裁剪曲面时的比较情况。

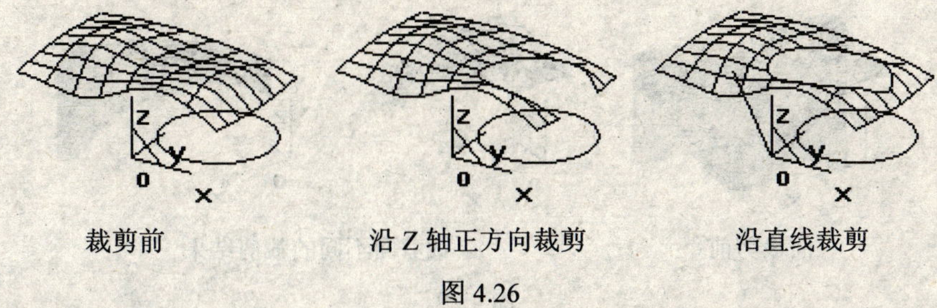

裁剪前　　沿 Z 轴正方向裁剪　　沿直线裁剪

图 4.26

（2）等参线裁剪：以曲面上给定的等参线为剪刀线来裁剪曲面。参数线可以通过立即菜单选择过点或者指定参数来确定，参数值表示了裁剪线的位置，为小于 1 的正数。选择的方向为剪切线方向，点击鼠标左键切换方向。图 4.27 为等参线裁剪曲面时的比较情况。

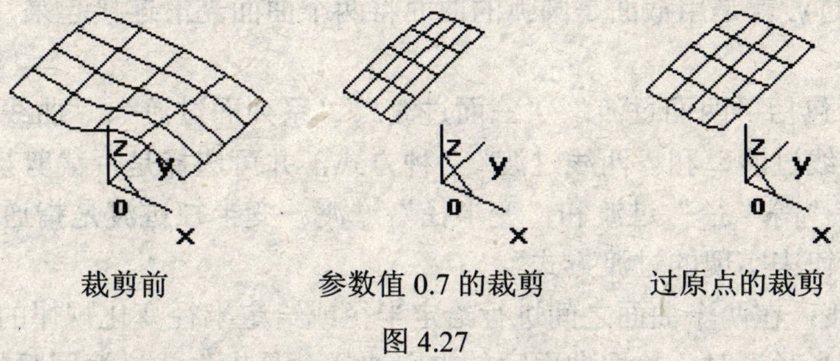

裁剪前　　参数值 0.7 的裁剪　　过原点的裁剪

图 4.27

（3）线裁剪：曲面上的曲线沿曲面法矢方向投影到曲面上，形成剪刀线来裁剪曲面。若裁剪曲线不在曲面上，则系统将曲线按距离最近的方式投影到曲面上，获得投影曲线，然后利用投影曲线对曲面进行裁剪。如不能以最近的方式投影到曲面上，则无法裁剪。若裁剪曲线与曲面边界无交点，且不在曲面内部封闭，则系统将其延长到曲面边界后实行裁剪，此种裁剪不易控制，不推荐使用。剪刀线在曲面上时则可顺利完成。图 4.28 为曲面上的曲线裁剪曲面时的情况。

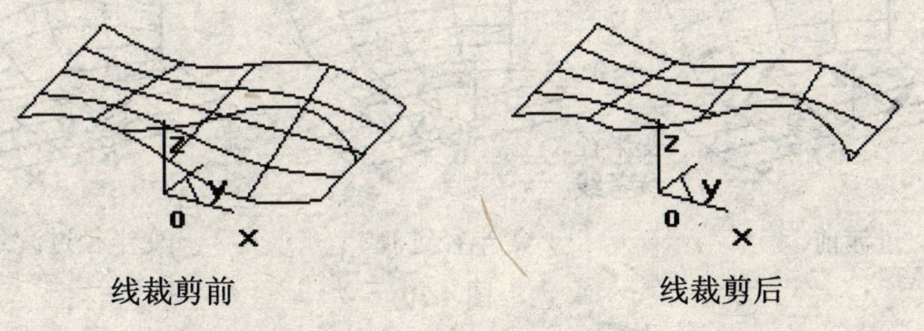

线裁剪前　　线裁剪后

图 4.28

（4）面裁剪：用两曲面的交线对某一曲面进行裁剪。若两曲面不相交，则无法裁剪。若曲面交线与被裁剪曲面边界无交点，且不在其内部封闭，则系统将沿交线的切矢的延长线方向进行裁剪。对于复杂曲面，一般应尽量避免这种情况。图 4.29 为曲面相互裁剪时的情况。

（5）裁剪恢复：将拾取到的曲面裁剪部分恢复到没有裁剪的状态。如拾取的裁剪边界是内边界，系统将取消对该边界施加的裁剪。如拾取的是外边界，系统将把外边界恢复到原始边界状态。

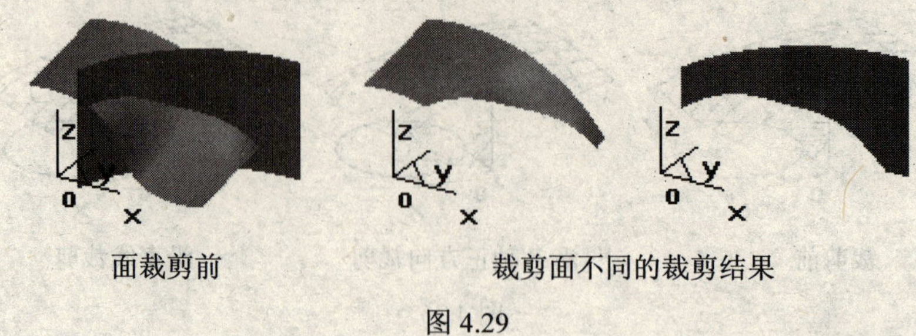

图 4.29

4.2.2 曲面过渡

曲面过渡是在给定的曲面之间以一定的方式作给定半径的圆弧过渡面，以实现曲面之间的光滑过渡。曲面过渡就是用截面是圆弧的曲面将两个曲面光滑连接起来，过渡面不一定过原曲面的边界。

“曲面过渡”包括“两面过渡”、“三面过渡”、“系列面过渡”、“曲线曲面过渡”、“参考线过渡”、“曲面上线过渡”和“两线过渡”7 种方式，并可选择是否裁剪某面。

曲面过渡支持“等半径”过渡和“变半径”过渡。变半径过渡是指通过给定导引边界线或给定半径变化规律来实现的过渡方式。

（1）两面过渡：在两个曲面之间进行给定半径或给定半径变化规律的过渡。

- 选择“等半径”时，拾取曲面后的方向选择，是指生成过渡圆弧的圆心所在方向。
- 选择“变半径”时，应先在一个曲面附近沿过渡方向绘制出参考线，选择后会弹出定义半径窗口，在参考线上选择不同的点，输入各自的半径值，点击鼠标右键结束过渡。若要生成的过渡不能与两曲面相交，则过渡失败。图 4.30 为曲面进行等半径过渡和变半径过渡的情况。

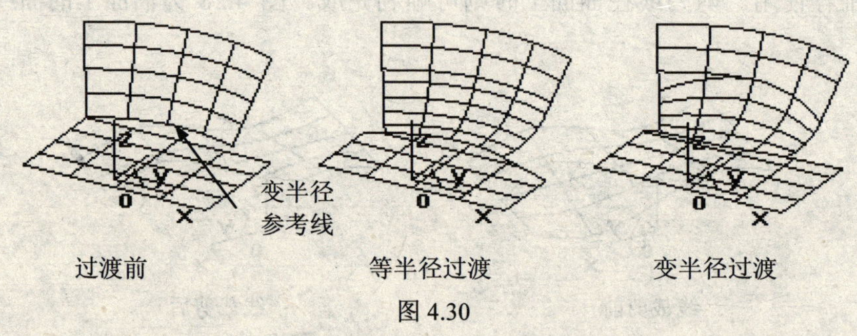

图 4.30

（2）三面过渡：在三张曲面之间对两两曲面进行过渡。若三个曲面之间的过渡半径相等，则为等半径过渡；若三个曲面之间的过渡半径不相等，则为变半径过渡。

- 内过渡：三个面都向它们包围的内空间过渡。
- 外过渡：两个面向内空间过渡，一个面向外空间过渡。应先选择向内空间过渡的两曲面。图 4.31 为变半径内过渡和变半径外过渡的情况。

（3）系列面过渡：在两组系列面之间进行过渡处理。系列面是指首尾相接、边界重合，并在重合边界处相切光滑连接的多个曲面的集合。可以进行等半径过渡和变半径过渡，变半径过渡可参照两面过渡中的变半径过渡，参考线的绘制可用各曲面边界组合而成，如图 4.32 所示。

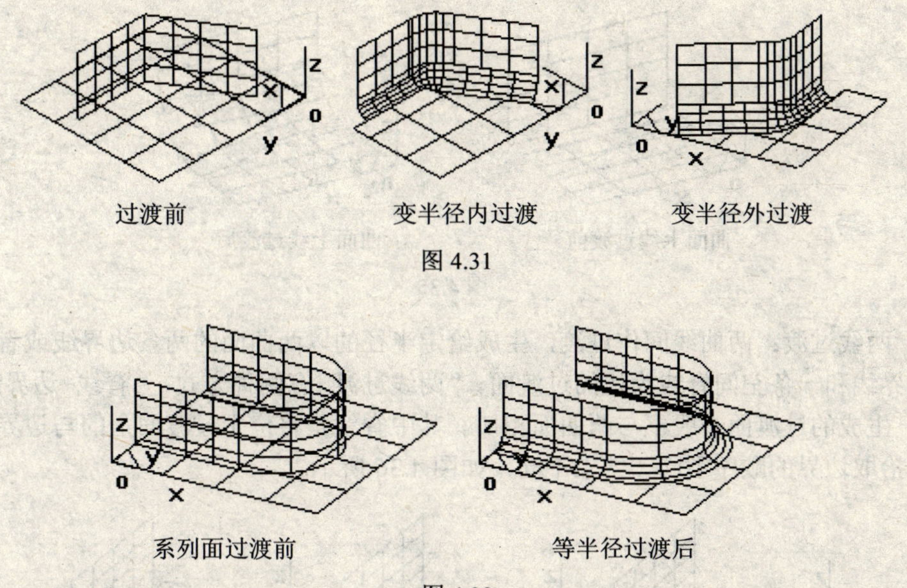

过渡前　　变半径内过渡　　变半径外过渡

图 4.31

系列面过渡前　　等半径过渡后

图 4.32

（4）曲线曲面过渡：过曲面外一条曲线，作曲线和曲面之间的等半径或变半径过渡。变半径时，不必再绘制参考线，可在此曲线上输入半径值。图 4.33 为线面等半径过渡和线面变半径过渡的情况。

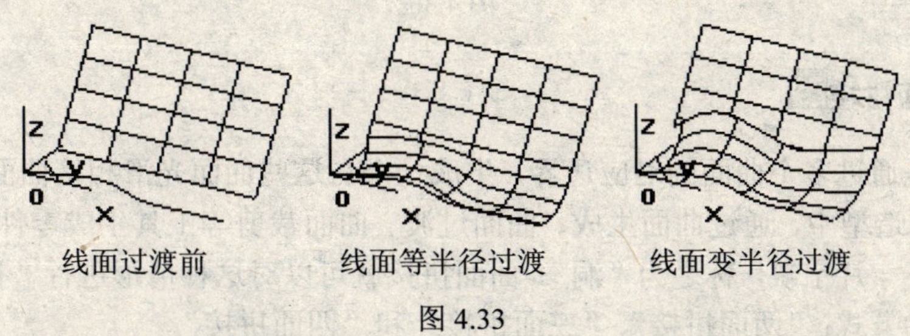

线面过渡前　　线面等半径过渡　　线面变半径过渡

图 4.33

（5）参考线过渡：给定一条参考线，在两曲面之间作等半径或变半径过渡。参考线应该是光滑曲线，且应尽量简单，参考线的位置应在两曲面交线附近。图 4.34 为参考线等半径过渡和参考线变半径过渡的情况。

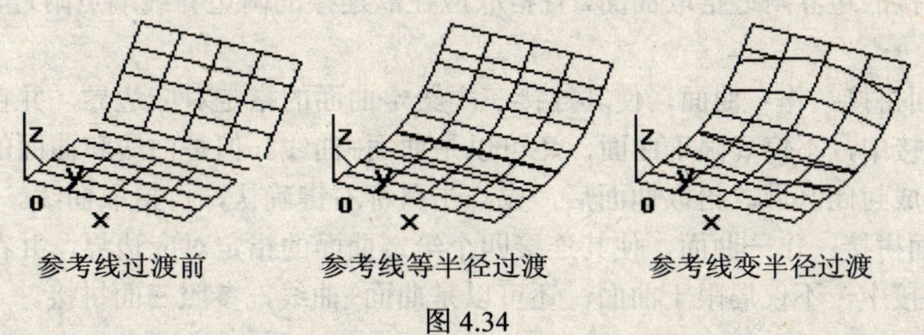

参考线过渡前　　参考线等半径过渡　　参考线变半径过渡

图 4.34

（6）曲面上线过渡：用第一曲面上的一条光滑线为过渡面的导引边界线的过渡。生成与两个曲面相切的光滑过渡曲面，如图 4.35 所示。

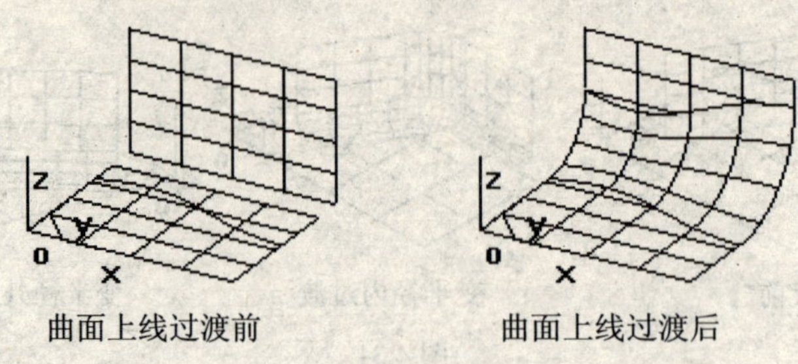

曲面上线过渡前　　曲面上线过渡后

图 4.35

（7）两线过渡：两曲线间作过渡，生成给定半径的以两曲面的两条边界线或者一个曲面的一条边界线和一条空间脊线为边的过渡面。“两线过渡”有两种方式：“脊线+边界线”和“两边界线”，生成的过渡面一般不与两曲面相切。其中脊线是将位于过渡面上的与边界方向同向的曲线。拾取边界的顺序不同，结果不同，如图 4.36 所示。

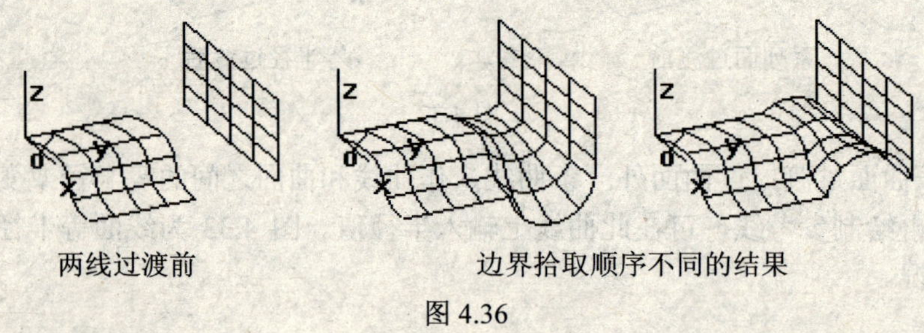

两线过渡前　　边界拾取顺序不同的结果

图 4.36

4.2.3 曲面拼接

曲面拼接是通过多个曲面的对应边界，生成一个与这些曲面光滑相接曲面。“CAXA 制造工程师”在曲面造型中，通过曲面生成、曲面过渡、曲面裁剪等工具生成零件的型面后，总会在一些区域留下一片空缺，称之为“洞”。曲面拼接就可以对这种情形进行“补洞”处理。“曲面拼接”有三种方式：“两面拼接”、“三面拼接”和“四面拼接”。

（1）两面拼接：作一曲面，使其连接两给定曲面的指定对应边界，并在连接处保证光滑。当遇到要把两个曲面从对应的边界处光滑连接时，用曲面过渡的方法无法实现，因为过渡面不一定通过两个原曲面的边界。这时就需要用到曲面拼接的功能，过曲面边界光滑连接曲面。拾取时在需要拼接的边界附近拾取曲面，且拾取应在欲连接的两边界线端点附近，否则形状不可预料。

（2）三面拼接：作一曲面，使其连接三个给定曲面的指定对应边界，并在连接处保证光滑。在三面拼接中，不仅局限于曲面，还可以是曲面+曲线。但是曲线和曲面的三个边界应该首尾相连，形成封闭区域。拾取曲面后，先点击鼠标右键确认，再拾取曲线。

（3）四面拼接：作一曲面，使其连接四个给定曲面的指定对应边界，并在连接处保证光滑。在四面拼接中，不仅局限于曲面，还可以是曲面+曲线，参照三面拼接。

4.2.4 曲面缝合

曲面缝合是指将两个相连或不相连曲面光滑连接为一个曲面。曲面缝合有两种方式：曲面切矢 1 和平均切矢。

（1）曲面切矢 1：将以第一个拾取的曲面沿切矢方向与第二个曲面相连，从而保证了第一个曲面的形状不发生改变，第二个曲面的形状发生了改变。

（2）平均切矢：按两曲面的平均切矢方向进行光滑连接，两曲面的形状都发生了改变。图 4.37 为按曲面切矢 1 和平均切矢进行曲面缝合的情况。

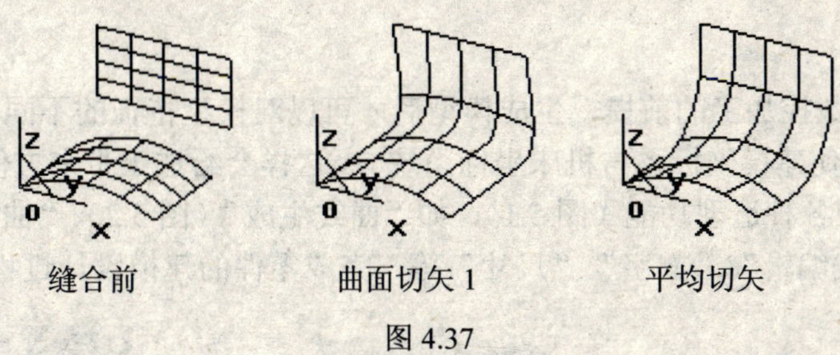

图 4.37

4.2.5　曲面延伸

曲面延伸是把原曲面沿曲面的相切方向延伸给定长度。延伸曲面有两种方式：长度延伸和比例延伸。裁剪后的曲面不能被延伸。曲面延伸时应在想要延伸曲面的边附近点击。图 4.38 为点击曲面不同部位时曲面的延伸情况。

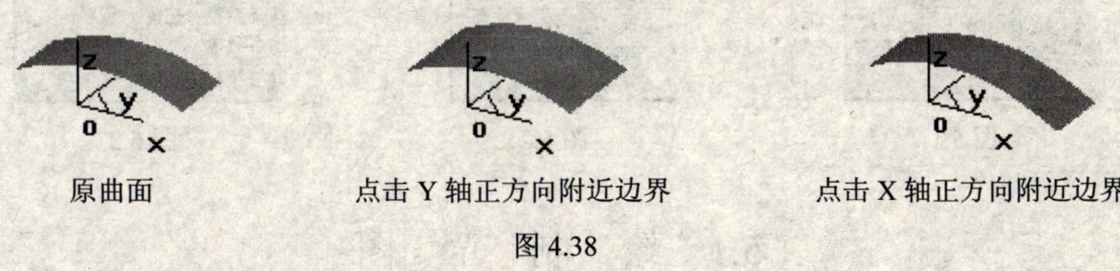

图 4.38

4.2.6　曲面优化

有时生成的复杂曲面的控制顶点很密、很多，会导致数据量过大，影响处理速度。曲面优化功能就是在给定的精度范围之内，尽量去掉一些控制顶点，使曲面的运算速度大大提高。注意裁剪后的曲面不能被优化。

4.2.7　曲面重拟合

在很多情况下，生成的曲面是由 NURBS 曲面表达的（即控制顶点的权因子不全为 1），或者有重节点，这样的曲面在某些情况下不能完成运算。这时，需要把曲面修改为 B 样条表达形式（没有重节点，控制顶点权因子全部是 1）。曲面重拟合功能就是把 NURBS 曲面在给定的精度条件下拟合为 B 样条曲面。注意裁剪后的曲面不能被重拟合。

第5章 特 征 造 型

造型是 CAXA 数控加工的前提，生成模型后才可以对模型特征的不同部位进行相应的数控加工。建模时最好使建模坐标系与机床坐标系统一，这样会给加工带来方便。用户可以在“造型”下拉菜单中利用各种造型功能（图 5.1），如“曲线生成”（图 5.2）、“曲面生成”、“特征生成”（图 5.3）、“曲线编辑”、“文字”、“尺寸”等，完成零件的建模设计过程。

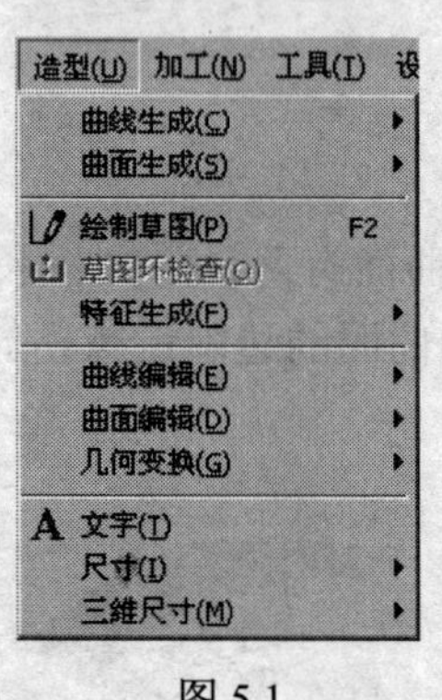

图 5.1

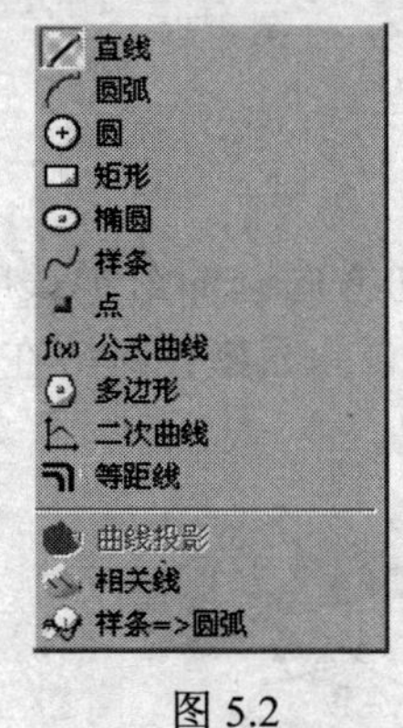

图 5.2

图 5.3

5.1 绘 制 草 图

实体的生成依赖于草图，草图是指生成三维实体前绘出的平面曲线轮廓。一般情况下是封闭的，有时在做薄壁处理时则可以不封闭。绘制草图有两种方法。第一是先绘制出图形的大致形状，然后通过草图尺寸驱动功能，对图形大小和位置进行编辑，最终获得所期望的图形。第二是直接按照标准尺寸精确作图，绘制出所需图形。推荐使用第二种方法，绘图时应使图纸的设计基准与绘图基准统一，这样可以减少尺寸的换算，提高绘图速度。

在制作实体时，应将零件分解成简单的几何体，并确定几何体的截面形状，然后确定在哪个平面上绘制截面的草图。绘制草图的平面可以是特征树中的基准面，也可以是实体上的平面，还可以是用户自己利用“构造基准面”工具构造出来的平面。绘制草图前首先要选定绘图平面，可以用鼠标左键点击拾取特征树中的基准面、构造出来的平面或在绘图窗口中点击拾取实体上的平面，然后点击“绘制草图”按钮或按键盘上的 F2 键，即可进入草图绘制环境，这时就可以利用曲线工具栏上的各种曲线绘制工具绘制各种图形，绘制完成后点击“绘制草图”按钮或按键盘上的 F2 键，或点击实体特征按钮，即可退出草图绘制环境。如果还想再次编辑绘制过的草图，可在特征树窗口中，用鼠标左键点击选中草图或实体特征，在其上点击鼠标右键，从快捷菜单中选中“编辑草图”项，即可返回到草图绘制环境进行编辑修改。

5.2　特　征　生　成

特征建模是零件设计的重要组成部分。任何复杂零件都可以分解为简单的几何模型，然后分别对分解部分逐一建模，最终生成完整零件。“CAXA 制造工程师”主要是加工软件，加工针对的是一个零件，所以生成实体时，系统默认各实体特征之间必须有“交集”，且相交部分不能为“点”，否则实体特征无法生成，所以造型建模过程中应顺序生成各实体特征部分，就像搭积木一样。下面将简要介绍各实体特征工具，具体操作及应用技巧参见实例部分。

5.2.1　拉伸增料

将一个草图轮廓曲线根据指定的距离做拉伸操作，用以生成一个增加材料的特征。拉伸类型包括“固定深度”、“双向拉伸”和“拉伸到面”，如图 5.4 所示。

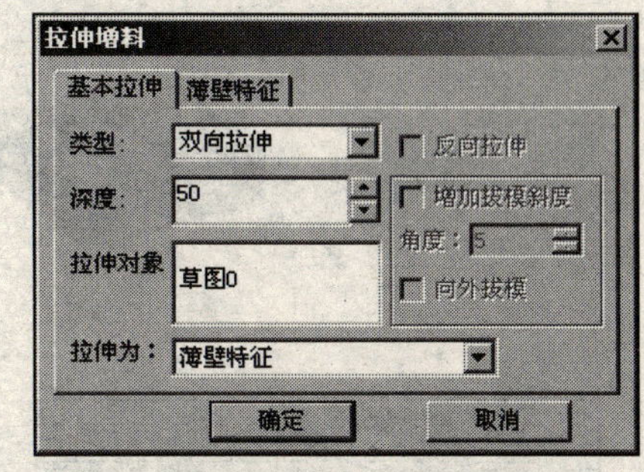

图 5.4

草图轮廓曲线可以封闭，也可以不封闭。封闭时可以生成实体特征或薄壁特征，如图 5.5 所示；不封闭时只能生成薄壁特征，如图 5.6 所示。

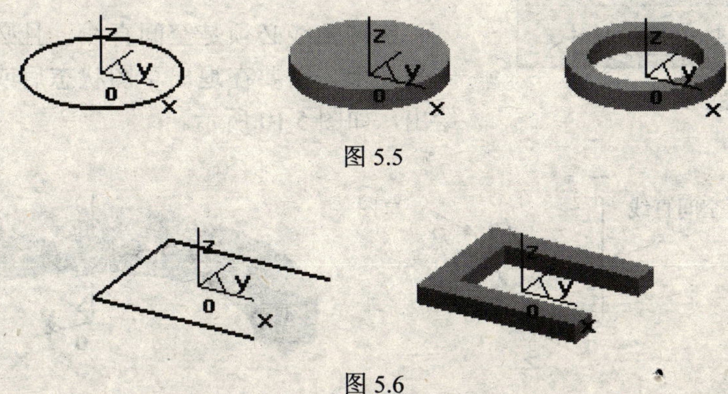

图 5.5

图 5.6

【注意】

（1）“拉伸到面”是指拉伸结束位置以某平面或曲面为结束位置，且必须使草图能够完全投影到这个面上或增加拔模斜度后能使特征全部位于此面内。

（2）“CAXA 制造工程师”拉伸封闭内空的外形时会覆盖一些内部先前制作的实体特征，如图 5.7 所示，所以最好先制作外部特征，后制作内部特征。

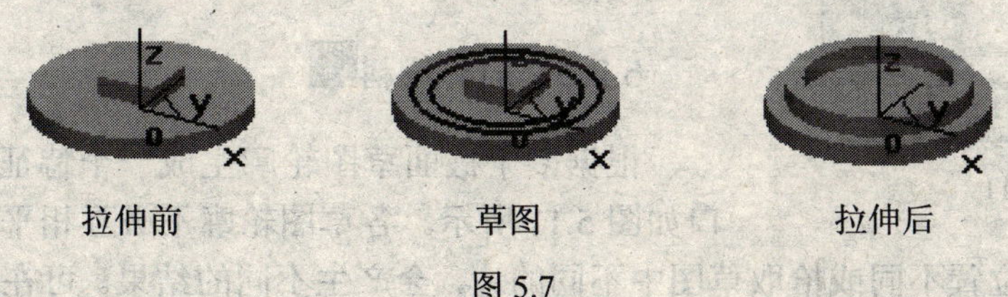

图 5.7

5.2.2 拉伸除料

将一个轮廓曲线根据指定的距离做拉伸操作，用以生成一个减去材料的特征。轮廓曲线可以封闭，也可以不封闭。封闭时可以生成实体特征或薄壁特征，不封闭时只能生成薄壁特征，如图 5.8 所示。注意只有生成实体后才能够对实体部分进行拉伸除料。拉伸类型包括“固定深度”、“双向拉伸”、“拉伸到面”和“贯穿”，其中“贯穿”表示向某一方向除去草图范围内的所有材料，其他与拉伸增料含义相同，且与“拉伸增料”窗口相同。

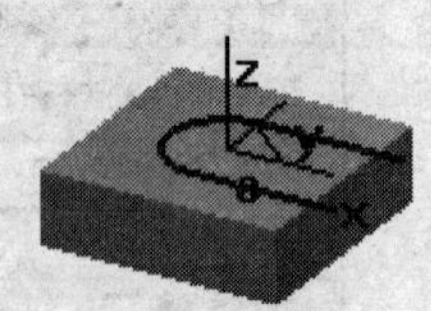

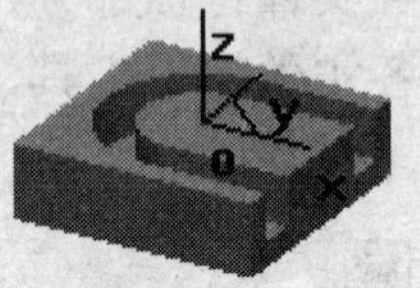

图 5.8

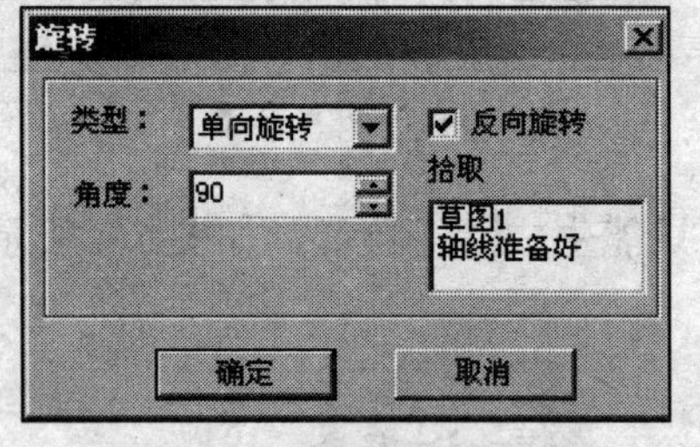

图 5.9

5.2.3 旋转增料

通过围绕一条空间直线旋转一个或多个封闭草图轮廓，生成一个增加材料的特征。“旋转”窗口如图 5.9 所示。

旋转轴线必须是空间直线，且必须与草图位于同一平面上，需要在退出草图状态后或进入草图状态前绘出，如图 5.10 所示。

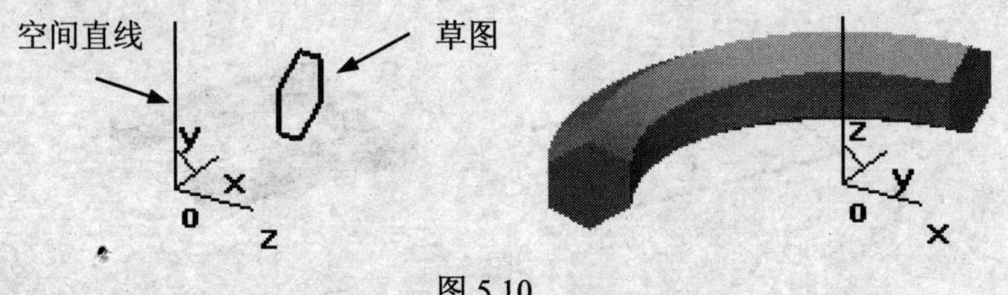

图 5.10

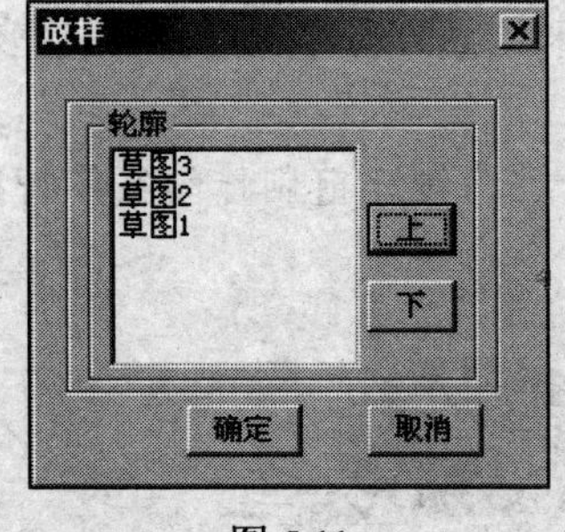

图 5.11

5.2.4 旋转除料

通过围绕一条空间直线旋转一个或多个封闭轮廓，去除材料生成一个特征。其他参照“旋转增料”，它们的设置窗口是一样的。

5.2.5 放样增料

根据多个截面草图轮廓生成一个特征实体。“放样”窗口如图 5.11 所示。各草图轮廓不必互相平行。拾取轮廓时，拾取草图中边的位置不同或拾取草图中不同的边，会产生不同的结果。可在“放样”窗口中调节各草图的顺序。

5.2.6 放样除料

根据多个截面草图轮廓去除一部分特征实体。拾取的位置不同，结果也会不同，它与放样增料相反，它们的设置窗口是一样的。

【放样技巧】

（1）放样增料或除料时，各草图最好有相等的控制点数目，否则形状不易控制，可以用打断命令对需要增加连接点的草图元素进行打断，增加控制点，如图 5.12 所示。

（2）圆及椭圆的控制点位于 X 轴正方向上。

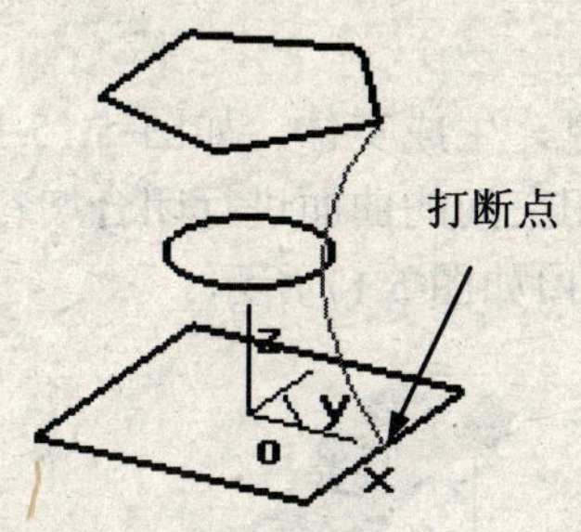

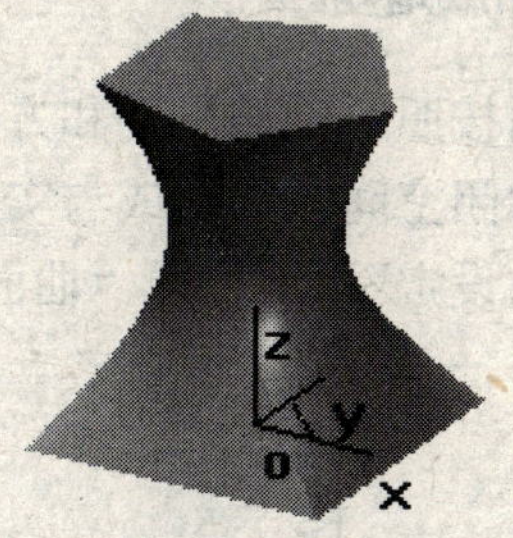

图 5.12

5.2.7 导动增料

将某一截面草图封闭轮廓沿着一条或多条曲线组成的光滑空间轨迹线运动，生成一个特征实体，包括“平行导动”和“固接导动”两种方式。“导动”窗口如图 5.13 所示。

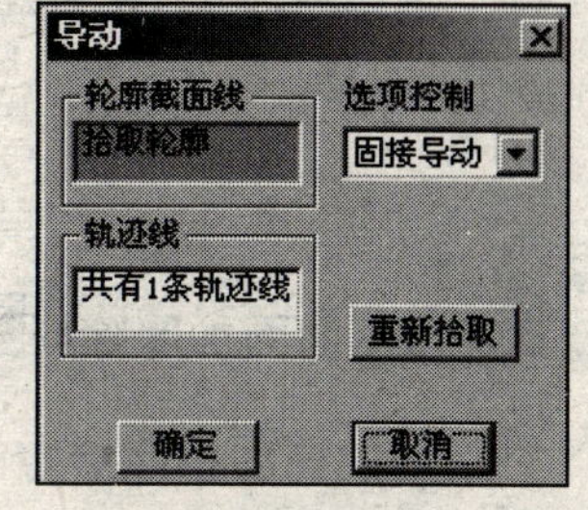

图 5.13

（1）平行导动：截面草图封闭轮廓沿轨迹线导动过程中，始终平行它自身的轮廓。轨迹线必须是单调变化的，否则不能生成导动增料实体。

（2）固接导动：截面草图封闭轮廓沿轨迹线导动过程中，草图平面的法线方向与轨迹线的切线方向保持相对角度不变，而且截面草图封闭轮廓自身相对坐标系中的位置关系保持不变。轮廓截面线沿轨迹线导动过程中不能出现自交叉现象，否则导动不能成功。

5.2.8 导动除料

将某一截面草图封闭轮廓沿着一条或多条空间曲线组成的光滑轨迹线运动，去除一部分特征实体。与“导动增料”相反，但“导动”窗口相同。

【注意】

无论是“导动增料”还是“导动除料”，导动线必须是空间曲线，且各段必须光滑连接。单根闭合曲线不能作为导动线，可以用“打断”功能将其打断为多段后再进行导动。草图不能和轨迹线位于同一平面上，平行导动和固接导动的比较如图 5.14 所示。

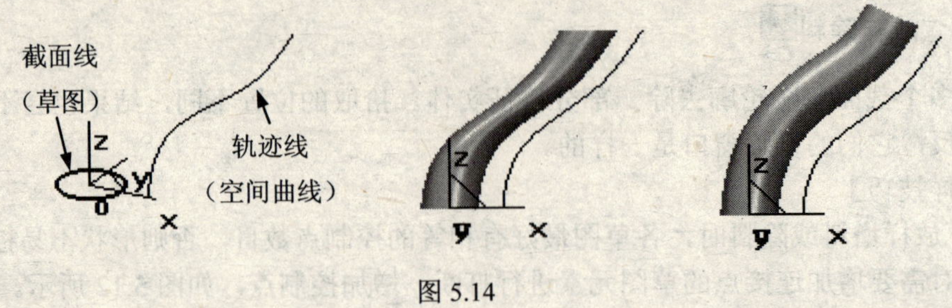

图 5.14

5.2.9 曲面加厚增料

对指定的曲面按照给定的厚度和方向进行加厚，生成实体，如图 5.15 所示。也可以对多个边界相连构成封闭空间的曲面或与实体构成封闭空间的曲面进行闭合增料，如图 5.16 所示，此时要注意精度的设定不宜太高。“曲面加厚”窗口如图 5.17 所示。

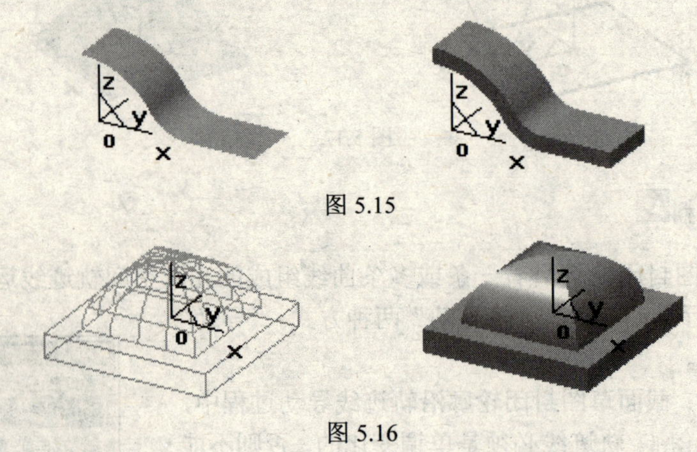

图 5.15

图 5.16

5.2.10 曲面加厚除料

对指定的曲面按照给定的厚度和方向去除一部分特征实体，如图 5.18 所示。曲面最好不穿透实体，否则生成两个实体，系统只允许保留一个实体部分。它与“曲面加厚”窗口相同。

图 5.17

图 5.18

5.2.11 曲面裁剪除料

用曲面去除实体上不需要的部分。“曲面裁剪除料”窗口如图 5.19 所示。

用来裁剪的曲面可以是一个曲面或多个边界相连的曲面。曲面必须将实体完全分割成两个或两个以上的部分，如图 5.20 和图 5.21 所示。

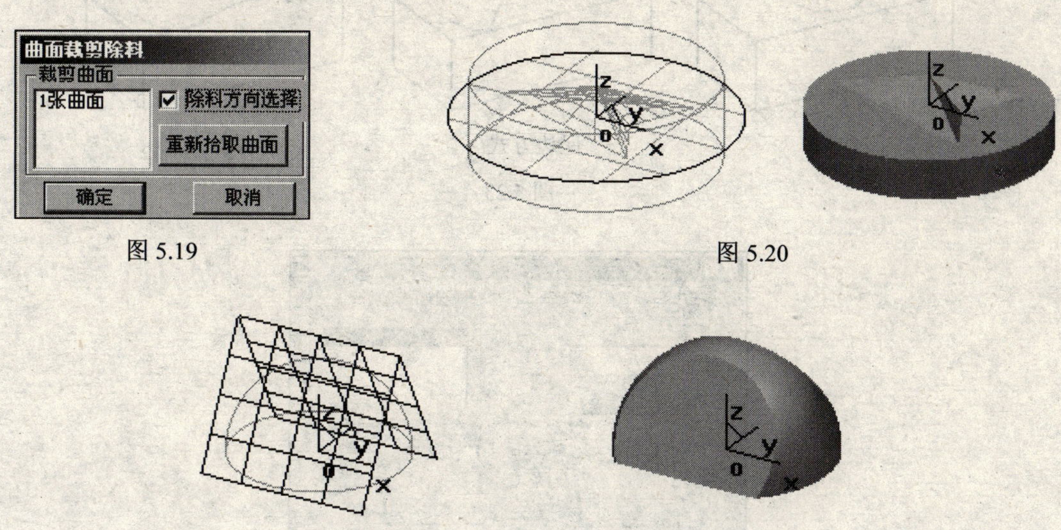

图 5.19

图 5.20

图 5.21

5.2.12 过渡

过渡是指以给定半径或半径规律在实体间做光滑过渡。“过渡”有两种方式：“等半径”和“变半径”。“等半径”是对选中的边或面以固定的尺寸值进行过渡。“变半径”是对边以渐变的尺寸值进行过渡，需要分别指定各点的半径。“结束方式有 3 种”：“缺省方式”、“保边方式”和“保面方式”。“过渡”窗口如图 5.22 所示。

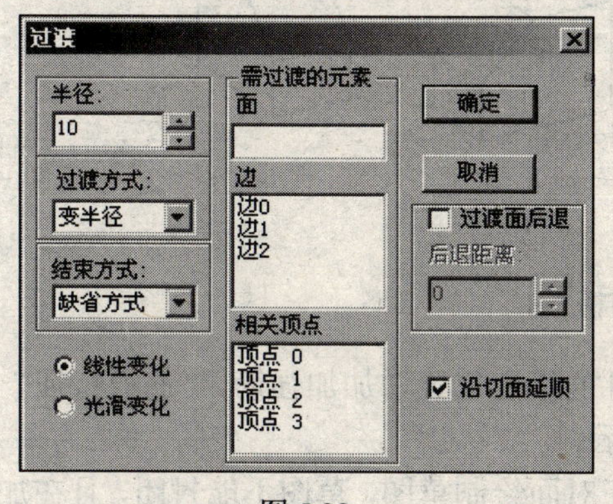

图 5.22

- 缺省方式：以系统默认的保边或保面方式进行过渡。
- 保边方式：保全过渡相邻边的线型不变。
- 保面方式：保全过渡圆弧面完整，图 5.23 为保边方式和保面方式的比较。
- 线性变化：在变半径过渡时，过渡后的边界为直线。
- 光滑变化：在变半径过渡时，过渡后的边界为光滑的曲线。
- 沿切面延顺：在相切连续的边界上，只要拾取其中一条，就可以将全部相切边界过渡。

5.2.13 倒角

倒角是指对实体的棱边进行倒角。“倒角”窗口如图 5.24 所示。图 5.25 为相邻三条棱的倒角实例。

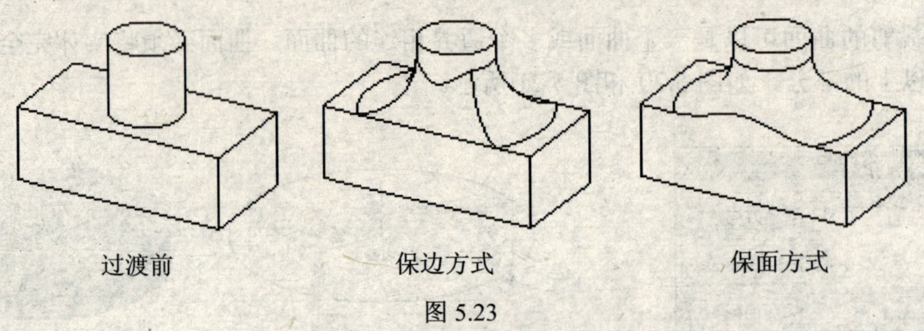

图 5.23

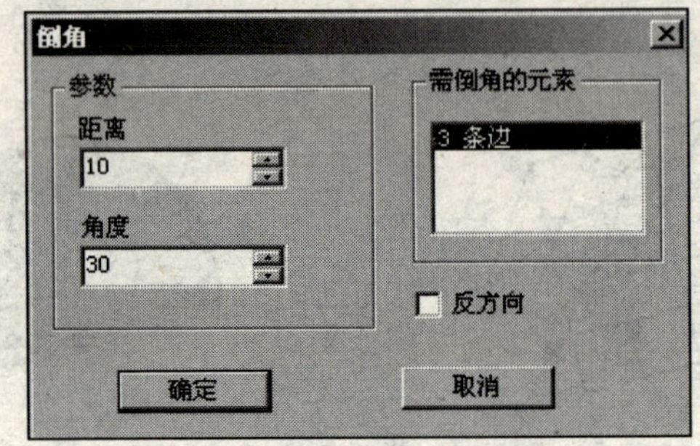

图 5.24

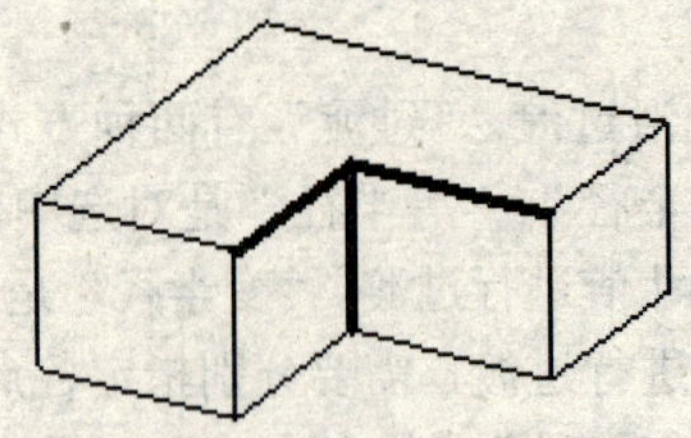

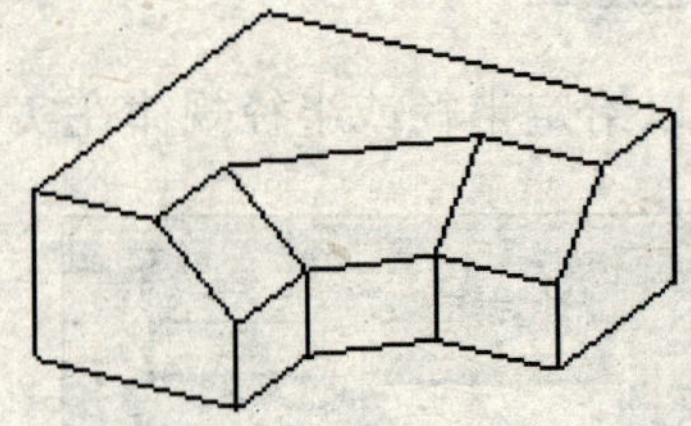

图 5.25

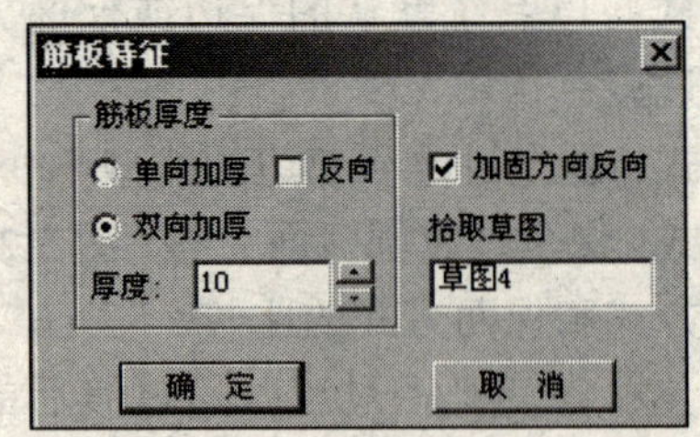

图 5.26

5.2.14 筋板

在实体零件的指定位置增加加强筋。“筋板特征”窗口如图 5.26 所示。

应在筋板正对面绘制草图，草图不能封闭，且在加强筋方向必须和实体能够组成封闭空间，否则不能生成筋板，如图 5.27 所示；图 5.28 则可以生成筋板。草图可以与实体不相交，但草图端点的切向延长线必须和实体有交点，如图 5.29 所示。

不能生成筋板

图 5.27

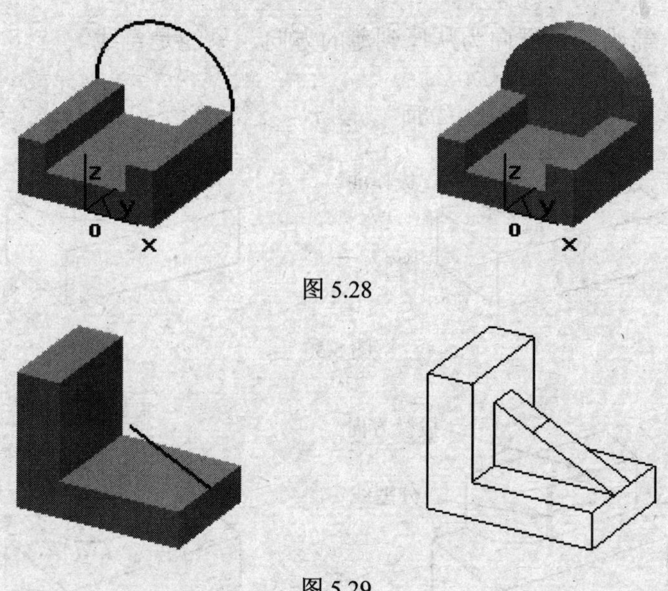

图 5.28

图 5.29

5.2.15 抽壳

根据指定壳体的厚度，将实心物体抽成内空的薄壳体。“抽壳”窗口如图 5.30 所示。

“抽壳”功能要求必须有需抽去的面，即零件要有开放面，如图 5.31 所示。因为“CAXA 制造工程师”针对的是加工，封闭的壳体内腔将无法加工。向外抽壳是以现有实体为准向外增加厚度。可在“抽壳”窗口中设置抽壳后各面的不同厚度。

图 5.30　　图 5.31

5.2.16 拔模

拔模是指保持中性面与拔模面的交轴不变（即以此交轴为旋转轴）或分型线不变，对拔模面进行相应拔模角度的旋转操作。“拔模类型”有两种方式：“中立面”和“分型线”。“拔模”窗口如图 5.32 所示。

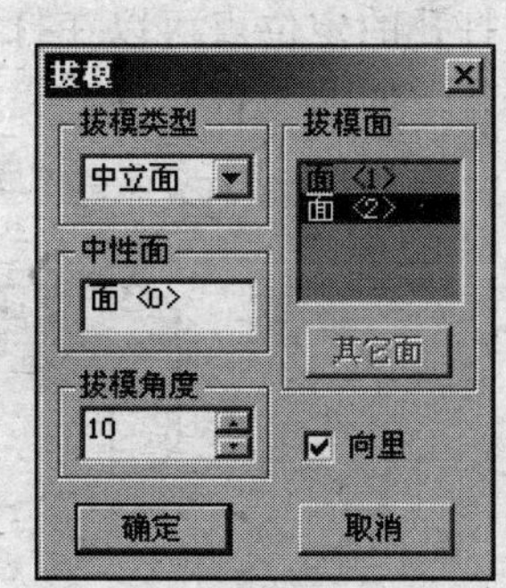

图 5.32

- 中立面：用来确定拔模角度和位置的平面，只能是实体平面，如图 5.33 所示。
- 分型线：用来做旋转轴的实体边界，如图 5.34 所示。
- 拔模面：需要进行拔模的实体表面，可以不是平面。

- 拔模方向：箭头所指方向为从厚到薄的方向，只能是直线。

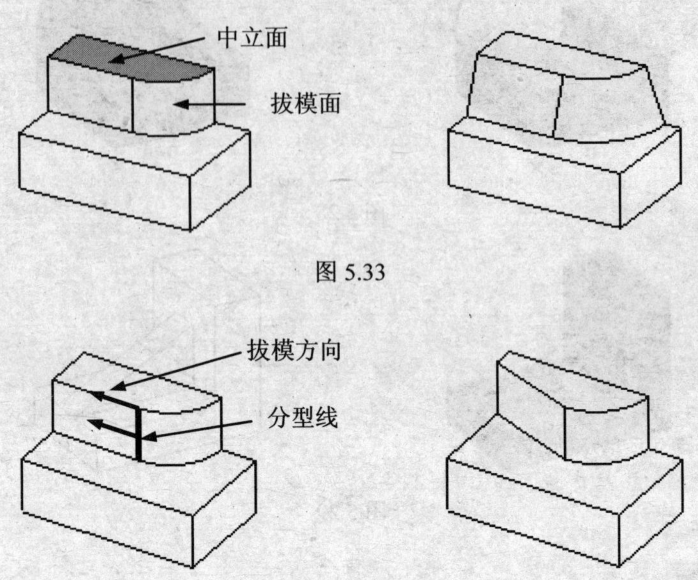

图 5.33

图 5.34

5.2.17 孔

在实体上去除材料生成各种类型的孔。“孔的类型”窗口及“孔的参数”窗口分别如图 5.35 和图 5.36 所示。

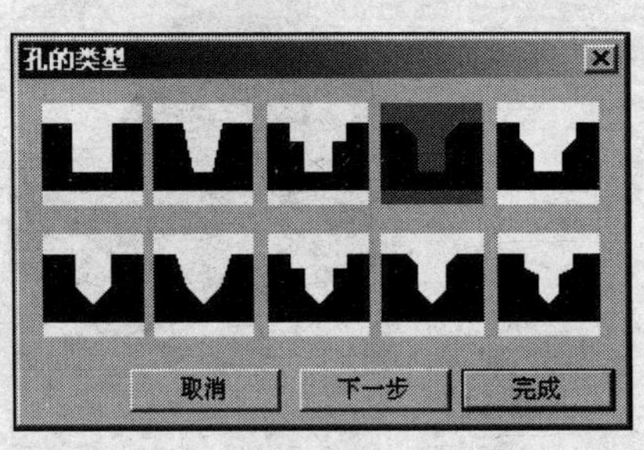

图 5.35

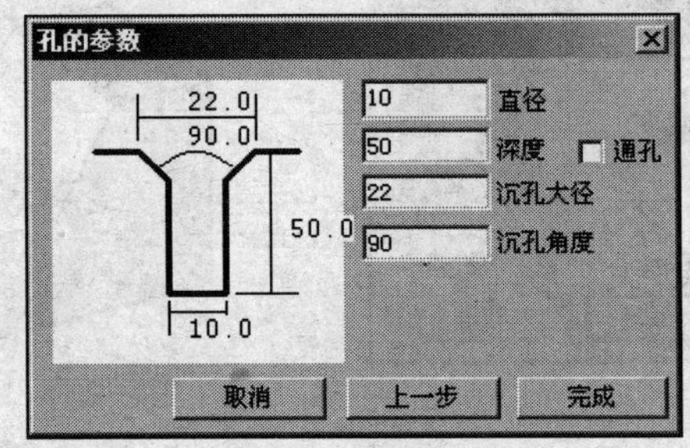

图 5.36

打孔的定位点可以在打孔平面上，也可以不在打孔平面上，只要定位点位于孔的轴心线上即可，如图 5.37 所示。

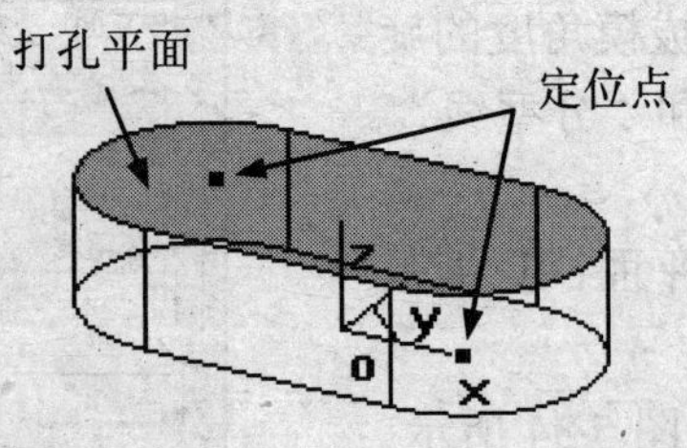

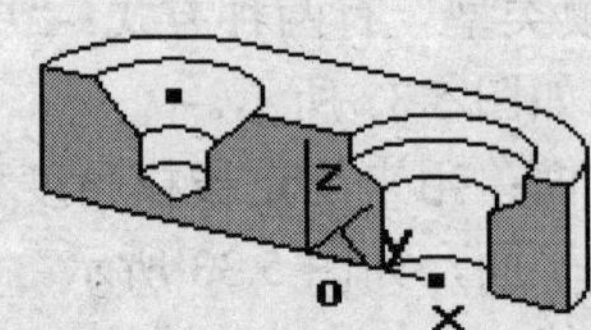

图 5.37

5.2.18 线性阵列

通过线性阵列可以沿一个方向或多个方向快速进行特征的复制。“线性阵列”窗口如图 5.38 所示。

线性阵列时两个阵列方向都要选取，如图 5.39 所示。阵列时须注意，操作界面中第一个生成实体不能被阵列。

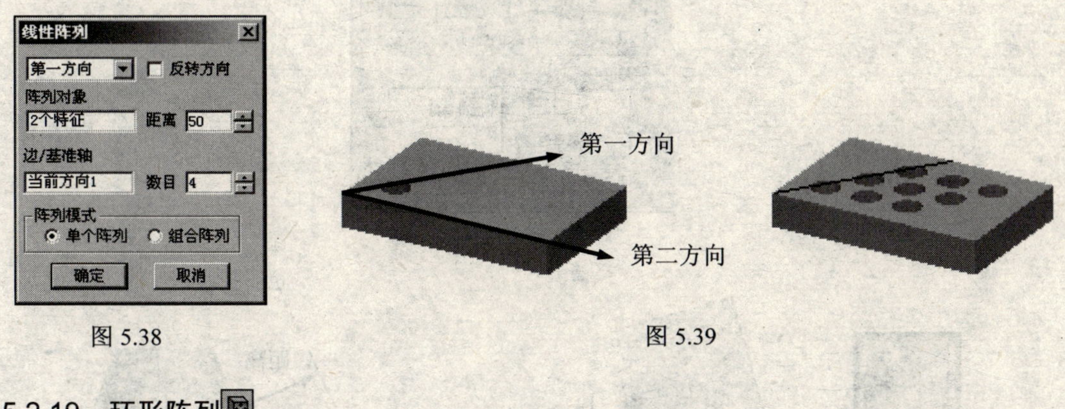

图 5.38　　图 5.39

5.2.19 环形阵列

绕某一基准轴旋转，将特征阵列为多个特征，构成环形阵列。“环形阵列”窗口如图 5.40 所示。

环形阵列时基准轴应为空间直线。其中自身旋转是指在阵列过程中，阵列对象在绕旋转轴旋转的过程中，自身也围绕着旋转轴旋转，否则将互相平行，如图 5.41 所示。

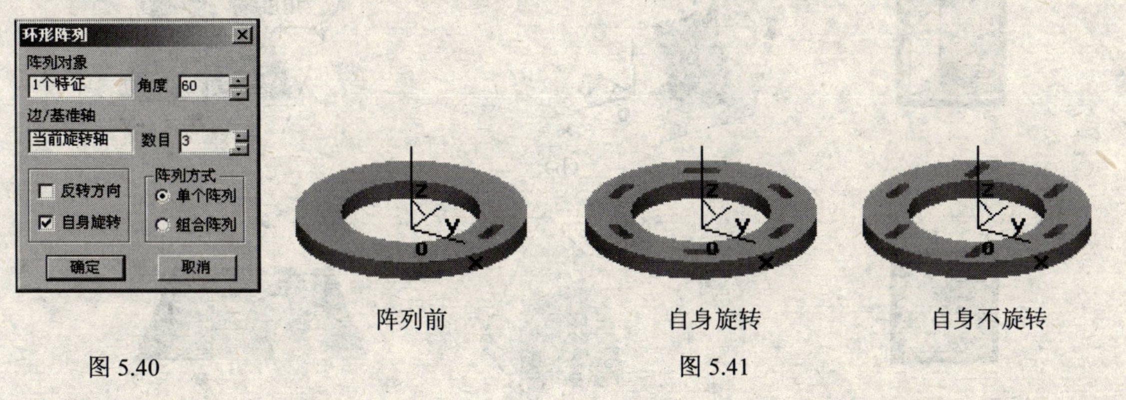

图 5.40　　图 5.41

5.2.20 构造基准面

构造基准面是通过一定的方式构造出用来绘制草图的平面。“构造基准面”窗口如图 5.42 所示。基准面可以是特征树中已有的坐标平面，也可以是实体中生成的某个平面，还可以是通过某种构造方法构造出的面。它与曲面中的平面不同，它不属于零件的几何特征。

“构造平面”包括 8 种方式：“等距平面确定基准平面”[图 5.43（a)]、“过直线与平面成夹角确定基准平面”[图 5.43（b)]、“生成曲面上某点的切平面”[图 5.43（c)]、“过点且垂直于曲线确定基准平面”[图 5.43（d)]、“过点且平行平面确定基准平面”[图 5.43（e)]、“过点和直线确定基准平面”［图 5.43（f)]、“三点确定基准平面”［图 5.43（g)]、“根据当前坐标系构造基准平面”［图 5.43（h)]。

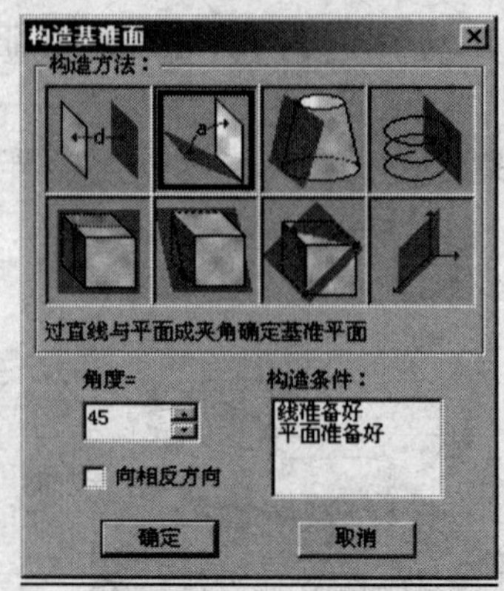

图 5.42

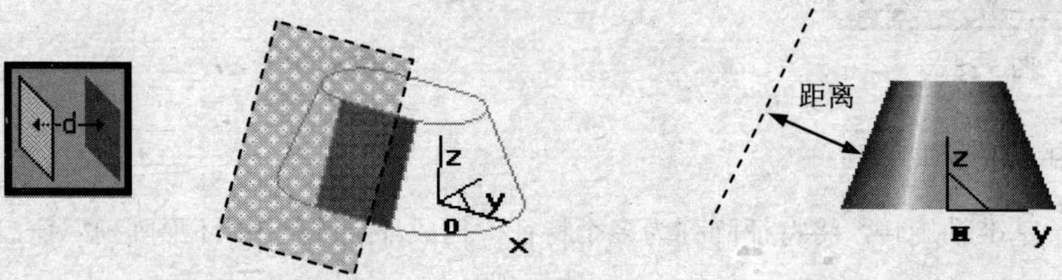

距离

（a）

角度

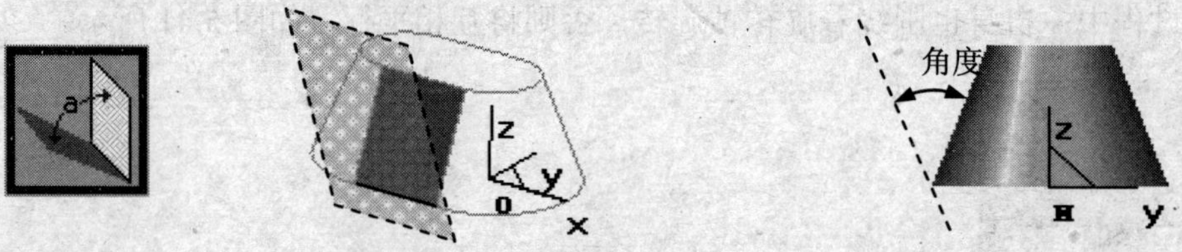

（b）

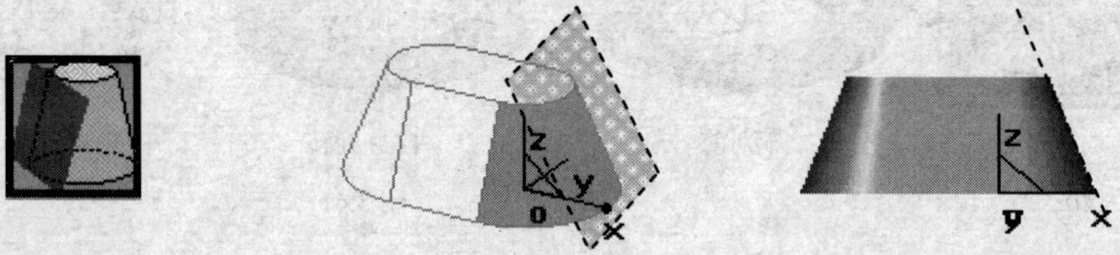

（c）

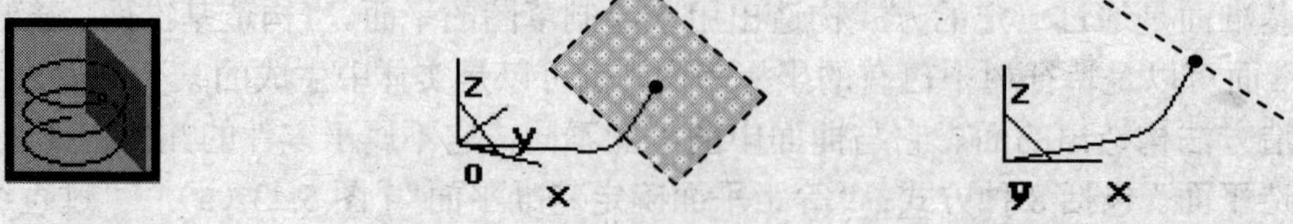

（d）

图 5.43（一）

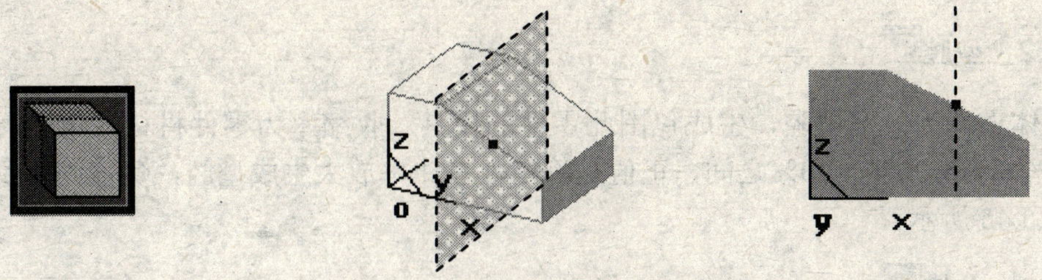

（e）

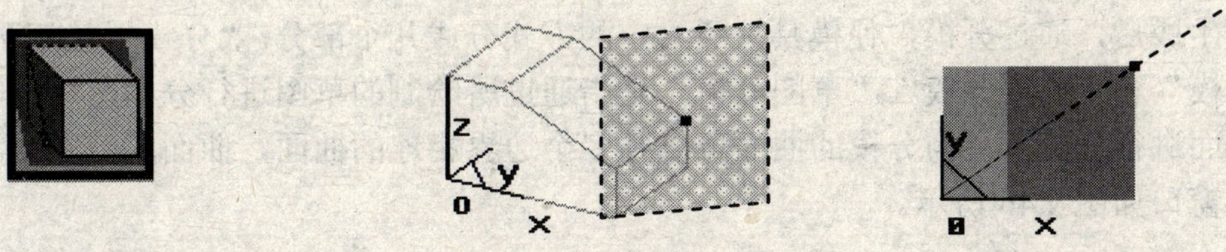

（f）

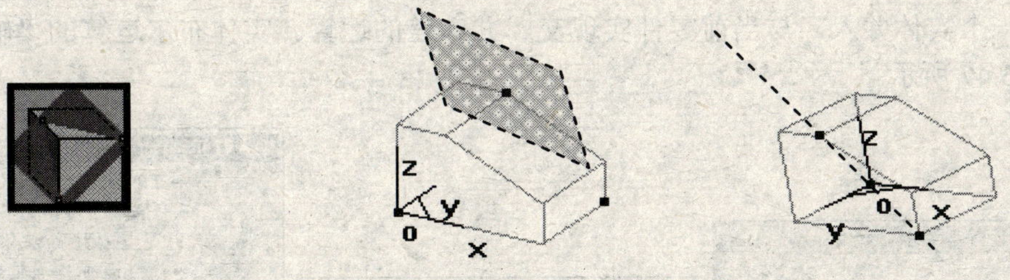

（g）

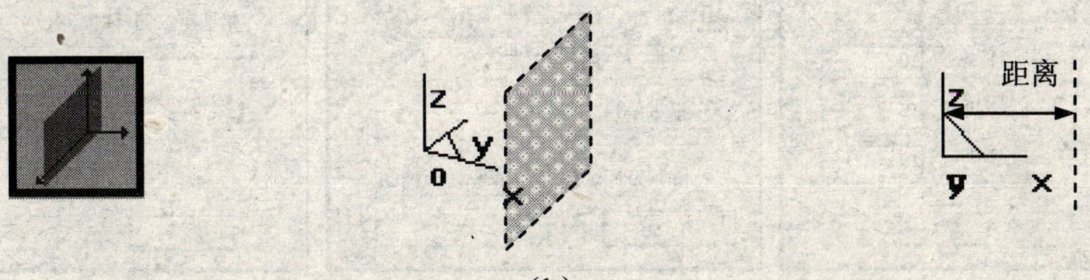

（h）

图 5.43（二）

5.2.21 缩放

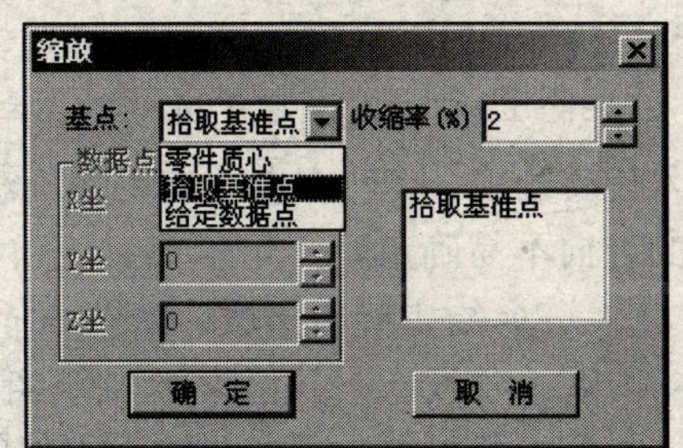

图 5.44

给定基准点对整个零件进行放大或缩小。收缩率介于-50%～50%之间，可对零件反复使用。“基点”选择包括 3 种方式：“零件质心”、“拾取基准点”和“给定数据点”。“缩放”窗口如图 5.44 所示。

- 零件质心：以零件的质心为基点进行缩放。
- 拾取基准点：根据拾取的点为基点进行缩放。
- 给定数据点：以输入具体数值的点为基点进行缩放。
- 收缩率：放大或缩小的比率。输入正值为放大，负值为缩小。

5.2.22 型腔

以实体零件为内空型腔，生成包围此零件的模具。收缩率为零件材料在铸造时的收缩比率。收缩率介于-20%～20%之间，正值是将零件按比率放大生成型腔，负值则相反。“型腔”窗口如图 5.45 所示。

5.2.23 分模

型腔生成后，通过分模，使模具按照给定的方式分成几个部分。“分模”包括两种方式：“草图分模”和“曲面分模”。“草图分模”是指通过所绘制的草图进行分模。“曲面分模”是指通过曲面进行分模，参与分模的曲面可以是多个边界相连的曲面，曲面的范围要大于实体。“分模”窗口如图 5.46 所示。

5.2.24 实体布尔运算

将另一个实体并入，与当前零件实现交、并、差的运算。实体布尔运算的“输入特征”窗口如图 5.47 所示。

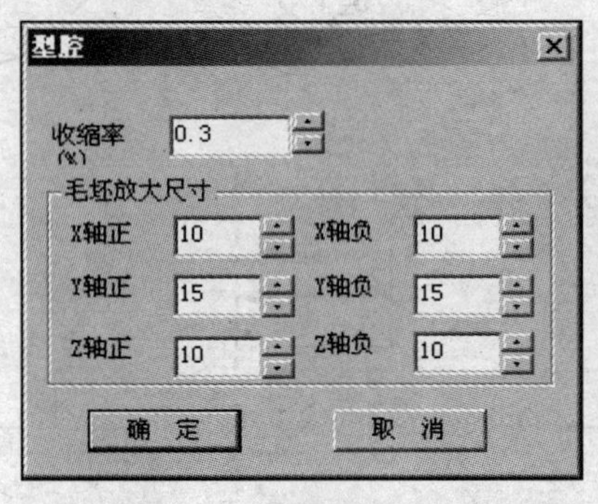

图 5.45

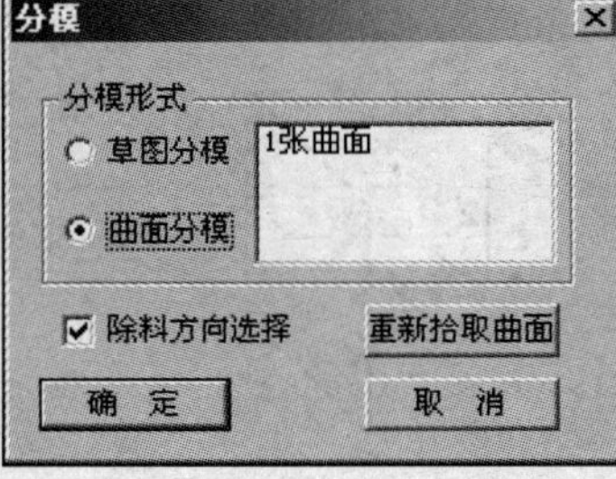

图 5.46

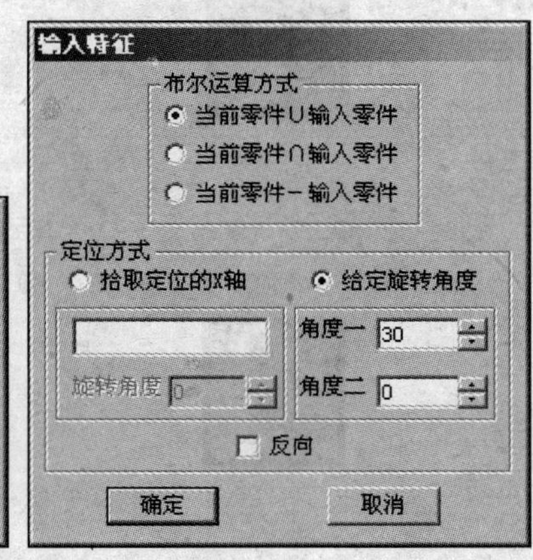

图 5.47

（1）当前零件∪输入零件：求当前零件与输入零件的并集。

（2）当前零件∩输入零件：求当前零件与输入零件的交集。

（3）当前零件-输入零件：求当前零件与输入零件的差。

【定位方式】

（1）拾取定位的 X 轴：选择空间直线或实体边界作为输入零件原坐标轴的定位轴线，输入旋转角度，旋转方向用右手螺旋法则判断，定位直线最好与当前坐标轴平行，否则并入零件的方向不易确定。

（2）给定旋转角度：

- 角度一：其值为 X 轴绕当前坐标系的 Z 轴的旋转角度。
- 角度二：其值为输入零件的坐标系相对输入零件 X 轴的旋转角度。

【注意】

应先将输入零件另存为*.x_t 文件，在新设计的零件中才能将其调入进行布尔运算。

5.3 特征造型实例

下面将通过15个造型实例进一步说明各种工具的使用方法。实例中所使用的方法不一定是唯一的或最简洁的，有些步骤也不是必不可少的，甚至有些步骤是为了介绍更多的功能而特意加入的，所以对于使用软件较熟练的用户显得有些繁琐，主要是为了使用户能够尽可能全面地了解各种工具的使用方法和技巧。但是通过几个实例是不可能将各种工具的各种功能全部介绍清楚的；而且同一个部位可以有多种不同的造型方法，由于章节限制，也不可能在有限的篇章中介绍很多造型技巧。学习时请用户自己总结，下面的设计步骤仅供参考，繁赘之处敬请谅解。

5.3.1 造型实例1

请根据图5.48完成零件的实体造型。

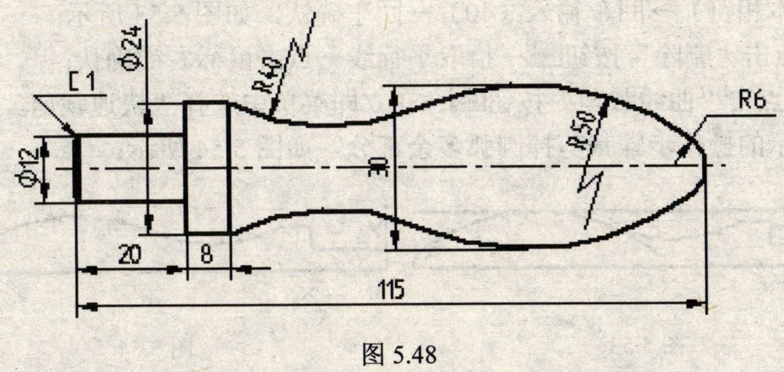

图5.48

【步骤1】在特征树中用鼠标左键点击选中XY平面→点击“绘制草图”按钮；

【步骤2】按F5键→点击“直线”工具按钮→在立即菜单中选中“两点线，连续，正交，长度方式，长度=5”→按空格键，选择“缺省点”→回车输入（0）→回车确认→向上移动鼠标并点击→在立即菜单中将“正交”改为“非正交”→回车输入（@1，1）→回车确认→在立即菜单中将“非正交”改为“正交”，长度改为19→向右移动鼠标并点击→在立即菜单中将长度改为6→向上移动鼠标并点击→将长度改为8→向右移动鼠标并点击→点击鼠标右键确认（结束绘制）；

【步骤3】在立即菜单中选中“两点线，单个，正交，长度方式，长度=115”→敲击空格键，选择“缺省点”→点击原点→向右移动鼠标并点击；

【步骤4】在立即菜单中选中“平行线，距离，距离=15，条数=1”→用鼠标左键拾取长115的线段→等距方向向上（鼠标左键在上方向箭头附近区域点击），如图5.49所示；

【步骤5】点击“圆弧”工具按钮→在立即菜单中选中“起点_半径_起终角，半径=6，起始角=0，终止角=120（大于90度即可）”→用鼠标将圆弧移至长115且过原点的线段的右端点上→点击鼠标左键，如图5.50所示；

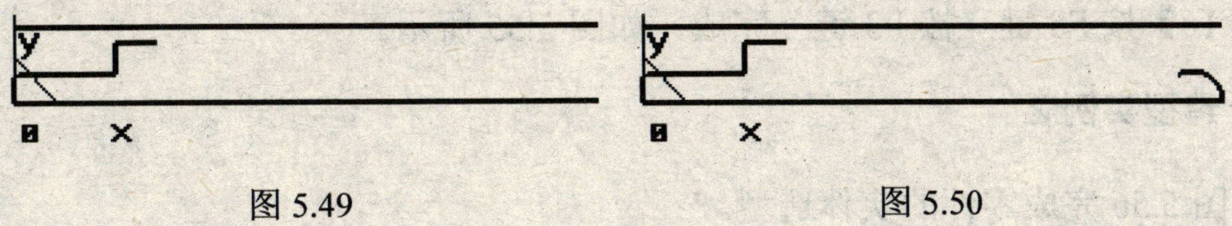

图5.49 图5.50

【步骤 6】在立即菜单中选中“两点半径”→敲击空格键，选择“切点”→点击圆弧右上部分→点击平行线→略向上移动鼠标，将圆弧拖动至需绘制位置附近→回车输入（50）→回车确认，如图 5.51 所示；

【步骤 7】点击“曲线拉伸”按钮→点击大圆弧左侧部分→在立即菜单中选中“伸缩”→敲击空格键，选择“缺省点”→将圆弧向左下方拖动至适当位置→点击鼠标左键，如图 5.52 所示；

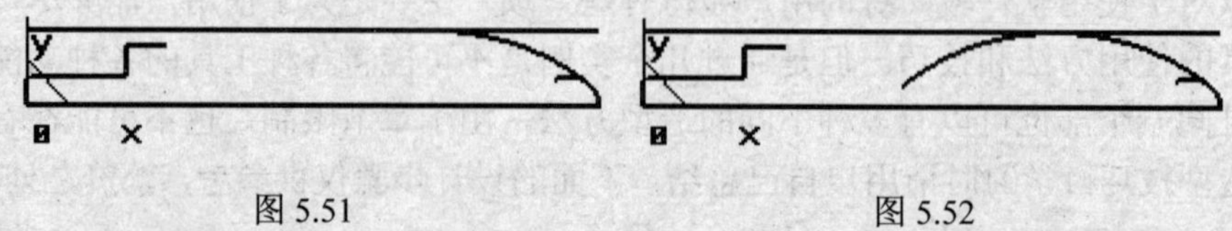

图 5.51　　　　图 5.52

【步骤 8】点击“圆弧”工具按钮→在立即菜单中选中“两点_半径”→点击长度为 8 的线段的右端点→敲击空格键，选择“切点”→点击大圆弧左侧部分→略向下移动鼠标（使圆弧与绘制位置基本相符）→回车输入（40）→回车确认，如图 5.53 所示；

【步骤 9】点击“删除”按钮→拾取平行线→点击鼠标右键确认；

【步骤 10】点击“曲线裁剪”按钮→在立即菜单中选择“快速裁剪，正常裁剪”→根据系统提示栏提示的操作步骤裁剪掉圆弧多余部分，如图 5.54 所示；

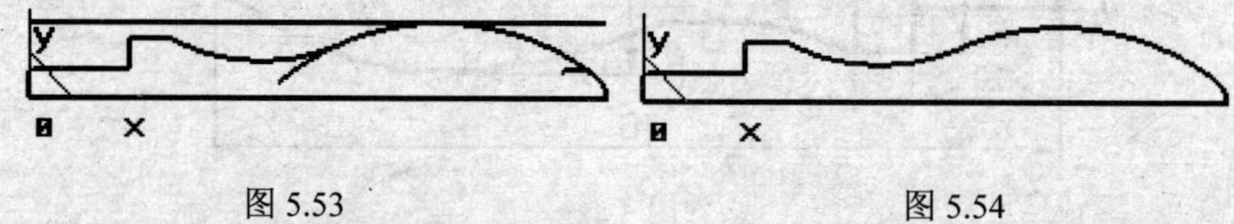

图 5.53　　　　图 5.54

【步骤 11】点击“复制”按钮→拾取长 115 的线段→点击鼠标右键确认→点击“绘制草图”按钮（退出草图绘制状态）；

【步骤 12】点击“粘贴”按钮（制作旋转轴）；

【步骤 13】点击“旋转增料”按钮→在弹出窗口中设置“单项旋转，角度 360”→用鼠标拾取绘制的草图→拾取粘贴的直线→点击窗口上的“确定”按钮；

【步骤 14】点击主菜单栏中的“编辑”菜单→在下拉菜单中选中“隐藏”项→用鼠标左键拾取旋转轴直线→点击鼠标右键确认；

【步骤 15】点击“隐藏坐标系”按钮→点击当前坐标系；

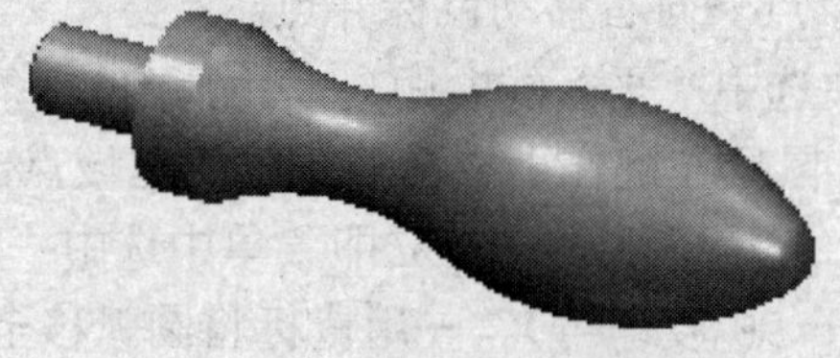

图 5.55

【步骤 16】按 F8 键→按 F3 键→完成，如图 5.55 所示。

5.3.2 造型实例 2

请根据图 5.56 完成零件的实体造型。

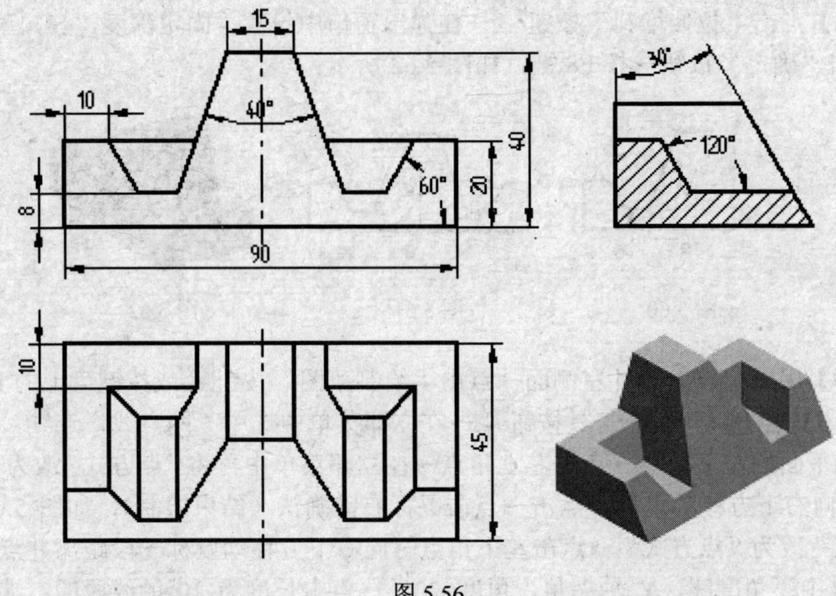

图 5.56

【步骤 1】在特征树中用鼠标左键点击选中 YZ 平面→点击“绘制草图”按钮或按键盘上的 F2 键（这时要注意，此时建立了新的绘图坐标系，新坐标轴与原坐标轴不同）→再按 F5 键（使绘图平面正对操作者，这样便于初学者绘图）；

【步骤 2】点击“直线”工具按钮→在立即菜单中设置“水平/铅垂线，水平，长度=90”→按空格键，选择“缺省点”→点击坐标原点→回车输入（0，8）→回车确认→在立即菜单中将长度改为 15→回车输入（0，40）→回车确认，如图 5.57 所示；

【步骤 3】在立即菜单中选择“两点线，连续，正交，长度方式，长度=20”→点击过原点的水平线的右端点，向上方移动鼠标并点击→再在立即菜单中将长度改为 10→向左移动鼠标并点击，如图 5.58 所示；

【步骤 4】在立即菜单中选择“角度线，X 轴夹角，角度=60”→点击长度为 10 的线段的终点→向左下方移动鼠标一段距离→在与图纸相近地方点击；

【步骤 5】在立即菜单中改为“Y 轴夹角，角度=20”→点击长度为 15 的线段的右端点→向右下方移动鼠标一段距离→在与图纸相近地方点击，如图 5.59 所示；

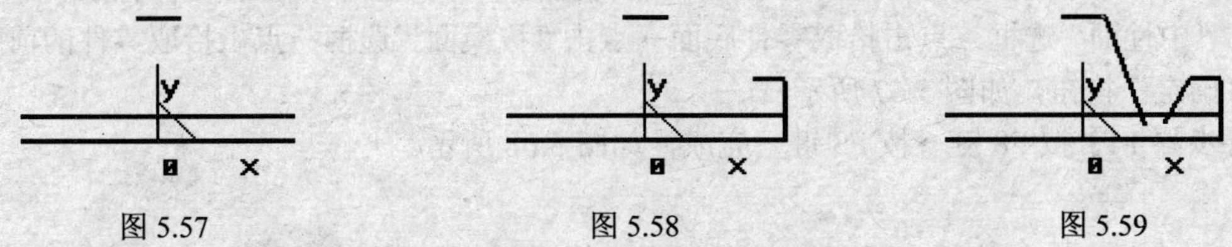

图 5.57　　图 5.58　　图 5.59

【步骤 6】点击“曲线裁剪”按钮→在立即菜单中选择“快速裁剪，正常裁剪”→根据系统提示栏提示的操作步骤，对直线按图纸进行裁剪操作，如图 5.60 所示；

【步骤 7】点击“平面镜像”按钮→选择镜像首点（提示栏）时，点击原点→选择镜像末点时，点击长度为 15 的水平线的中点→拾取元素时，框选需镜像的元素→点击鼠标右键确认，如图 5.61 所示；

【步骤 8】点击“拉伸增料”按钮→在弹出窗口中设置“固定深度，45，草图 0，实体特征”→点击“确定”按钮→按 F8 键，如图 5.62 所示；

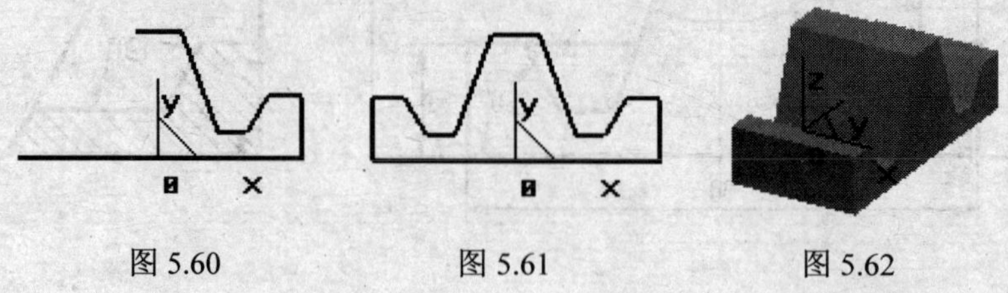

图 5.60　　图 5.61　　图 5.62

【步骤 9】用鼠标点击零件左侧面→点击“绘制草图”按钮或按键盘上的 F2 键；

【步骤 10】点击“直线”工具按钮→在立即菜单中选中“两点线，连续，正交，点方式”→点击此平面的左下角点→点击左上角点→在立即菜单中再将“点方式”改为“长度方式，长度=10”→向右下方移动鼠标并点击→点击鼠标右键确认（结束绘制），如图 5.63 所示→再将“长度方式”改为“点方式”→点击左下角点→向右下方移动鼠标一段距离并点击左键→在立即菜单中选中“角度线，Y 轴夹角，角度=20”→点击长度为 10 的线段的右端点→向右下方移动鼠标，在合适位置点击，如图 5.64 所示；

【步骤 11】点击“曲线裁剪”按钮→根据系统提示栏提示的操作步骤，按图纸进行裁剪操作，如图 5.65 所示；

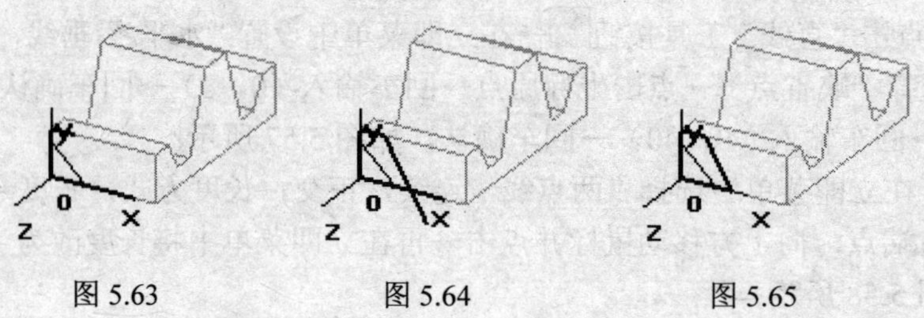

图 5.63　　图 5.64　　图 5.65

【步骤 12】点击“拉伸增料”按钮→在弹出窗口中设置“拉伸到面，草图 1，实体特征”→用鼠标选取零件的右端面（需按住鼠标中轮转动视图）→点击“确定”按钮，如图 5.66 所示；

【步骤 13】点击“拔模斜度”按钮→在弹出窗口中设置“中立面，拔模角度 30，向里”→点击“中性面”选框→点击拾取零件底面→点击“拔模面”选框→点击拾取零件的前端面→点击“确定”按钮，如图 5.67 所示；

【步骤 14】按 F8 键→按 F3 键→完成，如图 5.68 所示。

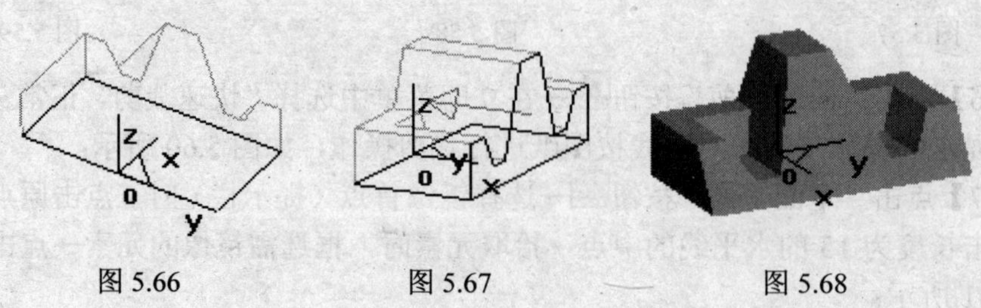

图 5.66　　图 5.67　　图 5.68

5.3.3 造型实例 3

请根据图 5.69 完成零件的实体造型。

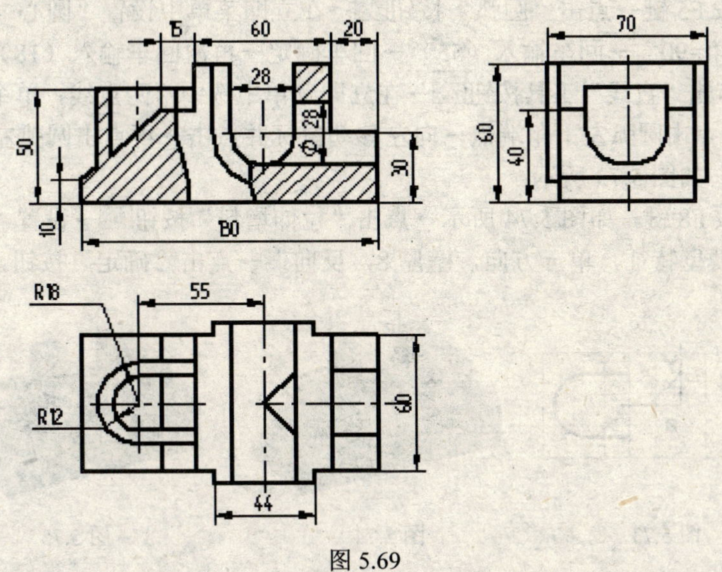

图 5.69

【步骤 1】在特征树中点击选中 XZ 平面→在其上点击鼠标右键→点击“创建草图”项；

【步骤 2】按 F5 键→点击“圆弧”按钮→选中“圆心_半径_起终角，起始角=90，终止角=270”→回车输入（30）→回车确认→再次回车输入（14）→回车确认；

【步骤 3】点击“直线”工具按钮→在立即菜单中设置“两点线，连续，正交，长度方式，长度=30”→点击圆弧右下角端点→向右移动鼠标并点击→在立即菜单中将长度改为 16→向下方移动鼠标并点击→将长度改为 30→向左侧点击→将长度改为 20→向下方点击→将长度改为 30→向左侧点击→将长度改为 130→向上方点击→将长度改为 10→向右侧点击→点击鼠标右键确认（结束绘制），如图 5.70 所示→将长度改为 30→点击圆弧右上角端点→向右侧点击→将长度改为 16→向上方点击→将长度改为 20→向左侧点击→将长度改为 15→向上方点击→将“正交”改为“非正交”→点击长度为 10 的直线的右端点（将图形封闭）→点击鼠标右键确认，如图 5.71 所示；

【步骤 4】点击“拉伸增料”按钮→在弹出窗口中设置“双向拉伸，深度 60，草图 0，实体特征”→点击“确定”按钮→按 F8 键，如图 5.72 所示；

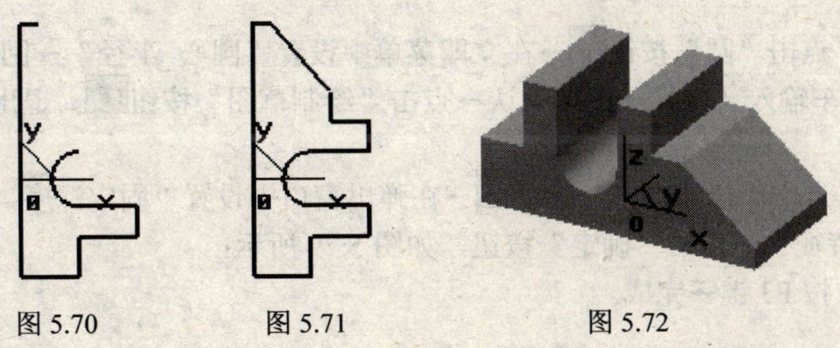

图 5.70　　图 5.71　　图 5.72

【步骤 5】点击“构造基准面”按钮→在弹出窗口中设置“等距平面确定基准平面，距离 50”→在特征树中点击平面 XY→点击“确定”按钮；

【步骤 6】在特征树中点击构造的平面→在其上点击鼠标右键→点击“创建草图”项；

【步骤 7】按 F5 键→点击“圆弧”按钮→在立即菜单中设置“圆心_半径_起终角，起始角=270，终止角=90”→回车输入（55）→回车确定→再次回车输入（18）→回车确定；

【步骤 8】点击“直线”工具按钮→在立即菜单中选中“两点线，单个，正交，长度方式，长度=25”→点击圆弧左下角端点→向左移动鼠标并点击→再点击圆弧左上角端点→向左移动鼠标并点击，如图 5.73 所示；

【步骤 9】按 F8 键，如图 5.74 所示→点击“拉伸增料”按钮→设置“固定深度，深度 50，反向拉伸，薄壁特征，单一方向，壁厚 8，反向”→点击“确定”按钮，如图 5.75 所示；

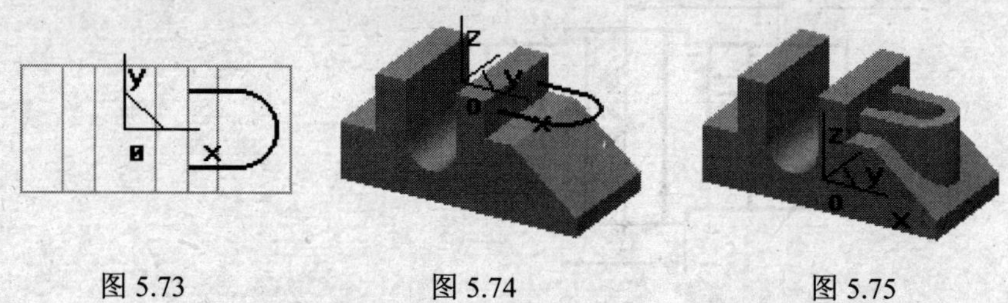

图 5.73　　图 5.74　　图 5.75

【步骤 10】在特征树中点击平面 XZ→点击“绘制草图”按钮；

【步骤 11】点击“曲线投影”按钮→依次点击实体上宽度为 28 的槽的轮廓边，如图 5.76 所示；

【步骤 12】点击“拉伸增料”按钮→在弹出窗口中设置“双向拉伸，深度 70，薄壁特征，单一方向，壁厚 8”→点击“确定”按钮，如图 5.77 所示；

【步骤 13】在特征树中点击平面 YZ→点击“绘制草图”按钮；

图 5.76　　图 5.77

【步骤 14】点击“圆”按钮→在立即菜单中设置“圆心_半径”→回车输入（0，30）→回车确认→回车输入（14）→回车确认→点击“绘制草图”按钮（退出草图绘制状态），如图 5.78 所示；

【步骤 15】点击“拉伸除料”按钮→在弹出窗口中设置“固定深度，深度 50（可以大于此值），实体特征”→点击“确定”按钮，如图 5.79 所示；

【步骤 16】按 F3 键→完成。

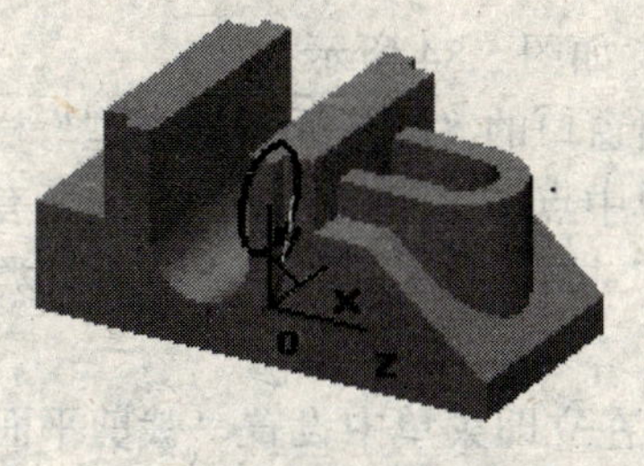

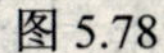

图 5.78

图 5.79

5.3.4 造型实例 4

请根据图 5.80 完成零件的实体造型。

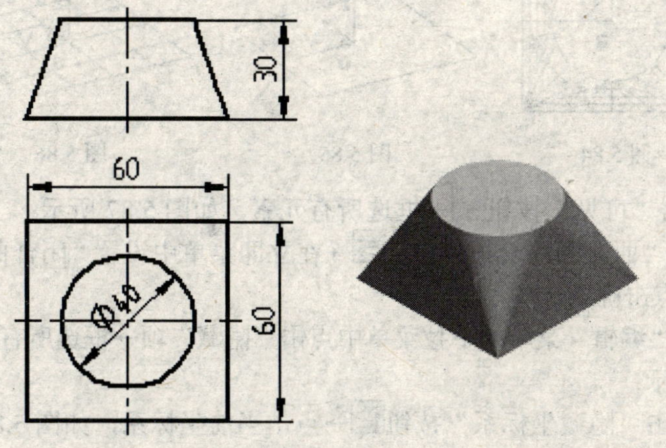

图 5.80

【步骤 1】按 F5 键→点击“直线”工具按钮→在立即菜单中设置“水平/铅垂线，铅垂，长度=60”→回车输入（30）→回车确认；

【步骤 2】点击“圆弧”按钮→在立即菜单中设置“圆心_半径_起终角，起始角=270，终止角=360”→按空格键，选择“缺省点”→点击原点→回车输入（20）→回车确认→按 F8 键，如图 5.81 所示；

【步骤 3】点击“平移”按钮→在立即菜单中设置“偏移量，移动，DX=0，DY=0，DZ=30”→拾取圆弧→点击鼠标右键确认，如图 5.82 所示；

【步骤 4】点击直纹面按钮→在立即菜单中设置“点+曲线”→点击圆弧右端点→点击直线→点击直线左端点→点击圆弧，如图 5.83 所示；

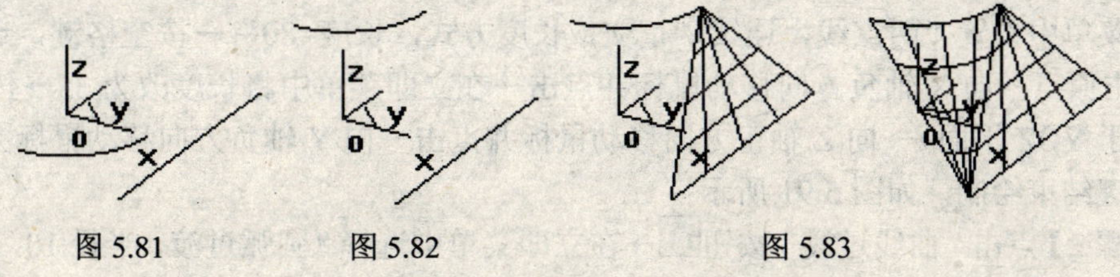

图 5.81　图 5.82　图 5.83

【步骤 5】按 F5 键→点击“阵列”按钮→在立即菜单中设置“圆形，均布，份数=4”

→框选所有元素→点击鼠标右键确认→点击原点，如图 5.84 所示；

【步骤 6】点击“过滤设置”按钮→在弹出窗口的“图形元素的类型”栏中仅选中“空间曲面”→点击确认→在“编辑”菜单的下拉菜单中点击“隐藏”项→框选所有元素（只选中了曲面）→点击鼠标右键确认→点击“过滤设置”按钮→点击“选中所有类型”按钮→点击确认；

【步骤 7】按 F8 键→点击“平面”按钮→在立即菜单中设置“裁剪平面”→点击圆弧→点击箭头任意方向→点击鼠标右键确认，如图 5.85 所示→点击直线→点击箭头任意方向→点击鼠标右键确认，如图 5.86 所示；

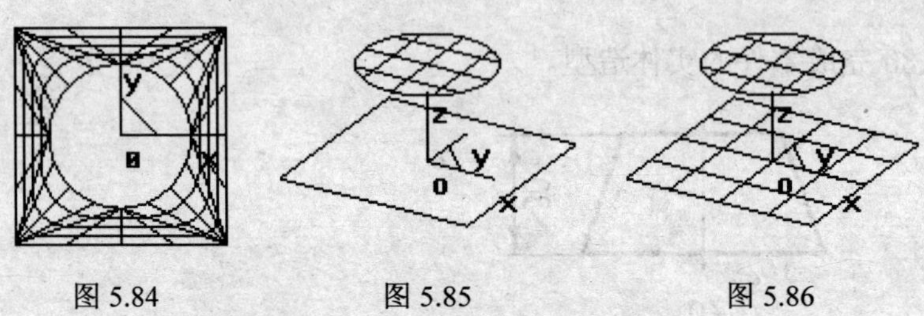

图 5.84 图 5.85 图 5.86

【步骤 8】点击“可见”按钮→框选所有元素，如图 5.87 所示；

【步骤 9】点击“曲面加厚增料”按钮→在立即菜单中设置“闭合曲面填充，精度 0.01”→框选所有元素→点击确认；

【步骤 10】在“编辑”菜单的下拉菜单中点击“隐藏”项→框选所有元素→点击鼠标右键确认，如图 5.88 所示；

【步骤 11】点击“隐藏坐标系”按钮→点击当前坐标系，如图 5.89 所示；

【步骤 12】按 F3 键→完成。

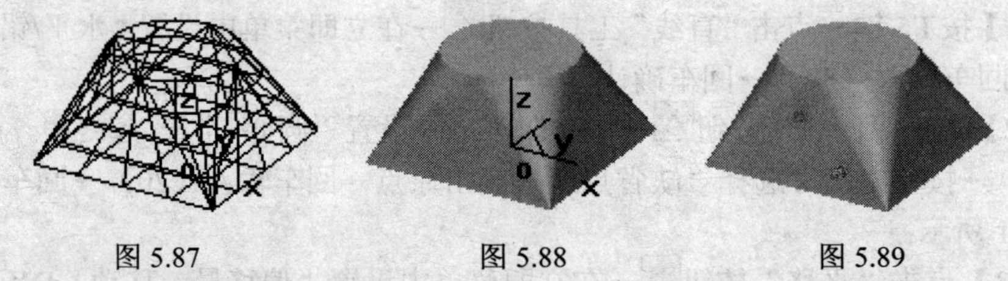

图 5.87 图 5.88 图 5.89

5.3.5 造型实例 5

请根据图 5.90 完成零件的实体造型。

【步骤 1】按 F8 键→按 F9 键（使绘图平面位于 XOY 平面）→点击“直线”工具按钮→在立即菜单中设置“两点线，连续，正交，长度方式，长度=80”→按空格键，选择“缺省点”→点击原点→向 X 轴负方向移动鼠标并点击→在立即菜单中将长度改为 35→按 F9（使绘图平面位于 YOZ 平面）→向 Z 轴正方向移动鼠标并点击→向 Y 轴负方向移动鼠标并点击→点击鼠标右键结束绘制，如图 5.91 所示；

【步骤 2】点击“曲线过渡”按钮→在立即菜单中选择“圆弧过渡，半径 10，精度 0.01，裁剪曲线 1，裁剪曲线 2”→分别点击三段直线中的相邻两个→点击鼠标右键结束该项操作，如图 5.92 所示；

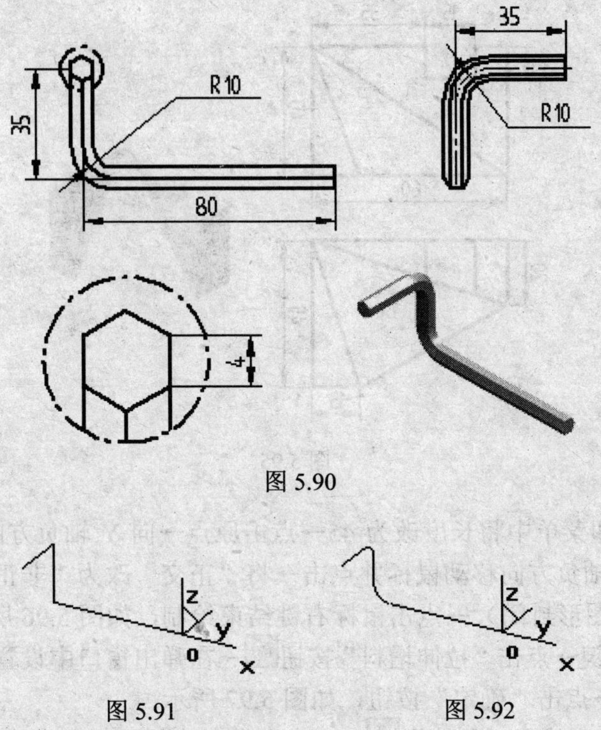

图 5.90

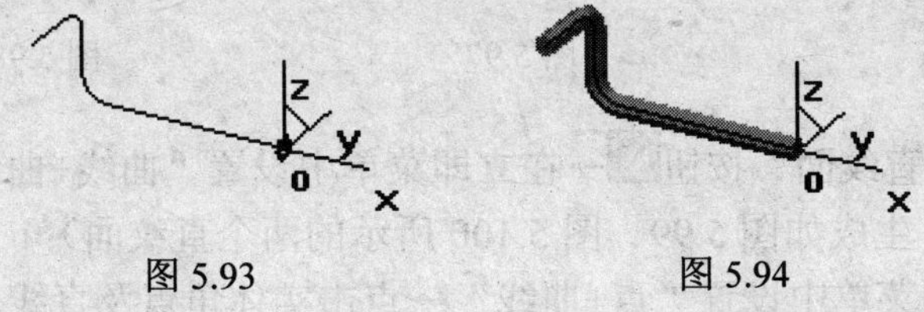

图 5.91　　图 5.92

【步骤 3】在特征树中选中平面 YZ→按 F2；

【步骤 4】点击“多边形”按钮→在立即菜单中设置“中心，边数 6，内接”→点击原点→回车输入（4）→回车确认操作，如图 5.93 所示；

【步骤 5】点击“导动增料”按钮→在弹出窗口中设置“固接导动”→拾取离草图最近的直线→确定链搜索方向时，点击远离草图方向箭头→点击鼠标右键确认→点击“确定”按钮→按 F8 键，如图 5.94 所示；

图 5.93　　图 5.94

【步骤 6】按 F3 键→完成。

5.3.6　造型实例 6

请根据图 5.95 完成零件的实体造型。

【步骤 1】在特征树中点击平面 XY→点击“绘制草图”按钮→按 F5；

【步骤 2】点击“直线”工具按钮→在立即菜单中设置“两点线，连续，正交，长度方式，长度=60”→按空格键，选择“缺省点”→点击原点→向 X 轴负方向移动鼠标并点击→将长度改为 20→向 Y 轴负方向移动鼠标并点击→点击鼠标右键结束绘制；

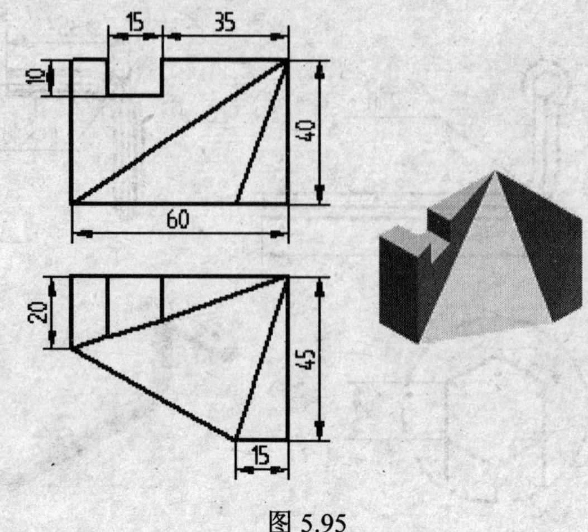

图 5.95

【步骤 3】在立即菜单中将长度改为 45→点击原点→向 Y 轴负方向移动鼠标并点击→将长度改为 15→向 X 轴负方向移动鼠标并点击→将“正交”改为“非正交”→点击长度为 20 的线段的下端点（使图形封闭）→点击鼠标右键结束绘制，如图 5.96 所示；

【步骤 4】按 F8 键→点击“拉伸增料”按钮→在弹出窗口中设置“固定深度，深度 40，草图 0，实体特征”→点击“确定”按钮，如图 5.97 所示；

【步骤 5】点击“直线”工具按钮→在立即菜单中设置“两点线，单个，非正交”→点击实体上的角点（绘制出如图 5.98 所示的三条空间直线）；

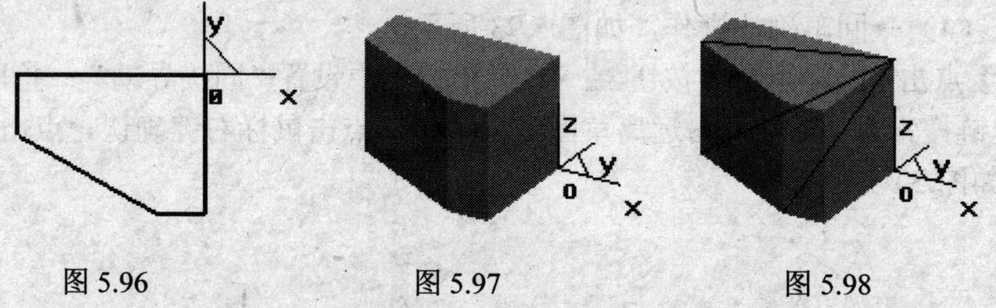

图 5.96　　图 5.97　　图 5.98

【步骤 6】点击“直纹面”按钮→在立即菜单中设置“曲线+曲线”→分别拾取对应的直线（注意拾取方向，生成如图 5.99、图 5.100 所示的两个直纹面）；

【步骤 7】在立即菜单中设置“点+曲线”→点击实体角点及直线（生成如图 5.101 所示的直纹面）；

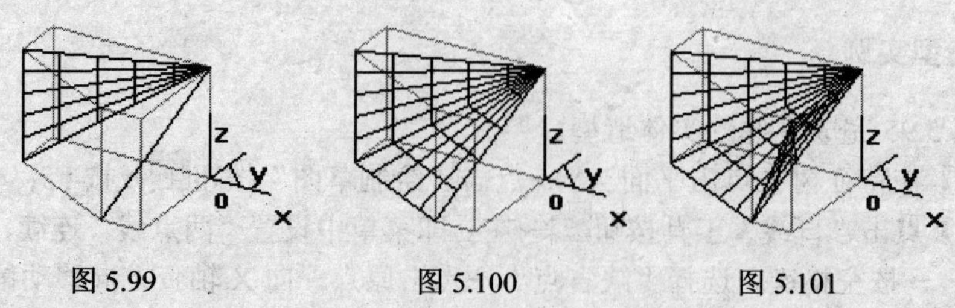

图 5.99　　图 5.100　　图 5.101

【步骤8】点击“曲面裁剪除料”按钮→框选三个直纹面→点击“确定”按钮；

【步骤9】在“编辑”菜单的下拉菜单中点击“隐藏”项→框选各面及直线→点击鼠标右键确认（使视图整洁，便于以后操作）；

【步骤10】点击“直线”工具按钮→在立即菜单中设置“两点线，单个，非正交”→连接实体左上角两角点，如图5.102所示；

【步骤11】点击“平移”按钮→在立即菜单中设置“偏移量，移动，DX=10，DY=0，DZ=0”→拾取直线→点击鼠标右键确认，如图5.103所示；

【步骤12】点击“扫描面”按钮→在立即菜单中设置“起始距离0，扫描距离10，扫描角度0，精度0.01”→按空格键→点击Z轴负方向→拾取直线，如图5.104所示；

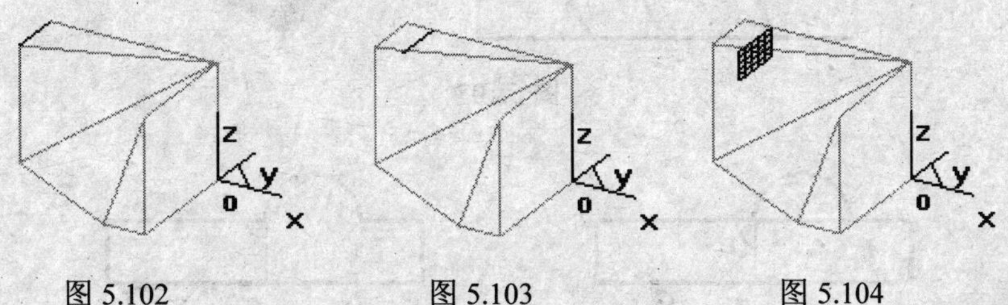

图5.102　　图5.103　　图5.104

【步骤13】点击“曲面加厚除料”按钮→在弹出窗口中设置“厚度15，加厚方向1”→拾取平面→点击“确定”按钮，如图5.105所示；

【步骤14】再次隐藏所有空间曲面和直线，如图5.106所示；

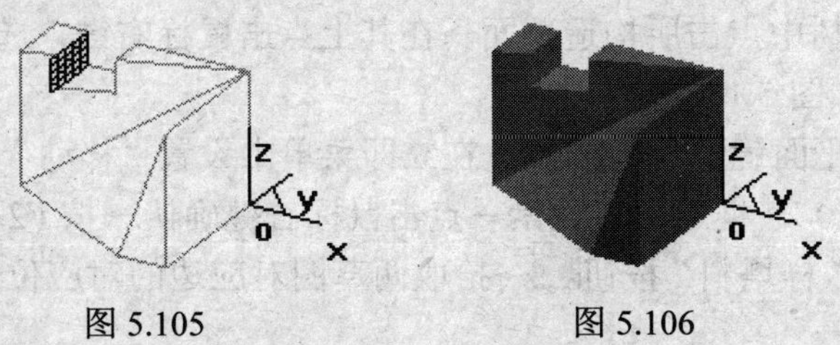

图5.105　　图5.106

【步骤15】按F3键→完成。

5.3.7　造型实例7

请根据图5.107完成零件的实体造型。

【步骤1】在特征树中选中YZ平面→点击“绘制草图”按钮→按F5键；

【步骤2】点击“矩形”按钮→在立即菜单中设置“中心_长_宽，长度=100，宽度=20”→回车输入（，10）→回车确认；

【步骤3】点击“圆弧”按钮→在立即菜单中设置“起点_半径_起终角，半径=15，起始角=0，终止角=180”→点击上部直线中点，如图5.108所示；

【步骤4】点击“曲线裁剪”按钮→在立即菜单中设置“快速裁剪，正常裁剪”→根据提示栏的提示步骤剪掉多余部分，如图5.109所示；

【步骤5】点击“复制”按钮→框选所有元素→点击鼠标右键确认→点击“绘制草图”按钮；

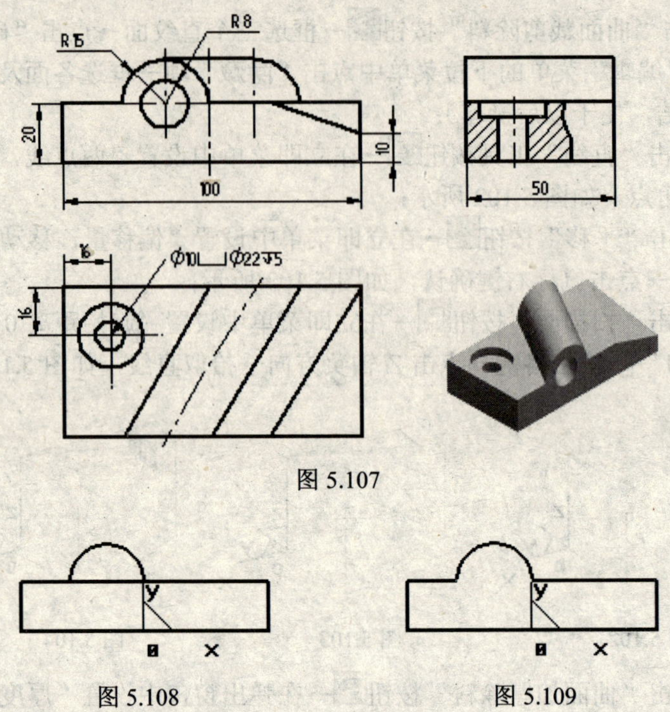

图 5.107

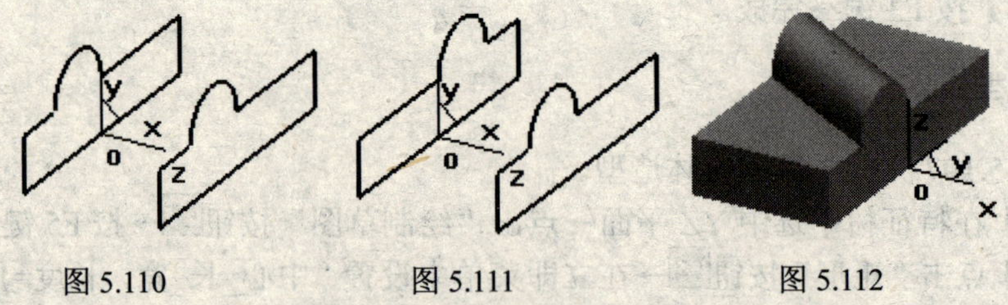

图 5.108　　图 5.109

【步骤 6】按 F8 键→点击“构造基准面”按钮→在弹出窗口中设置“等距平面确定基准面，距离 50，向相反方向”→在特征树中点击平面 YZ→点击“确定”按钮；

【步骤 7】在特征树中点击所构造平面→在其上点击鼠标右键，选择“创建草图”项→点击“粘贴”按钮，如图 5.110 所示；

【步骤 8】点击“平面镜像”按钮→在立即菜单中设置“移动”→用鼠标左键拾取首末点（原点及圆弧右端点）→框选所有元素→点击鼠标右键确认→按 F2 键，如图 5.111 所示；

【步骤 9】点击“放样增料”按钮→拾取两草图对应边的对应位置→点击“确定”按钮，如图 5.112 所示；

图 5.110　　图 5.111　　图 5.112

【步骤 10】点击“直线”工具按钮→在立即菜单中设置“两点线，单个，非正交”→分别点击实体圆弧右侧两角点，如图 5.113 所示；

【步骤 11】点击“平移”按钮→在立即菜单中设置“两点，移动，正交”→拾取直线→点击鼠标右键确认→点击直线右端点→点击实体右后角点；

【步骤 12】点击“点”按钮→在立即菜单中设置“单个点，工具点”→回车输入（，50，10）→回车确认，如图 5.114 所示；

【步骤 13】点击“直纹面”按钮→在立即菜单中设置“点+曲线”→点击工具点→点击

直线；

【步骤 14】点击“曲面裁剪除料”按钮→点击直纹面→点击“确定”按钮，如图 5.115 所示；

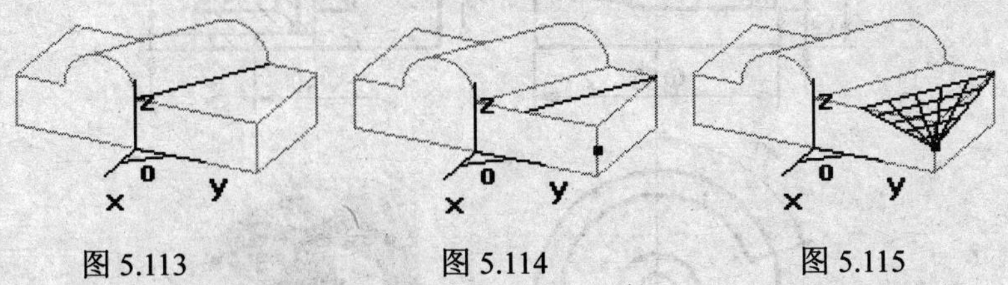

图 5.113　　图 5.114　　图 5.115

【步骤 15】按 F9 键（使绘图平面位于 YZ 平面）→点击“圆”按钮→在立即菜单中设置“圆心_半径”→回车输入（0，-15，20）→回车确认→回车输入（8）→回车确认，如图 5.116 所示；

【步骤 16】点击“导动面”按钮→在立即菜单中设置“平行导动”→拾取直线（直纹面使用过的直线）→在指向实体后方的箭头附近点击→点击圆，如图 5.117 所示；

【步骤 17】点击“曲面裁剪除料”按钮→点击拾取导动面→在弹出窗口中选中“除料反向”→点击“确定”按钮→并隐藏空间各元素，如图 5.118 所示；

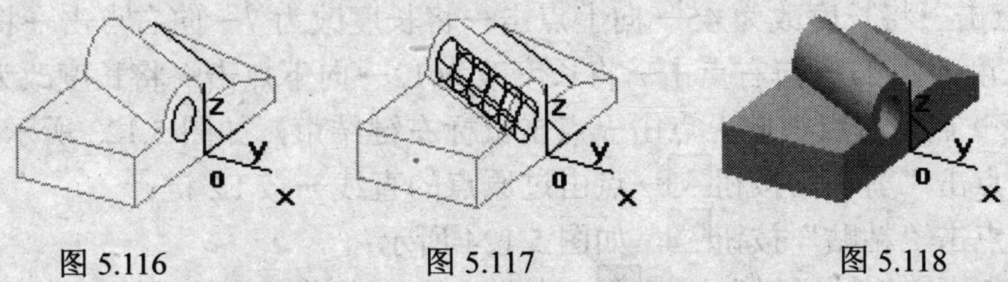

图 5.116　　图 5.117　　图 5.118

【步骤 18】点击“点”按钮→在立即菜单中设置“单个点，工具点”→点击实体左下角点，如图 5.119 所示；

【步骤 19】点击“平移”按钮→在立即菜单中设置“偏移量，移动，DX=16，DY=16，DZ=20”→点击拾取点→点击鼠标右键确认，如图 5.120 所示；

【步骤 20】点击“打孔”按钮→点击上部打孔平面→在弹出窗口中点击孔型→点击打孔点→点击“下一步”按钮→在弹出窗口中设置“直径 10，通孔，沉孔大径 22，沉孔深度 5”→点击“完成”按钮；

【步骤 21】隐藏工具点→按 F8 键，如图 5.121 所示；

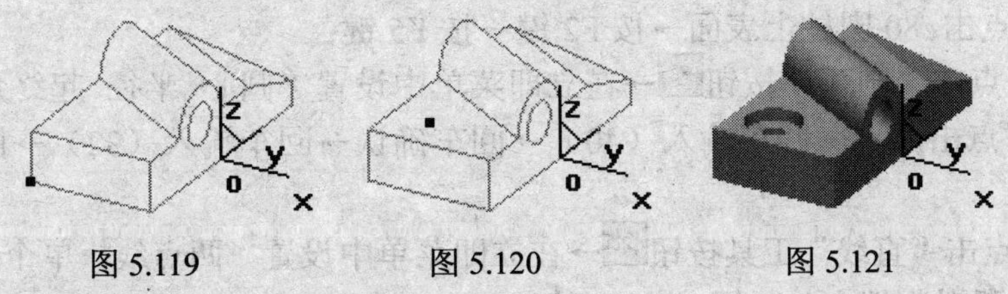

图 5.119　　图 5.120　　图 5.121

【步骤 22】按 F3 键→完成。

5.3.8 造型实例 8

请根据图 5.122 完成零件的实体造型。

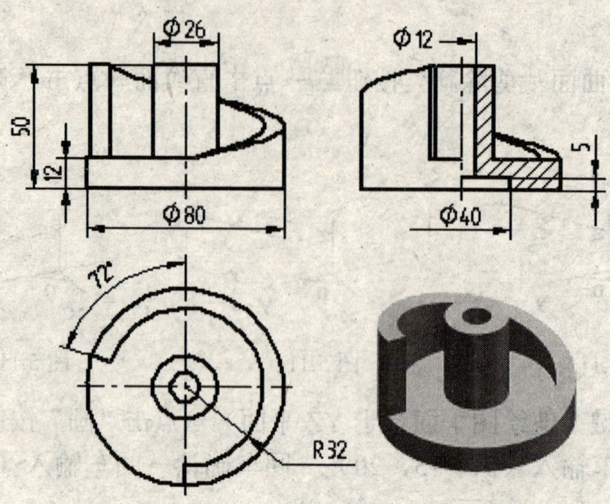

图 5.122

【步骤 1】在特征树中选中平面 YZ→点击“绘制草图”按钮→按 F5 键→点击“直线”工具按钮→在立即菜单中选中“两点线，连续，正交，长度方式，长度=5”→敲击空格键，选择“缺省点”→回车输入（20）→回车确认→移动鼠标向上方点击→在立即菜单中将长度改为 14→向左侧点击→将长度改为 45→向上点击→将长度改为 7→向右点击→将长度改为 38→向下点击→将长度改为 27→向右点击→将长度改为 12→向下点击→将长度改为 20→向左点击→点击右键结束→点击原点→向上点击→点击鼠标右键结束，如图 5.123 所示；

【步骤 2】点击“剪切”按钮→点击过原点的直线→按 F2 键；

【步骤 3】点击“粘贴”按钮，如图 5.124 所示；

【步骤 4】点击“旋转增料”按钮→在弹出窗口中设置“单项旋转，角度 360”→点击拾取粘贴的直线→点击拾取草图→点击“确定”按钮→按 F8 键，如图 5.125 所示；

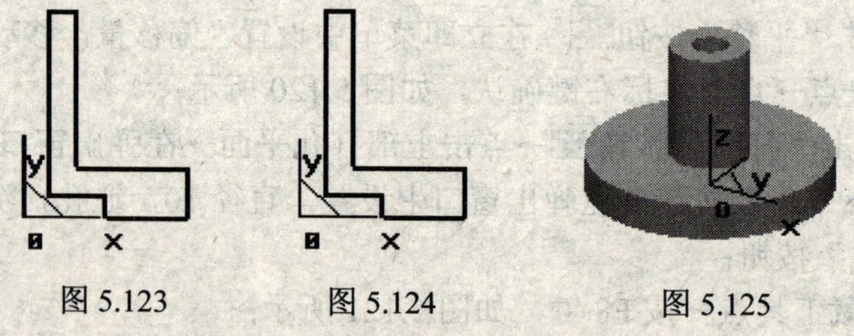

图 5.123　　图 5.124　　图 5.125

【步骤 5】点击ϕ80 圆柱上表面→按 F2 键→按 F5 键；

【步骤 6】点击“圆弧”按钮→在立即菜单中设置“圆心_半径_起终角，起始角=0，终止角=252”→点击原点→回车输入（40）→回车确认→回车输入（32）→回车确认，如图 5.126 所示；

【步骤 7】点击“直线”工具按钮→在立即菜单中设置“两点线，单个，非正交”→分别点击连接两圆弧对应端点，如图 5.127 所示；

【步骤 8】点击“拉伸增料”按钮→在弹出窗口中设置“固定深度，深度 38，草图 1，实体特征”→点击“确定”按钮→按 F8，如图 5.128 所示；

【步骤 9】点击“公式曲线”按钮→在弹出窗口中设置“直角坐标系，角度，参数变量名 t，精度控制 0.01，起始值 0，终止值 252，X(t)=40*cos(t)，Y(t)=40*sin(t)，Z(t)=0.15079365*t”→点击“确定”按钮→回车输入（0，0，12）→回车确认；

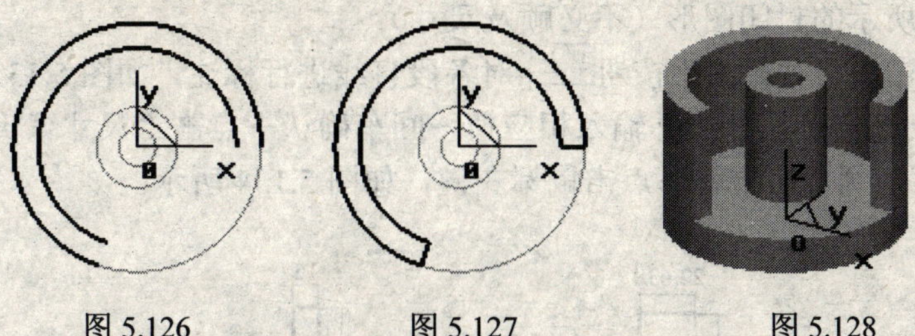

图 5.126　　图 5.127　　图 5.128

【步骤 10】点击“直线”工具按钮→在立即菜单中设置“两点线，单个，非正交”→连接螺旋线与实体上的两对应角点，如图 5.129 所示；

【步骤 11】点击“导动面”按钮→在立即菜单中设置“导动线＆平面，双截面线，精度 0.001”→按空格键，选择“Z 轴正方向”→拾取螺旋线→在上方箭头附近点击→点击拾取下面的直线→点击拾取上面的直线（注意对应点），如图 5.130 所示；

【步骤 12】点击“曲面裁剪除料”按钮→点击拾取导动面→点击“确定”按钮；

【步骤 13】隐藏所有空间元素，如图 5.131 所示；

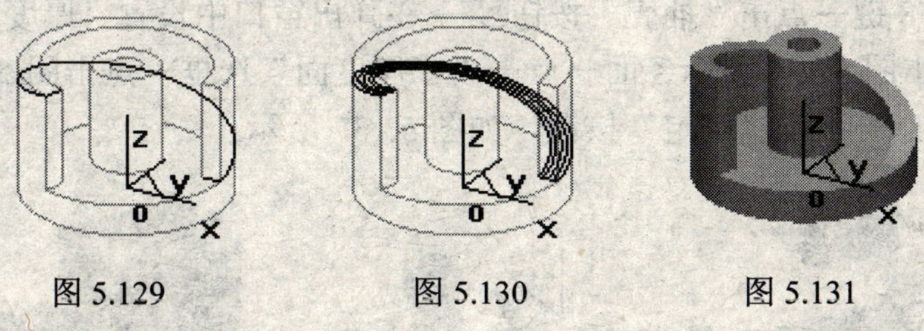

图 5.129　　图 5.130　　图 5.131

【步骤 14】按 F3 键→完成。

5.3.9　造型实例 9

请根据图 5.132 完成零件的实体造型。

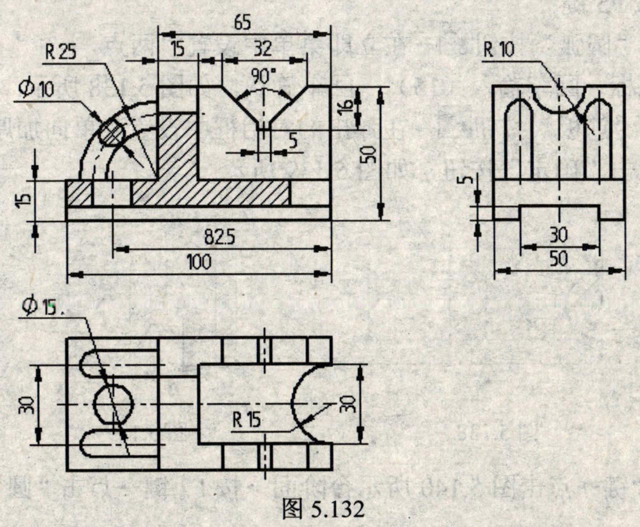

图 5.132

【步骤1】在特征树中点击平面XZ→按F2键→按F5键→点击“直线”工具按钮→在立即菜单中设置“两点线，连续，正交，点方式”→按空格键，选择“缺省点”→点击原点→绘制出如图5.133所示的封闭图形（不必顾及尺寸）；

【步骤2】点击“尺寸标注”按钮→对各段直线进行标注，如图5.133所示→点击“尺寸驱动”按钮→点击各尺寸线并输入相应值→回车确认→点击“尺寸编辑”按钮→点击各尺寸线，并将其拖到合适位置，点击鼠标左键，如图5.134所示；

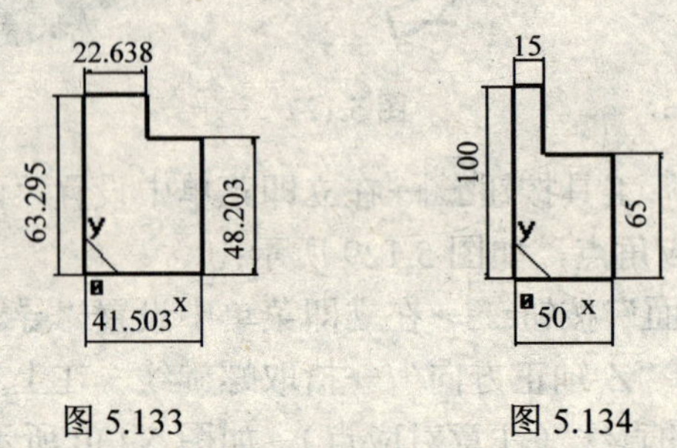

图5.133 图5.134

【步骤3】点击“拉伸增料”按钮→在弹出窗口中设置“双向拉伸，深度50”→点击“确定”按钮；

【步骤4】按F8键→点击“抽壳”按钮→在弹出窗口中设置“厚度10”→点击“需抽去的面”选框→点击图5.135所示各面→点击“多厚度面”选框→点击图5.136所示面→在窗口中将厚度设置为15→点击“确定”按钮，如图5.137所示；

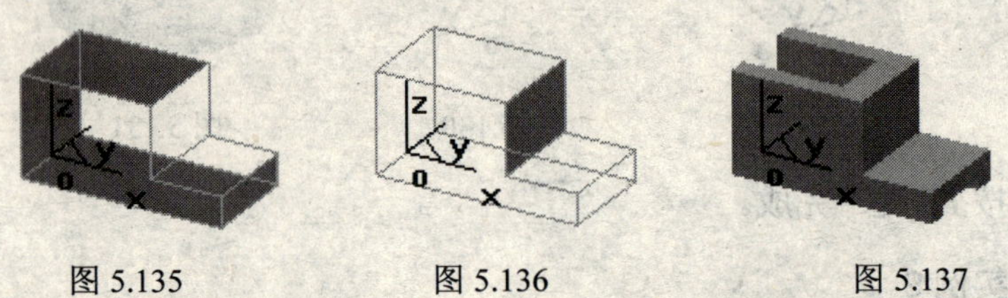

图5.135 图5.136 图5.137

【步骤5】按住鼠标中轮移动鼠标（移动到能显示槽底面的位置）→点击槽底面→点击“绘制草图”按钮→按F5键；

【步骤6】点击“圆弧”按钮→在立即菜单中设置“两点_半径”→点击图5.138所示两点→略向右移动鼠标→回车输入（15）→回车确认，如图5.138所示；

【步骤7】点击“筋板”按钮→在弹出的对话框中设置“单向加厚，反向，厚度10，加固方向反向”→点击“确定”按钮，如图5.139所示；

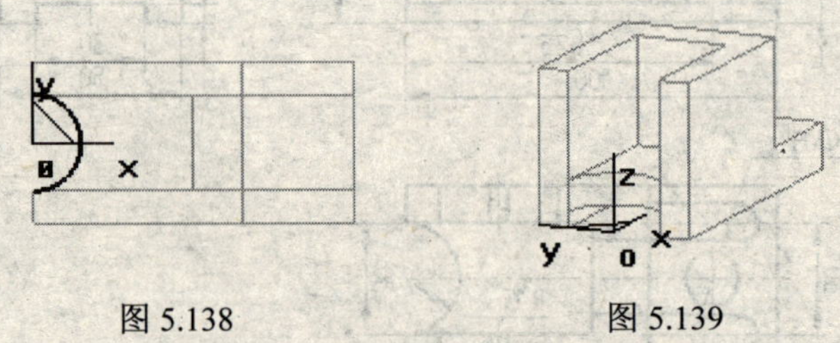

图5.138 图5.139

【步骤8】按F8键→点击图5.140所示台阶面→按F2键→点击“圆”按钮→在立即菜

单中设置“圆心_半径”→回车输入（82.5）→回车输入（7.5）→回车确定；

【步骤9】点击“拉伸除料”按钮→在弹出窗口中设置“贯穿，实体特征”→点击“确定”按钮；

【步骤10】点击图5.141所示竖直面→按F2键→点击“圆”按钮→在立即菜单中设置“圆心_半径”→按空格键，选择“中点”→点击圆心所在的棱边→回车输入（10）→回车确认；

【步骤11】点击“拉伸除料”按钮→在弹出窗口中设置“贯穿，实体特征”→点击“确定”按钮，如图5.142所示；

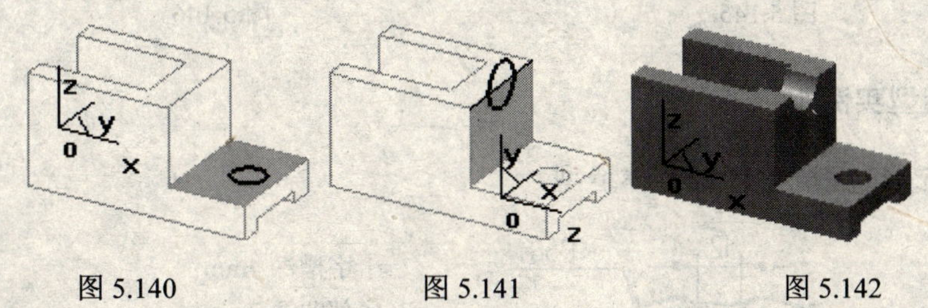

图5.140　　图5.141　　图5.142

【步骤12】点击图5.143所示前侧面→按F2键→按F5键→点击“直线”工具按钮→在立即菜单中设置“水平/铅垂线，铅垂，长度5”→回车输入（25，34）→将长度改为32→回车输入（25，50）→在立即菜单中设置“角度线，X轴夹角，角度=135”→按空格键，选择“缺省点”→点击长度为32的水平线左端点→向右下方移动到合适位置并点击→将角度改为45→点击长度为32的水平线右端点→向左下方移动到合适位置并点击→在立即菜单中设置“两点线，单个，正交，点方式”→在长为5的水平线两端点向上绘制出合适长度直线→利用线裁剪工具剪掉多余部分，如图5.143所示；

【步骤13】点击“拉伸除料”按钮→在弹出窗口中设置“贯穿，实体特征”→点击“确定”按钮，如图5.144所示；

图5.143　　图5.144

【步骤14】点击图5.145所示台阶面→按F2键→点击“圆”按钮→在立即菜单中设置“圆心_半径”→回车输入（90，15）→回车输入（5）→回车确定→点击鼠标右键结束绘制→回车输入（90，-15）→回车输入（5）→回车确定→按F2键；

【步骤15】点击“直线”工具按钮→在立即菜单中设置“两点线，单个，非正交”→点击凹棱边的两个端点；

【步骤16】点击“旋转增料”按钮→在弹出窗口中设置“单向旋转，角度90，反向旋转”→点击“确定”按钮；

【步骤17】在“编辑”下拉菜单中点击“隐藏”项→框选所有空间元素→点击鼠标右键确认，如图5.146所示；

【步骤 18】按 F3 键→完成。

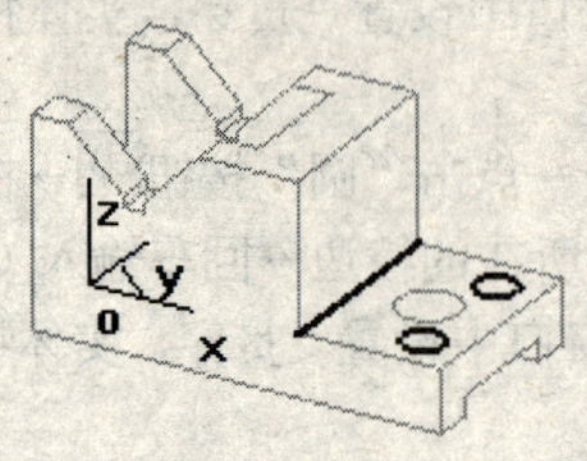

图 5.145

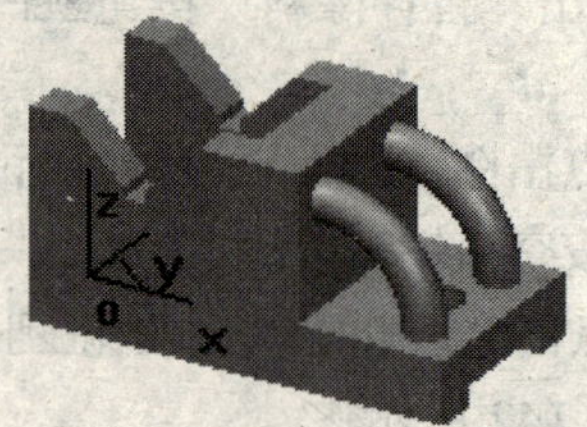

图 5.146

5.3.10 造型实例 10

请根据图 5.147 完成零件的实体造型。

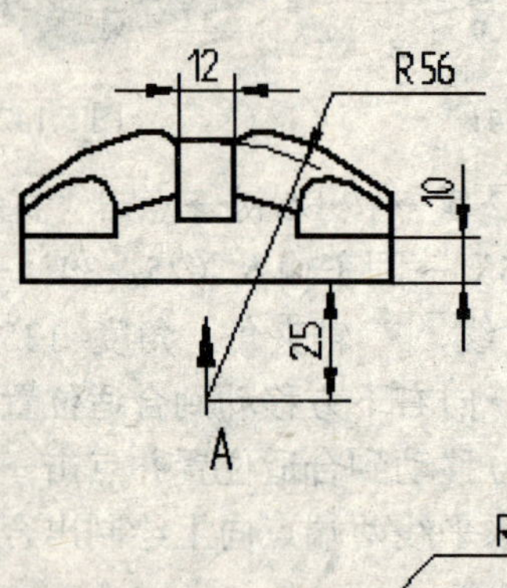

十字槽深 4mm；
底部凹深 2mm。
字体美观。

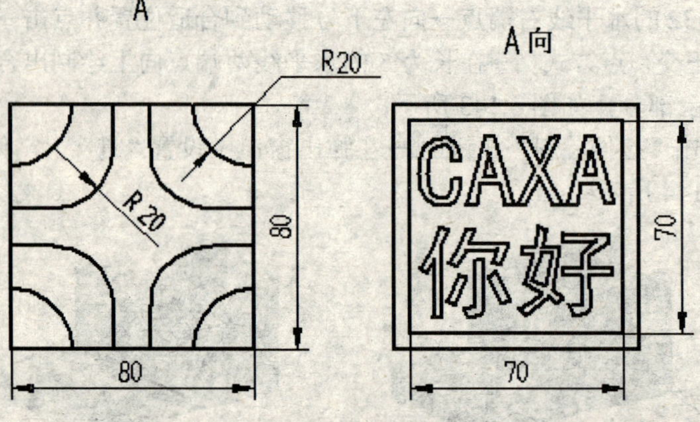

图 5.147

【步骤 1】在特征树中选中 XZ 平面→按 F2 键→按 F5 键→点击“圆弧”按钮→在立即菜单中设置“圆心_半径_起终角，起始角=0，终止角=90”→回车输入（-25）→再次回车输入（60）→回车确认；

【步骤 2】点击“直线”工具按钮→在立即菜单中设置“两点线，连续，正交，点方式”→按空格键，选择“缺省点”→点击圆弧右下角端点→点击原点→向上移动并点击（应与圆弧交叉）→点击鼠标右键结束绘制，如图 5.148 所示；

【步骤 3】点击“曲线裁剪”按钮→在立即菜单中设置“快速裁剪，正常裁剪”→点击直线和圆弧超出部分，如图 5.149 所示；

【步骤 4】点击“复制”按钮→点击拾取 X 轴上直线→点击鼠标右键确认操作→点击“绘制草图”按钮（退出草图绘制）→点击“粘贴”按钮；

【步骤5】按F8键→点击“旋转增料”按钮→在弹出窗口中设置“单向旋转，角度360”→点击草图→点击粘贴的直线→点击“确定”按钮，如图5.150所示；

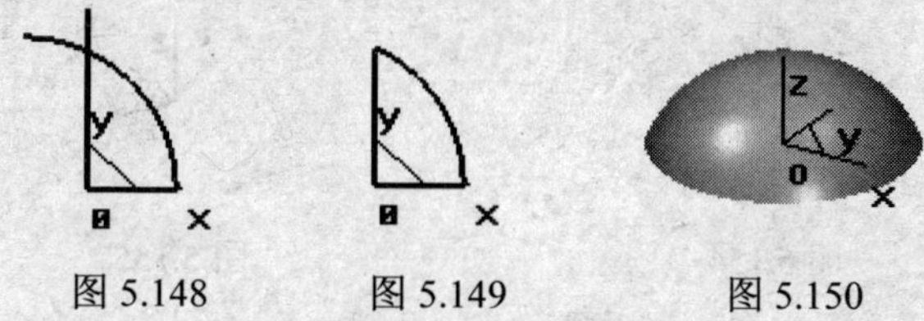

图5.148 图5.149 图5.150

【步骤6】按F8键→点击“构造基准面”按钮→在弹出窗口中设置“等距平面确定基准平面，距离25，向相反方向”→在特征树中点击平面XY→点击“确定”按钮；

【步骤7】在特征树中点击构造的平面→在其上点击鼠标右键确认→点击“创建草图”项；

【步骤8】按F5键→点击“圆”按钮→在立即菜单中设置“圆心_半径”→点击原点→回车输入（56）→回车确认→点击“矩形”按钮→在立即菜单中设置“中心_长_宽，长度=10，宽度=12”→回车输入（56）→回车确定，如图5.151所示；

【步骤9】点击“曲线裁剪”按钮→在立即菜单中设置“快速裁剪，正常裁剪”→点击直线和圆弧多余部分→点击“删除”按钮→点击左侧直线→点击鼠标右键确认；

【步骤10】点击“直线”工具按钮→在立即菜单中设置“两点线，单个，正交，点方式”→点击原点→向上移动并点击（任意长），如图5.152所示→点击“剪切”按钮→点击刚绘制的直线→点击鼠标右键确认；

【步骤11】按F2键→点击“粘贴”按钮→点击“旋转除料”按钮→在弹出窗口中设置“单向旋转，角度360”→点击草图→点击粘贴的直线→点击“确定”按钮；

【步骤12】按F8键→点击“直线”工具按钮→在立即菜单中设置“两点线，单个，正交，点方式”→点击原点→向Z轴移动鼠标并点击（任意长），如图5.153所示；

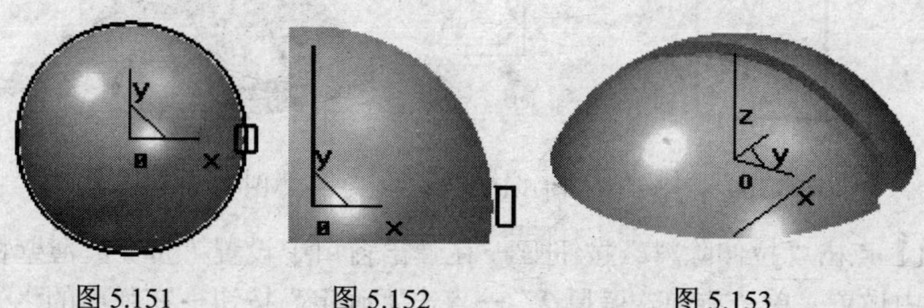

图5.151 图5.152 图5.153

【步骤13】点击“环形阵列”按钮→在弹出窗口中设置“角度90，数目2，自身旋转，单个阵列”→在特征树中点击“旋转除料”→点击“边/基准轴”选框→点击Z轴直线→点击“确定”按钮→删除掉空间元素，如图5.154所示；

【步骤14】点击“过渡”按钮→在弹出窗口中设置“半径20，等半径，缺省方式”→拾取顶部的四条竖直棱边→点击“确定”按钮，如图5.155所示；

【步骤15】在特征树中选中平面XY→按F2键→按F5键→点击“圆”按钮→在立即菜单中设置“圆心_半径”→回车输入（40，40）→回车确认→回车输入（20）→回车确认，如图5.156所示；

【步骤16】点击“平面阵列”按钮→在立即菜单中设置“圆形，均布，份数=4”→点击拾取圆→点击鼠标右键确认→点击原点→点击鼠标右键结束操作，如图 5.157 所示；

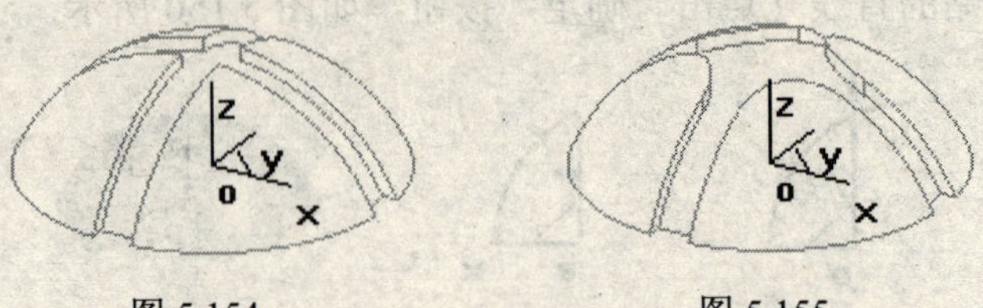

图 5.154　　图 5.155

【步骤 17】点击“拉伸除料”按钮→在弹出窗口中设置“贯穿，实体特征”→点击“确定”按钮，如图 5.158 所示；

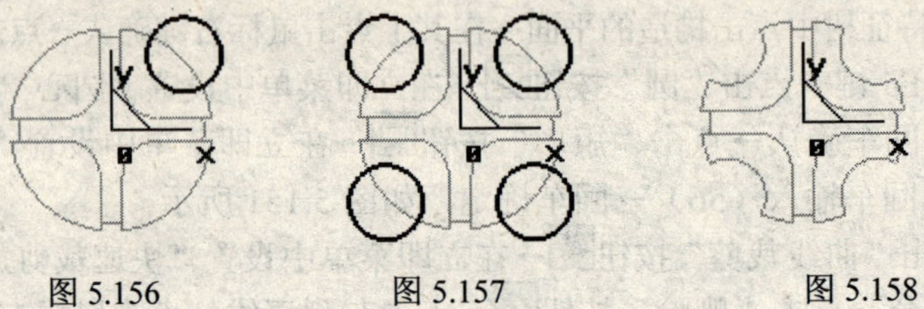

图 5.156　　图 5.157　　图 5.158

【步骤 18】在特征树中选中平面 XY→按 F2 键→按 F5 键→点击“矩形”按钮→在立即菜单中设置“中心_长_宽，长度=80，宽度=80”→点击原点，如图 5.159 所示；

【步骤 19】点击“拉伸增料”按钮→在弹出窗口中设置“固定深度，深度 10”→点击“确定”按钮，如图 5.160 所示；

【步骤 20】在特征树中选中平面 XY→按 F2→按 F5→点击“矩形”按钮→在立即菜单中设置“中心_长_宽，长度=80，宽度=80”→点击原点，如图 5.161 所示；

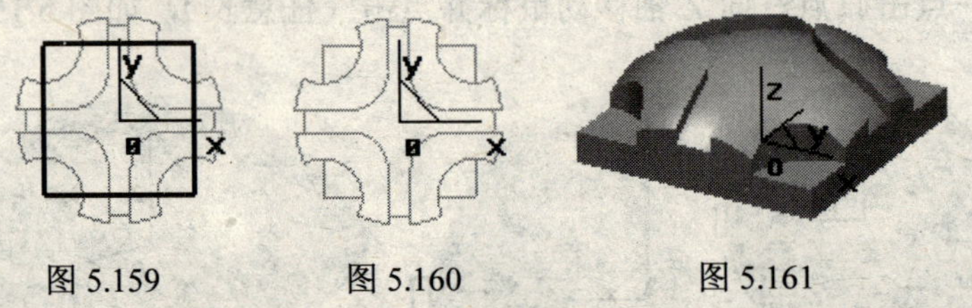

图 5.159　　图 5.160　　图 5.161

【步骤 21】点击“拉伸除料”按钮→在弹出窗口中设置“贯穿，薄壁特征”→在“薄壁特征”窗口中设置“单一方向，壁厚 2”→点击“确定”按钮→在弹出的“处理结果模糊情况”对话框中一直点击“下一个”按钮，直到得到想要的实体部分为止→点击“确定”按钮，如图 5.162 所示；

【步骤 22】按住鼠标中轮移动鼠标（移动到能显示零件底面的位置）→点击底面→按 F2 键→按 F5 键；

【步骤 23】点击“矩形”按钮→在立即菜单中设置“中心_长_宽，长度=70，宽度=70”→点击原点，如图 5.163 所示；

【步骤 24】点击“文字”按钮→在立即菜单中设置“底边中心”→回车输入（0，5）→回车确认→在弹出的“文字输入”对话框中输入“CAXA”→点击“设置”按钮→在弹出的“字体设置”对话框中进行如图 5.164 所示设置；

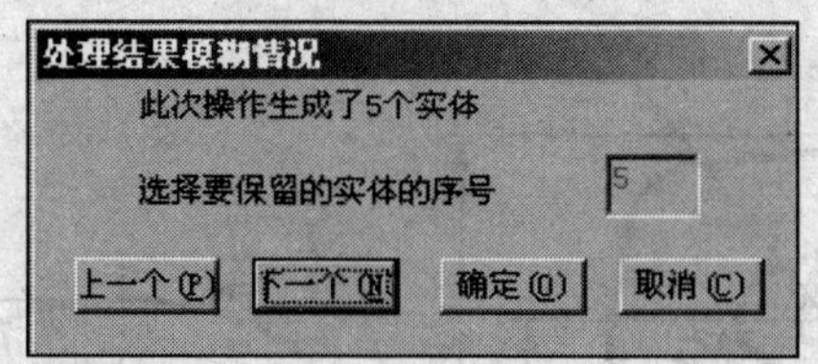

图 5.162

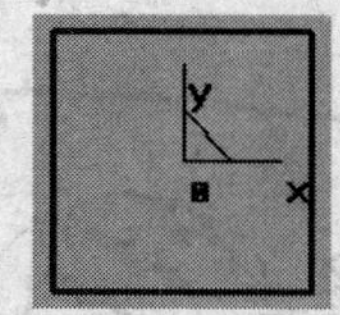

图 5.163

【步骤 25】点击“文字”按钮→在立即菜单中设置“顶边中心”→回车输入（0，-5）→回车确认→在弹出的“文字输入”对话框中输入“你好”→点击“设置”按钮→在弹出的“字体设置”对话框中进行如图 5.165 所示设置→点击“确定”按钮，草图如图 5.166 所示；

字体设置
中文字体：黑体　西文字：Arial
字形：粗体　字高：22
中文宽度系：0.9　西文宽度系：0.65
字符间距系：0.1　行距系：0
旋转角(°)：0　倾斜角(°)：0
确定　取消

图 5.164

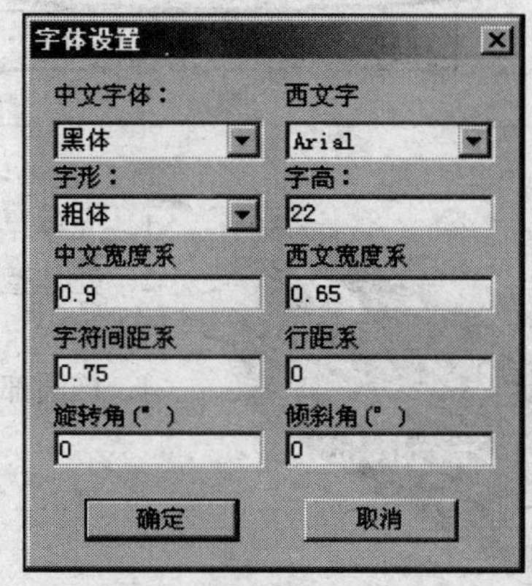

图 5.165

【步骤 26】点击“拉伸除料”按钮→在弹出窗口中设置“固定深度，深度 2，实体特征”→点击“确定”按钮；

【步骤 27】隐藏所有空间元素；

【步骤 28】点击“隐藏坐标系”按钮→点击当前坐标系，如图 5.167 所示；

【步骤 29】按 F3 键→完成。

图 5.166

图 5.167

5.3.11 造型实例 11

请根据图 5.168 完成零件的实体造型。

【步骤 1】按 F5 键→点击“椭圆”工具按钮→在立即菜单中设置“长半轴=20，短半轴=10，旋转角=0，起始角=0，终止角=180”→按空格键，选择“缺省点”→点击原点→再在立即菜单中将设置改为“短半轴=3”→点击原点，如图 5.169 所示；

【步骤 2】点击“旋转”按钮→按 F8 键→在立即菜单中设置“移动，角度=90”→点击短半轴=3 的椭圆弧的左端点→点击右端点（注意旋转方向）→点击小椭圆弧→在立即菜单中将“移动”改为“拷贝，份数=1，角度=180”→将两段椭圆弧向各自的对面拷贝，如图 5.170 所示；

【步骤 3】点击“放样面”按钮→在立即菜单中设置“截面曲线，封闭，精度 0.01”→从下方椭圆弧开始依次拾取 4 段椭圆弧（注意应在一个交点附近拾取）→点击鼠标右键确认，如图 5.171 所示；

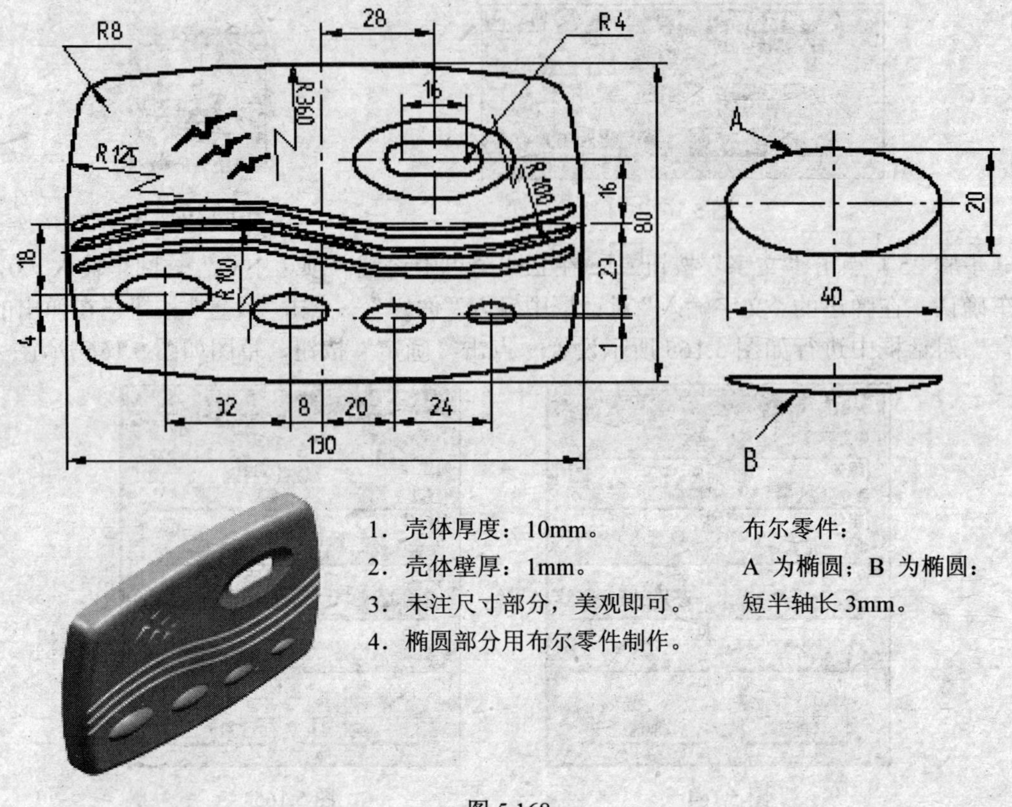

图 5.168

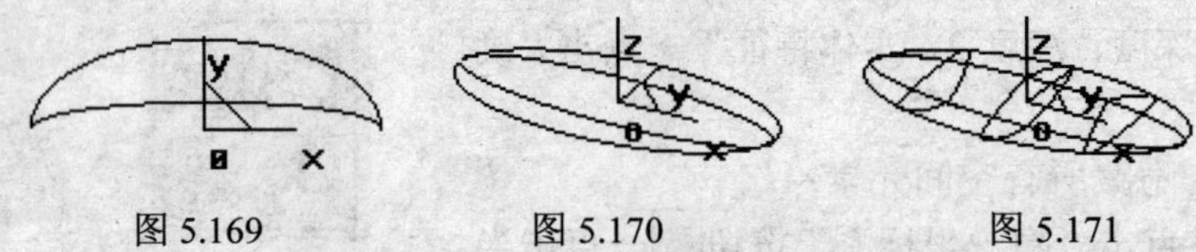

图 5.169　　图 5.170　　图 5.171

【步骤 4】按 F5 键→点击“直线”工具按钮→在立即菜单中设置“两点线，单个，正交，点方式”→在 Y 轴负方向椭圆的下部绘制任意长水平直线，如图 5.172 所示；

【步骤 5】按 F8 键→点击“曲面裁剪”按钮→在立即菜单中设置“投影线裁剪，精度 0.01”→点击曲面上部→敲击空格键，选择“Y 轴正方向”→点击直线→点击任意方向箭头，如图 5.173 所示；

【步骤 6】点击“平面”按钮→在立即菜单中设置“裁剪平面”→按空格键，选择“单个拾取”→点击两个大椭圆弧→点击鼠标右键确认；

【步骤 7】点击“曲面加厚增料”按钮→在立即菜单中设置“闭合曲面填充，精度 0.01”→框选所有曲面→点击“确定”按钮→隐藏空间元素，如图 5.174 所示；

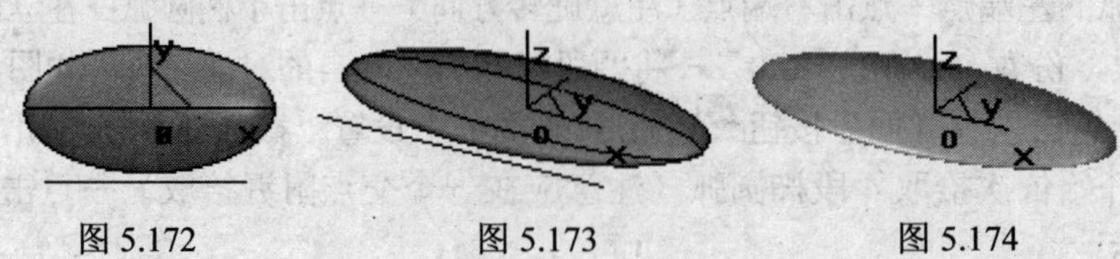

图 5.172　　图 5.173　　图 5.174

【步骤 8】将文件另存为 buer0.x_t；

【步骤 9】点击“缩放”按钮→在弹出窗口中设置“拾取基准点，收缩率-40%”→点击原点→点击“确定”按钮；

【步骤 10】将文件另存为 buer1.x_t；

【步骤 11】点击“缩放”按钮→在弹出窗口中设置“拾取基准点，收缩率-20%”→点击原点→点击“确定”按钮；

【步骤 12】将文件另存为 buer2.x_t；

【步骤 13】重复步骤 11 两次→将文件分别另存为 buer3.x_t、buer4.x_t；

【步骤 14】保存文件后新建一个文件；

【步骤 15】在特征树中选中平面 XY→点击“绘制草图”按钮→点击“圆弧”按钮→在立即菜单中设置“圆心_半径_起终角，起始角=160，终止角=200”→回车输入（60）→回车确认→回车输入（125）→回车确认→在立即菜单中将设置改为“起始角=340，终止角=20”→回车输入（-60）→回车确认→回车输入（125）→回车确认→将设置改为“起始角=75，终止角=105”→回车输入（0，-320）→回车确认→回车输入（360）→回车确认→将设置改为“起始角=255，终止角=285”→回车输入（0，320）→回车确认→回车输入（360）→回车确认（绘制圆弧时注意鼠标移动的位置）；

【步骤 16】点击“曲线过渡”按钮→在立即菜单中设置“圆弧过渡，半径=8，精度 0.01，裁剪曲线 1，裁剪曲线 2”→拾取相邻各圆弧；

【步骤 17】点击“拉伸增料”按钮→在弹出窗口中设置“固定深度，深度 10，草图 0，实体特征”→点击“确定”按钮；

【步骤 18】点击“过渡”按钮→在弹出窗口中设置“半径 5，等半径，缺省方式，沿切面延顺”→拾取顶部面→点击“确定”按钮；

【步骤 19】点击“直线”工具按钮→在立即菜单中设置“两点线，单个，正交，点方式”→敲击空格键，选择“缺省点”→点击原点→在 Y 轴负方向绘制任意长直线；

【步骤 20】点击“圆弧”按钮→在立即菜单中设置“圆心_半径_起终角，起始角=65，终止角=120”→回车输入（-32.5，-100）→回车确认→回车输入（100）→回车确认，如图 5.175 所示；

【步骤 21】点击“曲线裁剪”按钮→剪掉超出直线部分圆弧，如图 5.176 所示→点击“删除”按钮→点击拾取直线→点击鼠标右键确认；

【步骤 22】点击“圆弧”按钮→在立即菜单中设置“起点_半径_起终角，半径=100，起始角=254，终止角=300”→点击圆弧右端点，如图 5.177 所示；

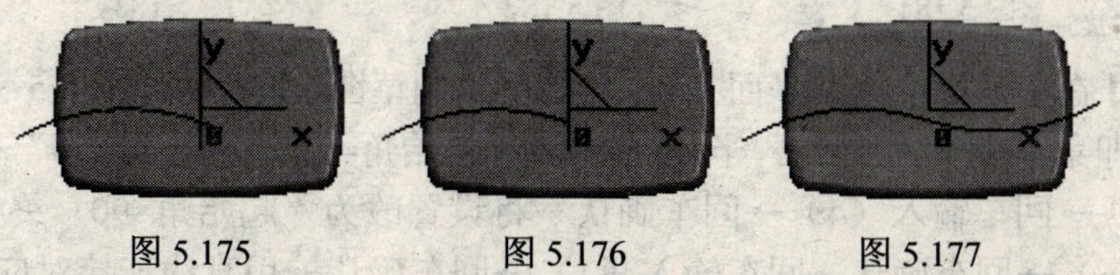

图 5.175　图 5.176　图 5.177

【步骤 23】点击“曲线组合”按钮→在立即菜单中设置“删除原曲线”→敲击空格键，选择“链拾取”→点击任意圆弧→在指向另一圆弧方向的箭头附近点击；

【步骤 24】点击“平移”按钮→在立即菜单中设置“偏移量，移动，DX=0，DY=0，DZ=10”→拾取组合曲线→点击鼠标右键确认；

【步骤 25】点击“导动面”按钮→在立即菜单中设置“管道曲面，起始半径 1，终止半径 1，精度 0.01”→拾取组合曲线→点击箭头任意方向，如图 5.178 所示；

【步骤 26】利用“平移”命令将管道曲面分别向 Y 轴正方向和负方向拷贝平移 5mm 一次，如图 5.179 所示；

【步骤 27】利用“曲面裁剪除料”工具，将三个管道曲面内部的材料去除；

【步骤 28】隐藏所有空间元素，如图 5.180 所示；

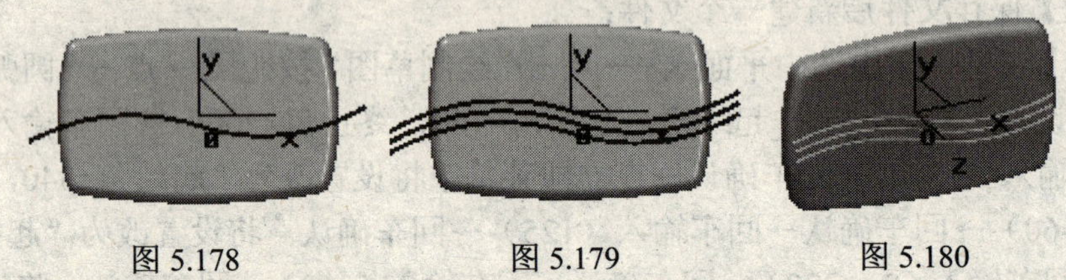

图 5.178　　图 5.179　　图 5.180

【步骤 29】点击“点”按钮→在立即菜单中设置“单个点，工具点”→回车输入（28，16，10）、（-40，-18，10）、（-8，-22，10）、（20，-24，10）、（44，23，10）5 个点；

【步骤 30】点击“实体布尔运算”按钮→点击打开 buer0.x_t 文件→在弹出窗口中设置“当前零件-输入零件”→点击拾取点（28，16，10）→在窗口中设置“给定旋转角度，角度一 0，角度二 180”→点击“确定”按钮；

【步骤 31】点击“实体布尔运算”按钮→打开 buer1.x_t→在弹出窗口中设置“当前零件∪输入零件”→点击拾取点（-40，-18，10）→选中“给定旋转角度，角度一 0，角度二 0”→点击“确定”按钮；

【步骤 32】分别将其他几个.x_t 文件按上述步骤导入到对应点，如图 5.181 所示；

【步骤 33】点击“过渡”按钮→选中 3 个管道曲面和 5 个椭圆面→在弹出窗口中设置“半径 1，等半径，缺省方式”→点击“确定”按钮→隐藏所有元素，如图 5.182 所示；

【步骤 34】点击“抽壳”按钮→在弹出窗口中设置“厚度为 1”→点击“需抽去的面”选框→点击底面→点击“确定”按钮，如图 5.183 所示；

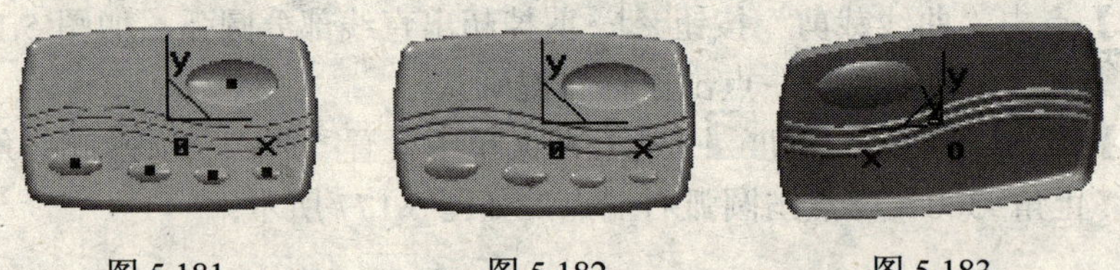

图 5.181　　图 5.182　　图 5.183

【步骤 35】在特征树中选中平面 XY→点击“绘制草图”按钮→按 F5 键→点击“圆弧”按钮→在立即菜单中设置“圆心_半径_起终角，起始角=270，终止角=90”→回车输入（36，16）→回车确认→回车输入（4）→回车确认→将设置改为“起始角=90，终止角=270”→回车输入（20，16）→回车确认→回车输入（4）→回车确认→用直线连接对应点，如图 5.184 所示；

【步骤 36】点击“拉伸除料”按钮→在弹出窗口中设置“贯穿，实体特征”→点击“确定”按钮，如图 5.185 所示；

【步骤 37】依照步骤 35、步骤 36，将燕子形状部分材料去除，燕子的形状美观即可，绘制好一个燕子后，使用“缩放”按钮和“平移”按钮将其放置在合适位置，如图 5.186 所示；

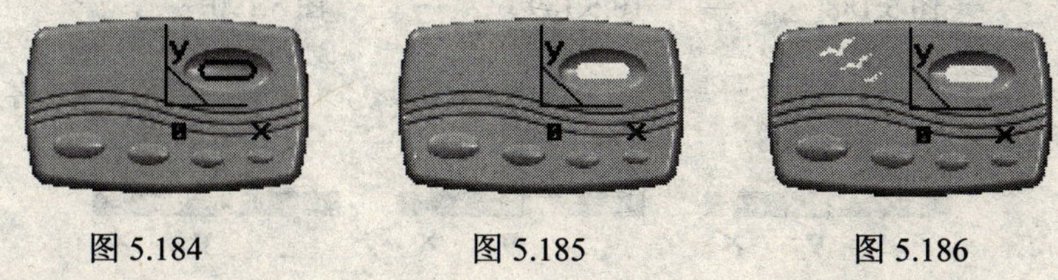

图 5.184　　图 5.185　　图 5.186

【步骤 38】按 F3 键→完成。

5.3.12 造型实例 12

请根据图 5.187 完成零件的实体造型及上部分模具内腔的制作。

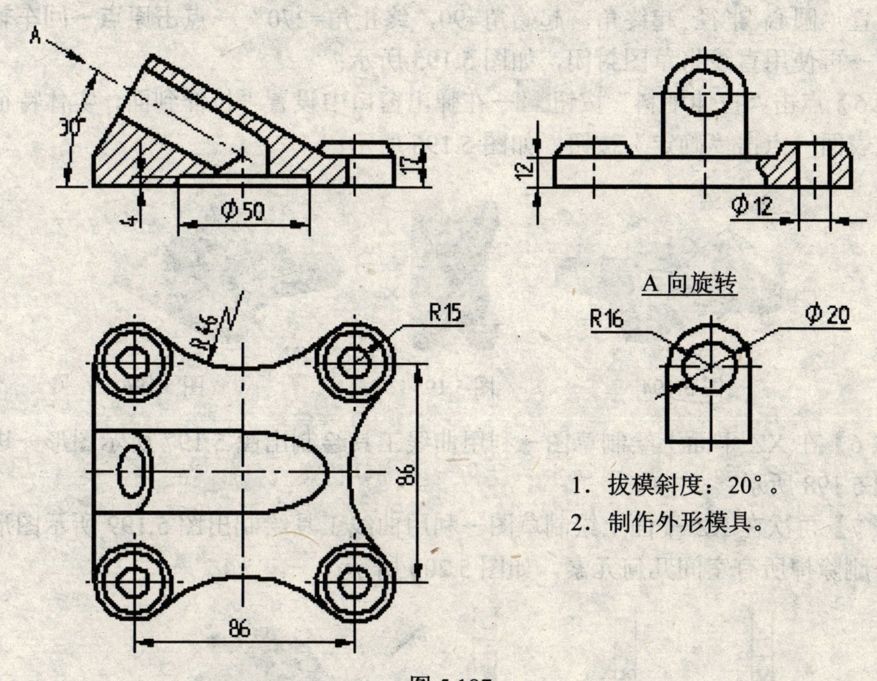

图 5.187

【步骤 1】在特征树中选中平面 XY→按 F2 键→按 F5 键→点击“圆”按钮→在立即菜单中设置“圆心_半径”→回车输入（43，43）→回车确认→回车输入（15）→回车确认→依次画出四个圆（或使用阵列工具）→利用直线和圆弧工具将轮廓封闭，如图 5.188 所示→剪切掉多余部分，如图 5.189 所示→拉伸 12mm，如图 5.190 所示；

【步骤 2】按 F7 键→点击“直线”按钮→在立即菜单中设置“角度线，X 轴夹角，角度=60”→回车输入（,，12）→向左上方移动鼠标并点击→将角度改为 60→点击实体左上角点→向右上方移动鼠标并点击，如图 5.191 所示→利用投影裁剪功能剪切掉超出部分，如图 5.192 所示→删除第二条直线，如图 5.193 所示；

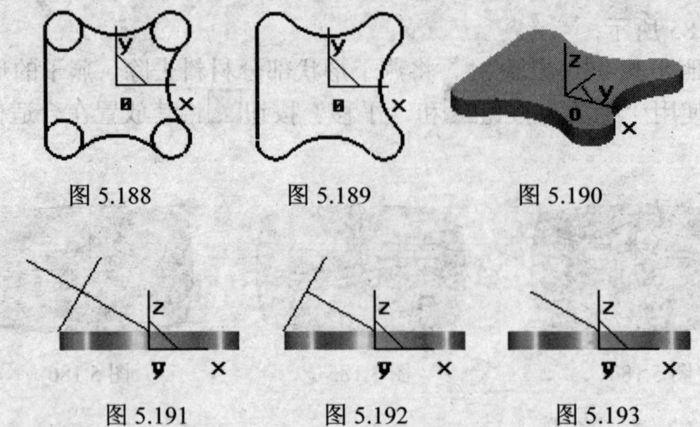

图 5.188　　图 5.189　　图 5.190

图 5.191　　图 5.192　　图 5.193

【步骤 3】按 F8→点击“构造基准面”按钮→在弹出窗口中设置“过点且垂直于曲线确定基准平面”→点击直线→点击直线左端点→点击“确定”按钮；

【步骤 4】在该平面上创建草图，如图 5.194 所示→按 F5→点击“圆弧”按钮→在弹出窗口中设置“圆心_半径_起终角，起始角=90，终止角=270”→点击原点→回车输入（16）→回车确定→再使用直线将草图封闭，如图 5.195 所示；

【步骤 5】点击“拉伸增料”按钮→在弹出窗口中设置“拉伸到面，实体特征”→点击拾取实体上表面→点击“确定”按钮，如图 5.196 所示；

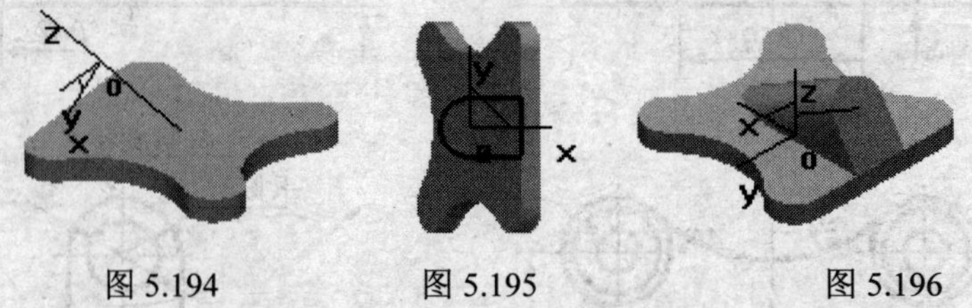

图 5.194　　图 5.195　　图 5.196

【步骤 6】在 XZ 平面上绘制草图→利用曲线工具绘制出图 5.197 所示图形→进行全圆周除料，如图 5.198 所示；

【步骤 7】再次在 XZ 平面上绘制草图→利用曲线工具绘制出图 5.199 所示图形→进行全圆周除料→删除掉所有空间几何元素，如图 5.200 所示；

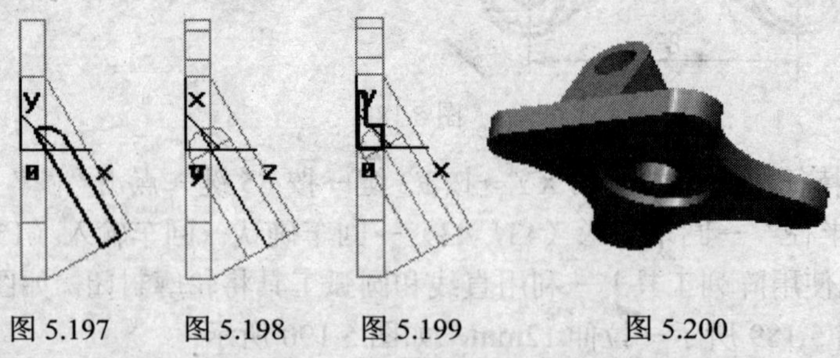

图 5.197　　图 5.198　　图 5.199　　图 5.200

【步骤 8】在实体上表面绘制草图→点击“圆”按钮→在立即菜单中设置“圆心_半径”→回车输入（-43，-43）→回车确认→回车输入（15）→回车确认→拉伸增料 5，拔模斜度 20°；

【步骤 9】绘制三条沿 X、Y、Z 轴的直线，如图 5.201 所示→点击“线性阵列”按钮→在弹出窗口中设置：第一方向，阵列对象选中拉伸凸台，边/基准轴选中沿 X 轴方向直线，距离 86，数目 2，第二方向，边/基准轴选中沿 Y 轴方向直线，距离 86，数目 2，单个阵列→点击“确定”按钮，如图 5.202 所示；

【步骤 10】在 XY 平面绘制通孔草图→点击“圆”按钮→在立即菜单中设置“圆心_半径”→回车输入（-43，-43）→回车确认→回车输入（6）→回车确定→拉伸除料，贯穿，如图 5.203 所示；

【步骤 11】点击“环形阵列”按钮→在弹出窗口中设置：阵列对象选中除料孔，边/基准轴选中沿 Z 轴方向直线，角度 90，数目 4，单个阵列→点击“确定”按钮→删除掉空间元素，如图 5.204 所示；

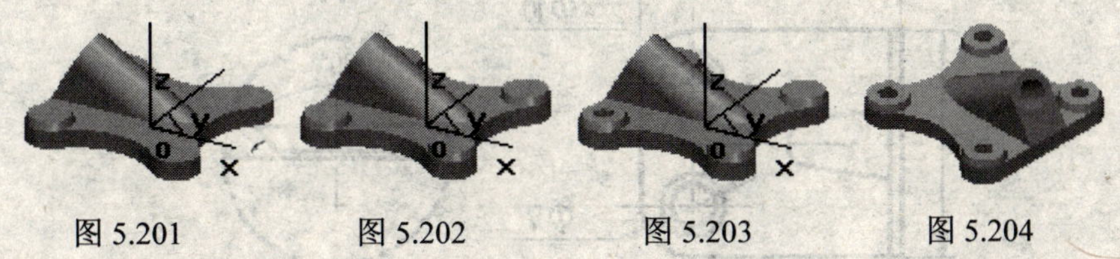

图 5.201　　图 5.202　　图 5.203　　图 5.204

【步骤 12】按 F8 键→按 F3 键→完成。

模具的设计应符合相关的专业知识，本书中不作介绍，下面就本软件的特点，来制作此零件的外形模具。

【步骤 1】在特征树中删除掉内型部分；

【步骤 2】点击“型腔”按钮→在弹出窗口中设置“收缩率 4%，毛坯放大尺寸都设为 10”→点击“确定”按钮，如图 5.205 所示；

【步骤 3】在前端表面上绘制草图，绘制一条中点在原点、长度为 160 的水平直线，如图 5.206 所示；

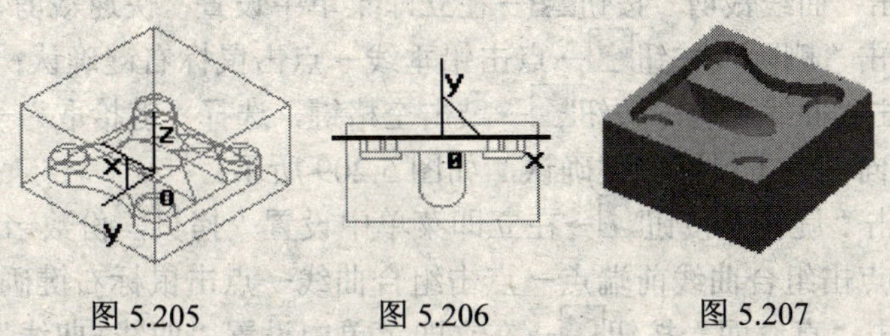

图 5.205　　图 5.206　　图 5.207

【步骤 4】点击“分模”按钮→选中“草图分模”→点击“确定”按钮；

【步骤 5】隐藏坐标系，如图 5.207 所示；完成。

5.3.13　造型实例 13

请根据图 5.208 完成零件的实体造型。

【步骤 1】在特征树中选中平面 XY→按 F2 键→按 F5 键→点击“矩形”按钮→在立即菜单中设置“中心_长_宽，长度=40，宽度=35”→回车输入（20）→回车确定；

【步骤 2】点击“拉伸增料”按钮→在弹出窗口中设置“固定深度，深度 40，实体特征”→点击“确定”按钮；

【步骤 3】点击“过渡”按钮→在弹出窗口中设置“半径 3，等半径，缺省方式，沿切面延顺”→拾取 Y 轴上的棱边→点击“确定”按钮；

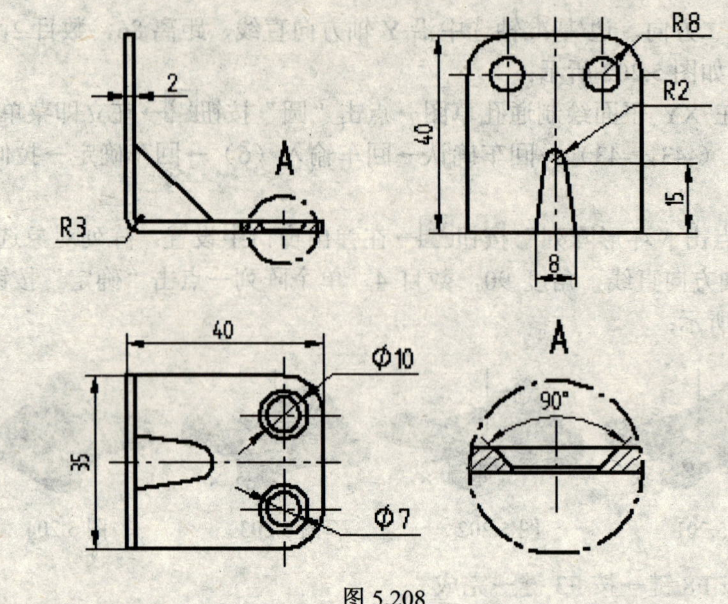

图 5.208

【步骤 4】按 F8 键→按 F9 键（使绘图平面位于 XY 平面）→点击“直线”工具按钮→在立即菜单中设置“水平/铅垂线，铅垂，长度=8”→回车输入（0）→回车确认；

【步骤 5】点击“圆”按钮→在立即菜单中设置“圆心_半径”→回车输入（15）→回车确认→回车输入（2）→回车确认→点击“直线”工具按钮→在立即菜单中设置“两点线，单个，非正交”→点击铅垂线的一个端点→按空格键，选择“切点”→点击圆（注意位置）→用同样的方法再绘制出另一条与之对称的直线；

【步骤 6】点击“曲线裁剪”按钮→在立即菜单中设置“快速裁剪、正常裁剪”→点击两直线间圆弧→点击“删除”按钮→点击铅垂线→点击鼠标右键确认；

【步骤 7】点击“曲线组合”按钮→敲击空格键，选择“链拾取”→拾取直线中的任意一条→点击组合方向→点击鼠标右键确认，如图 5.209 所示；

【步骤 8】点击“旋转”按钮→在立即菜单中设置“拷贝，份数=1，角度=90”→点击组合曲线后端点→点击组合曲线前端点→点击组合曲线→点击鼠标右键确认，如图 5.210 所示；

【步骤 9】点击“直纹面”按钮→在立即菜单中设置“曲线+曲线”→拾取两组合曲线对应边，如图 5.211 所示；

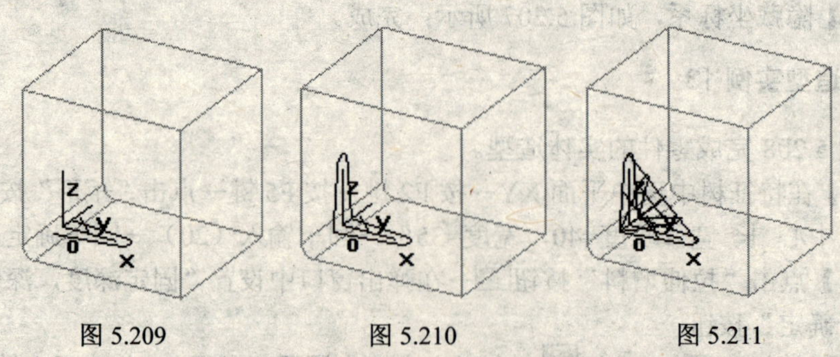

图 5.209 图 5.210 图 5.211

【步骤 10】点击“曲面裁剪除料”按钮→拾取直纹面（在弹出窗口中注意除料方向的

选择，应将直纹面内部材料去除）→点击“确定”按钮；

【步骤 11】在“编辑”下拉菜单中点击“隐藏”项→框选所有空间元素→点击鼠标右键确认，如图 5.212 所示；

【步骤 12】点击“过渡”按钮→在弹出窗口中设置“半径 3，等半径，缺省方式，沿切面延顺”→点击拾取除料面→点击“确定”按钮，如图 5.213 所示；

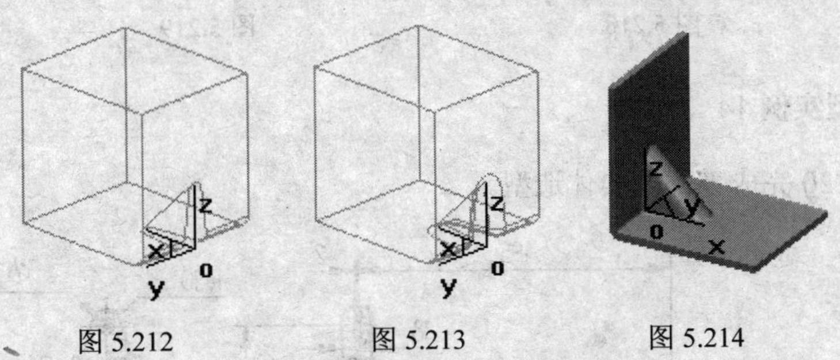

图 5.212　　图 5.213　　图 5.214

【步骤 13】点击“抽壳”按钮→设置厚度为 2→用鼠标点击选取除过渡面及与过渡面相切的两平面外的所有表面→点击“确定”按钮，如图 5.214 所示；

【步骤 14】点击“过渡”按钮→在弹出窗口中设置“半径 8，等半径，缺省方式，沿切面延顺”→拾取图纸上需过渡的 4 个棱边→点击确定按钮，如图 5.215 所示；

【步骤 15】点击“直线”工具按钮→在立即菜单中设置“两点线”→按空格键，选择“圆心”（并不绘制直线，是为了打孔时拾取打孔位置）→点击“打孔”按钮→点击打孔平面→选择孔型→点击过渡的圆弧棱边→点击下一步按钮→在窗口中设置“直径 7，通孔，沉孔大径 10，沉孔角度 90”→点击“确定”按钮，如图 5.216 所示；

【步骤 16】重复上一步打孔步骤（加工出同平面上另一个孔），如图 5.217 所示；

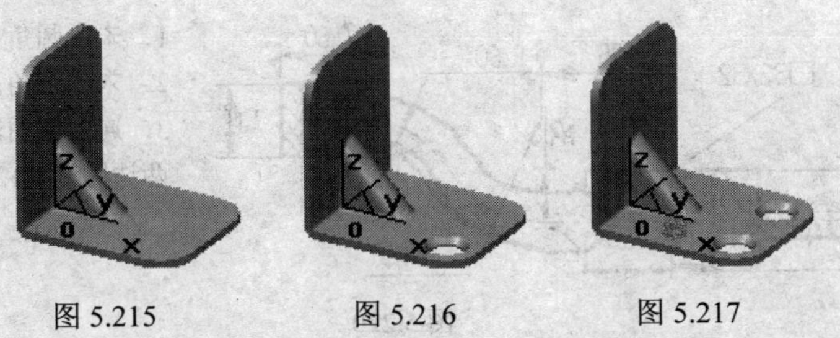

图 5.215　　图 5.216　　图 5.217

【步骤 17】按 F9 键（使绘图平面位于 XZ 平面）→点击“直线”工具按钮→在立即菜单中设置“角度线，X 轴夹角，角度=45”→按空格键，选择“缺省点”→点击坐标原点→绘制出任意长度直线，如图 5.218 所示；

【步骤 18】点击“环形阵列”按钮→在弹出窗口中设置“角度 180，数目 2，自身旋转，单个阵列”→在特征树中点击两个孔→点击边/基准轴选框→点击角度线→点击确定按钮→删除掉空间元素，如图 5.219 所示；

【步骤 19】按 F8 键→按 F3 键→完成。

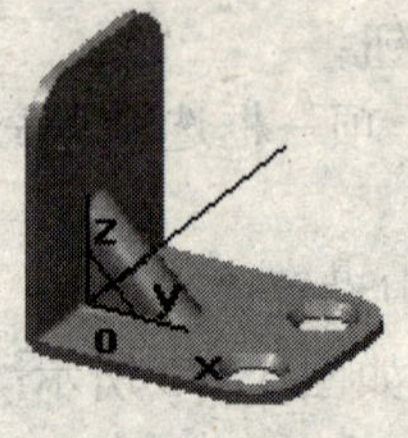

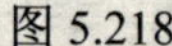
图 5.218

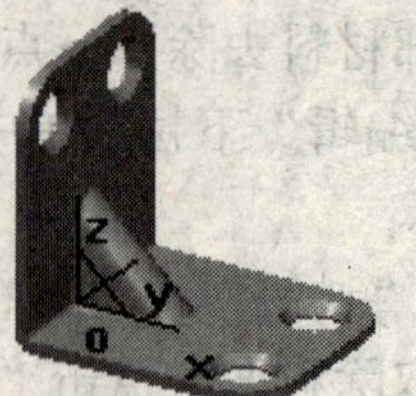
图 5.219

5.3.14 造型实例 14

请根据图 5.220 完成零件的实体造型。

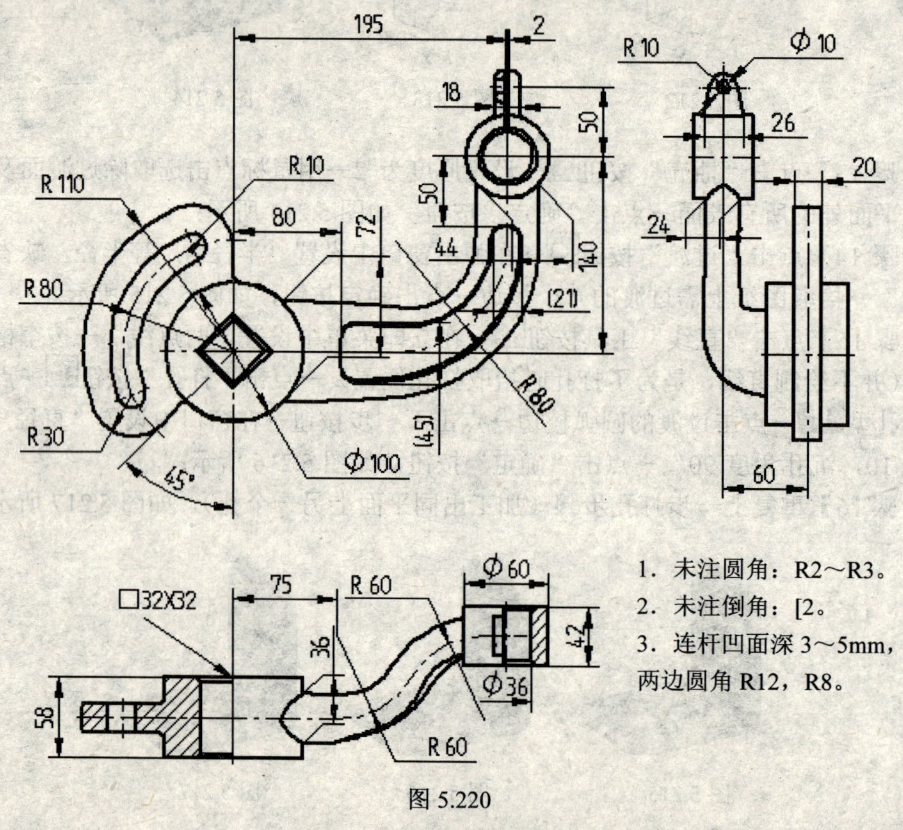

图 5.220

【步骤 1】按 F5 键→点击“直线”工具按钮→在立即菜单中设置“两点线，连续，正交，长度方式，长度=195”→按空格键，选择“缺省点”→点击原点→向右移动鼠标并点击→将长度改为 140→向上移动鼠标并点击→点击鼠标右键结束绘制；

【步骤 2】点击“曲线过渡”按钮→在立即菜单中设置“圆弧过渡，半径=80，精度 0.01，裁剪曲线 1，裁剪曲线 2”→拾取两直线，如图 5.221 所示；

【步骤 3】点击“圆”按钮→在立即菜单中设置“圆心_半径”→点击原点→回车输入 50→回车确认→再点击右上角直线端点→回车输入（30）→回车确认→利用平行线、两点线绘制图 5.222 所示图形，再将最初两条直线按图 5.222 进行裁剪，最后删除其他辅助线条；

【步骤 4】点击“曲线组合”按钮→设置“删除原曲线”→链拾取三段线段，如图 5.223

所示→隐藏该曲线；

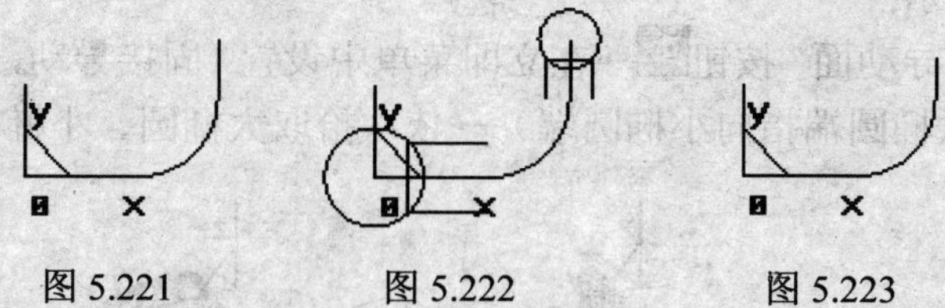

图 5.221　　图 5.222　　图 5.223

【步骤 5】按 F7 键→点击“直线”工具按钮→在立即菜单中设置“两点线，单个，正交，长度方式，长度=75”→点击原点→向右移动鼠标并点击→设置平行线→将直线向下方等距 30；

【步骤 6】点击“圆弧”按钮→在立即菜单中设置“圆心_半径_起终角，起始角=0，终止角=90”→回车输入（75，0，-60）→回车确认→回车输入（60）→回车确认，如图 5.224 所示；

【步骤 7】点击“曲线延伸”按钮→将平行线延伸超过圆弧，如图 5.225 所示→剪切掉圆弧多余部分→删除平行线；

【步骤 8】点击“平面旋转”按钮→在立即菜单中设置“拷贝，份数=1，角度=180”→点击圆弧右端点→框选所有元素→点击鼠标右键确认，如图 5.226 所示→利用曲线组合工具将各线段组合，并使刚隐藏的曲线可见；

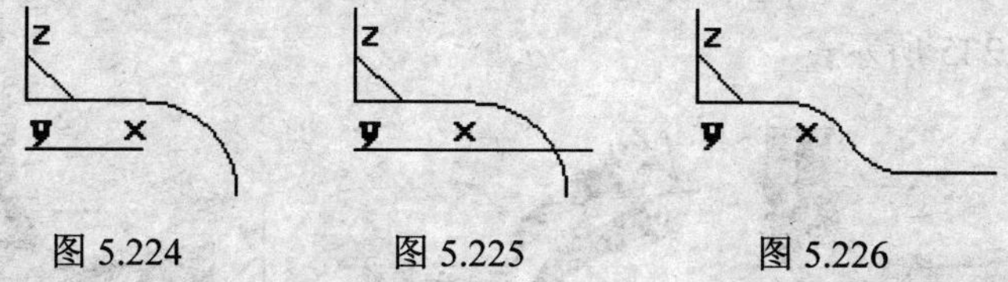

图 5.224　　图 5.225　　图 5.226

【步骤 9】点击“扫描面”按钮→在立即菜单中设置“起始距离-5，扫描距离 130，扫描角度 0，精度 0.01”→按空格键，选择“Y 轴正方向”→拾取下方曲线，如图 5.227 所示→改变设置为“起始距离-5，扫描距离 70”→按空格键，选择“Z 轴负方向”→拾取上方曲线，如图 5.228 所示；

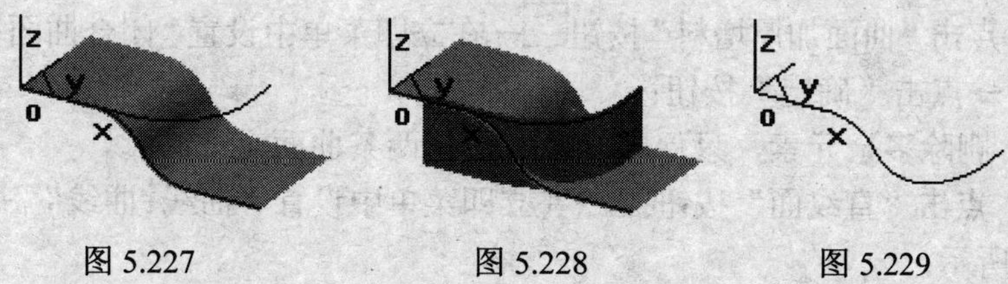

图 5.227　　图 5.228　　图 5.229

【步骤 10】点击“相关线”按钮→在立即菜单中设置“曲面交线，精度 0.01”→拾取两曲面→删除除曲面交线外的任何元素，如图 5.229 所示；

【步骤 11】点击“椭圆”按钮→在立即菜单中设置“长半轴 36，短半轴 18，旋转角 0，起始角 0，终止角 360”→按 F9 键（使绘图平面位于 YZ 平面）→点击曲线左端点→改变设置为“长半轴 22，短半轴 12，旋转角 180，起始角 0，终止角 360”→按 F9（使绘图平面位于 XZ 平面）→点击曲线右端点，如图 5.230 所示；

【步骤 12】点击“平面”按钮→在立即菜单中设置“裁剪平面”→将两椭圆制作成裁剪平面，如图 5.231 所示；

【步骤 13】点击“导动面”按钮→在立即菜单中设置“固接导动，双截面线，精度 0.01”→拾取曲线（方向由大椭圆端指向小椭圆端）→依次拾取大椭圆、小椭圆，如图 5.232 所示；

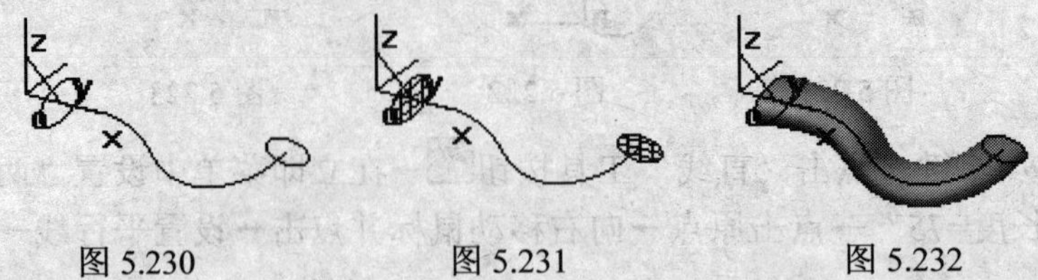

图 5.230　　图 5.231　　图 5.232

【步骤 14】按 F5 键→点击“等距线”按钮→在立即菜单中设置“单根曲线，变等距，起始距离 9，终止距离 26，精度 0.01”→拾取中间曲线（方向由小椭圆端指向大椭圆端）→分别向两边生成两条变等距线，如图 5.233 所示；

【步骤 15】点击“扫描面”按钮→在立即菜单中设置“起始距离，扫描距离 30，扫描角度 0，精度 0.01”→按空格键，选择“Z 轴正方向”→拾取两等距线，如图 5.234 所示；

【步骤 16】点击“相关线”按钮→在立即菜单中设置“曲面交线，精度 0.01”→分别拾取两扫描面和导动面→删除两扫描面、等距线及中间曲线；

【步骤 17】按 F5→点击“直线”工具按钮→在立即菜单中设置“水平/铅垂线，铅垂，长度=80”→回车输入（80）→回车确认→将“铅垂”改为“水平”→回车输入（195，90）→回车确认，如图 5.235 所示；

图 5.233　　图 5.234　　图 5.235

【步骤 18】使用线裁剪中的投影线裁剪剪掉线条多余部分→删除掉两直线，如图 5.236 所示；

【步骤 19】点击“曲面加厚增料”按钮→在立即菜单中设置“闭合曲面填充，精度 0.01”→框选所有元素→点击“确定”按钮；

【步骤 20】删除多余元素，只保留实体表面的两条曲面交线；

【步骤 21】点击“直纹面”按钮→在立即菜单中设置“曲线+曲线”→拾取两曲线对应点，如图 5.237 所示；

【步骤 22】点击“曲面加厚除料”按钮→在弹出窗口中设置“厚度 15，加厚方向 1”→拾取曲面→点击“确定”按钮；

【步骤 23】删除所有空间几何元素，如图 5.238 所示；

【步骤 24】点击“过渡”按钮→将 Z 轴方向棱边倒圆为 R12、R8，如图 5.239、图 5.240 所示→将凹槽上下棱边倒圆 R2，如图 5.241 所示；

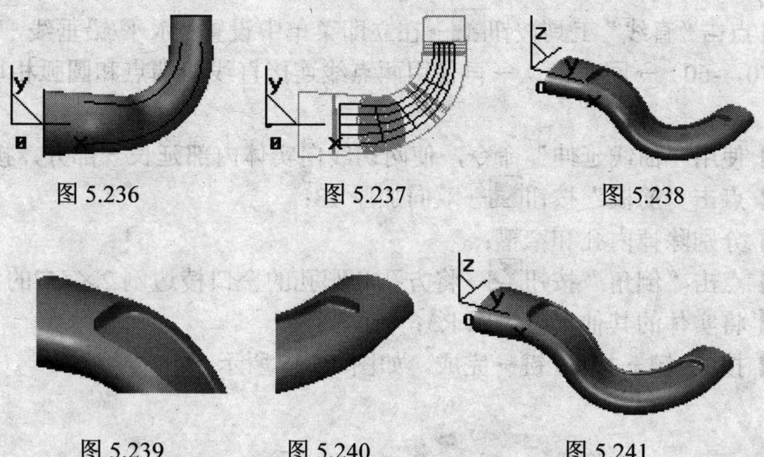

图 5.236　　图 5.237　　图 5.238

图 5.239　　图 5.240　　图 5.241

【步骤 25】在特征树中选中平面 XY→按 F2 键→按 F5 键→点击“矩形”按钮→在原点绘制出 32×32 矩形，并利用“平面旋转”按钮将其旋转 45 度；

【步骤 26】点击“圆”按钮→在原点绘制出半径 50 的圆；

【步骤 27】点击“拉伸增料”按钮→设置“双向拉伸，深度 58”→点击“确定”按钮，如图 5.242 所示；

【步骤 28】在特征树中选中平面 XY→按 F2 键→按 F5 键→点击“圆弧”按钮→设置“圆心_半径_起终角，起始角=90，终止角=225”→点击原点→回车输入（110）→回车确认→回车输入（90）→回车确认→回车输入（70）→回车确认→回车输入（50）→回车确认→用直线将轮廓封闭；

【步骤 29】点击“圆”按钮→选用两点_半径→敲击空格键，选择“切点”→点击 R110 圆弧和直线→回车输入（30）→回车确认→依图绘出拉伸轮廓；

【步骤 30】点击“拉伸增料”按钮→设置“双向拉伸，深度 20”→点击“确定”按钮，如图 5.243 所示；

【步骤 31】按 F8 键→点击“构造基准面”按钮→在 XY 平面下方建立一个距其为 60 的平面；

【步骤 32】在构造的平面上绘制出两同心圆，然后双向拉伸 42，如图 5.244 所示；

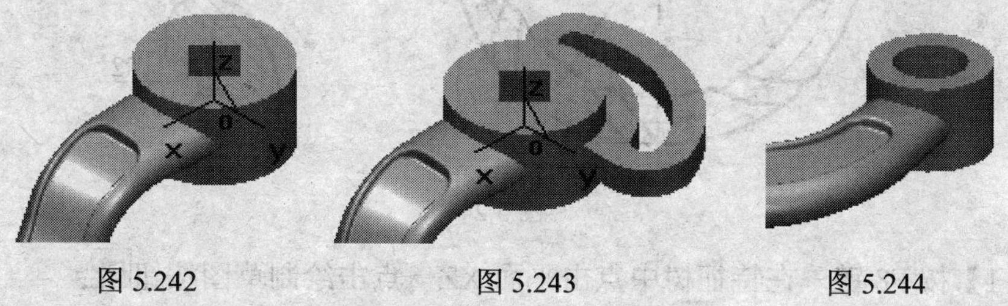

图 5.242　　图 5.243　　图 5.244

【步骤 33】使用“构造基准面”命令在 X 轴正方向建立一个距 YZ 平面 195 的平面，并在其上绘制草图；

【步骤 34】点击“圆”按钮→回车输入（190，-60）→回车确认→回车输入（10）→回车确认；

【步骤 35】点击“直线”工具按钮→在立即菜单中设置“水平/铅垂线，铅垂，长度=26”→回车输入（170，-60）→回车确认→再使用两点线连接直线的端点和圆弧相切→剪切圆弧并删除铅垂线；

【步骤 36】使用“曲线延伸”命令，使两切线向实体内部延长一部分，接近内孔轮廓；

【步骤 37】点击“筋板”按钮→双向加厚 18；

【步骤 38】分别除掉内孔和窄槽；

【步骤 39】点击“倒角”按钮→将方孔和圆孔的空口棱边倒 2×45°的角；

【步骤 40】将实体的其他部位倒圆 R3；

【步骤 41】按 F8 键→按 F3 键→完成，如图 5.245 所示。

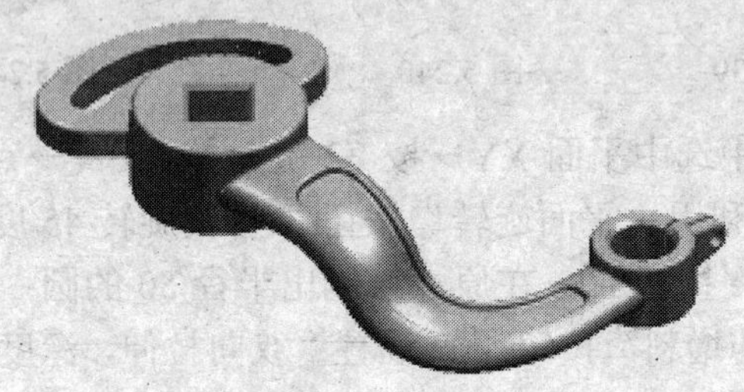

图 5.245

5.3.15 造型实例 15

请根据图 5.246 完成零件的实体造型。

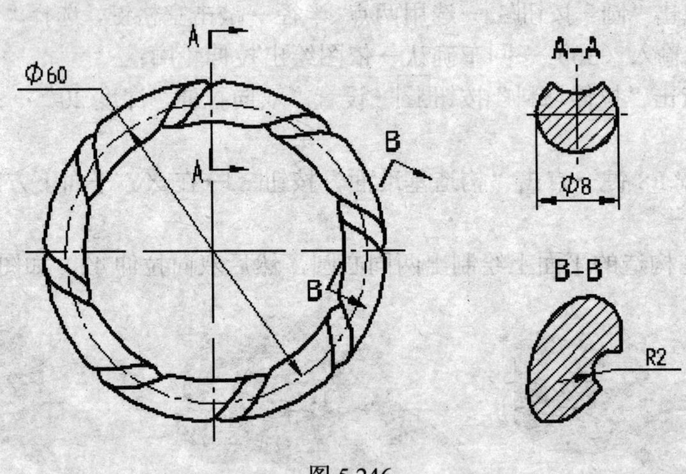

图 5.246

【步骤 1】按 F8 键→在特征树中点击平面 XZ→点击绘制草图按钮；

【步骤 2】点击“圆”按钮→在立即菜单中设置“圆心_半径”→回车输入（，30）→回车确认→回车输入（4）→回车确定→点击“绘制草图”按钮（退出草图绘制状态），如图 5.247 所示；

【步骤 3】按 F9 键（使绘图平面位于 XZ 平面）→点击“直线”工具按钮→在立即菜单中设置“水平/铅垂线，铅垂，长度=50（任意长）”→点击原点，如图 5.248 所示；

【步骤 4】点击“旋转生料”按钮→在弹出窗口中设置“单向旋转，角度 360”→拾取草图及直线→点击“确定”按钮，如图 5.249 所示；

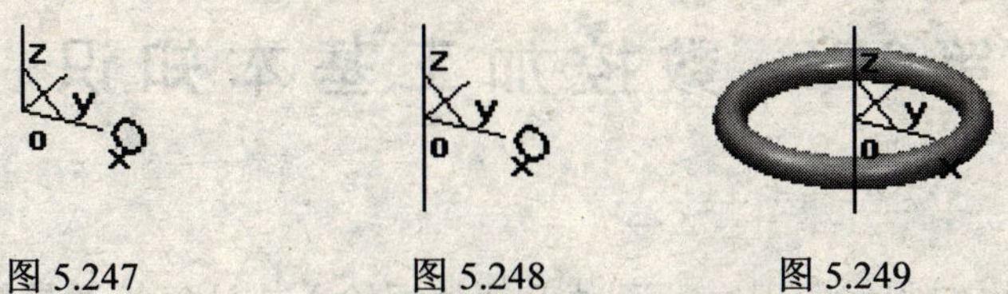

图 5.247 图 5.248 图 5.249

【步骤 5】按 F5 键→点击“公式曲线”按钮→在弹出窗口中设置“直角坐标系，角度，参数变量名 t，精度控制 0.01，起始值 0，终止值 180，X(t)=(30+4*cos(8*t))*cos(t)，Y(t)=(30+4*cos(8*t))*sin(t)，Z(t)=4*sin(8*t)”→点击确定按钮→回车输入（0）→回车确认，如图 5.250 所示；

【步骤 6】点击“平面旋转”按钮→在立即菜单中设置“拷贝，份数=1，角度=180”→点击原点→拾取公式曲线→点击鼠标右键确认，如图 5.251 所示；

图 5.250 图 5.251

【步骤 7】点击“导动面”按钮→在立即菜单中设置“管道曲面，起始半径 2→终止半径 2→精度 0.1”→拾取一条公式曲线→在选择方向箭头附近点击→再拾取另一条公式曲线生成管道曲面，如图 5.252 所示；

【步骤 8】点击“曲面裁剪除料”按钮→拾取两个管道曲面（在弹出窗口中注意除料方向的选择，应将管道内部材料去除）→点击“确定”按钮；

【步骤 9】在“编辑”下拉菜单中点击“隐藏”→框选所有空间元素→点击鼠标右键确认；

【步骤 10】点击“隐藏坐标系”按钮→点击当前坐标系，如图 5.253 所示；

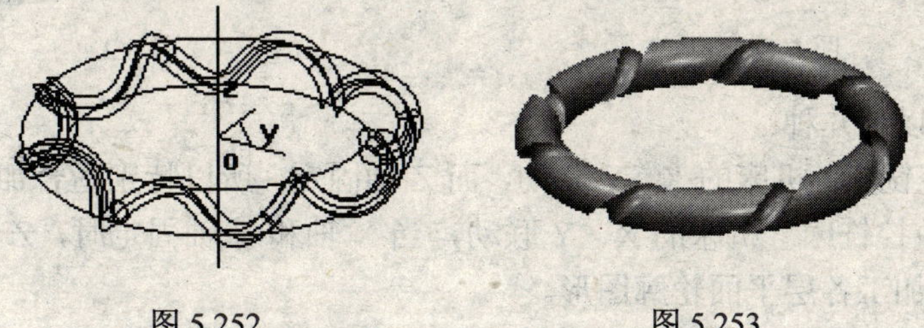

图 5.252 图 5.253

【步骤 11】按 F8 键→按 F3 键→完成。

第6章　数控加工基本知识

数控加工是将预先编制好的程序，通过手动数据输入或计算机通信等方式将数控加工程序传送到机床的数控系统，在数控系统软件的支持下，经过分析处理、计算后向伺服系统发出相应的指令，伺服系统使机床带动刀具按预定的轨迹运动，从而控制刀具与零件之间的相对运动，进行自动加工。

6.1　数控铣床及加工中心

数控铣床（图 6.1）与加工中心（Machine Center）（图 6.2）的区别主要在于，数控铣床无刀具库，只能手动换刀。而加工中心因为拥有自动换刀装置（Automatic Tools Changer）和刀具库，可以自动换刀。

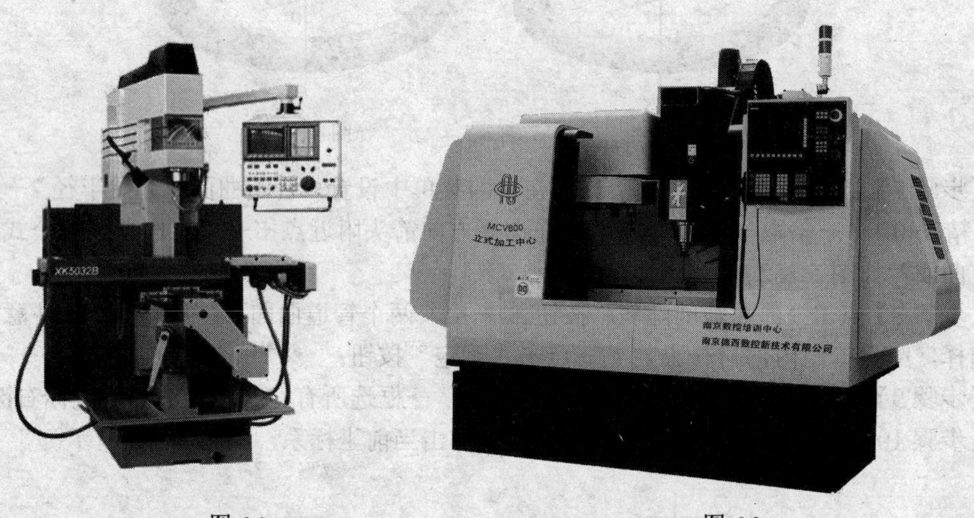

图 6.1　　　　图 6.2

数控铣床分为以下几种：

（1）两轴数控铣床。机床的 X、Y 联动，而 Z 轴固定。所以特别适合加工平面轮廓图形。

（2）两轴半数控铣床。机床的 X、Y 联动，当 X 轴和 Y 轴固定时，Z 轴可以上下移动。所以特别适合分层加工各层平面轮廓图形。

（3）三轴数控铣床。机床的 X、Y、Z 轴联动。所以特别适合复杂曲面零件的加工。CAXA 制造工程师就是针对三轴数控系统自动编程的软件。

（4）四轴、五轴等数控铣床，在这里我们就不作介绍了。

加工中心主要的加工特点是：

（1）加工中心能铣削需 2~5 坐标联动的各种平面轮廓和立体轮廓。

（2）加工中心可以完成铣、钻、镗及攻螺纹等多种加工。

（3）加工中心减少了工件的装夹、测量和机床调整时间，减少了工件周转和搬运时间，使生产效率大大提高。

（4）加工中心最适合于加工形状复杂、加工内容多、要求高的零件。

6.2 数控铣床坐标系简介

数控机床坐标系是用来确定刀具运动路径的依据。ISO 标准和我国的 JB3052—82 部颁标准都统一规定采用标准的“右手笛卡尔直角坐标系”，如图 6.3 所示，并规定增大刀具与工件之间距离的方向为坐标系的正方向。机床坐标系建立后可用 G54~G59 设定工件坐标系。

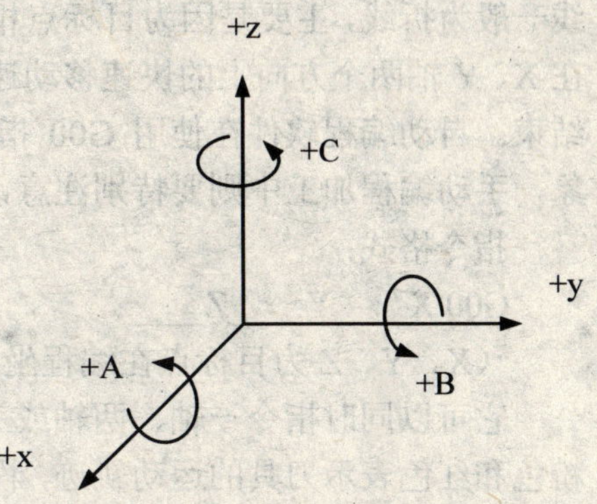

图 6.3

1. Z 轴的确定

统一规定为与机床主轴重合或平行的刀具运动方向的坐标轴为 Z 轴，远离工件的刀具运动方向为 Z 轴正方向，如图 6.4 所示。

2. X 轴的确定

平行于工件装夹面，一般情况 X 轴正方向水平向右。

3. Y 轴的确定

根据 X、Z 轴，用“右手笛卡尔直角坐标系”来判断确定。

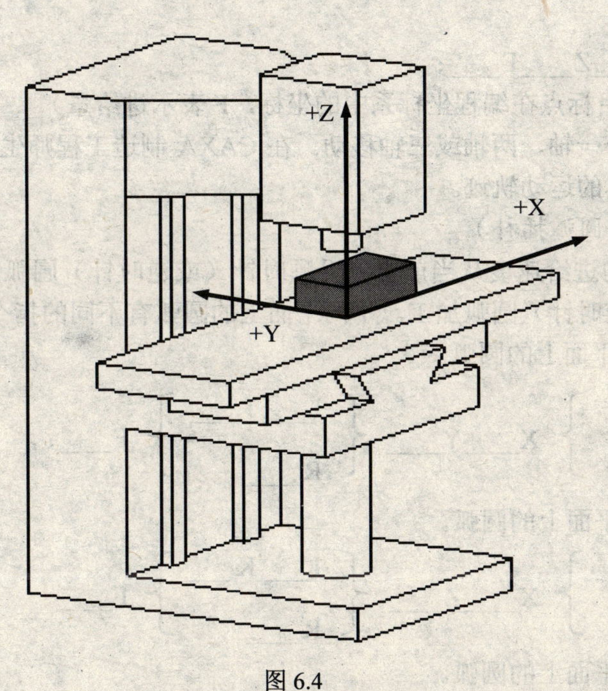

图 6.4

6.3 数控基本指令简介

数控基本指令包括：G00（快速定位）、G01（直线插补）、G02（顺时针圆弧）、G03（逆时针圆弧）、G04（暂停）

1. G00（快速定位）

使刀具以系统设定好的较快速度从当前位置移动定位至目标点位置，主要用于使刀具快速移动到加工部位或快速离开加工部位。一个轴运动为直线运动，两轴以上联动，它的运动路线一般为折线，主要是因为目标点相对当前位置在各方向上的距离不等造成的。伺服电机一般在 X、Y 轴两个方向上的快速移动速度相等，刀具离哪个轴距离近，必然在这个方向上先运动结束。自动编程软件在使用 G00 指令时一般都不使用各方向上的联动，所以不会出现折线现象，手动编程加工中则要特别注意，确保安全。

指令格式：

G00 X____Y____Z____;

（X、Y、Z 为目标点在编程坐标系中的坐标）

它可以同时指令一轴、两轴或三轴移动。在 CAXA 制造工程师生成的加工轨迹当中，以粉色和红色表示刀具的运动轨迹，粉色代表开始切削时的快速移动定位，红色代表加工结束时的快速退刀。

2. G01（直线插补）

使刀具以给定的进给速度从当前位置以直线移动到目标点位置，主要用于直线型切削加工。

指令格式：

G01 X____Y____Z____F____;

（X、Y、Z 为目标点在编程坐标系中的坐标，F 表示进给量）

它可以同时指令一轴、两轴或三轴移动。在 CAXA 制造工程师生成的加工轨迹当中，以绿色表示切削时刀具的运动轨迹。

3. G02、G03（圆弧插补）

使刀具以给定的进给速度从当前位置沿顺时针（或逆时针）圆弧运动到目标点位置，主要用于顺时针（或逆时针）圆弧加工。不同平面上的圆弧有不同的指令格式：

（1）在 X—Y 平面上的圆弧。

$$G17\left\{\begin{matrix}G02\\G03\end{matrix}\right\}X\_\_\_\_Y\_\_\_\_\left\{\begin{matrix}I\_\_\_\_J\_\_\_\_\\R\_\_\_\_\end{matrix}\right\}F\_\_\_\_;$$

（2）在 Z—X 平面上的圆弧。

$$G18\left\{\begin{matrix}G02\\G03\end{matrix}\right\}X\_\_\_\_Z\_\_\_\_\left\{\begin{matrix}I\_\_\_\_K\_\_\_\_\\R\_\_\_\_\end{matrix}\right\}F\_\_\_\_;$$

（3）在 Y—Z 平面上的圆弧。

$$G19\left\{\begin{matrix}G02\\G03\end{matrix}\right\}Y\_\_\_\_Z\_\_\_\_\left\{\begin{matrix}J\_\_\_\_K\_\_\_\_\\R\_\_\_\_\end{matrix}\right\}F\_\_\_\_;$$

圆弧顺逆的判断应从圆弧所在平面的法线的反方向观察，请参阅其他数控书籍。

4. G04（暂停）

系统按指定时间暂时停止执行后续程序，暂停结束则继续执行，主要用于加工到盲孔或台阶孔底端时使用，以便加工出完整表面和正确的深度。

6.4 数控铣床补偿指令

在数控机床上进行铣削加工时，由于刀具半径的存在，刀具中心轨迹不与零件的轮廓重合。为了减少编程工作量，使编程人员只需根据工件的轮廓编程，而不去考虑刀具半径和刀具长度，所以引入了刀具半径补偿和刀具长度补偿。加工时CNC系统会从偏置寄存器中调出已经设置好的刀具半径和长度补偿值，对刀具中心轨迹进行补偿计算，生成实际的刀具运动加工轨迹，这样使得编程工作更加简单、不易出错。

1. 刀具半径补偿（G40、G41、G42）

G40：取消刀具补偿，即按程序路径走刀。

G41：刀具半径左补偿，指站在刀具轨迹上向切削前进方向看，刀具位于工件左侧，如图6.5所示。

G42：刀具半径右补偿，指站在刀具轨迹上向切削前进方向看，刀具位于工件右侧，如图6.5所示。

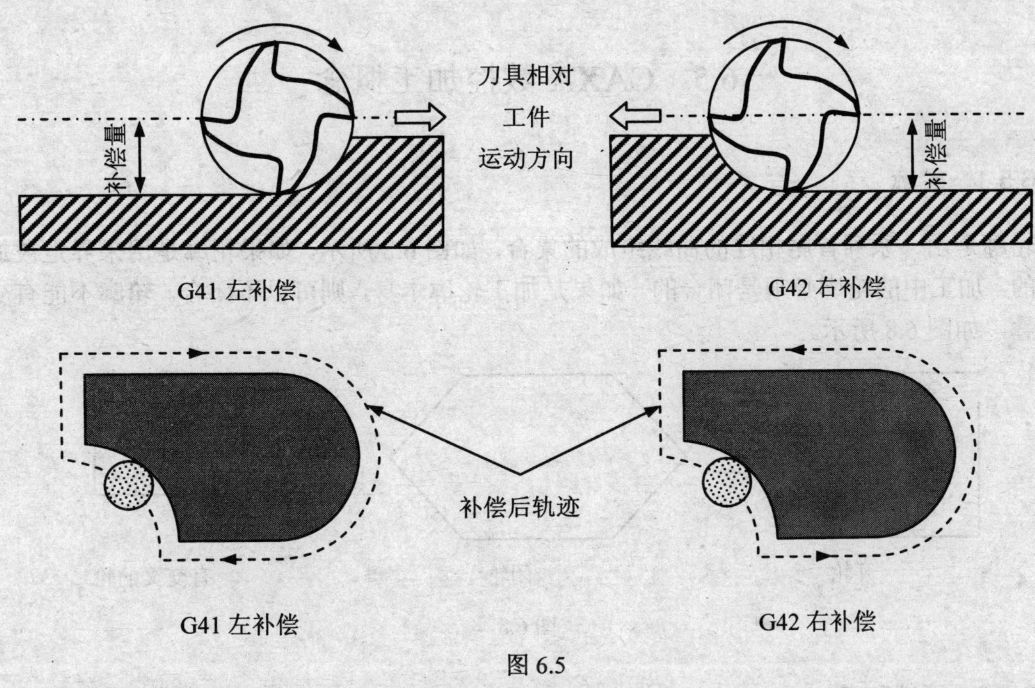

图 6.5

2. 刀具长度补偿（G43、G44、G49）

G43：刀具长度正补偿，是将刀具长度向Z轴正方向补偿一定值，如图6.6所示。

G44：刀具长度负补偿，是将刀具长度向Z轴负方向补偿一定值，如图6.7所示。

G49：取消刀具长度补偿。

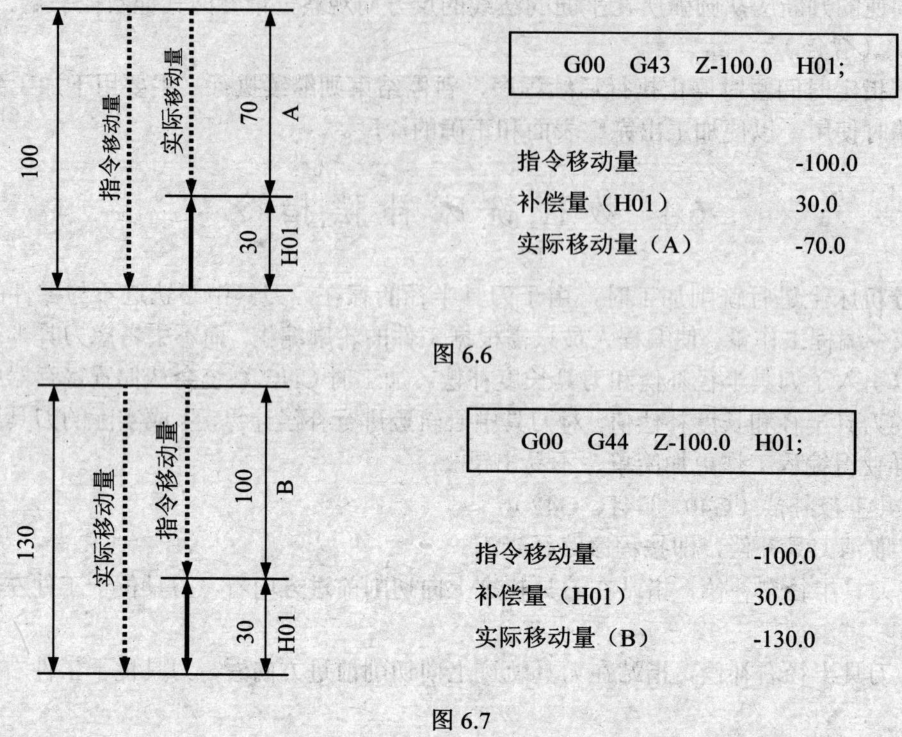

图 6.6

图 6.7

6.5 CAXA 数控加工概念

6.5.1 轮廓

轮廓是由一系列首尾相连的曲线组成的集合，如图 6.8 所示。如果轮廓是用来界定被加工区域的，加工中的轮廓必须是闭合的。如果是加工轮廓本身，则可以不闭合。轮廓不能有交叉和重叠，如图 6.8 所示。

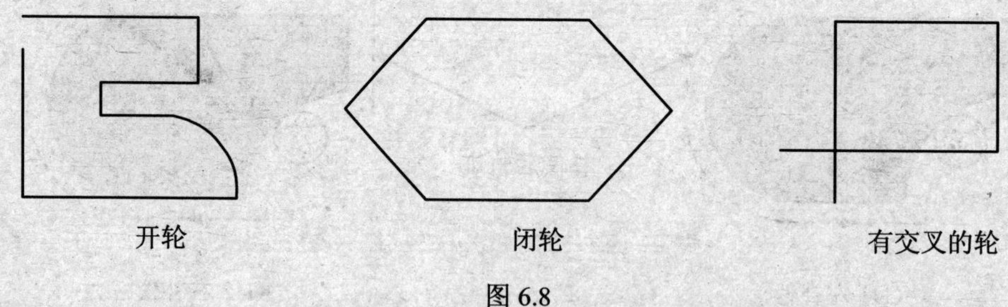

图 6.8

6.5.2 区域和岛

区域是由一个闭合轮廓围成的内部空间。内部如果还有不需加工的闭合轮廓，则内部的闭合轮廓被称为岛。区域是用来界定加工区域的外边界，岛是用来屏蔽内部不允许加工的部分，外轮廓和岛可在各自互相平行的平面上，如图 6.9 所示，带斜线部分是要被加工的部分。

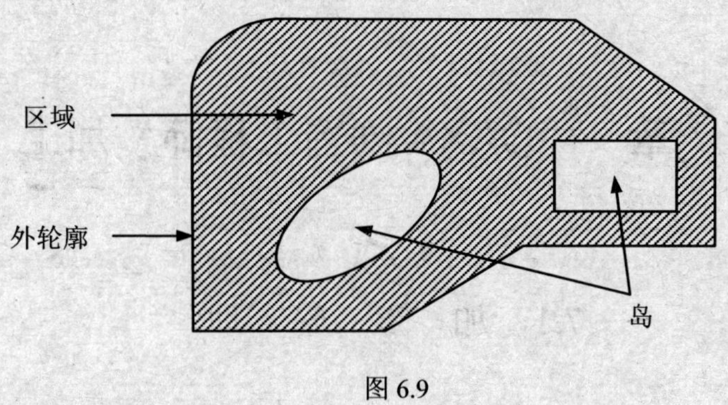

图 6.9

6.5.3 刀位点和加工轨迹

刀位点是数控加工过程中用来确定刀具位置的基准点，在“CAXA 制造工程师”中是用刀尖点作为刀位点的。

加工轨迹是数控加工过程中有序地将各刀位点用直线（直线插补）或圆弧（圆弧插补）连接起来的集合，如图 6.10 所示。

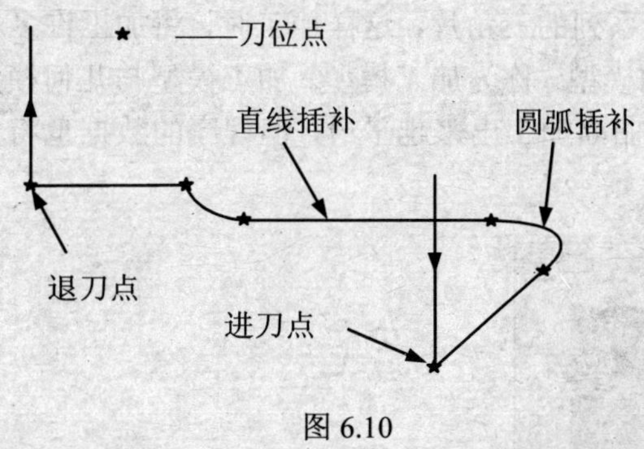

图 6.10

6.6 编 程 概 述

编程分为手动编程和自动编程。手动编程失误率高、速度慢，生产准备时间长，不能充分发挥数控机床的优势。自动编程是由编程人员利用计算机的数控编程系统的各种功能，对零件的几何参数、工艺参数进行较简单的描述后，由计算机自动完成程序编制的全过程。自动编程速度快、准确率高，特别适合复杂零件的编程工作

“CAXA 制造工程师”就是针对三轴数控铣床的自动编程系统。其特点是：建模快、灵活、加工参数简洁明了、轨迹准确、加工方法多。它的 Windows 操作环境为用户所熟悉，易学易用，它的中文操作环境特别适合于中国人学习使用。

自动编程时使用的都是基本指令，很少使用循环指令，只需在机床信息中对相应数控系统进行简单设置，生成的程序就可以适用于相应数控系统。

机床运动是指刀具和工件之间的相对运动，不管机床的具体结构是哪个运动、哪个静止，在编制程序时一律假定：工件静止，刀具运动。

第 7 章 “CAXA 制造工程师”加工

7.1 加 工 管 理

7.1.1 模型

双击“加工管理”中的“模型”，会弹出“模型参数”窗口，如图 7.1 所示，用户可在此窗口中设置模型的几何精度，及是否在模型中包含不可见或隐藏的曲面。窗口中示意显示模型的形状。

在计算机上造型时，平面是有棱边的，而曲面是光滑连续的，这样理想的模型，称为几何模型，如图 7.2 所示。但在实际加工时，是不可能完成这样理想的曲面加工的。所以，一般的，会把一张曲面离散成一系列的三角片，这样加工时，将加工许多小平面来逼近曲面。由这样一系列的三角片所构成的模型，称为加工模型。加工模型与几何模型之间的误差，称为几何精度。其数值越小，零件的曲面加工出来越平滑，但程序的数据量将大大增加，建议设定为机床加工精度。

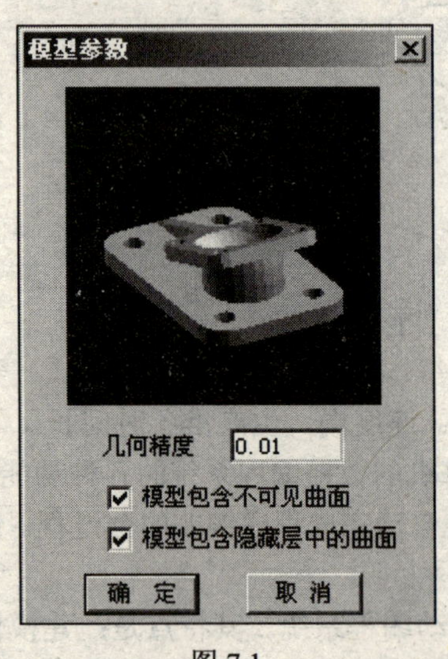

图 7.1

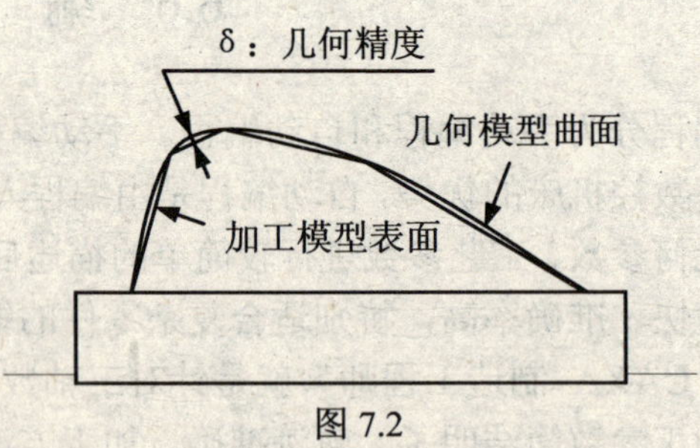

图 7.2

7.1.2 毛坯

加工前必须先设定毛坯的大小，“定义毛坯”窗口如图 7.3 所示。系统的毛坯都为方块形状，无论实际加工中毛坯的形状如何。选择合适的加工方法并制定合理的加工边界，是不会和实际的加工情况冲突的。系统根据不同的设计情况给出了三种建立毛坯大小的方法。

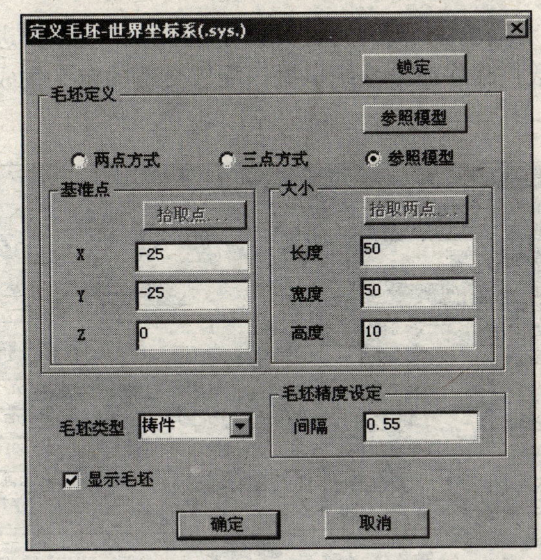

图 7.3

1. 毛坯定义

（1）两点方式：通过拾取毛坯的两个对角点来定义毛坯，适用于矩形毛坯。

（2）三点方式：通过拾取基准点，再拾取定义毛坯大小的两个对角点来定义毛坯。

（3）参照模型：系统自动计算模型的包围盒，以此作为毛坯，适用于任何形状的零件。

2. 基准点

这一点将作为毛坯生成的基准点，它位于毛坯的正对操作者一面的左下角。拾取后，基准点、长度、宽度、高度值可以根据用户需要进行数值调整。

3. 毛坯类型

系统提供了铸件、精铸件、锻件、精锻件、棒料等毛坯的类型，主要是系统编写工艺清单时需要，对加工轨迹无影响。

4. 毛坯精度设定

毛坯的网格间距，反映了仿真时的显示精度情况，不影响加工精度。间距值越小，加工面显示越细腻，但计算机数据量大，计算机运行速度慢。

5. 显示毛坯

是否在工作区中显示毛坯。

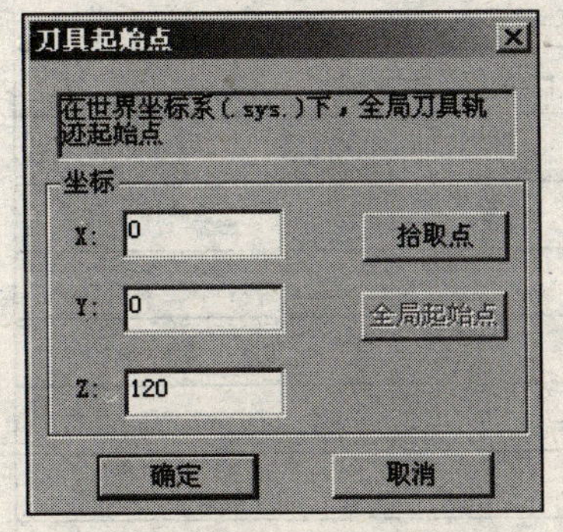

图 7.4

7.1.3 起始点

起始点是刀具初始位置的刀位点和沿某轨迹走刀结束后的停留位置的刀位点。计算轨迹时刀具从起始点开始加工，加工完成时刀具返回起始点。它的设置窗口如图 7.4 所示。

7.1.4 机床后置

1. 机床信息

用户可以在此窗口中增加新的机床或删除旧的机床，按照相应机床的数控系统，对输出 G 代码的有关数控程序格式及参数进行设置，并生成配置文件，如图 7.5 所示。生成数控程序时，系统根据该配置文件的定义生成用户所需要的特定代码格式的加工指令。

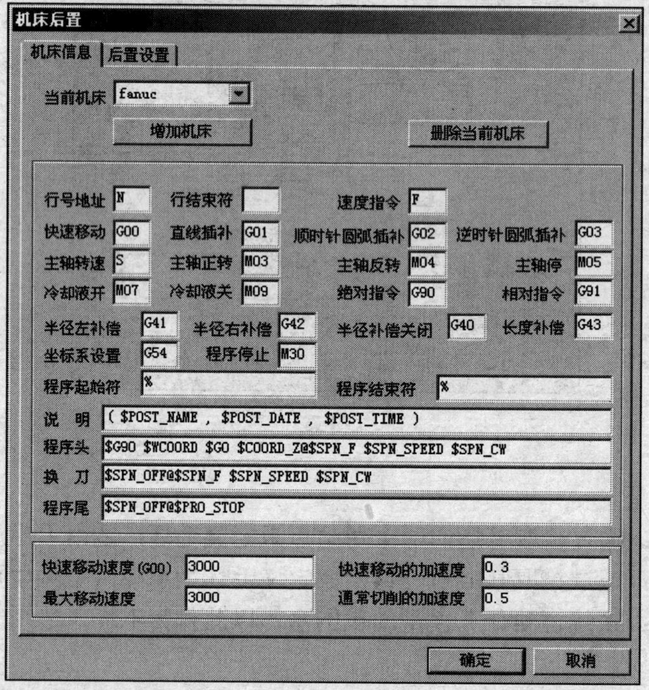

图 7.5

系统提供了宏指令，用来对生成的程序进行控制。宏指令格式为：$＋宏指令串。系统提供的宏指令串见表 7.1。

表 7.1 宏 指 令

宏 指 令	指 令 含 义
POST_NAME	当前后置文件名
POST_DATE	当前日期
POST_TIME	当前时间
TOOL_NO	系统规定的刀具号
SPN_SPEED	主轴速度
COORD_X	当前 X 坐标值
COORD_Y	当前 Y 坐标值
COORD_Z	当前 Z 坐标值
POST_CODE	当前程序号
TOOL_MSG	当前刀具信息
PARA_MSG	当前加工参数信息
LINE_NO_ADD	行号指令

续表

宏 指 令	指 令 含 义
BLOCK_END	行结束符
FEED	速度指令
G00	快速移动
G01	直线插补
G02	顺圆插补
G03	逆圆插补
G17	XY 平面定义
G18	XZ 平面定义
G19	YZ 平面定义
G90	绝对指令
G91	相对指令
DCMP_OFF (G40)	刀具半径补偿取消
DCMP_LFT (G41)	刀具半径左补偿
DCMP_RGH (G42)	刀具半径右补偿
LCMP_LEN (G43)	刀具长度正补偿
LCMP_SHT (G44)	刀具长度负补偿
LCMP_OFF (G49)	刀具长度补偿取消
WCOORD (G92、G54～G59)	坐标系设置
SPN_CW(M03)	主轴正转
SPN_CCW(M04)	主轴反转
SPN_OFF (M05)	主轴停止
SPN_F（S）	主轴转速
COOL_ON (M07、M08)	冷却液开
COOL_OFF (M09)	冷却液关
PRO_STOP (M30)	程序停止
@	换行标志
$	输出空格

（1）程序说明：是对程序的名称、零件名称编号、编制日期和时间等有关信息的记录。（N126-60231，$POST_NAME，$POST_DATE，$POST_TIME）

在生成的程序中为：

（N126-60231，O1261，2007.1.18，20:30:20）

（2）程序头：针对特定的数控机床来说，其数控程序开头部分都是相对固定的，包括一些机床信息，如机床回零、工件零点设置、主轴启动，以及冷却液开启等。

例如：$G90$WCOORD$G0$COORD_Z@G43H01@SPN_FSPN_SPEED$SPN_CW 在生成的程序中为：

G90G54G00Z100.00

G43H01

S800M03

（3）换刀：换刀指令提示系统换刀。换刀指令可以由用户根据机床设定，换刀后系统要从偏置寄存器中提取一些有关刀具的信息，以便于对刀具进行补偿。

（4）G 代码程序示例：

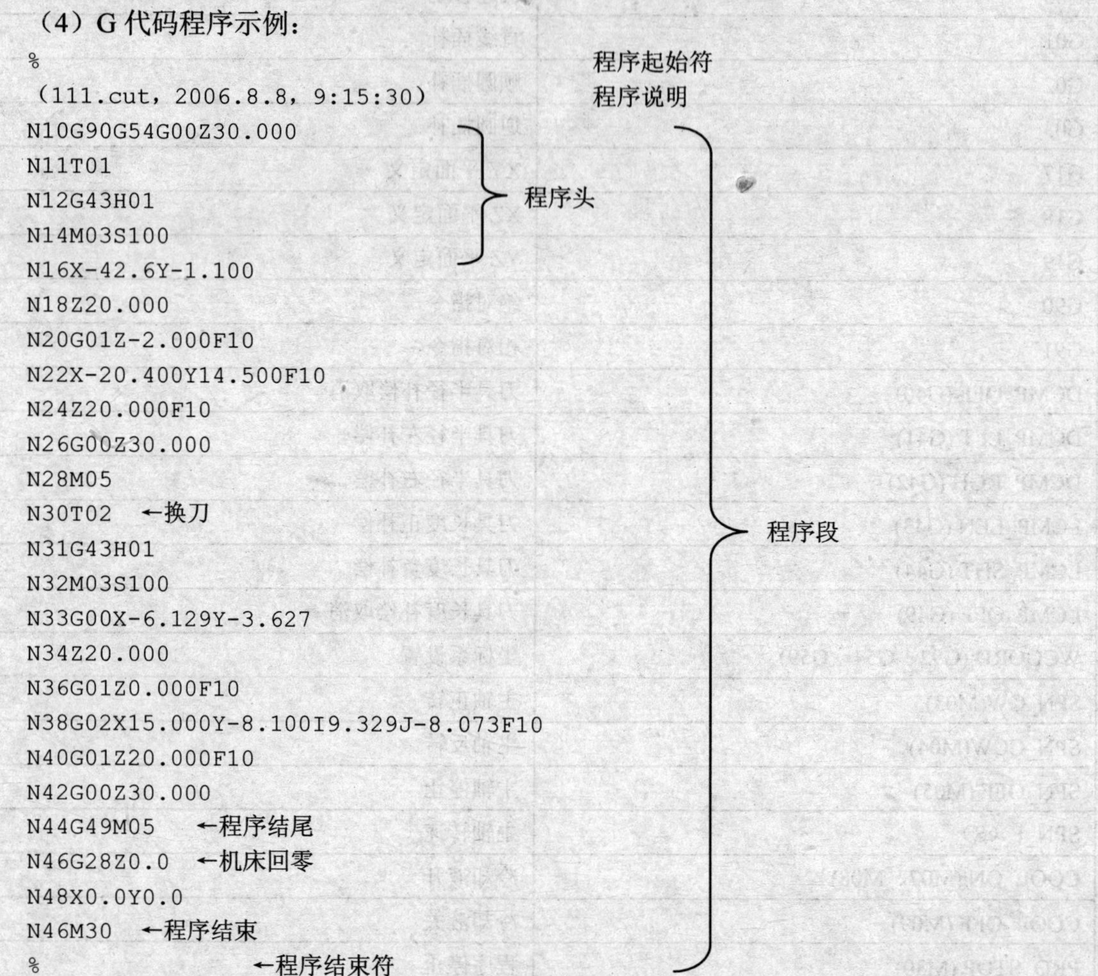

```
%                                              程序起始符
(111.cut, 2006.8.8, 9:15:30)                   程序说明
N10G90G54G00Z30.000        ┐                   ┐
N11T01                     │                   │
N12G43H01                  ├ 程序头            │
N14M03S100                 │                   │
N16X-42.6Y-1.100           ┘                   │
N18Z20.000                                     │
N20G01Z-2.000F10                               │
N22X-20.400Y14.500F10                          │
N24Z20.000F10                                  │
N26G00Z30.000                                  │
N28M05                                         │
N30T02  ←换刀                                  ├ 程序段
N31G43H01                                      │
N32M03S100                                     │
N33G00X-6.129Y-3.627                           │
N34Z20.000                                     │
N36G01Z0.000F10                                │
N38G02X15.000Y-8.100I9.329J-8.073F10           │
N40G01Z20.000F10                               │
N42G00Z30.000                                  │
N44G49M05   ←程序结尾                          │
N46G28Z0.0  ←机床回零                          │
N48X0.0Y0.0                                    │
N46M30  ←程序结束                              │
%              ←程序结束符                     ┘
```

2. 后置设置

用户可以在此窗口中对 G 代码的数据量、行号、坐标输出格式、圆弧的编程方式等进行设置，如图 7.6 所示。当输出文件长度大于设定值时，系统会自动将 G 代码分割成多份程序文件进行输出。

（1）输出文件最大长度：输出文件长度可以对数控程序的大小进行控制，文件大小控制以 KB 为单位。当输出的代码文件长度大于规定长度时系统自动分割文件。例如：当输出的 G 代码文件 post.cut 超过规定的长度时，就会自动分割为 post0001.cut、post0002.cut、post0003.cut、post0004.cut 等。

（2）行号设置：在输出代码中控制行号的一些参数设置。行号是否填满是指行号不足规定的行号位数时是否用 0 在其前面补足位数。对于行号增量，建议用户选取比较适中的递增数值，一般应大于 2，这样有利于程序的管理。

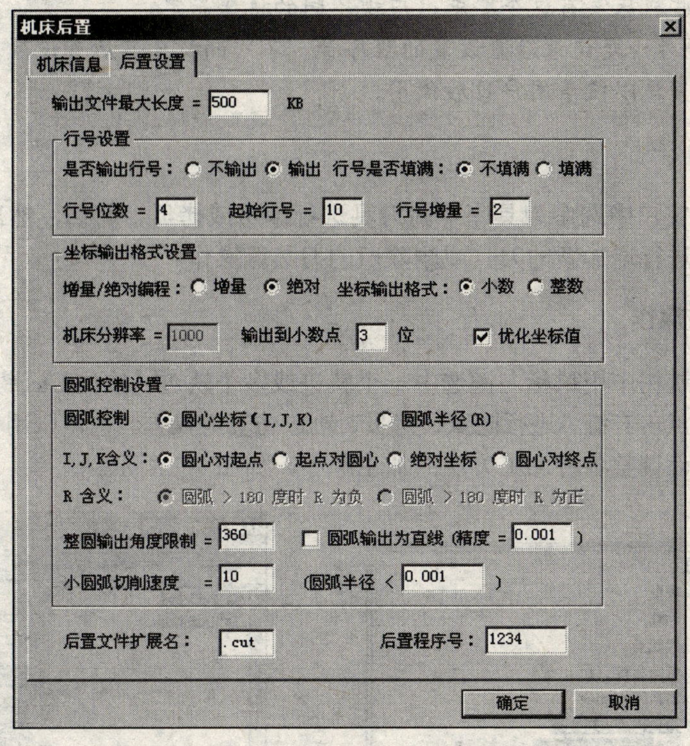

图 7.6

（3）坐标输出格式设置：决定数控程序中数值的格式，小数输出还是整数输出。机床分辨率就是机床的加工精度，如果机床精度为 0.001mm，则分辨率设置为 1000，以此类推；输出到小数位数可以控制加工精度。但不能超过机床精度，否则是没有实际意义的。优化坐标值是指输出的 G 代码中，若坐标值的某分量与上一次相同，则此分量在输出的 G 代码中不再出现。

（4）圆弧控制设置：主要设置控制圆弧的编程方式。即是采用圆心编程方式还是采用半径编程方式。当采用圆心编程方式时，圆心坐标（I，J，K）有四种含义：

- 绝对坐标：采用绝对编程方式，圆心坐标（I，J，K）的坐标值为圆心相对于工件编程原点绝对坐标系的绝对值。
- 圆心对起点：I、J、K 的含义为圆心相对于圆弧起点的增量值。
- 起点对圆心：I、J、K 的含义为圆弧起点相对于圆心坐标的增量值。
- 圆心对终点：I、J、K 的含义为圆心相对于圆弧终点坐标的增量值。

按圆心坐标编程时，圆心坐标的各种含义是针对不同的数控机床而言。不同机床之间其圆心坐标编程的含义不一定相同，但对于特定的机床其含义只有其中一种。当采用半径编程时，用区别半径正负的方法来控制圆弧是劣圆弧还是优圆弧。圆弧半径 R 的含义即表现为以下两种：

- 优圆弧：圆弧大于 180°，R 为负值。
- 劣圆弧：圆弧等于或小于 180°，R 为正值。

【注意】

加工整圆时不能使用 R 编程方式，只能使用 IJK 编程方式。

（1）后置文件扩展名：是控制所生成的数控程序文件名的扩展名。有些机床对数控程序要求有扩展名，有些机床没有这个要求，应视不同的机床而定。

（2）后置程序号：是记录后置设置的程序号，不同的机床其后置设置不同，所以采用程序号来记录这些设置，以便于用户日后使用。

7.1.5　刀具库

用户可以在此窗口中选中刀具库中的刀具进行编辑或拷贝、剪切，然后粘贴到其他机床的刀具库中，也可进行增加新的刀具或删除旧的刀具等操作。

7.1.6　轨迹树操作

用户可以在轨迹树中用鼠标左键选中一个轨迹或多个轨迹（按住 Ctrl 键的同时选取），然后在选中的轨迹上点击右键，进行隐藏、拷贝、轨迹仿真等操作。也可以用鼠标左键拖动各轨迹的先后顺序，从而调整各种加工方法的加工顺序，如图 7.7 所示。

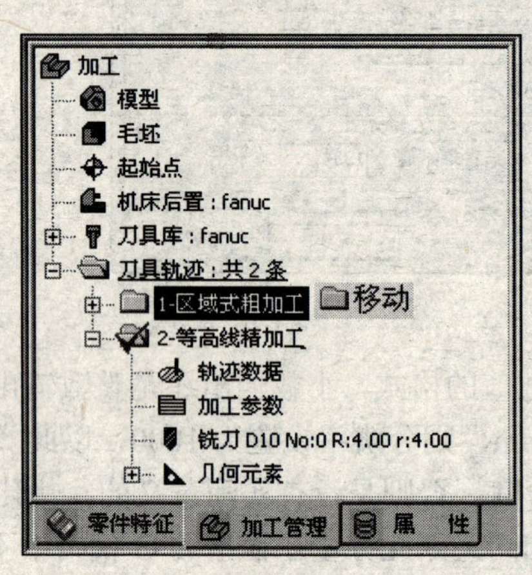

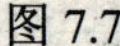
图 7.7

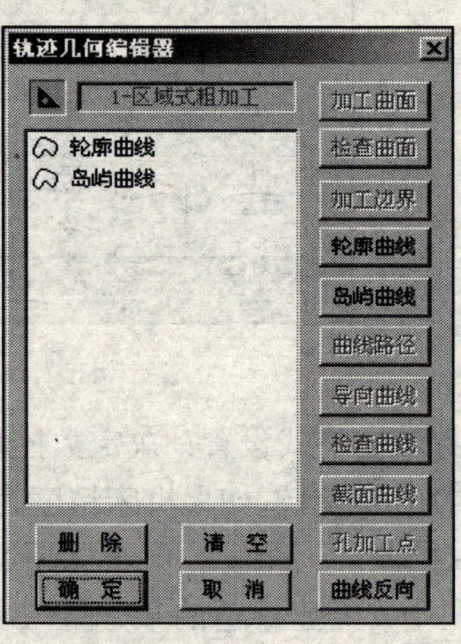

图 7.8

7.1.7　几何编辑器

用户可以在此窗口中对加工中的几何元素（加工曲面、加工边界、岛屿曲线、孔加工点等）进行删除、添加等操作。根据不同的加工方法有的按钮可能灰显，表明该项操作对于该加工方式不需要，如图 7.8 所示。

7.2　加 工 通 用 参 数

7.2.1　切削用量

切削用量设定窗口用来设定主轴转速、切削速度等参数，如图 7.9 所示。刀具加工轨迹中各段的情况如图 7.10 所示。

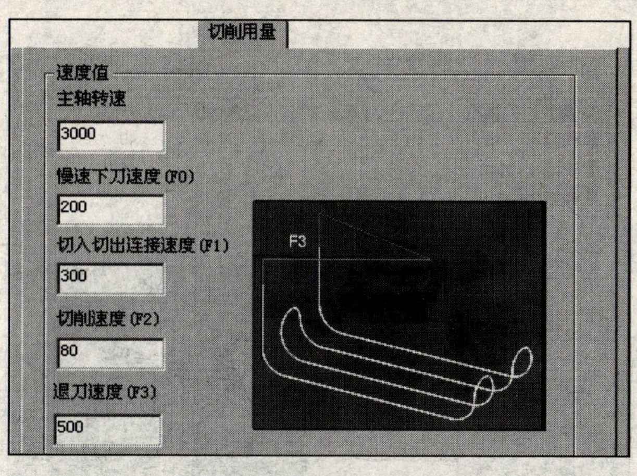

图 7.9

（1）主轴转速：刀具的旋转速度，单位：r/min（转/分）。不能超过机床的最大转速。

（2）慢速下刀速度（F0）：刀具接近工件后，降低运动速度，以防与毛坯发生碰撞。此速度小于系统设定的 G00 速度，大于切削速度 G01，单位：mm/min。

（3）切入切出连接速度（F1）：加工完一段再加工另一段时的连接速度，单位：mm/min。此速度介于慢速下刀速度和切削速度之间较合理。

（4）切削速度（F2）：切削加工时的进给速度，单位：mm/min。

（5）退刀速度（F3）：切削完成退离工件加工部位时的速度，单位：mm/min。在保证安全的情况下，此速度可设置为较大值，但不能超过 G00 速度。

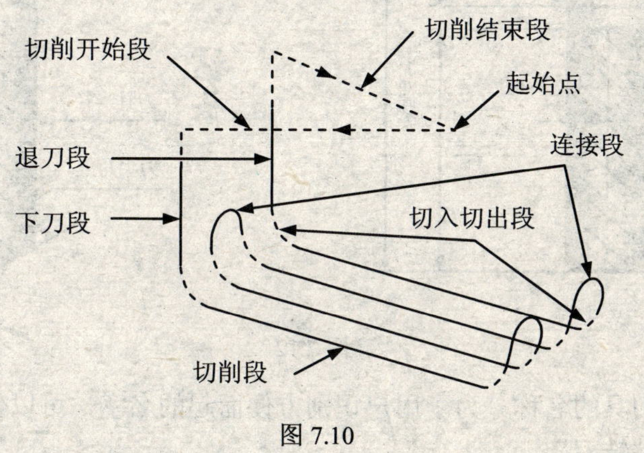

图 7.10

7.2.2 刀具参数

刀具参数设定窗口用来设定加工刀具的参数，如图 7.11 所示。

系统配置了两种刀具，铣刀和钻头，刀具参数的含义如图 7.12 所示。用户可以使用刀具库中存放的刀具，用鼠标选中后，点击窗口中的“将刀库刀具设置为当前刀具”按钮▼即可。也可增加刀具或编辑刀具。

（1）类型：铣刀或钻头。

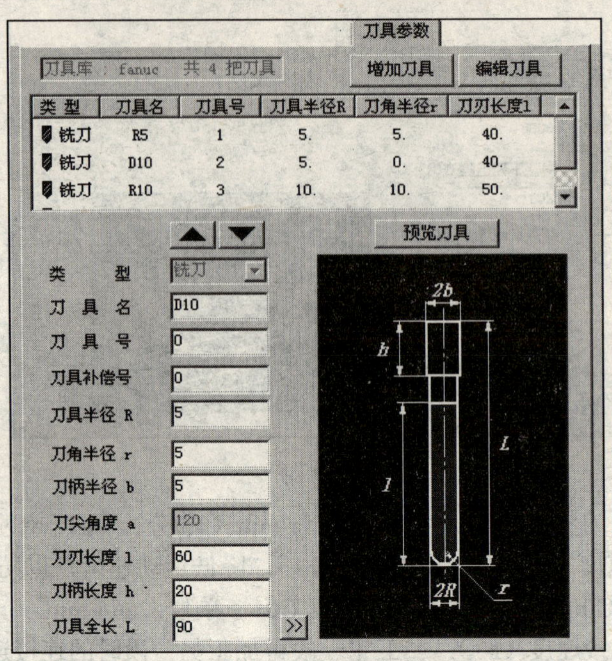

图 7.11

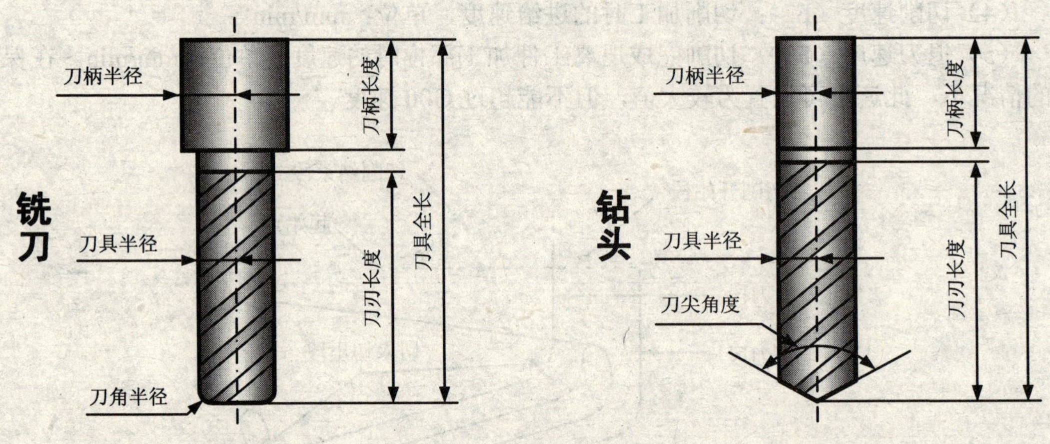

图 7.12

（2）刀具名：刀具的名称。为了用户识别方便而起的名字，可以使用字母和数字或文字如：“D10”、“ ϕ20 端铣刀”。

（3）刀具号：刀具在加工中心里的位置编号，便于加工过程中换刀，必须用整数表示。

（4）刀具补偿号：刀具半径补偿值对应的编号。

（5）刀具半径：刀刃部分最大截面圆的半径大小。

（6）刀角半径：刀刃部分球形轮廓区域半径的大小，只对铣刀有效。

（7）刀柄半径：刀柄部分截面圆半径的大小。

（8）刀尖角度：钻头的顶角，只对钻头有效。

（9）刀刃长度：刀刃部分的长度。

（10）刀柄长度：刀柄部分的长度。

（11）刀具全长：刀杆与刀柄长度的总和。

使用铣刀时应广义理解，在采用不同加工方法加工不同部位时，有时立铣刀可理解为面铣刀，有时可以理解为键槽铣刀，有时可以理解为镗孔刀。

立铣刀的侧向切削能力较好，但是刀头中心处有中心孔，所以不易垂直向下切削实体部分，要切削实体部分一般采用螺旋方式下刀；镶片铣刀和立铣刀有相同之处，都是中间部分不能够切削；键槽铣刀刀头中心处没有中心孔，刀刃到达中心处，所以可以垂直向下切削实体部分；球头铣刀切削也到达中心处，但是由于靠近中心处旋转速度较低，且容屑空间小，故切削能力较差，一般用于精加工和半精加工。

7.2.3 加工边界

加工边界设定窗口用来设定刀具相对加工边界的位置和 Z 向加工的有效范围，如图 7.13 所示。

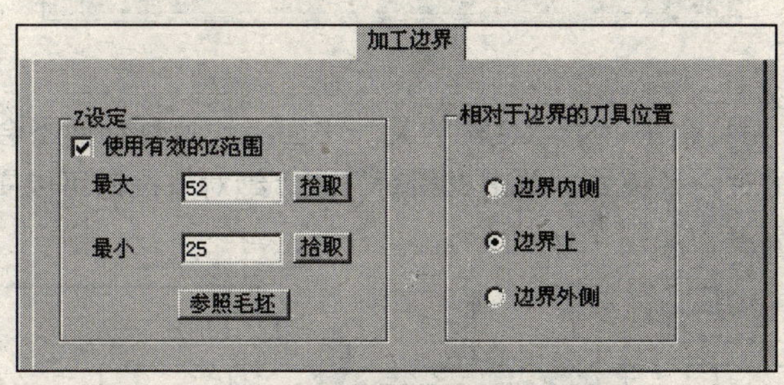

图 7.13

（1）Z 设定：设定有效的毛坯 Z 向范围。指使用定义的毛坯的高度范围进行计算，从而生成加工轨迹。可以采用输入数值和拾取点两种方式。

- 参照毛坯：是通过毛坯的高度来定义轨迹计算范围。

（2）相对于边界的刀具位置：设定刀具相对于边界的位置，如图 7.14 所示。

- 边界内侧：是指刀具位于外边界的内侧。
- 边界上：是指刀具位于外边界上。
- 边界外侧：是指刀具位于边界的外侧。

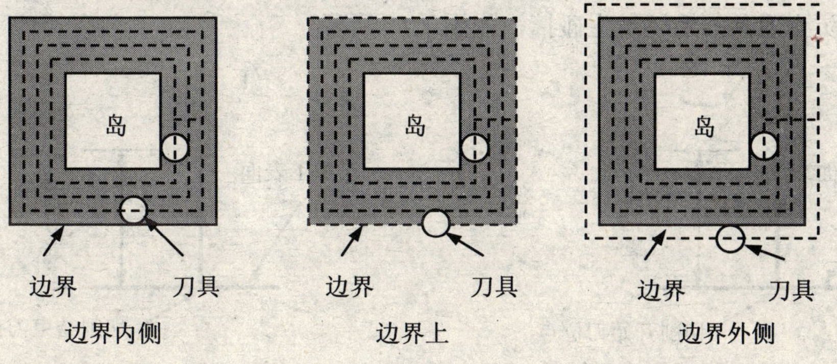

图 7.14

7.2.4 下刀方式

下刀方式设定窗口用于确定刀具的安全高度、退刀距离、切入方式等，如图 7.15 所示。

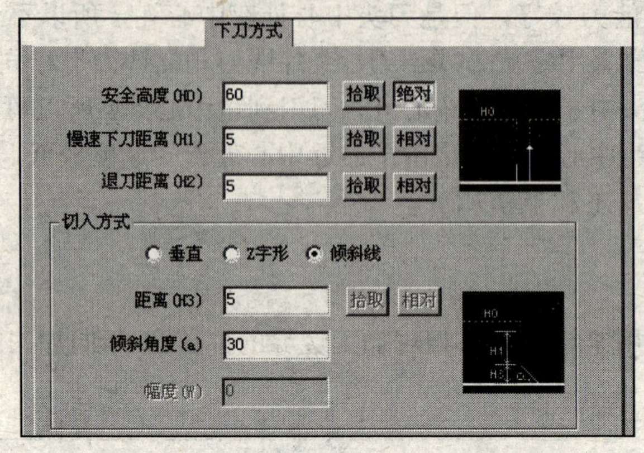

图 7.15

（1）安全高度：刀具在平行于 XOY 的某一平面上快速移动而不会与毛坯及夹具发生干涉的高度。有相对与绝对两种模式，单击“相对”或“绝对”按钮可以实现两者的切换。安全高度应小于起始点的高度，如图 7.16 所示。

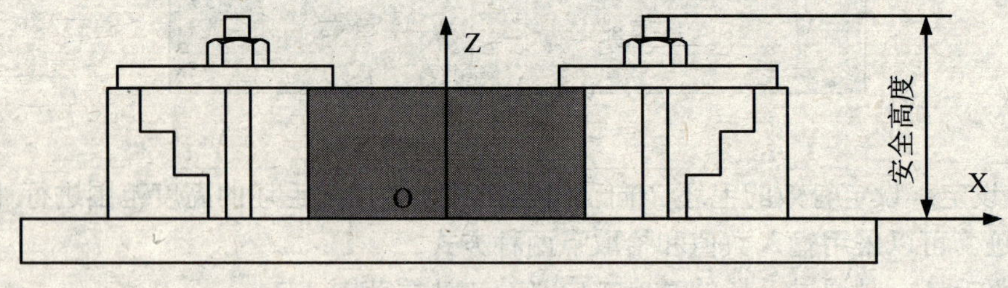

图 7.16

- 相对：以切入或切出或切削开始或切削结束位置的刀位点为参考点。
- 绝对：以当前加工坐标系的 XOY 平面为参考平面。
- 拾取：单击此按钮后可以从工作区拾取安全高度的绝对位置高度点。

（2）慢速下刀距离：在切入之前的一段刀位轨迹的长度，这段轨迹以慢速下刀速度垂直向下进给，防止刀具与毛坯发生碰撞，如图 7.17 所示。

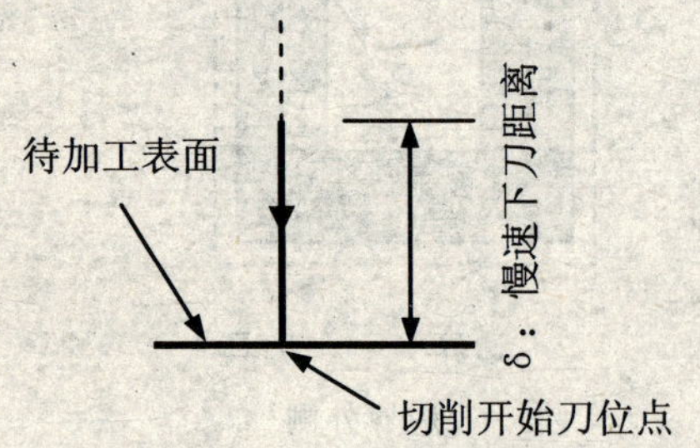

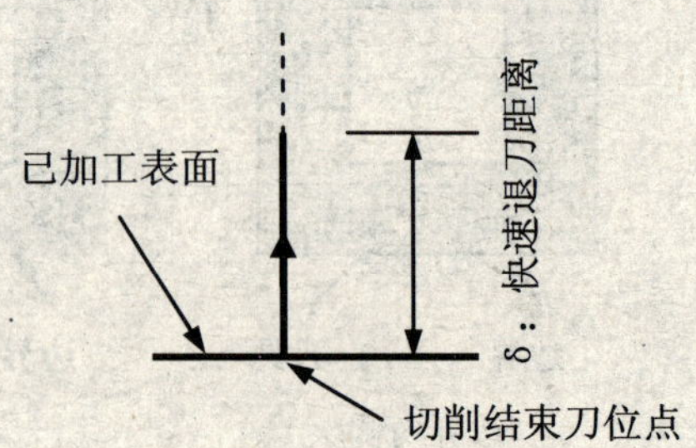

图 7.17

（3）退刀距离：在切出或切削结束后的一段刀位轨迹的长度，这段轨迹以较快的速度垂直向上远离加工部位。

（4）切入方式。

- 垂直：刀具沿垂直方向切入工件，如图 7.18 所示。主要用于从毛坯侧面垂直下刀或毛坯上有下刀空间的情况。
- Z 字形：刀具以 Z 字形方式切入，如图 7.19 所示。用于毛坯上没有下刀空间的零件。
- 倾斜线：刀具以与切削方向相反的倾斜线方向切入，如图 7.20 所示。用于毛坯上没有下刀空间的零件，且加工部分狭长。
- 距离：切入轨迹段的高度。
- 倾斜角度：Z 字形或倾斜线走刀方向与 XOY 平面的夹角。
- 幅度：Z 字形切入时走刀的宽度。

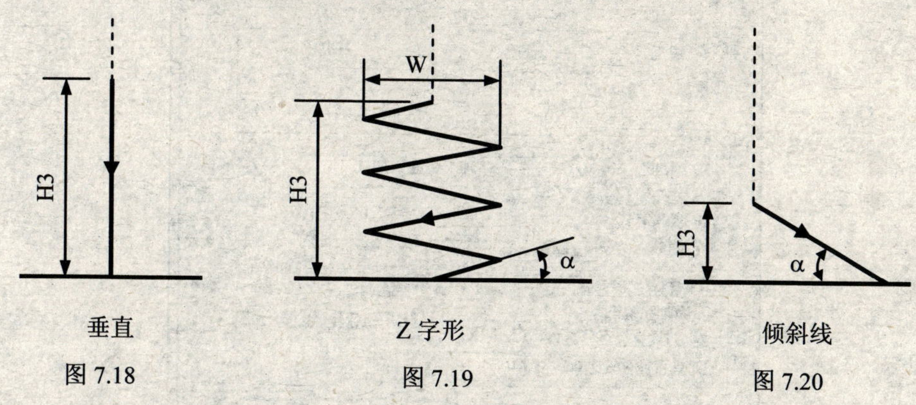

垂直 Z 字形 倾斜线

图 7.18 图 7.19 图 7.20

7.2.5 “确定”、“取消”、“悬挂”按钮

“确定”、“取消”、“悬挂”按钮用于对设定的加工方式、加工参数进行确定、取消、悬挂操作，如图 7.21 所示。

图 7.21

- 确定：对设定的加工方式、加工参数进行认可，然后开始交互式操作过程。
- 取消：取消选定的加工方式。
- 悬挂：表示加工轨迹并不马上开始计算，而是在执行“轨迹重置”命令时才开始计算。这样对于较复杂的轨迹可以放到其他空闲时间开始计算，使用户可以大大提高工作效率。

7.3 加 工 方 法 1

7.3.1 区域式粗加工

根据给定的区域及岛屿生成分层加工轨迹。主要是用来粗加工底面与 XY 平面平行、侧面与底面垂直的平面区域，所以多使用立铣刀。

1. 加工参数

区域式粗加工的加工参数设定窗口如图 7.22 所示。

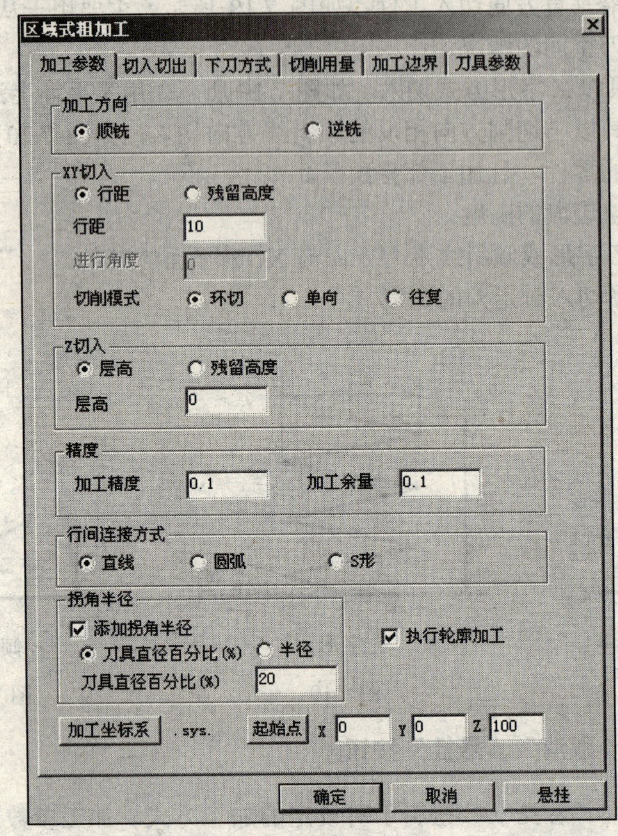

图 7.22

（1）加工方向。

- 顺铣：铣刀和已加工表面接触点的线速度方向与工件进给方向一致，如图 7.23 所示。顺铣适合精加工，加工表面质量好。
- 逆铣：铣刀和已加工表面接触点的线速度方向与工件进给方向相反，如图 7.24 所示。逆铣适合粗精加工，易保证刀具的刚性，加工效率高。

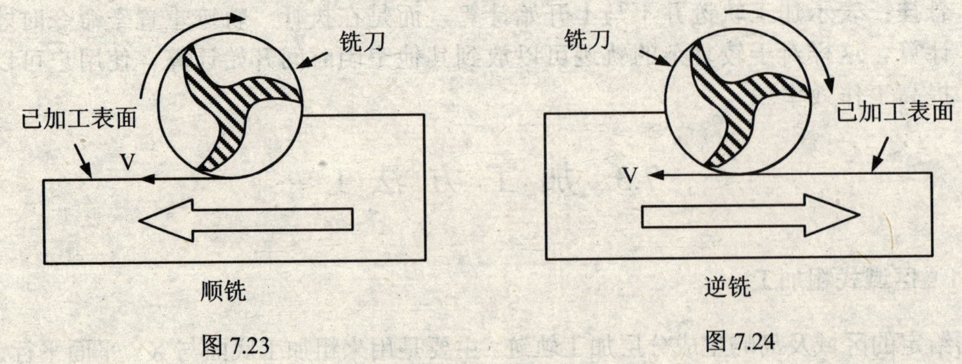

图 7.23　　图 7.24

（2）精度。

- 加工精度：加工精度是按轨迹加工出来的零件与加工模型之间的误差。加工精度越大，模型表面越粗糙，模型形状的误差也增大。加工精度越小，模型表面越光滑，模型形状的误差也减小。但是，轨迹段的数目增多，轨迹数据量变大。
- 加工余量：待加工表面相对模型表面的残留高度，如图 7.25 所示。一般情况下应取正值，但不要超过刀角半径，取负值是将零件加工到下偏差。

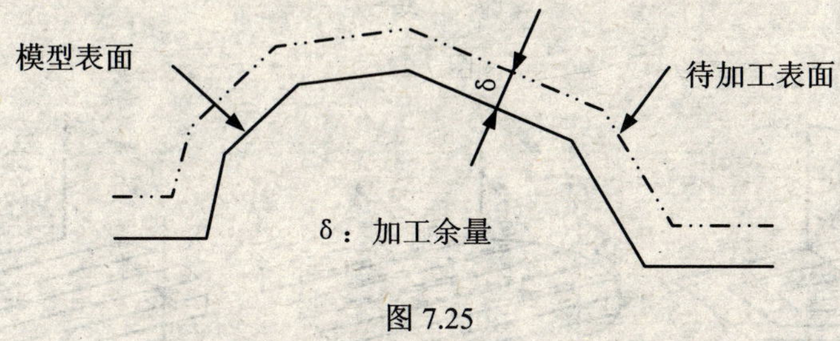

图 7.25

（3）XY 切入：XY 切入是用来设定刀具沿 XY 方向切削时的参数，如图 7.26 所示。

- 行距：XY 方向的相邻路径间的距离。
- 残留高度：当使用球刀铣削平面时，输入铣削后的残余量（残留高度）。当指定残留高度时，系统会自动给出对应的行距。但是区域式加工一般使用端铣刀加工。这里用图 7.26 表示出残留高度的含义，以后在其他加工中不再讲解。

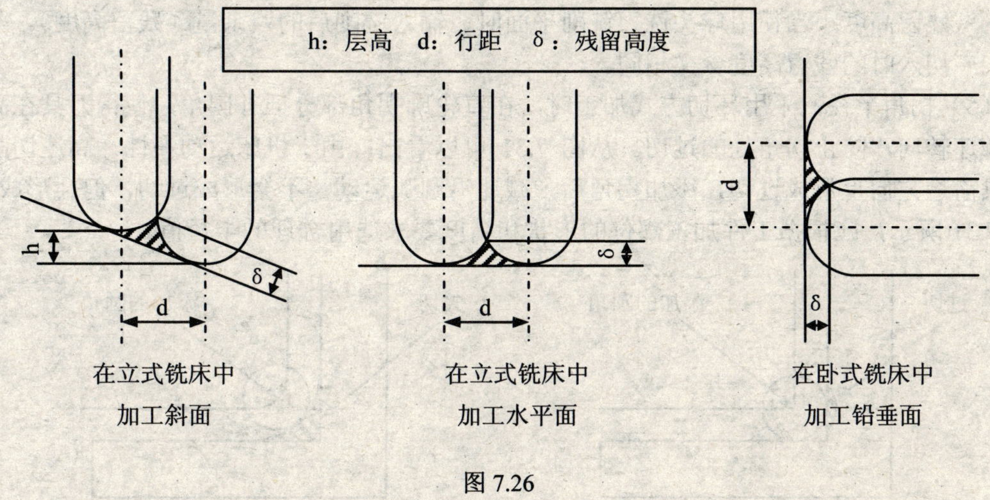

图 7.26

- 进行角度：当走刀方式选择“平行（单向）”或“平行（往复）”时，走刀方向和 X 正方向之间的夹角，如图 7.27 所示。
- 切削模式：走刀的方式。
- 环切：刀具沿封闭轮廓环形走刀，如图 7.28 所示。
- 平行（单向）：刀具沿某一直线方向走刀，快速抬刀退回，再进行另一次切削，如图 7.29 所示。
- 平行（往复）：刀具沿某一直线方向走刀，不退刀，继续下一次切削，如图 7.30 所示。

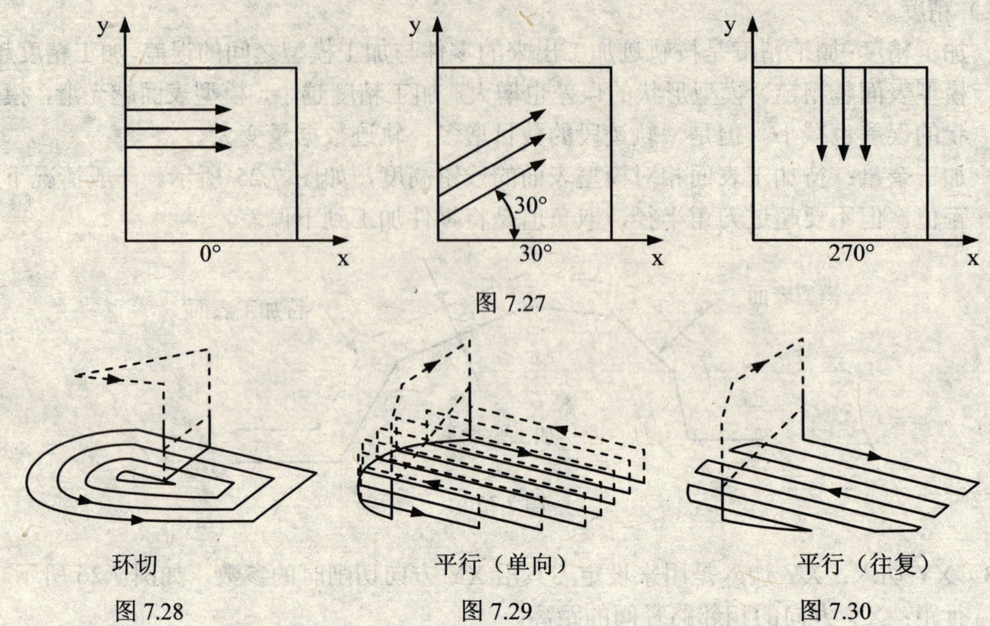

图 7.27

图 7.28　　图 7.29　　图 7.30

（4）Z 切入：Z 切入是用来设定刀具沿 Z 方向切入的进给参数。

- 层高：Z 方向相邻层之间的距离。输入“0”，只在加工范围 Z 最小位置生成一层加工轨迹。
- 残留高度：当使用球头铣刀铣削平面时，输入铣削后的残余量（残留高度）。与 XY 切入时的残留高度含义相同。

（5）拐角半径：采用环切方式加工时，在直轮廓拐角部分插补圆角，使得刀具在高速切削时减速转向，防止拐角处的过切。从图 7.31 可以看出：由于机床运动惯性，高速切削时易在刀具前进方向上形成过切，添加拐角后，减速沿圆弧运动，不会形成过切，但会形成欠切，如图 7.31 所示，应根据工件加工部位的形状和精度要求选用合理的半径值。

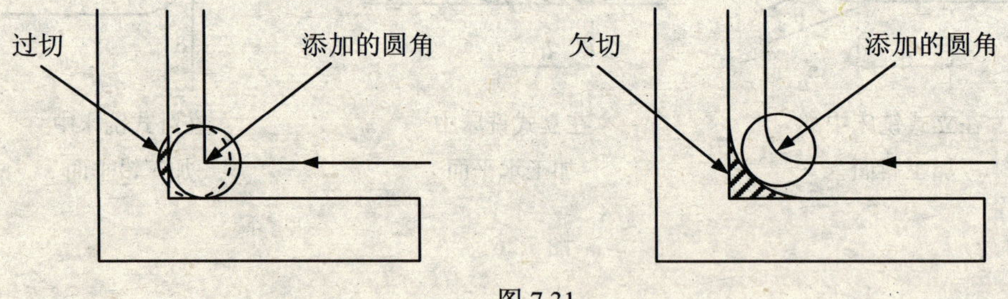

图 7.31

- 添加拐角半径：在拐角部分插补圆角的半径。
- 刀具直径百分比：是插补圆角的圆弧半径相对于刀具直径的比率(%)。例：刀具直径比为 20(%)，刀具直径为 50mm 的话，插补的圆角半径为 10mm。
- 半径：指定插补圆角的最大半径。
- 执行轮廓加工：轨迹生成后，刀具最后沿轮廓走刀，使轮廓更加平滑。

（6）加工坐标系：确定生成轨迹的坐标系，点击“加工坐标系”按钮可以从工作区中拾取创建的坐标系。

（7）起始点：刀具的刀位点初始位置和沿某轨迹走刀结束后的停留位置，点击“起始点”按钮可以从工作区中拾取，也可直接输入数值。

2. 切入切出

区域式粗加工的切入切出参数设定窗口如图 7.32 所示。

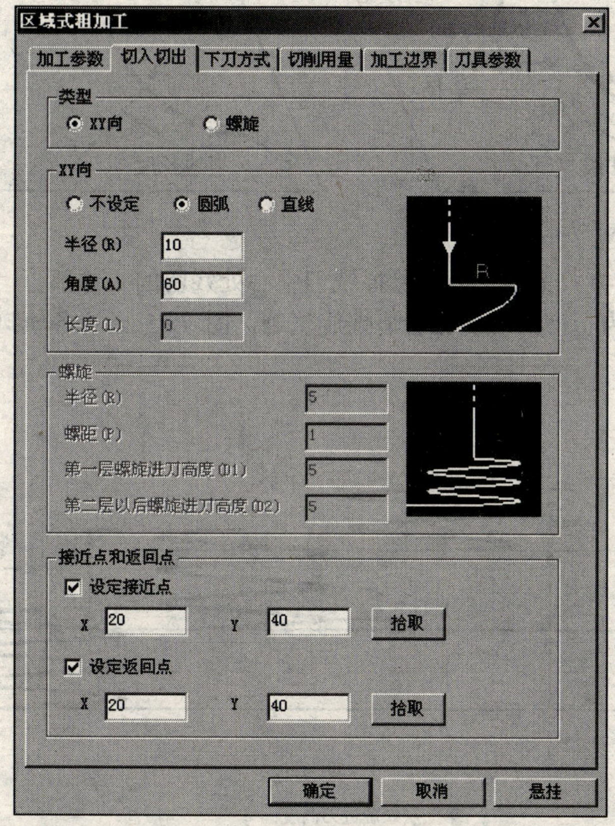

图 7.32

切入切出用来设定刀具切入/切出加工表面的方式和参数。

（1）类型：接近或离开加工表面的方式。

- XY 向：沿垂直于轮廓侧面的方向切入/切出。
- 螺旋：在 Z 方向以螺旋状切入。主要用于无下刀空间的实心部位。

（2）XY 向。

- 不设定：不设定水平接近。
- 圆弧：水平圆弧相切方式接近切入或远离切出。以 G00 速度移动，所以在区域式加工中很少使用。在区域式加工中有些切削方式使用“圆弧”设置时要注意检查与工件的干涉情况，系统不会自动检查。
- 直线：以直线方式垂直接近被加工轮廓侧面，如图 7.33 所示。切入切出以 G00 速度移动，所以在区域式加工中也很少使用。
- 半径：为圆弧接近时的圆弧半径。输入 0 时，不添加圆弧。输入负值时，以刀具直径的倍数作为圆弧接近。

- 角度：为圆弧接近时圆弧的圆心角角度。输入 0 时，不添加圆弧。
- 长度：为直线接近时直线的长度，如图 7.34 所示。输入 0 时，不添加直线。

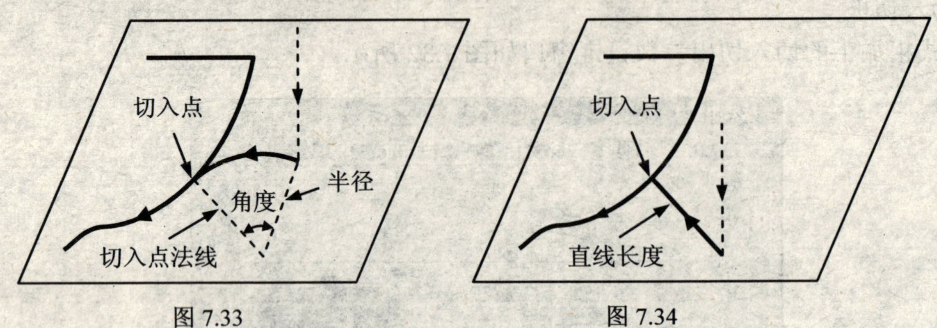

图 7.33　　图 7.34

（3）螺旋：螺旋方式下刀可以切除掉铣刀中心处残留的实体部分，铣刀可以顺利地切削到所需的切削深度。为了使读者能够看清螺旋轨迹，图 7.35 已将各轨迹错开排列了，各参数的含义如图 7.35 所示。

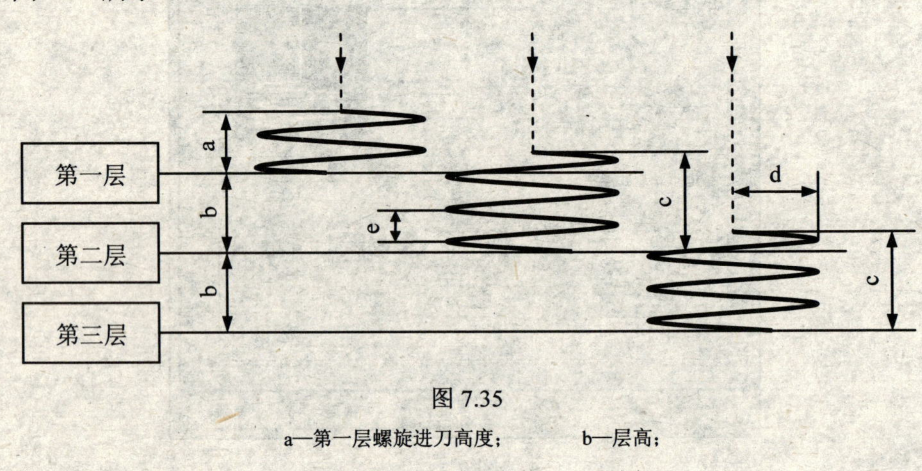

图 7.35

a—第一层螺旋进刀高度；　b—层高；

c—第二层以后螺旋进刀高度；　d—半径

- 半径：螺旋的半径。
- 螺距：螺旋回旋一周沿 Z 方向的切入量。
- 第一层螺旋进刀高度：用于加工第一层领域时螺旋切入的开始高度。
- 第二层以后螺旋进刀高度：输入第二层以后领域的螺旋切入的开始高度，为相对于下一层的开始高度。注意在小于螺旋直径的空间里不能生成螺旋轨迹。

（4）接近点和返回点：接近方式为 XY 向时设定，选择是否设定接近点和返回点。接近点和返回点的含义如图 7.36 所示。

- 设定接近点：设定下刀时接近点的 X、Y 坐标。可从屏幕上拾取。
- 设定返回点：设定退刀时返回点的 X、Y 坐标。由于不同的零件的结构不同，从接近点开始移动或者移动到返回点的部分可能与其他区域发生干涉的情况。可用设定接近点或返回点的方法来避免干涉现象的发生。

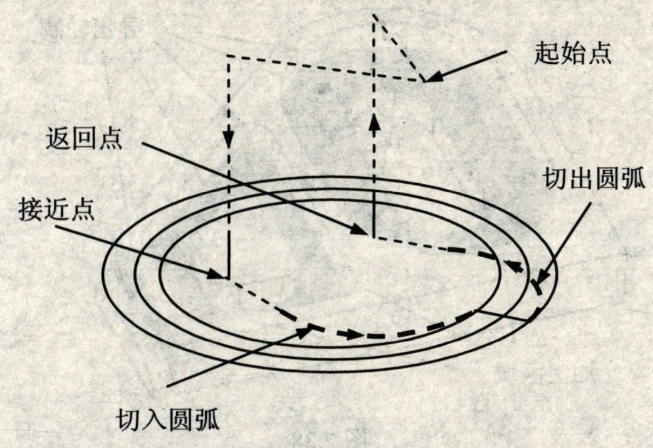

图 7.36

7.3.2 区域式粗加工实例

请根据图 7.37 及零件的加工说明，完成零件的加工。

零件的加工说明：零件为铸造件，加工余量为 3mm，要求加工零件上部的两个内凹部分及右侧凸台，如图 7.38 灰显部分所示。

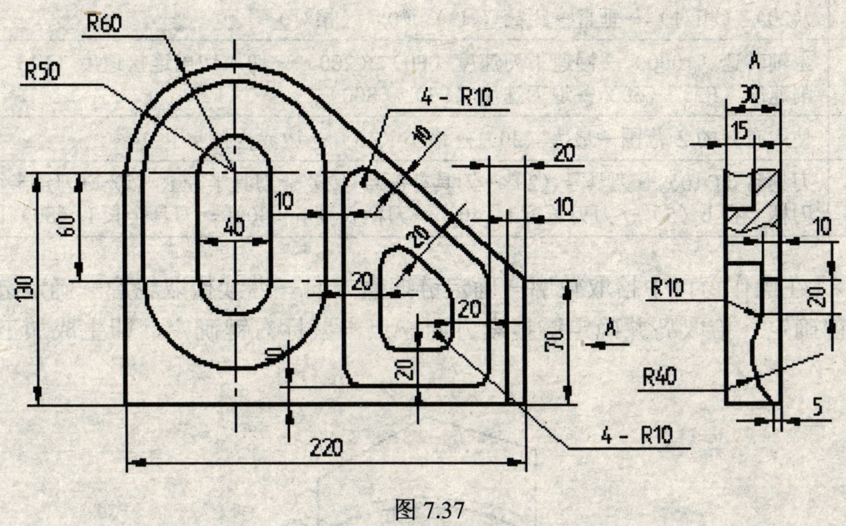

图 7.37

【步骤 1】双击“加工管理”树中的“机床后置”，根据不同的机床进行设置（略）；

【步骤 2】双击“加工管理”树中的“刀具库”，进行刀具设置（略）；

【步骤 3】利用特征工具，根据图 7.37 生成零件实体；

【步骤 4】双击“加工管理”树中的“毛坯”→选中“参照模型”项→点击“参照模型”按钮→点击“确定”按钮；

【步骤 5】双击“加工管理”树中的“起始点”→输入“X0/Y0/Z100” →点击“确定”按钮；

【步骤 6】点击曲线工具条中的“相关线”按钮→在立即菜单中选中“实体边界”项，将图 7.38 中的加工闭合轮廓导出（也可利用曲线工具绘出），如图 7.38 所示；

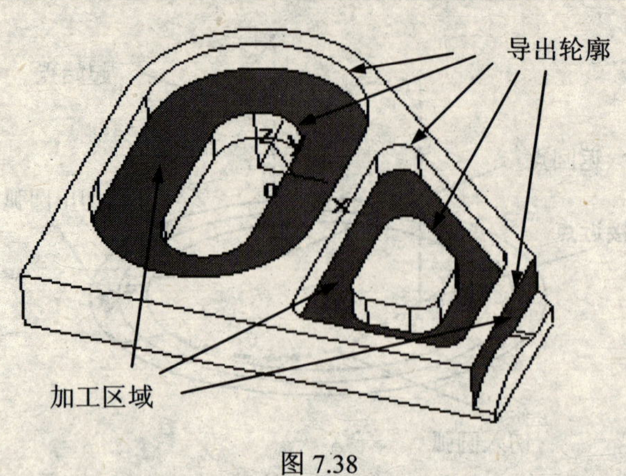

图 7.38

【步骤 7】点击加工工具条中的“区域式粗加工”按钮→在各页面中进行下列参数设置→点击“确定”按钮；

加工参数	顺铣→行距（5）→环切→层高（0）→加工精度（0.1）→加工余量（0.1）→执行轮廓加工→起始点“X0/Y0/Z100”
切入切出	XY 向→不设定
下刀方式	安全高度（H0）（50）（绝对）→慢速下刀距离（H1）（20）（相对）→退刀距离（H2）（20）（相对）→垂直→距离（H3）（0）（相对）
切削用量	主轴转速（1000）→慢速下刀速度（F0）（200）→切入切出连接速度（F1）（100）→切削速度（F2）（60）→退刀速度（F3）（800）
加工边界	使用有效的 Z 范围→最大（30）→最小（15）→边界内侧
刀具参数	刀具名（D10）→刀具号（2）→刀具补偿号（2）→刀具半径 R（5）→刀角半径 r（0.2）→刀柄半径 b（5）→刀刃长度 l（40）→刀柄长度 h（30）→刀具全长 L（80）

【步骤 8】在操作窗口中拾取轮廓→确定链搜索方向→继续拾取轮廓→确定链搜索方向→点击鼠标右键确定→拾取岛并确定链搜索方向→点击鼠标右键确定，即生成加工轨迹，如图 7.39 所示；

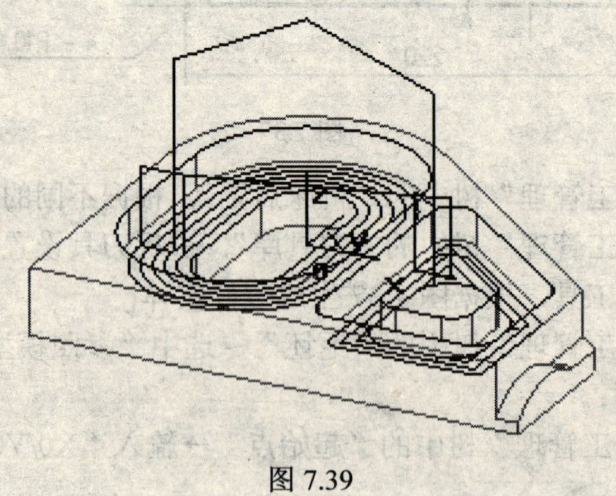

图 7.39

【步骤 9】在“加工管理”树中选中该轨迹→点击鼠标右键确认→选择“轨迹仿真”（即可在仿真环境下模拟加工，参阅轨迹仿真）→退出仿真窗口；

【步骤 10】为了方便操作，在“加工管理”树中选中该轨迹→点击鼠标右键确认→选择隐藏；

【步骤 11】利用坐标系工具条中的“创建坐标系”按钮，创建如图 7.40 所示的坐标系；

【步骤 12】利用几何变换工具条中的“移动”工具，将侧面的导出线条按图 7.41 所示情况平移，并利用“线裁剪”工具进行剪切，使其封闭；

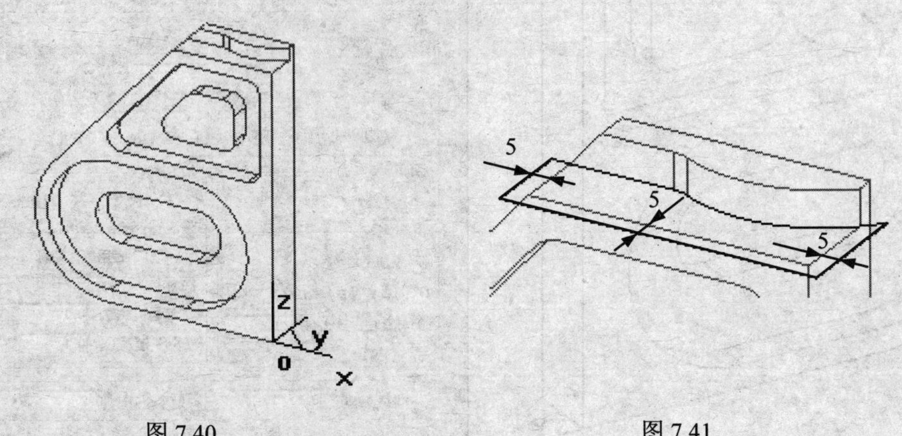

图 7.40　　　　图 7.41

【步骤 13】点击加工工具条中的“区域式粗加工”按钮→在各页面中进行下列参数设置→点击“确定”按钮；

加工参数	顺铣→行距（3）→环切→层高（0）→加工精度（0.1）→加工余量（0.1）→直线→执行轮廓加工→点击“加工坐标系”按钮→在操作窗口中拾取刚才创建的坐标系→在“起始点”中输入（X0/Y0/Z250）
切入切出	XY 向→不设定
切削用量	主轴转速（1000）→慢速下刀速度（F0）（200）→切入切出连接速度（F1）（100）→切削速度（F2）（60）→退刀速度（F3）（800）
下刀方式	安全高度（H0）（230）（绝对）→慢速下刀距离（H1）（15）（相对）→退刀距离（H2）（15）（相对）→垂直→距离（H3）（0）（相对）
刀具参数	刀具名（D10）→刀具号（2）→刀具补偿号（2）→刀具半径 R（5）→刀角半径 r（0.2）→刀柄半径 b（5）→刀刃长度 l（40）→刀柄长度 h（30）→刀具全长 L（80）
加工边界	使用有效的 Z 范围→最大（220）→最小（210）→边界内侧

【步骤 14】在操作窗口中拾取轮廓→确定链搜索方向→点击鼠标右键确认→再点击鼠标右键确认，即生成加工轨迹，如图 7.42 所示。

7.3.3　等高线粗加工 1

根据给定零件的加工边界生成分层的等高式粗加工轨迹，主要用来粗加工侧壁倾斜或底面不平整的复杂型面。粗加工时为了提高加工效率，多使用立铣刀，精加工时多使用球头铣刀。

1. 加工参数 1

等高线粗加工的加工参数 1 设定窗口如图 7.43 所示。

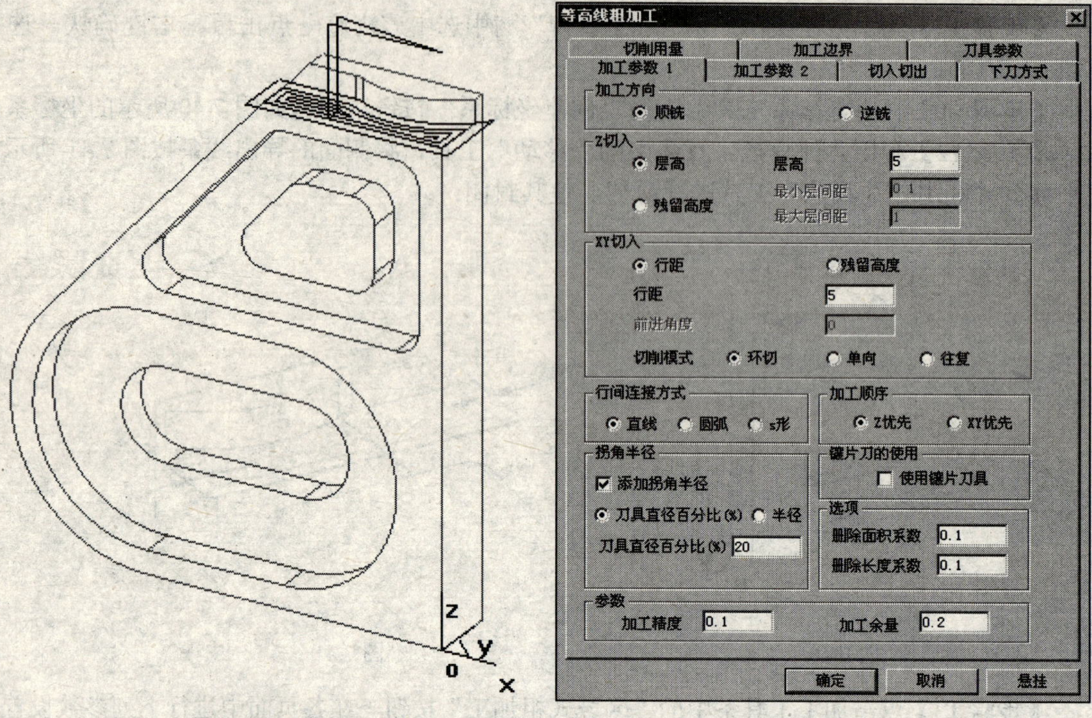

图 7.42　　图 7.43

已讲过的参数请参阅“数控加工”和“区域式粗加工”。

（1）Z 切入。

- 最小层间距：Z 向最小层高。根据残留高度值在求得 Z 向的层高时，为防止在加工较平坦部位时可能层高过小而影响加工效率，所以用此值对较平坦部位的层高加以限制。
- 最大层间距：Z 向最大层高。根据残留高度值在求得 Z 向的层高时，为防止在加工较陡峭部位时可能层高过大致使切削力过大而损坏刀具，所以用此值对陡峭部位的层高加以限制。

最小层间距与最大层间距对残留高度的影响如图 7.44 所示。

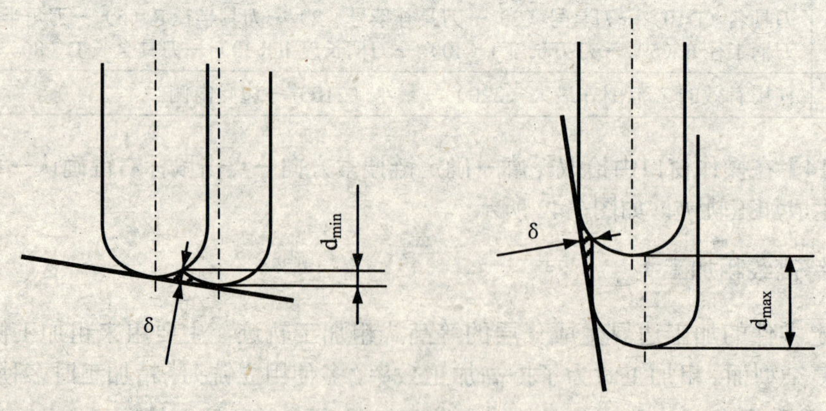

图 7.44

（2）行间连接方式。

- 直线：相邻行之间以直线连接，如图 7.45 所示。
- 圆弧：相邻行之间以圆弧连接，如图 7.46 所示。
- s 形：相邻行之间以 s 形分段圆弧连接，如图 7.47 所示。

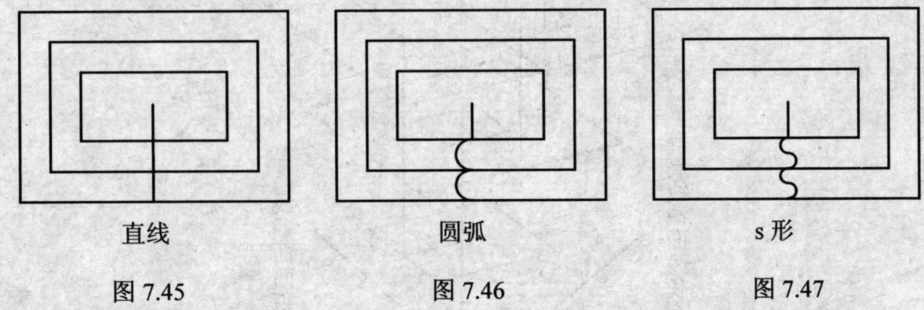

图 7.45 图 7.46 图 7.47

（3）加工顺序。

- Z 优先：对毛坯和零件各加工层之间形成的不同深度的加工区域，先按 Z 轴将一个部分加工到底，然后抬刀再加工另一部分，如图 7.48 所示。
- XY 优先：对毛坯和零件各加工层之间形成的不同深度的加工区域，先加工同一层，然后再加工下一层，如图 7.49 所示。

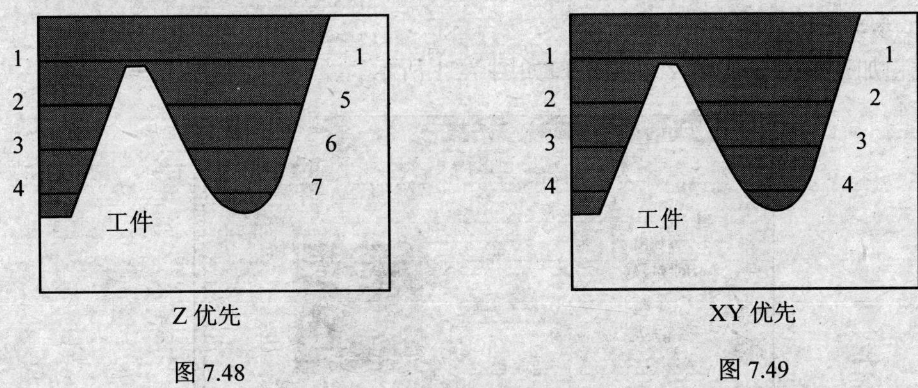

图 7.48 图 7.49

（4）镶片刀的使用：在使用镶片刀具时生成最优化路径。因为考虑到镶片刀具的底部存在不能切割的部分，选中本选项可以生成最合适加工路径。

（5）选项。

- 删除面积系数：用来确定是否生成微小的加工轨迹，如图 7.50 所示。“刀具截面积”和“等高线截面面积”若满足下面的条件时，将不生成该等高线截面的轨迹。要不生成微小轨迹，该值应设置得比较大。相反，要生成微小轨迹，应设定较小的值。通常使用初始值。

等高线截面面积＜刀具截面积×删除面积系数

- 删除长度系数：用来确定是否生成微小的加工轨迹，如图 7.50 所示。“刀具截面积”和“等高线截面线长度”若满足下面的条件时，将不生成该等高线截面的轨迹。要不生成微小轨迹，该值应设置得比较大。相反，要生成微小轨迹，应设定较小的值。通常使用初始值。

等高线截面线长度＜刀具直径×删除长度系数

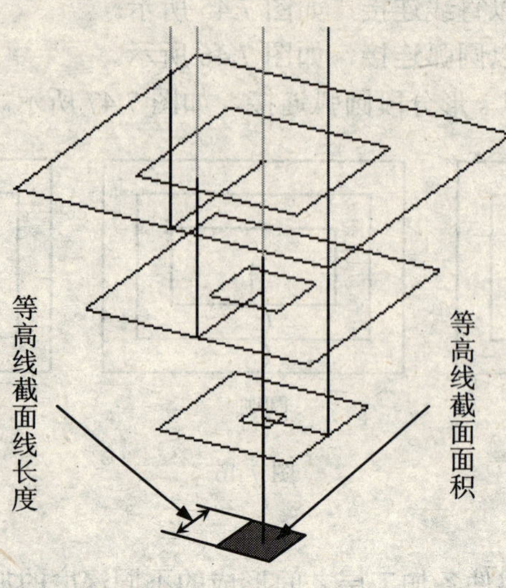

图 7.50

因为图 7.50 中“等高线截面面积”较小，或者说“等高线截面线长度”较短，不利于刀具移动切削，故此等高线截面的轨迹不生成。

2. 加工参数 2

等高线粗加工的加工参数 2 设定窗口如图 7.51 所示。

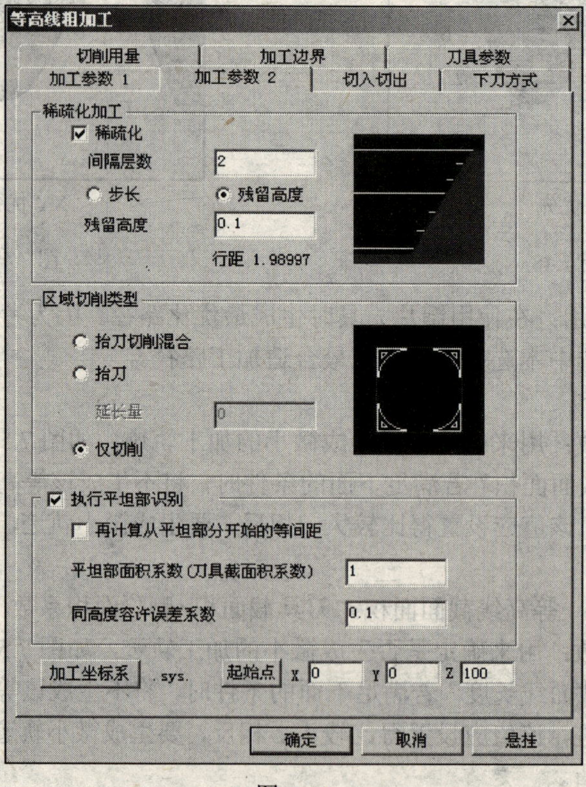

等高线粗加工

切削用量 | 加工边界 | 刀具参数
加工参数 1 | 加工参数 2 | 切入切出 | 下刀方式

稀疏化加工
☑ 稀疏化
间隔层数 2
○ 步长　◉ 残留高度
残留高度 0.1
行距 1.98997

区域切削类型
○ 抬刀切削混合
○ 抬刀
延长量 0
◉ 仅切削

☑ 执行平坦部识别
☐ 再计算从平坦部分开始的等间距
平坦部面积系数(刀具截面积系数) 1
同高度容许误差系数 0.1

加工坐标系 .sys.　起始点 X 0　Y 0　Z 100

确定　取消　悬挂

图 7.51

（1）稀疏化加工：按给定的层间隔数作为第一次粗加工时的层高进行加工，然后由下向上按原层高去除第一次粗加工后的过多的残余部分，如图 7.52 所示。这样便于发挥大直径刀具的切削刚性，使得加工轨迹更短，提高了加工效率，并给精加工留下较小的加工余量，从而提高了加工质量。

- 稀疏化：确定是否使用稀疏化加工。
- 间隔层数：设定间隔的层数。
- 步长：第二次粗加工时，设定水平方向的切削量。
- 残留高度：若使用球头铣刀铣削时，输入残留高度值，系统会提示行距的大小。

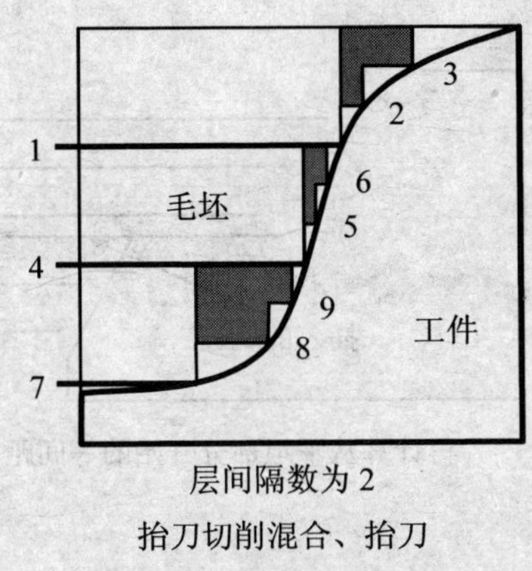

层间隔数为 2
抬刀切削混合、抬刀

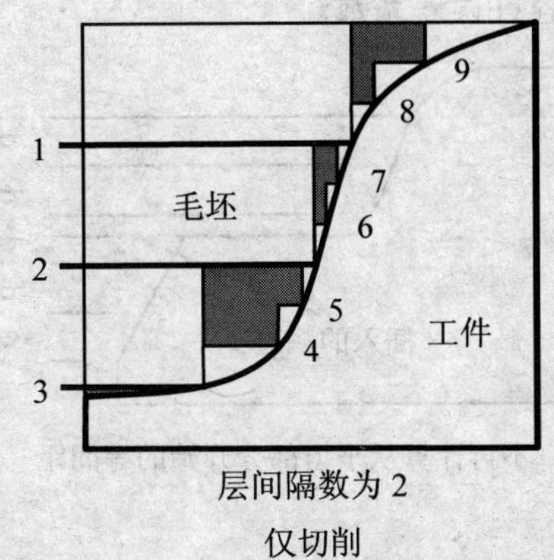

层间隔数为 2
仅切削

图 7.52

（2）区域切削类型。

- 抬刀切削混合：刀具在沿边界向内部切削过程中，遇到不切削时，快速向上抬刀到安全高度，移动到下一加工部位附近继续切削，具体位置是由延长量决定的刀位点位置。此时系统自动设定延长量。由于在不切削部分采用了 G00 快速移动，所以缩短了加工时间。
- 抬刀：刀具在沿边界向内部切削过程中，遇到不切削时，快速向上抬刀到安全高度，移动到下一加工部位附近继续切削，具体位置是由延长量决定的刀位点位置，如图 7.53 所示。此时需设定延长量。
- 延长量：延长量应稍大于刀具半径，如图 7.54 所示。
- 仅切削：在加工边界上用切削速度进行加工，如图 7.55 所示。

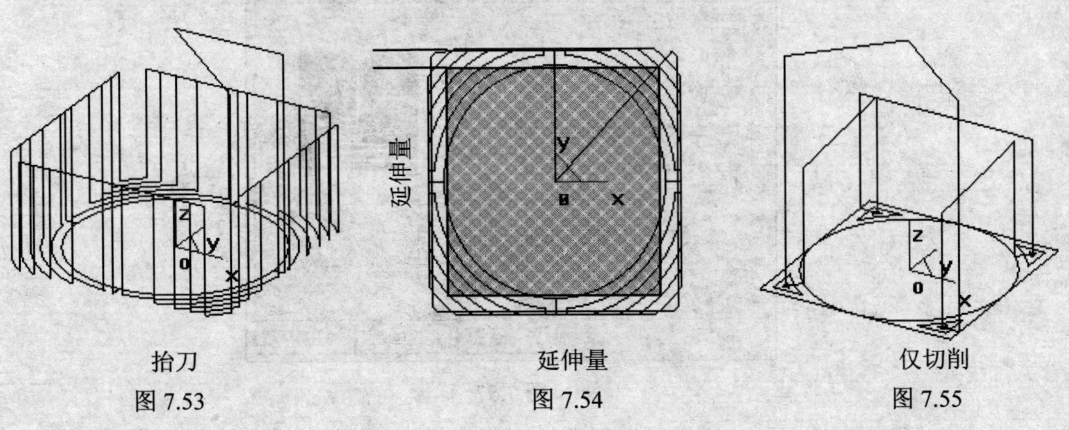

抬刀
图 7.53

延伸量
图 7.54

仅切削
图 7.55

（3）执行平坦部识别：自动识别模型的平坦区域，选择是否根据该区域所在高度生成轨迹，如图 7.56 所示。

- 再计算从平坦部分开始的等间距：设定是否根据平坦部区域所在高度重新度量 Z 向层高，生成轨迹。选择不再计算时，在层高的轨迹间，插入平坦部分的轨迹。
- 平坦部面积系数：根据平坦部面积系数，设定是否在平坦部位生成加工轨迹。比较刀具的截面积和平坦部分的面积，满足下列条件时，生成平坦部轨迹。

平坦部分面积＞刀具截面积×平坦部面积系数

- 同高度容许误差系数：层高系数。同一高度的容许误差量（高度量）＝层高×同高度容许误差系数。

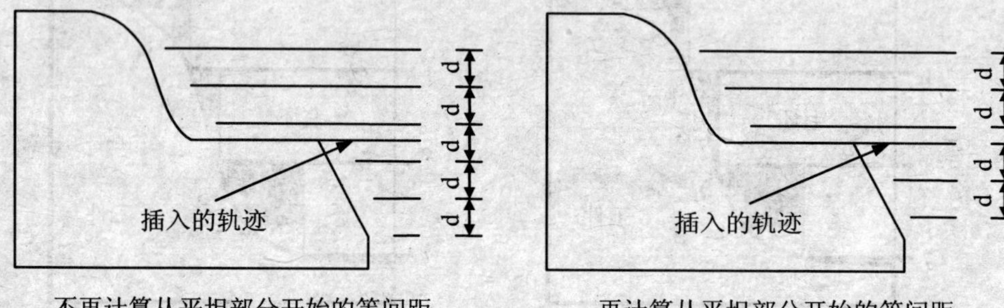

图 7.56

3. 切入切出

等高线粗加工的切入切出设定窗口如图 7.57 所示。

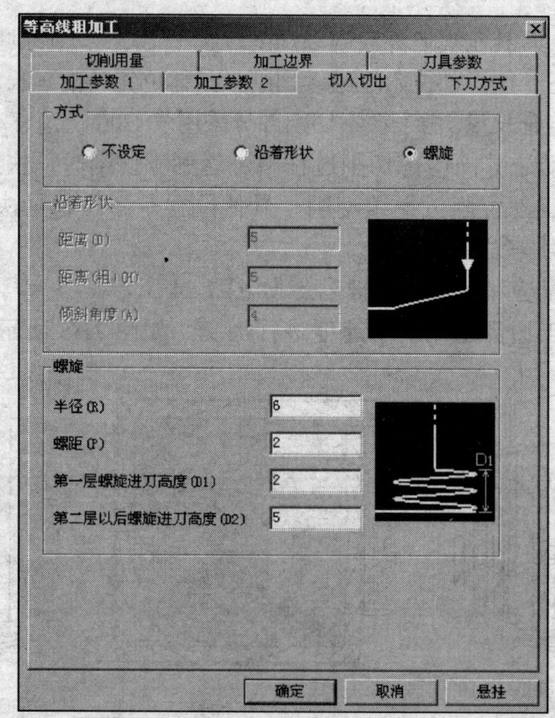

图 7.57

（1）方式。

- 不设定：不设定刀具进入某一加工层的切入方式。
- 沿着形状：沿倾斜线切入。
- 螺旋：在 Z 方向以螺旋状切入。

（2）沿着形状：当选择切削模式为“环切”时，此选项才可使用，参数含义如图 7.58 所示。

- 距离：进刀开始位置与第一层的相对高度。
- 距离（粗）：第二层以后的开始位置与下一层的相对高度。
- 倾斜角度：输入相对于 XY 平面的倾斜角度。

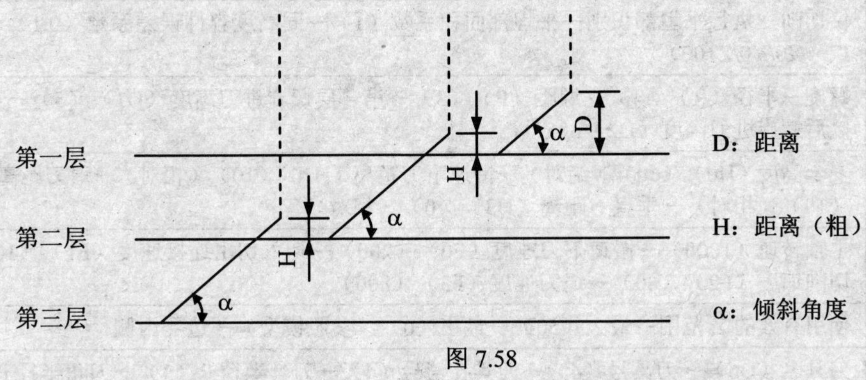

图 7.58

7.3.4 等高线粗加工 1 实例

请根据图 7.59 及零件的加工说明，完成零件的加工。

零件的加工说明：零件为实心材质，外部轮廓已加工到尺寸，只需粗加工内部形状。

【步骤 1】双击“加工管理”树中的“机床后置”，根据不同的机床进行设置（略）；

【步骤 2】双击“加工管理”树中的“刀具库”，进行刀具设置（略）；

【步骤 3】利用特征工具，根据图 7.59 生成零件实体；

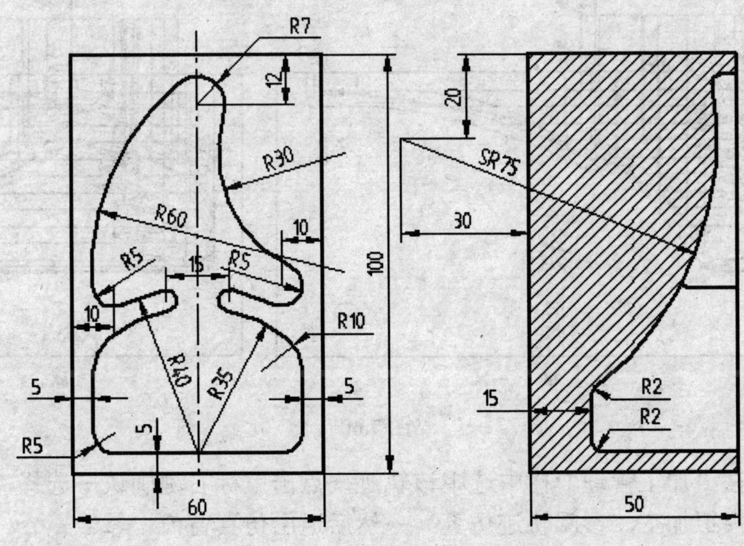

图 7.59

【步骤 4】双击“加工管理”树中的“毛坯”→选中“参照模型”项→点击“参照模型”按钮→点击“确定”按钮；

【步骤 5】双击“加工管理”树中的“起始点”→输入“X0/Y0/Z100”→点击“确定”按钮；

【步骤 6】点击加工工具条中的“等高线粗加工”按钮→在各页面中进行下列参数设置→点击“确定”按钮；

加工参数 1	顺铣→层高（3）→行距（2.5）→环切→直线→Z 优先→删除面积系数（0.1）→删除长度系数（0.1）→加工精度（0.1）→加工余量（0.1）
加工参数 2	仅切削→执行平坦部识别→平坦部面积系数（1）→同高度容许误差系数（0.1）→起始点（X0/Y0/Z100）
切入切出	螺旋→半径（R）（4）→螺距（P）（3）→第一层螺旋进刀高度（D1）（5）→第二层以后螺旋进刀高度（D2）（5）
下刀方式	安全高度（H0）（60）（绝对）→慢速下刀距离（H1）（10）（相对）→退刀距离（H2）（10）（相对）→垂直→距离（H3）（0）（相对）
切削用量	主轴转速（1000）→慢速下刀速度（F0）（200）→切入切出连接速度（F1）（100）→切削速度（F2）（60）→退刀速度（F3）（800）
加工边界	使用有效的 Z 范围→最大（50）→最小（0）（参照模型）→边界内侧
刀具参数	刀具名（D6）→刀具号（4）→刀具补偿号（4）→刀具半径 R（3）→刀角半径 r（0.2）→刀柄半径 b（3）→刀刃长度 l（30）→刀柄长度 h（20）→刀具全长 L（60）

【步骤 7】在操作窗口中拾取加工对象→点击右键确定→拾取加工边界时直接点击右键确定（默认零件的外轮廓为加工边界），即生成加工轨迹，如图 7.60 所示；

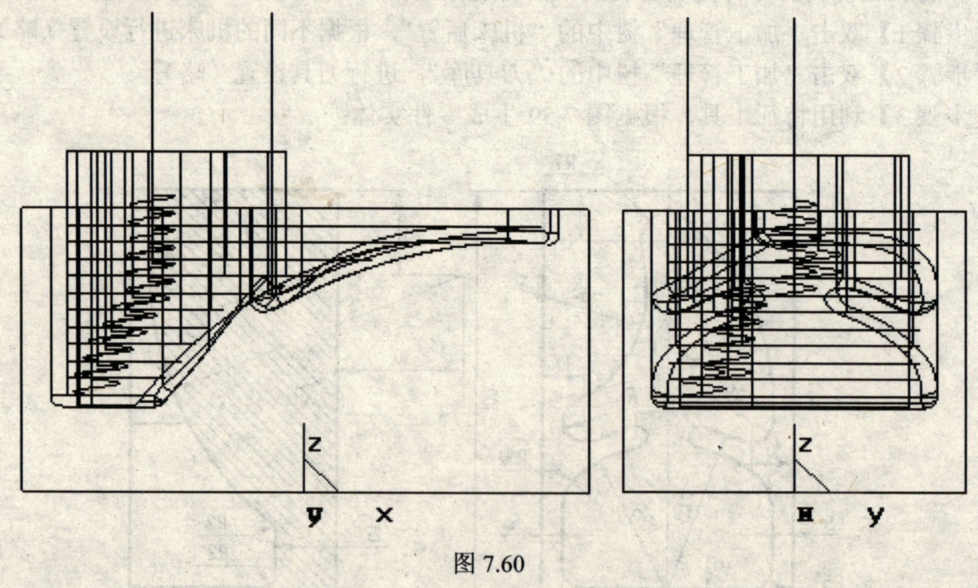

图 7.60

【步骤 8】在“加工管理”树中选中该轨迹→点击鼠标右键确认→选择“轨迹仿真”（即可在仿真环境下模拟加工，参阅轨迹仿真）→然后退出仿真窗口。

7.3.5　扫描线粗加工

根据零件生成分层扫描轨迹，主要用来加工凸模表面，且凹陷部分不能过深，因为端铣刀不能直接向下切削，毛坯如为铸件则另当别论。加工时常使用立铣刀。

扫描线粗加工的加工参数设定窗口如图 7.61 所示。

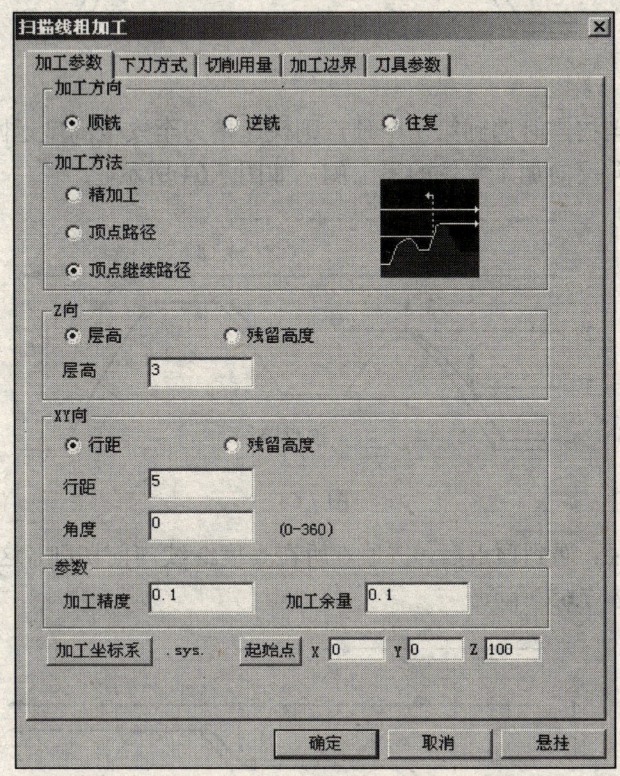

图 7.61

（1）加工方向。

- 往复：生成往复加工轨迹。顺铣、逆铣交替进行，如图 7.62 所示。

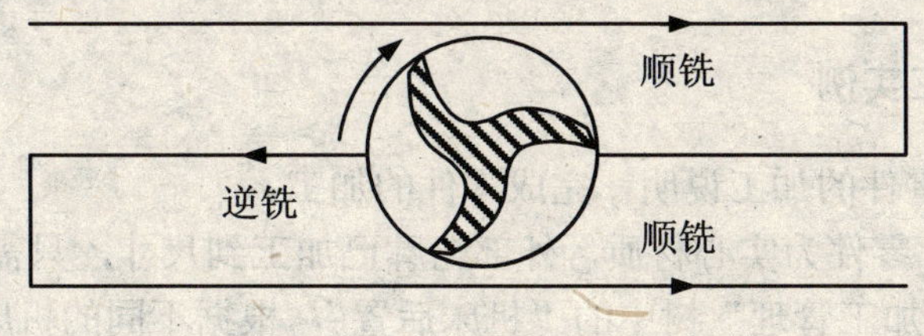

图 7.62

（2）加工方法。

- 精加工：生成沿着模型表面进给的精加工轨迹，当扫描遇到第一个顶点则快速抬刀至安全高度绕过最高点，然后再次下刀继续切削，如图 7.63 所示。

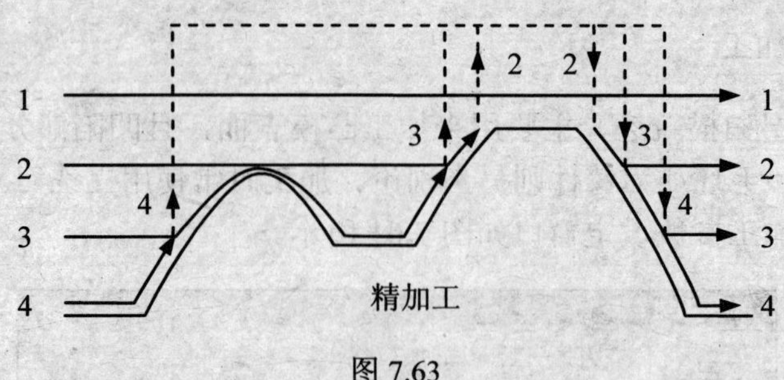

图 7.63

- 顶点路径：当扫描时遇到第一个顶点则快速抬刀至安全高度返回，进行下一层切削，再从另一方向反向加工零件的另一侧，如图 7.64 所示。

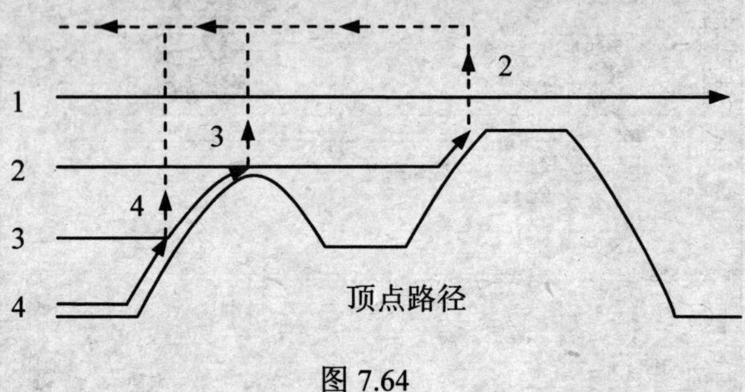

图 7.64

- 顶点继续路径：遇到顶点后，按顶点所在高度继续向前切削，这种方法只能加工零件的一侧，如图 7.65 所示。

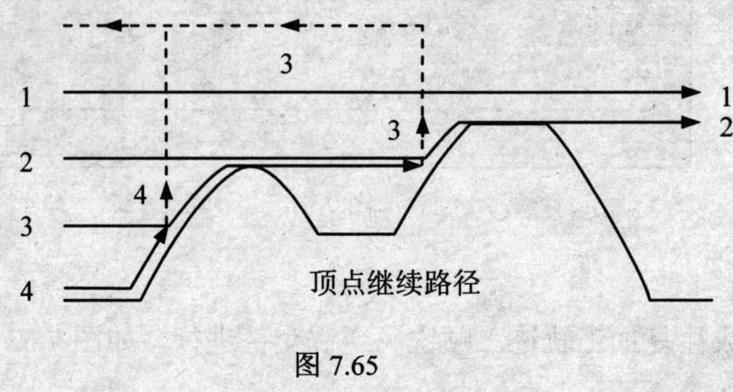

图 7.65

7.3.6 扫描线加工实例

请根据图 7.66 及零件的加工说明，完成零件的加工。

零件的加工说明：零件为实心材质，外部轮廓已加工到尺寸，只需粗加工上部形状。

【步骤 1】双击“加工管理”树中的“机床后置”，根据不同的机床进行设置（略）；

【步骤 2】双击“加工管理”树中的“刀具库”，进行刀具设置（略）；

【步骤 3】利用特征工具，根据图 7.66 生成零件实体；

【步骤 4】双击“加工管理”树中的“毛坯”→选中“参照模型”项→点击“参照模型”按钮→点击“确定”按钮；

【步骤 5】双击“加工管理”树中的“起始点”→输入“X0/Y0/Z100”→点击“确定”按钮；

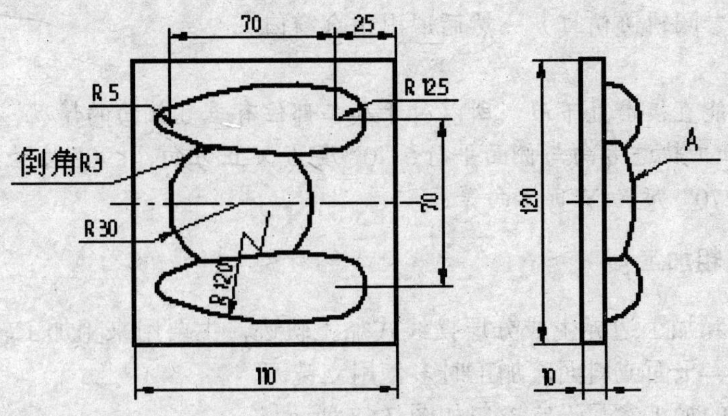

A 为椭圆，长半轴 30mm，短半轴 12mm。

图 7.66

【步骤 6】点击加工工具条中的“扫描线粗加工”按钮→在各页面中进行下列参数设置→点击“确定”按钮；

加工参数	顺铣→顶点路径→层高（4）→行距（3）→角度（270）→加工精度（0.1）→加工余量（0.1）→起始点（X0/Y0/Z100）
下刀方式	安全高度（H0）（50）（绝对）→慢速下刀距离（H1）（10）（相对）→退刀距离（H2）（10）（相对）→垂直→距离（H3）（0）（相对）
切削用量	主轴转速（1000）→慢速下刀速度（F0）（180）→切入切出连接速度（F1）（120）→切削速度（F2）（80）→退刀速度（F3）（1000）
加工边界	使用有效的 Z 范围→最大（24）→最小（0）→边界外侧
刀具参数	刀具名（D8）→刀具号（1）→刀具补偿号（1）→刀具半径 R（4）→刀角半径 r（0.4）→刀柄半径 b（4）→刀刃长度 l（40）→刀柄长度 h（20）→刀具全长 L（65）

【步骤 7】在操作窗口中拾取加工对象→点击右键确定→拾取加工边界时直接点击右键确定（默认零件的外轮廓为加工边界），即生成加工轨迹，如图 7.67 所示；

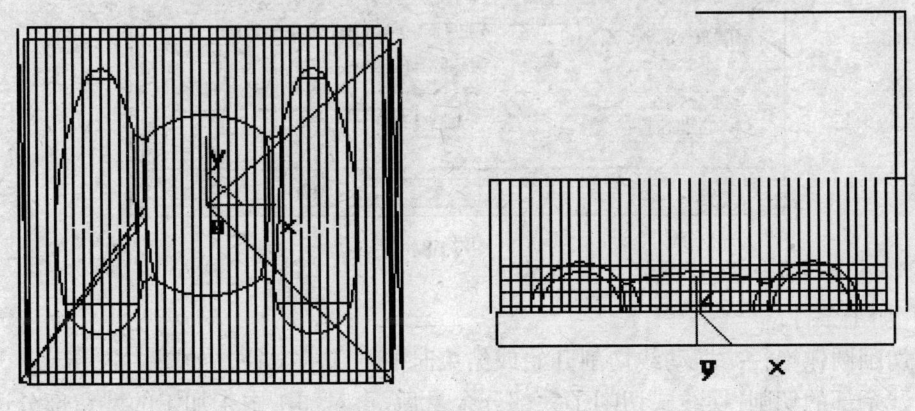

图 7.67

【步骤 8】在“加工管理”树中选中该轨迹→点击右键→选择“轨迹仿真”（即可在仿真

环境下模拟加工，参阅轨迹仿真）→然后退出仿真窗口。

【注意】

因为端铣刀不能直接垂直下刀，所以对于加工部位有垂直侧面的情况，要注意选择“XY向”角度，最好使加工轨迹方向与侧面平行。“0”度为 X 正方向，“90”度为 Y 正方向，“180”度为 X 负方向，“270”度为 Y 负方向等。

7.3.7 摆线式粗加工

根据加工零件和加工边界生成分层摆线式加工轨迹，主要用来粗加工较大的在进刀方向有开放边缘的曲面、平面或斜面。加工时多使用立铣刀。

摆线式粗加工的加工参数设定窗口如图 7.68 所示。

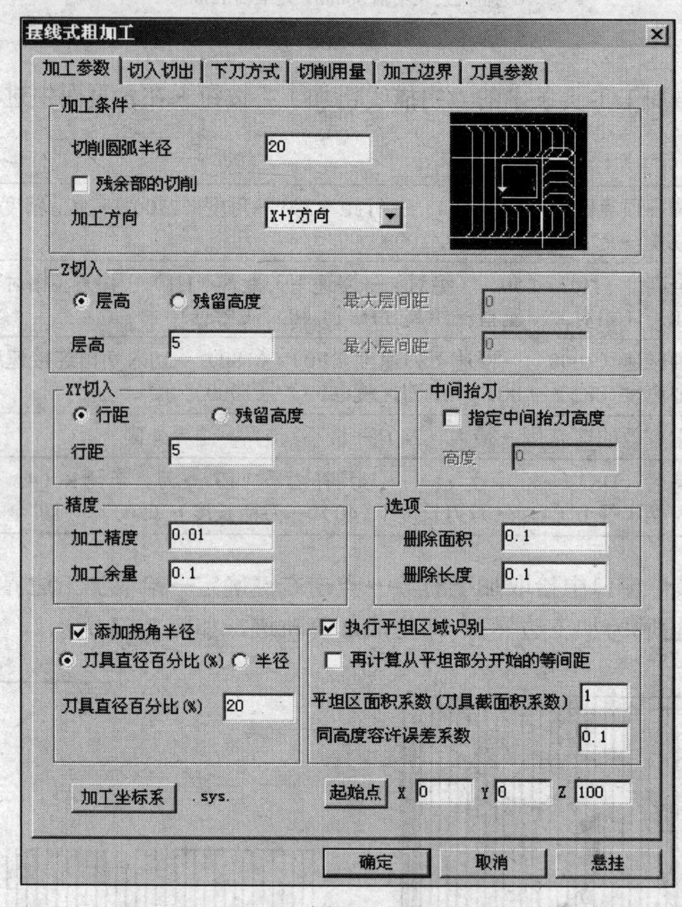

图 7.68

（1）加工条件。

- 切削圆弧半径：摆动线切削开始或结束时的圆弧的半径，如图 7.69 所示。
- 残余部的切削：摆线式切削了大部分余量后，再对加工中未加工的残留部分进行加工，残余部分 X、Y 方向的切削步长为设定切削量的一半。只有在“X+Y 方向”方式下此选项才可用。

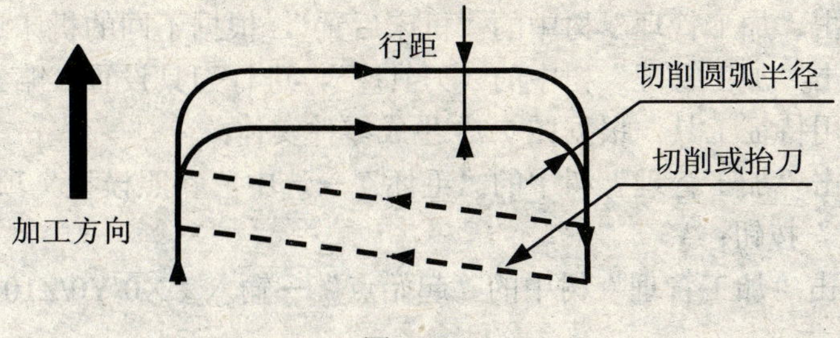

图 7.69

- 加工方向：X 方向（＋）：生成沿着 X 轴正方向的加工轨迹。X 方向（－）：生成沿着 X 轴负方向的加工轨迹。Y 方向（＋）：生成沿着 Y 轴正方向的加工轨迹。Y 方向（－）：生成沿着 Y 轴负方向的加工轨迹。X+Y 方向：沿两轴方向依次切削，生成围绕模型的加工轨迹，如图 7.70 所示。

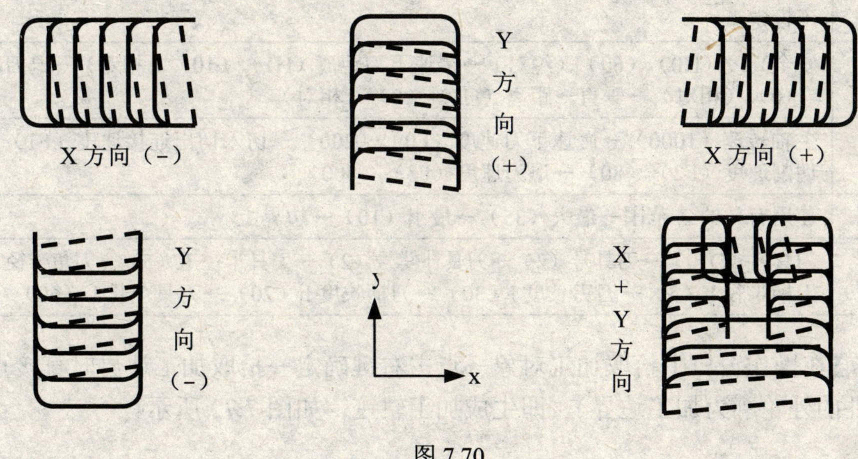

图 7.70

（2）中间抬刀：完成一次摆动后抬刀进入下一次摆动时，刀具抬起的高度。

- 指定中间抬刀高度：选中此项可以对抬刀高度进行设置。
- 高度：中间抬刀高度是相对切削层的相对高度值。

7.3.8　摆线式粗加工实例

请根据图 7.71 及零件的加工说明，完成零件的加工。

零件的加工说明：零件为实心材质，外部轮廓已加工到尺寸，要求去除上部过多余量。

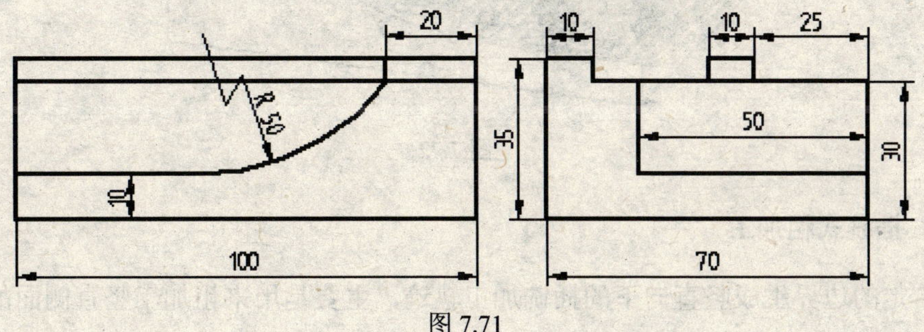

图 7.71

【步骤 1】双击“加工管理”树中的“机床后置”，根据不同的机床进行设置（略）；

【步骤 2】双击“加工管理”树中的“刀具库”，进行刀具设置（略）；

【步骤 3】利用特征工具，根据图 7.71 生成零件实体；

【步骤 4】双击“加工管理”树中的“毛坯”→选中“参照模型”项→点击“参照模型”按钮→点击“确定”按钮；

【步骤 5】双击“加工管理”树中的“起始点”→输入“X0/Y0/Z100” →点击“确定”按钮；

【步骤 6】点击加工工具条中的“摆线式粗加工”按钮→在各页面中进行下列参数设置→点击“确定”按钮；

加工参数	切削圆弧半径（3）→加工方向→Y 方向（+）→层高（3）→行距（3）→加工精度（0.1）→加工余量（0.1）→删除面积（0.1）→删除长度（0.1）→执行平坦部识别→平坦部面积系数（1）→同高度容许误差系数（0.1）→起始点（X0/Y0/Z80）
切入切出	不设定
下刀方式	安全高度（H0）（60）（绝对）→慢速下刀距离（H1）（10）（相对）→退刀距离（H2）（10）（相对）→垂直→距离（H3）（0）（相对）
切削用量	主轴转速（1000）→慢速下刀速度（F0）（200）→切入切出连接速度（F1）（100）→切削速度（F2）（80）→退刀速度（F3）（800）
加工边界	使用有效的 Z 范围→最大（35）→最小（10）→边界上
刀具参数	刀具名（D10）→刀具号（2）→刀具补偿号（2）→刀具半径 R（5）→刀角半径 r（0.2）→刀柄半径 b（5）→刀刃长度 l（30）→刀柄长度 h（20）→刀具全长 L（60）

【步骤 7】在操作窗口中拾取加工对象→点击右键确定→拾取加工边界时直接点击右键确定（默认零件的外轮廓为加工边界），即生成加工轨迹，如图 7.72 所示。

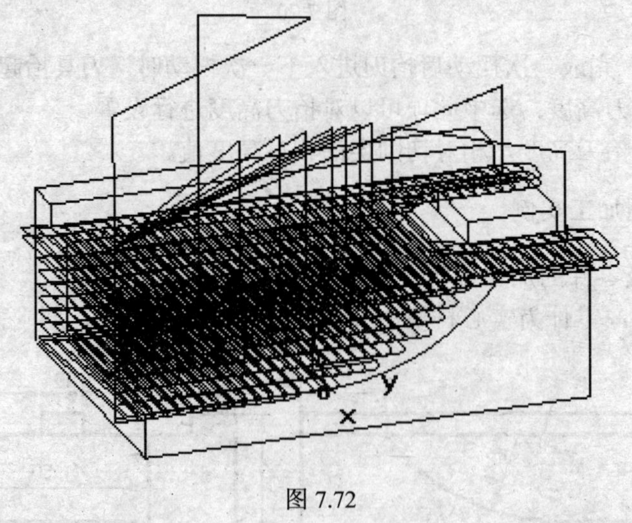

图 7.72

7.3.9 插铣式粗加工

根据给定的边界生成竖直向下的插铣加工轨迹，主要是用来粗加工竖直侧面的内部型腔，特别是铸造型腔的内表面。所以加工时多使用端铣刀或键槽铣刀。

插铣式粗加工的加工参数设定窗口如图 7.73 所示。

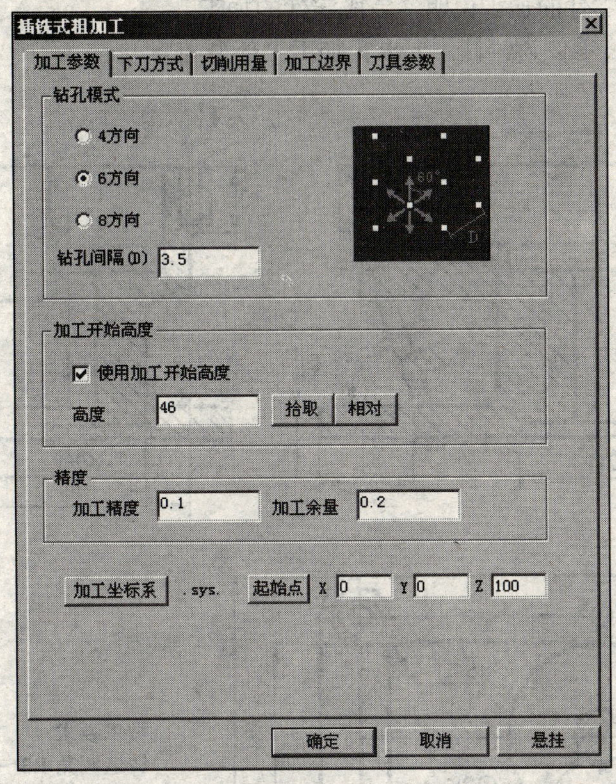

图 7.73

（1）钻孔模式。

- 4 方向：插铣式粗加工的加工方向限定于X、Y轴的正、负 4 个方向上，主要用于矩形侧面与X、Y坐标轴平行的模型。
- 6 方向：插铣式粗加工的加工方向限定于周围 60° 间隔的 6 个方向上，主要适用于侧面与X Y坐标轴成 60° 或 120° 的模型。
- 8 方向：插铣式粗加工的加工方向限定于周围 45° 间隔的 8 个方向上，主要用于加工复杂轮廓，它比 4、6 方向间隔更细小。
- 钻孔间隔：是粗加工时刀具相邻两次加工位置之间的距离。

（2）加工开始高度。

- 使用加工开始高度：设定是否让刀具在设定高度开始加工。
- 高度：绝对是相对坐标系而言，相对是相对毛坯的顶面而言。

【注意】

（1）对于深腔类零件，如果用铣刀侧面加工，那么径向力将很大，刀具容易变形，加工的侧面将产生斜度，影响加工质量，所以用插铣式加工。

（2）对于不需要的刀具轨迹部分，可以在生成的程序中将其删除，也可使用“轨迹裁剪”命令将不需要的部分剪切掉，参见轨迹裁剪。

7.3.10 插铣式粗加工实例

请根据图 7.74 及零件的加工说明，完成零件的加工。

零件的加工说明：零件为铸件，要求粗加工上部型腔。

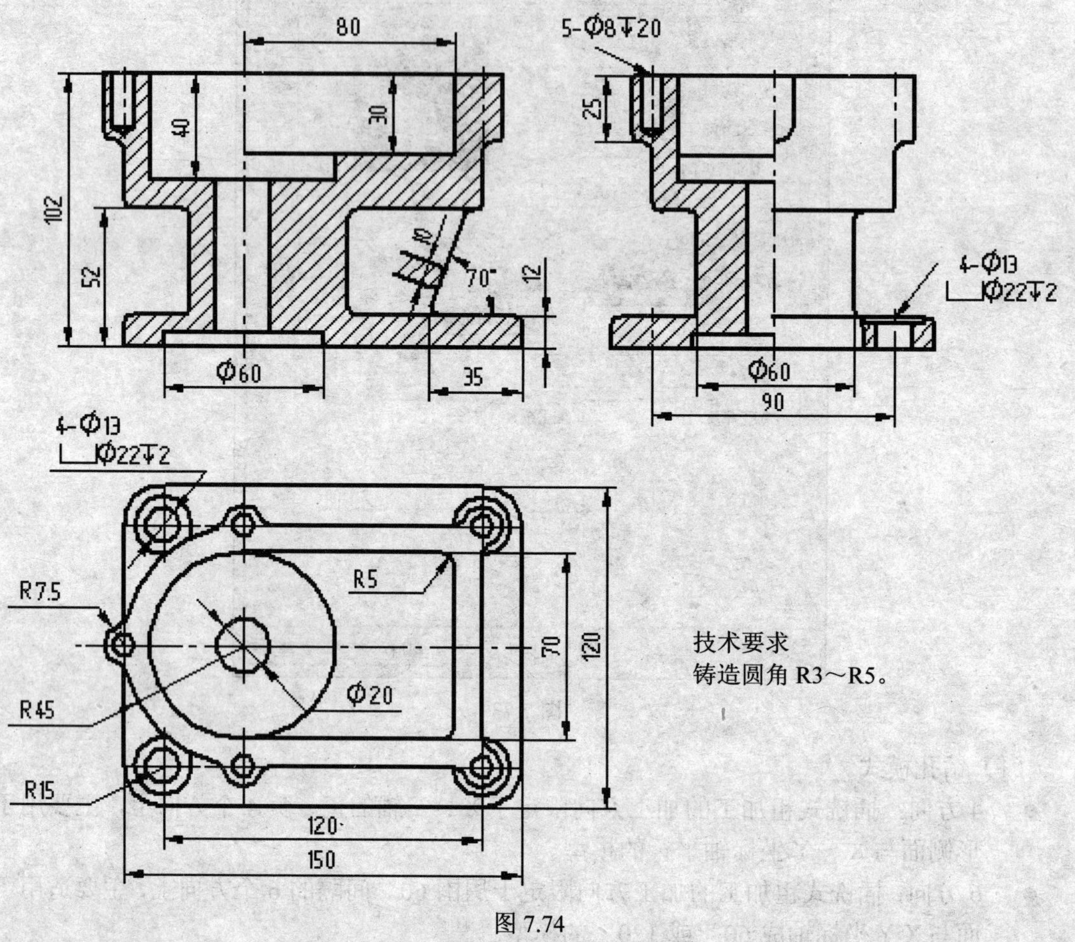

图 7.74

【步骤 1】双击“加工管理”树中的“机床后置”，根据不同的机床进行设置（略）；

【步骤 2】双击“加工管理”树中的“刀具库”，进行刀具设置（略）；

【步骤 3】利用特征工具，根据图 7.74 生成零件实体（因为只加工上部型腔，所以其他部分可以不用造型，只对加工部位简单造型即可），如图 7.75 所示；

【步骤 4】双击“加工管理”树中的“毛坯”→选中“参照模型”项→点击“参照模型”按钮→点击“确定”按钮；

【步骤 5】双击“加工管理”树中的“起始点”→输入“X0/Y0/Z150” →点击“确定”按钮；

【步骤 6】在 XOY 平面绘制出加工边界，如图 7.76 所示；

【步骤 7】点击“加工”工具条中的“插铣式粗加工”按钮→在各页面中进行下列参数设置→点击“确定”按钮；

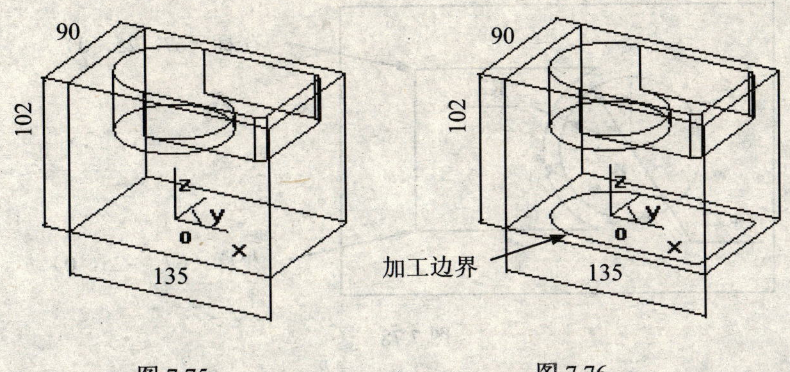

图 7.75　　图 7.76

加工参数	8 方向→钻孔间隔（D）（5）→使用开始加工高度→高度（110）（绝对）→加工精度（0.1）→加工余量（0.1）→起始点（X0/Y0/Z150）
下刀方式	安全高度（H0）（120）（绝对）→慢速下刀距离（H1）（5）（相对）→退刀距离（H2）（0）（相对）→垂直→距离（H3）（0）（相对）
切削用量	主轴转速（800）→慢速下刀速度（F0）（200）→切入切出连接速度（F1）（100）→切削速度（F2）（50）→退刀速度（F3）（800）
加工边界	使用有效的 Z 范围→最大（100）→最小（0）→边界内侧
刀具参数	刀具名（D16）→刀具号（1）→刀具补偿号（1）→刀具半径 R（8）→刀角半径 r（0.2）→刀柄半径 b（8）→刀刃长度 l（60）→刀柄长度 h（20）→刀具全长 L（85）

【步骤 8】在操作窗口中拾取加工对象→点击右键确定→拾取加工边界→确定链搜索方向→点击右键确定，即生成加工轨迹，如图 7.77 所示；

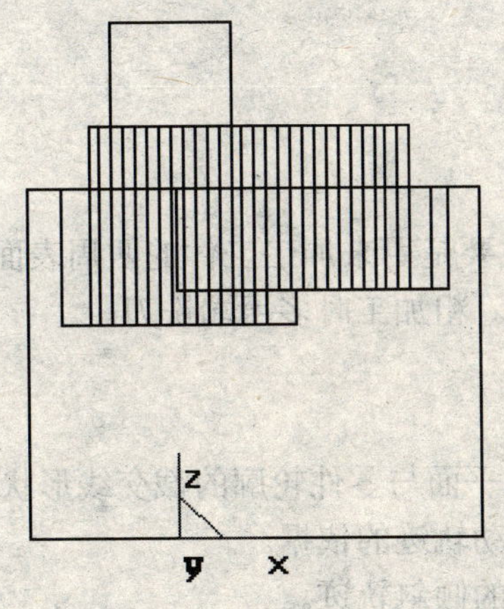

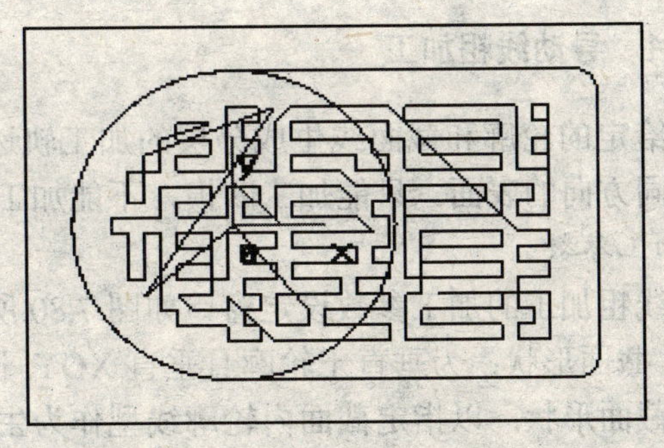

图 7.77

【步骤 9】在 XOY 平面绘制出空间剪切线，如图 7.78 所示；

【步骤 10】在“加工”下拉菜单中选择“轨迹编辑”→“轨迹裁剪”→拾取刀具轨迹→拾取裁剪线→确定链搜索方向→确定保留方向→点击右键确定；

【步骤 11】这一步与上一步相同，请拾取另一闭合段曲线，再次对轨迹剪切，生成最后轨迹，如图 7.79 所示。

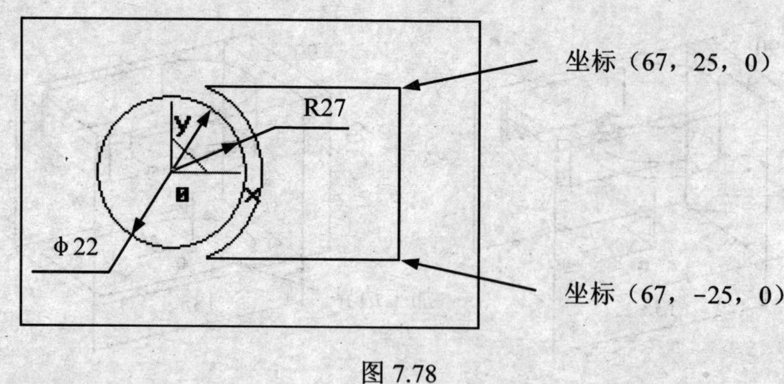

图 7.78

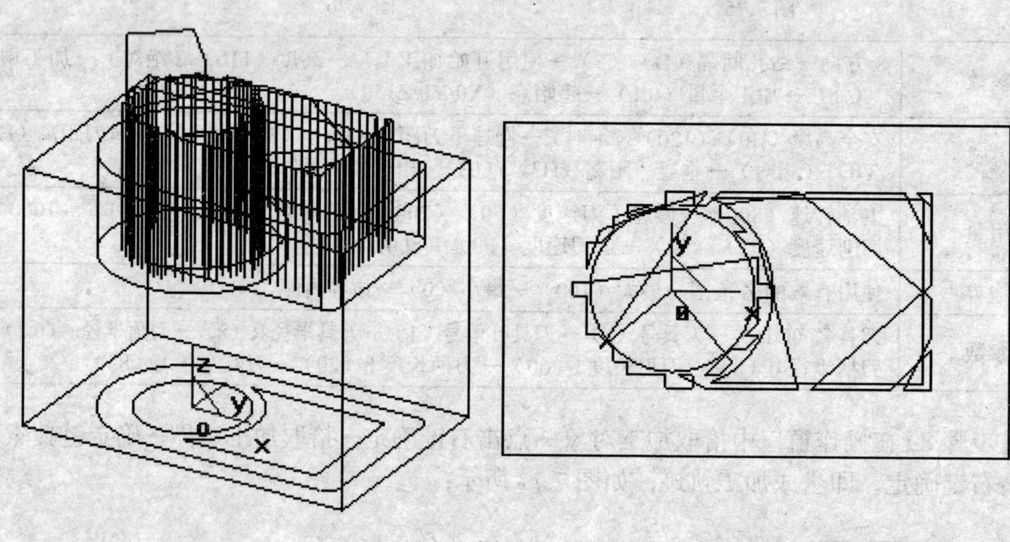

图 7.79

7.3.11 导动线粗加工

根据给定的轮廓和截面线生成分层的加工轨迹，主要是用来加工工件的四周表面为相同斜率、相同方向的表面。只能加工凹模，不能加工凸模。粗加工时多用端铣刀。

1. 加工参数

导动线粗加工的加工参数设定窗口如图 7.80 所示。

（1）截面形状：为垂直于轮廓且垂直 XOY 平面的平面与零件轮廓的截交线形状。

- 截面形状：以指定截面内轮廓线型作为生成导动轨迹的依据。
- 倾斜角度：以指定的倾斜角度，做出指定角度的倾斜轨迹。
- 倾斜角度：输入范围为 0°～90°。
- 向上方向：即轮廓线在截面线的下方，轮廓线将从下沿截面线向上进行导动认识截面，拾取截面线后，搜索方向应沿截面线向上，如图 7.81 所示。
- 向下方向：即轮廓线在截面线的上方，拾取截面线时，轮廓线将从下沿截面线向上进行导动认识截面，拾取截面线后，搜索方向应沿截面线向下，如图 7.82 所示。

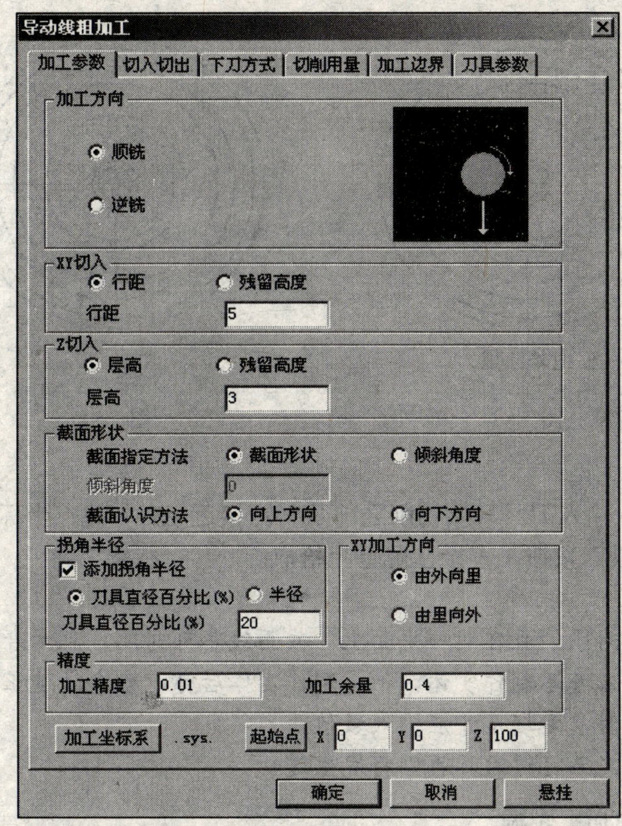

图 7.80

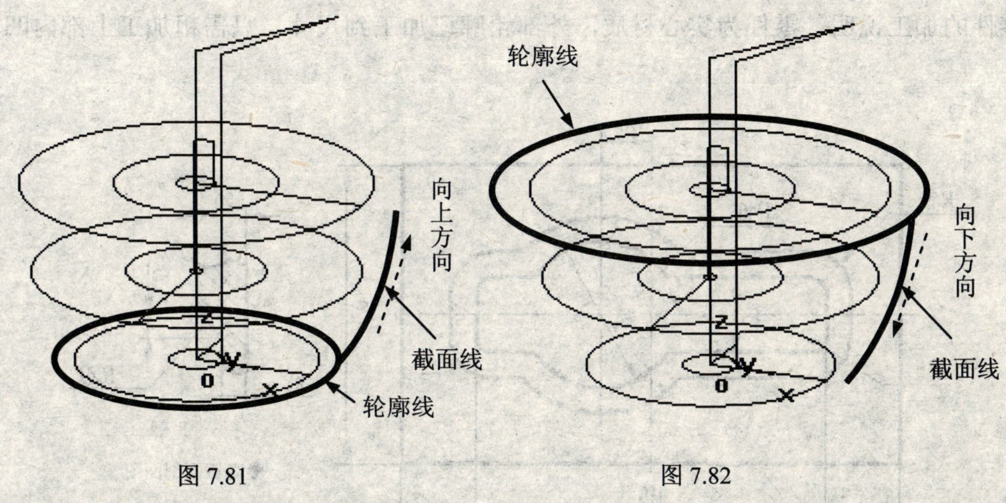

图 7.81 图 7.82

（2）XY 加工方向：为在 XOY 平面切削时刀具向内、向外的行进方向。通常为"向外方向"。

- 由外向里：刀具从加工轮廓边界一侧逐行向加工领域的中心方向进行加工，如图 7.83 所示。
- 由里向外：刀具从加工领域的中心逐行向加工轮廓边界一侧进行加工，如图 7.84 所示。

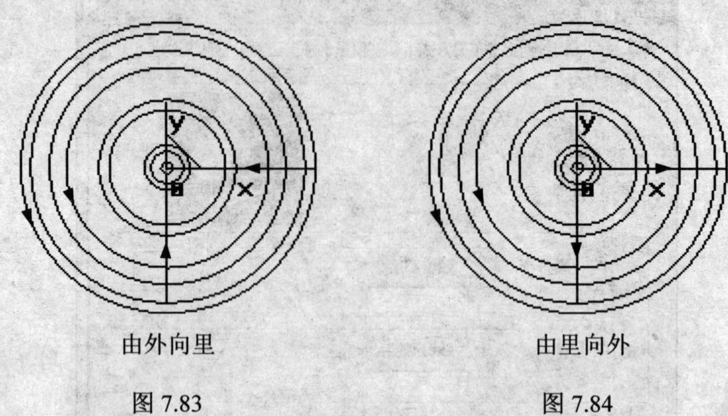

由外向里　　　　由里向外

图 7.83　　　　图 7.84

2. 切入切出

- 设定接近点：输入刀具开始切削之前从某点接近工件。此点坐标要在加工区域内。也可点击“拾取”按钮，直接在屏幕上拾取。

【注意】

（1）轮廓线必须封闭，且在同一平面上，截面线不可封闭，且两者必须相交。

（2）导动线粗加工可不制作实体，但是制作实体后可以检查轨迹正确性。

（3）不制作实体时，毛坯尺寸应输入数值。

（4）加工余量设定不可过大，否则将发生过切。

7.3.12 导动线粗加工实例

请根据图 7.85 及零件的加工说明，完成零件的加工。

零件的加工说明：零件为实心材质，外部轮廓已加工到尺寸，只需粗加工上部内凹部分形状。

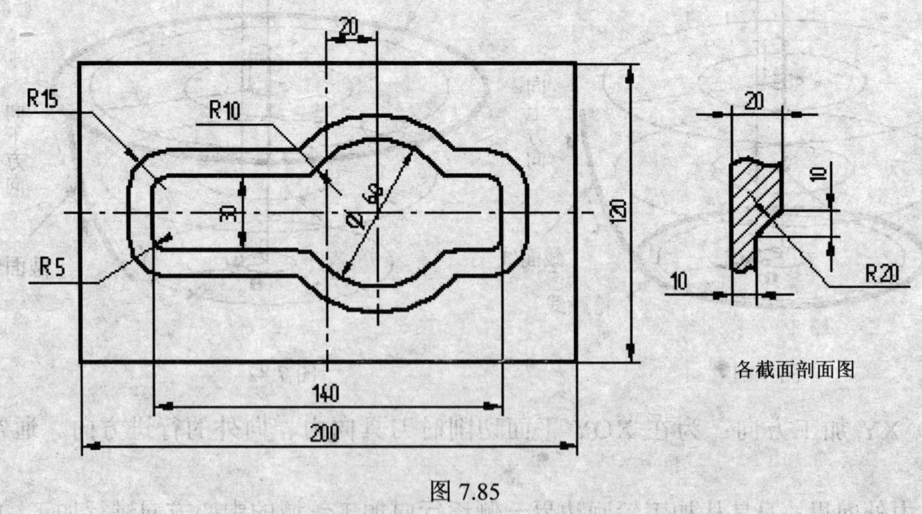

图 7.85

【步骤 1】双击“加工管理”树中的“机床后置”，根据不同的机床进行设置（略）；

【步骤 2】双击“加工管理”树中的“刀具库”，进行刀具设置（略）；

【步骤 3】利用特征工具，根据图 7.85 生成零件实体，并利用曲线工具绘出轮廓线和截面线，如图 7.86 所示；

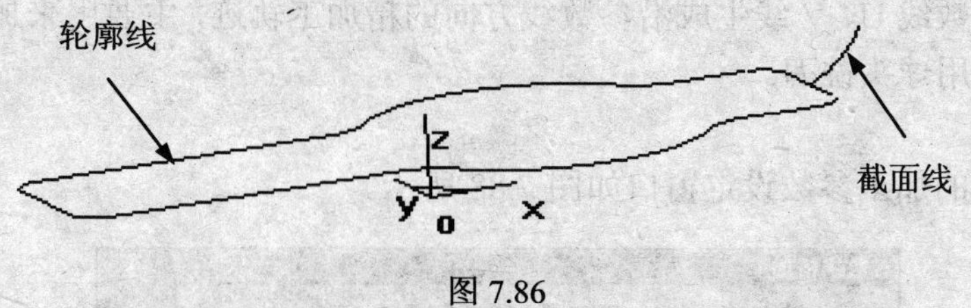

图 7.86

【步骤 4】双击“加工管理”树中的“毛坯”→（若没有制作实体,请输入 X100/Y60/Z0，长度 200，宽度 120，高度 20）→点击“确定”按钮；

【步骤 5】双击“加工管理”树中的“起始点”→输入“X0/Y0/Z80”→点击“确定”按钮；

【步骤 6】点击加工工具条中的“导动线粗加工”按钮→在各页面中进行下列参数设置→点击“确定”按钮；

加工参数	顺铣→行距（4）→层高（3）→截面形状→方向向上→向外方向→加工精度（0.01）→加工余量（0.01）→起始点（X0/Y0/Z80）
切入切出	螺旋→半径（R）（4）→螺距（P）（3）→第一层螺旋进刀高度（D1）（5）→第二层以后螺旋进刀高度（D2）（5）
下刀方式	安全高度（H0）（50）（绝对）→慢速下刀距离（H1）（5）（相对）→退刀距离（H2）（5）（相对）
切削用量	主轴转速（1000）→慢速下刀速度（F0）（200）→切入切出连接速度（F1）（100）→切削速度（F2）（60）→退刀速度（F3）（800）
加工边界	使用有效的 Z 范围→最大（19）→最小（10）→边界上
刀具参数	刀具名（D10）→刀具号（1）→刀具补偿号（1）→刀具半径 R（5）→刀角半径 r（0.5）→刀柄半径 b（5）→刀刃长度 l（30）→刀柄长度 h（20）→刀具全长 L（55）

【步骤 7】在操作窗口中拾取闭合轮廓→确定链搜索方向→点击右键确定→拾取截面线→确定方向向上→点击右键确定，即生成加工轨迹，如图 7.87 所示；

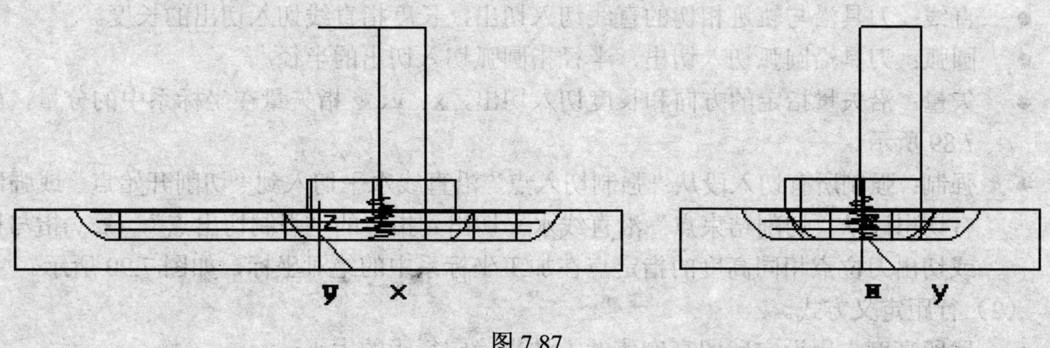

图 7.87

【步骤 8】在“加工管理”树中选中该轨迹→点击右键→选择“轨迹仿真”（即可在仿真环境下模拟加工，参阅轨迹仿真）→然后退出仿真窗口。

7.3.13 参数线精加工

根据曲面的参数线 U、V 线生成沿参数线方向的精加工轨迹，主要用来加工单个或多个曲面。加工时一般使用球头铣刀。

1. 加工参数

参数线精加工的加工参数设定窗口如图 7.88 所示。

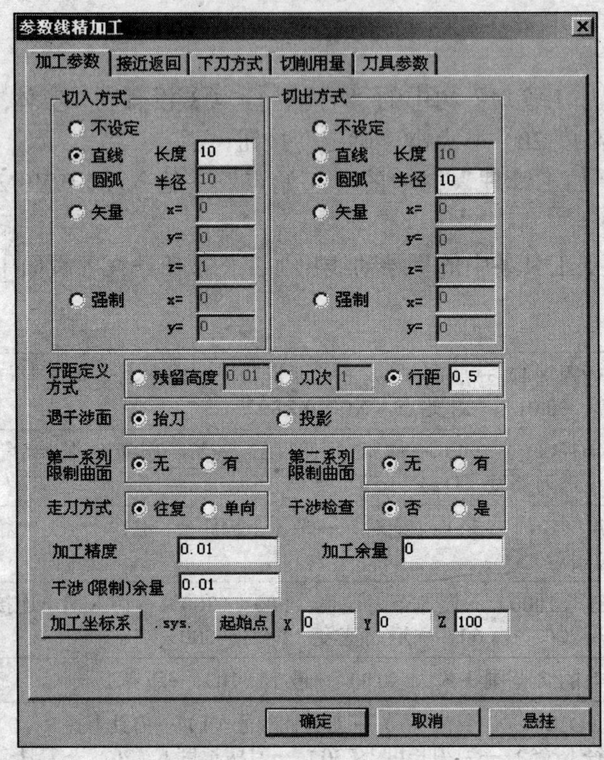

图 7.88

（1）切入/切出方式：刀具以切削速度移动。

- 不设定：刀具直接垂直慢速下刀到“切削开始点”而不使用切入切出。
- 直线：刀具沿与轨迹相切的直线切入切出，长度指直线切入切出的长度。
- 圆弧：刀具沿圆弧切入切出，半径指圆弧切入切出的半径。
- 矢量：沿矢量指定的方向和长度切入切出，x、y、z 指矢量在坐标系中的分量，如图 7.89 所示。
- 强制：强制所有切入段从“强制切入点”沿直线水平切入到“切削开始点”或强制所有切出段从“切削结束点”沿直线水平切出到指定的“强制切出点”，(x, y)指与切入或切出刀位点相同高度的指定点在加工坐标系中的绝对坐标，如图 7.90 所示。

（2）行距定义方式。

- 残留高度：用设定残留高度值的方法来确定行距的大小。
- 刀次：直接指定切削行的数目。
- 行距：相邻切削行的间距。

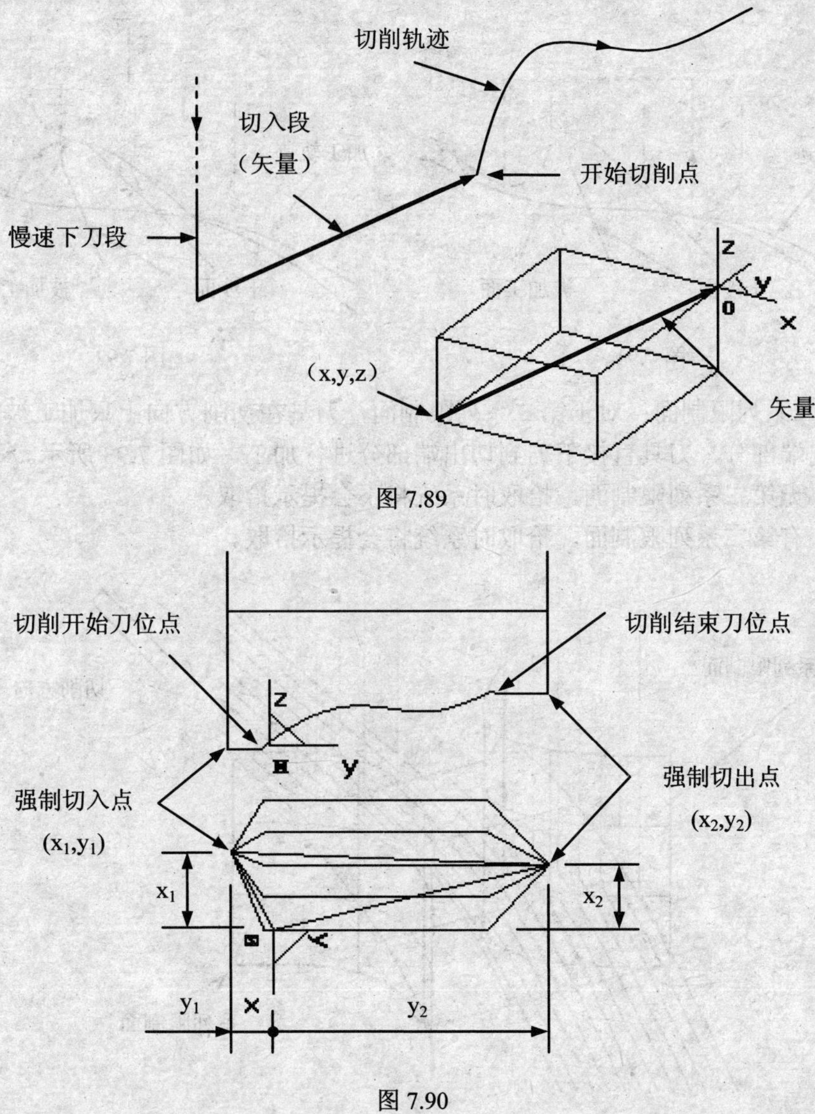

图 7.89

图 7.90

（3）遇干涉面。

- 抬刀：刀具切削遇到干涉面时，快速抬刀至安全高度，绕过干涉面，再次下刀继续切削，如图 7.91 所示。
- 投影：刀具切削遇到干涉面时，不抬刀，而是在 Z 轴的负方向的投影范围内沿干涉面绕行切削，此时干涉面的部分或全部将被加工，如图 7.92 所示。

（4）第一系列限制面：限制面是用来限制被加工曲面范围的边界面，从而只对被加工的曲面在限定区域内进行加工。通过定义第一和第二系列限制面可以将加工轨迹限制在一定的区域内。对于第一系列限制面，刀具在切削方向上只加工被第一系列限制面挡住的切入端部分，刀具切削碰到第一系列限制面时，抬刀退回后沿另一轨迹加工。限制面必须与加工面交叉，而且只有在加工面上方的部分能起到限制作用，如图 7.93 所示。

- 无：无第一系列限制面。拾取时系统将不会提示拾取。
- 有：有第一系列限制面。拾取时系统将会提示拾取。

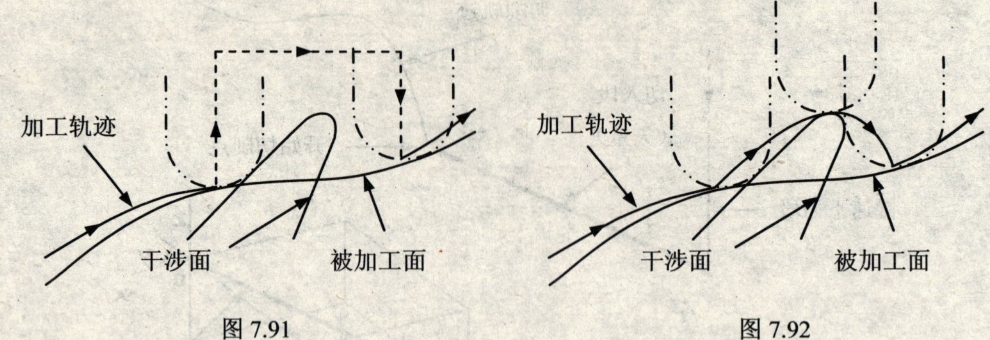

图 7.91　　图 7.92

（5）第二系列限制面：对于第二系列限制面，刀具在切削方向上只加工被第二系列限制面挡住的切出端部分，刀具直接下刀到切出端部分进行加工，如图 7.93 所示。

- 无：无第二系列限制面。拾取时系统将不会提示拾取。
- 有：有第二系列限制面。拾取时系统将会提示拾取。

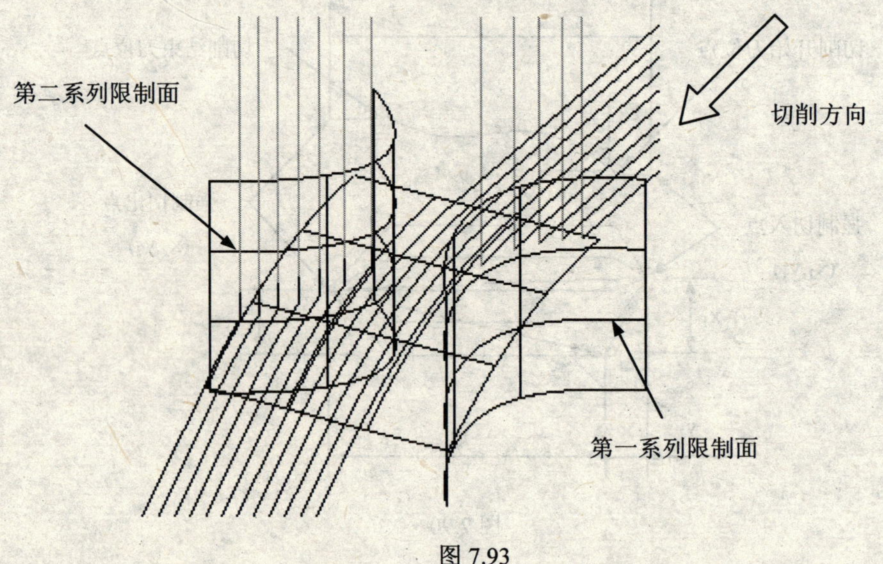

图 7.93

（6）走刀方式。

- 往复：生成往复的加工轨迹。
- 单向：生成单向的加工轨迹。

（7）干涉检查：定义是否使用干涉检查，防止过切。

- 否：不检查干涉。
- 是：检查干涉情况。生成的轨迹将避开干涉部位。

（8）干涉（限制）余量：处理干涉面或限制面时采用的加工余量。

2. **接近返回**

接近方式/返回方式：刀具以快速移动速度移动。

接近是指刀具从“慢速下刀距离”与“切入段”之间的那段轨迹。从起始点快速移动后以切入方式逼近切削开始点的那段切入。返回是指刀具从“切出段”与“退刀距离”之间的那段轨迹。应根据零件及加工情况设定。

- 不设定：不设定接近返回的切入切出。
- 直线：刀具按给定长度以直线方式向“切入段起点”平滑切入或从“切出段终点”平滑切出。长度指直线切入切出的长度，角度不可用。
- 圆弧：刀具以 1/4 圆弧向“切入段起点”平滑切入或从“切出段终点”平滑切出。半径指圆弧切入切出的半径，转角指圆弧的圆心角，延长不可用。
- 强制：是指刀具从指定点沿直线切入到“切入段起点”，或强制从“切出段终点”沿直线切出到指定点。x、y、z 是指定点在坐标系中的绝对坐标。

7.3.14　参数线精加工实例

请根据图 7.94 及零件的加工说明，完成零件的加工。

零件的加工说明：零件为实心材质，外部轮廓已加工到尺寸，需精加工上部所有曲面部分。

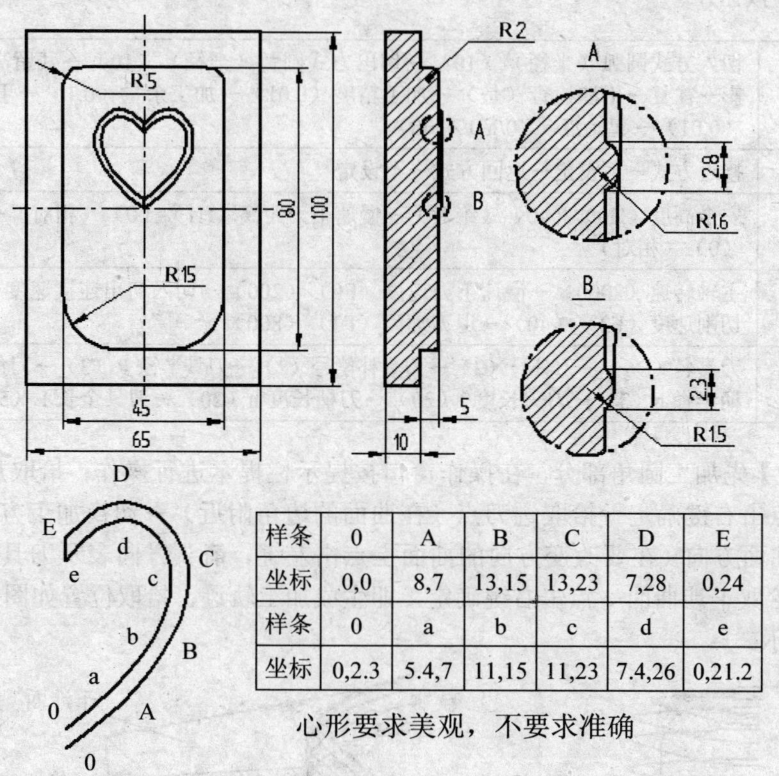

样条	0	A	B	C	D	E
坐标	0,0	8,7	13,15	13,23	7,28	0,24
样条	0	a	b	c	d	e
坐标	0,2.3	5.4,7	11,15	11,23	7.4,26	0,21.2

心形要求美观，不要求准确

图 7.94

【步骤 1】双击“加工管理”树中的“机床后置”，根据不同的机床进行设置（略）；

【步骤 2】双击“加工管理”树中的“刀具库”，进行刀具设置（略）；

【步骤 3】利用特征工具及曲面工具，根据图 7.94 生成零件实体；也可只制作出各加工曲面，如图 7.95 所示；为了制作方便，侧面轮廓线使用曲线组合命令将其组合，心形曲面使用双导动线双截面制作；

【步骤 4】双击“加工管理”树中的“毛坯”→选中“参照模型”项→点击“参照模型”

按钮→点击“确定”按钮；

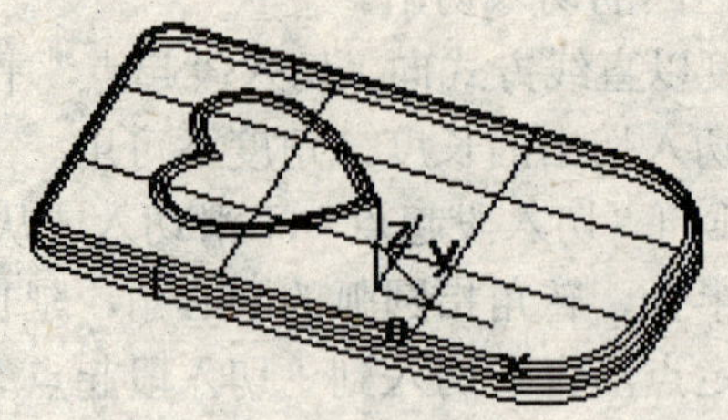

图 7.95

【步骤 5】双击“加工管理”树中的“起始点”→输入“X0/Y0/Z100”→点击“确定”按钮；

【步骤 6】点击加工工具条中的“参数线精加工”按钮→在各页面中进行下列参数设置→点击“确定”按钮；

加工参数	切入方式圆弧（半径）（10）→切出方式圆弧（半径）（10）→残留高度（0.01）→投影→往复→干涉检查（是）→加工精度（0.01）→加工余量（0.1）→干涉（限制）余量（0.01）→起始点（X0/Y0/Z100）
接近返回	接近方式→不设定→返回方式→不设定
下刀方式	安全高度（H0）（40）（绝对）→慢速下刀距离（H1）（0）（相对）→退刀距离（H2）（0）（相对）
切削用量	主轴转速（2000）→慢速下刀速度（F0）（200）→切入切出连接速度（F1）（100）→切削速度（F2）（40）→退刀速度（F3）（800）
刀具参数	刀具名（D6）→刀具号（2）→刀具补偿号（2）→刀具半径 R（3）→刀角半径 r（3）→刀柄半径 b（3）→刀刃长度 l（20）→刀柄长度 h（20）→刀具全长 L（50）

【步骤 7】先加工圆角部分，在操作窗口按提示栏提示进行操作；拾取加工对象（R2 圆角曲面）→点击右键确定→拾取进刀点（在曲面的边角附近）→切换加工方向（点击左键切换）→改变曲面方向（在要改变方向的曲面上点击左键，箭头方向表示刀具相对曲面的所处的方向）→拾取干涉曲面→点击右键确定，即生成加工轨迹，拾取位置如图 7.96 所示，轨迹如图 7.97 所示；

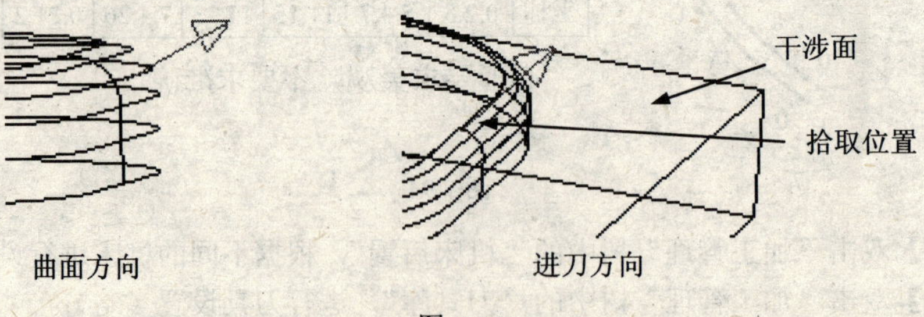

图 7.96

【步骤 8】再加工大平面，可以用区域式粗加工，在这里为了让读者更好地了解参数线精加工，我们还是使用参数线精加工；此时采用半径为 5 的球头刀，重复步骤 7，此时应将心形的两个面选为干涉面，轨迹如图 7.98 所示；

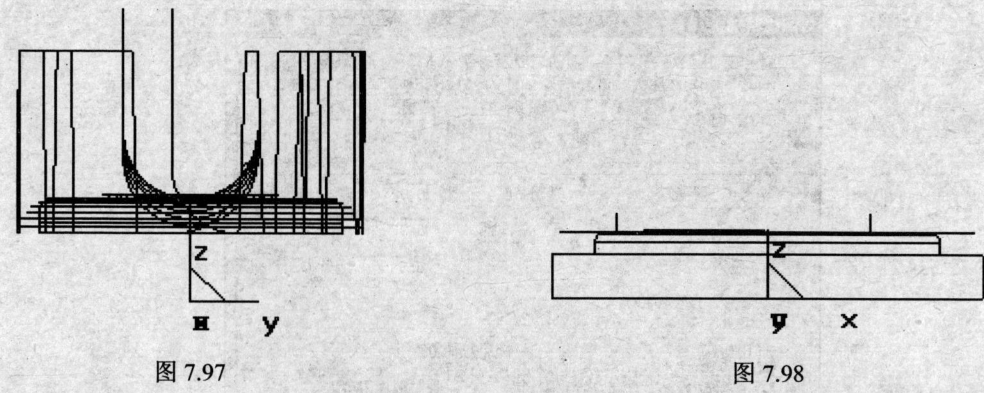

图 7.97　　　　图 7.98

【步骤 9】再加工心形部分；因为心形部分较小，为了得到较好的加工效果，应选用较小直径的球头刀，这里采用半径为 2 的球头刀；重复步骤 7，此时应将大平面选为干涉面，轨迹如图 7.99 所示；

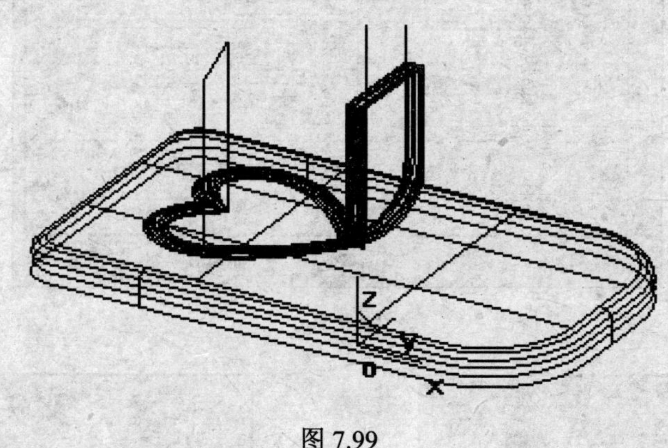

图 7.99

【步骤 10】在“加工管理”树中选中刀具轨迹→点击右键→选择“轨迹仿真”（即可在仿真环境下模拟加工，参阅轨迹仿真）→然后退出仿真窗口。

7.3.15 等高线精加工 1

根据给定零件形状及加工边界生成沿加工表面的等高式精加工轨迹，主要用来精加工侧壁倾斜或底面不平整的复杂型面。精加工曲面或倾斜表面时多使用球头铣刀，若精加工垂直侧面或平整底面多使用端铣刀。

1．加工参数 1

等高线精加工的加工参数 1 设定窗口如图 7.100 所示。

加工参数 1 的大部分参数含义前面都做过介绍，这里只讲解以前未曾遇到的参数。

（1）拐角半径。

- 最大：设定拐角半径的最大百分比或半径值。
- 最小：设定拐角半径的最小百分比或半径值。
- 执行最终精加工：刀具将拐角部分进一步精加工，使得残留部分更少，如图 7.101 所示。

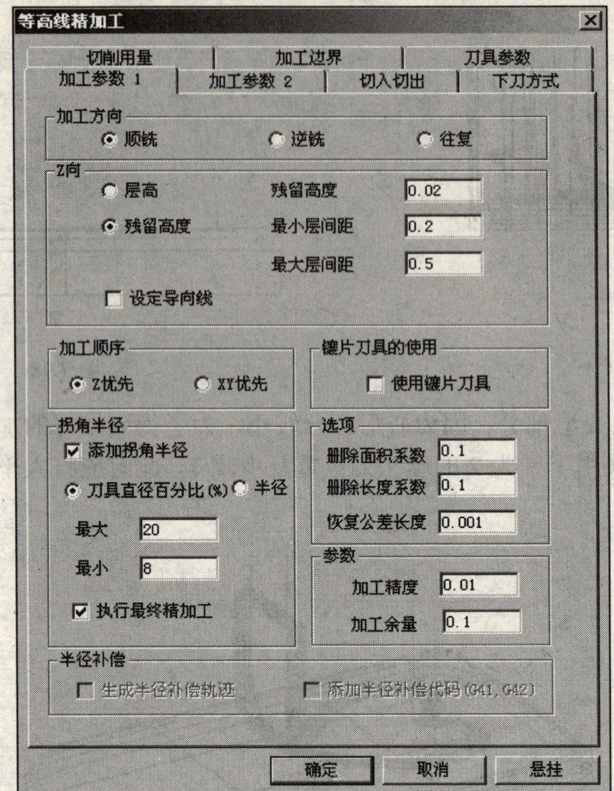

图 7.100

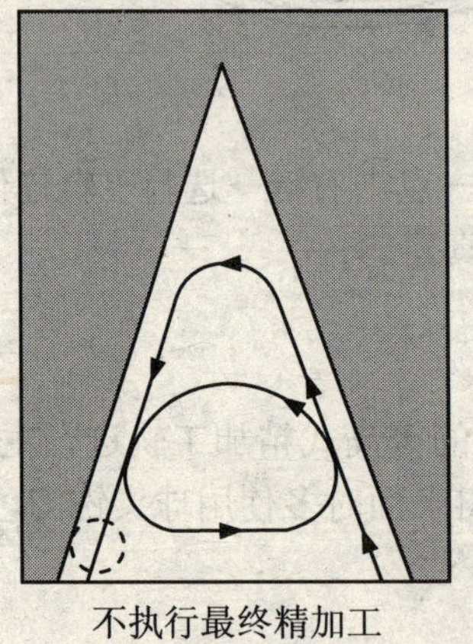
不执行最终精加工

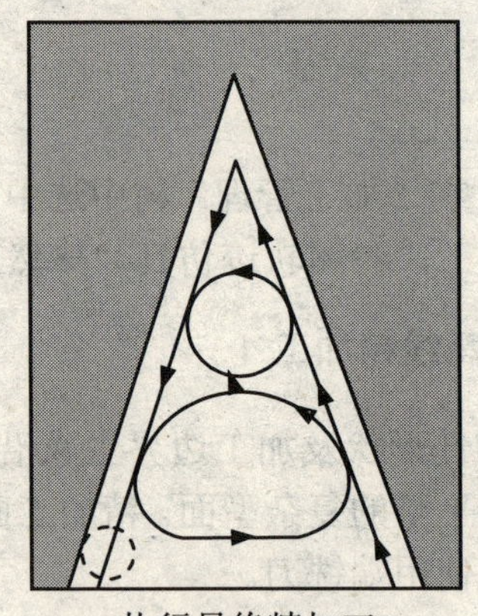
执行最终精加工

图 7.101

（2）半径补偿：使用该参数时需在“切入切出”页面的“XY 向”中选中“圆弧”项才有效。

- 生成半径补偿轨迹：选择是否生成带半径补偿的加工轨迹，如图 7.102 所示。
- 添加半径补偿代码（G41，G42）：选择在输出的 NC 程序中是否输出 G41、G42 代码。如果选中了“生成半径补偿轨迹”项，就应选择此项，否则实际加工中将会形成过切。

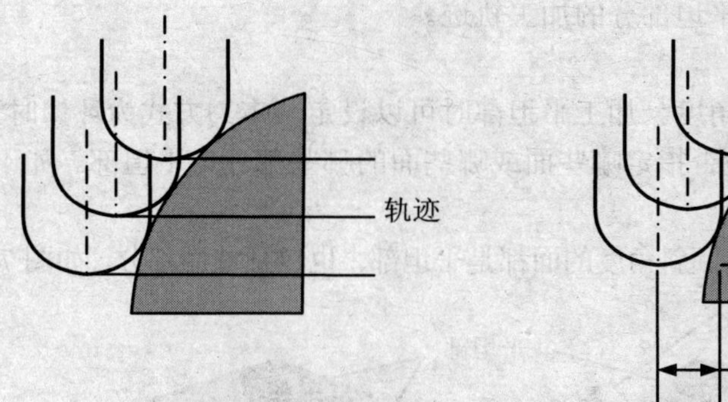

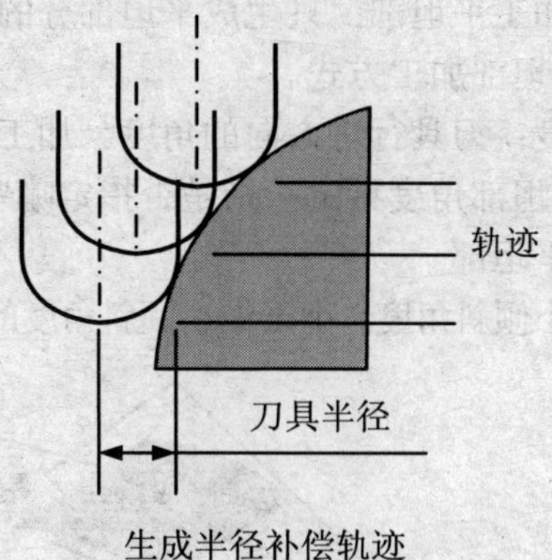

图 7.102

2. 加工参数 2

等高线精加工的加工参数 2 设定窗口如图 7.103 所示。

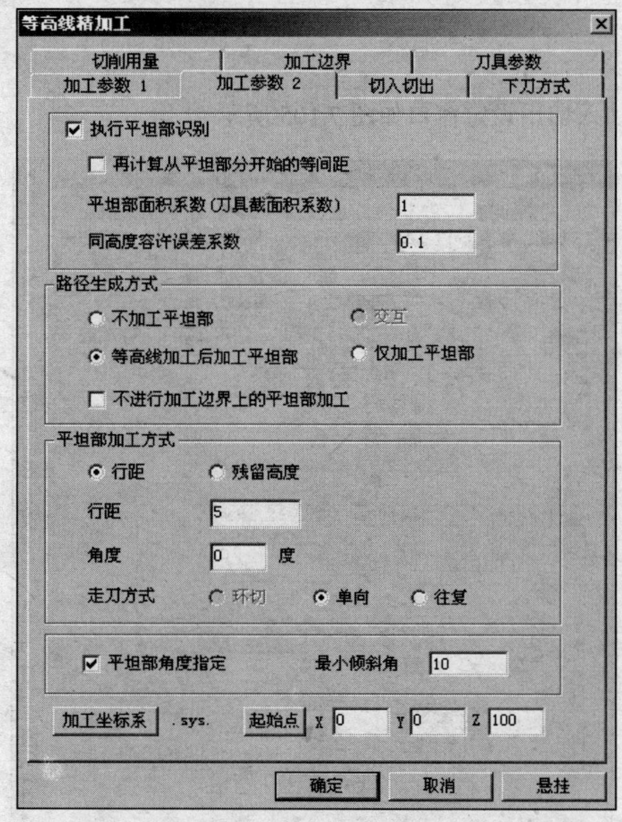

图 7.103

（1）路径生成方式。

- 不加工平坦部：对指定平坦范围的平坦部分不进行加工。
- 交互：等高线断面和平坦部分交互进行加工。
- 等高线加工后加工平坦部：先以等高形式加工，再加工平坦部分。

- 仅加工平坦部：只生成平坦部分的加工轨迹。

（2）平坦部加工方式。

- 角度：刀具行进方向的角度。加工平坦部时可以设定。走刀方式为环切时无效。

（3）平坦部角度指定：指是否指定哪些面或哪些面的哪些部分为平坦部。如不指定，则水平表面为平坦部。

- 最小倾斜角度：小于最小倾斜角度的面都是平坦部。也包括曲面部分，如图 7.104 所示。

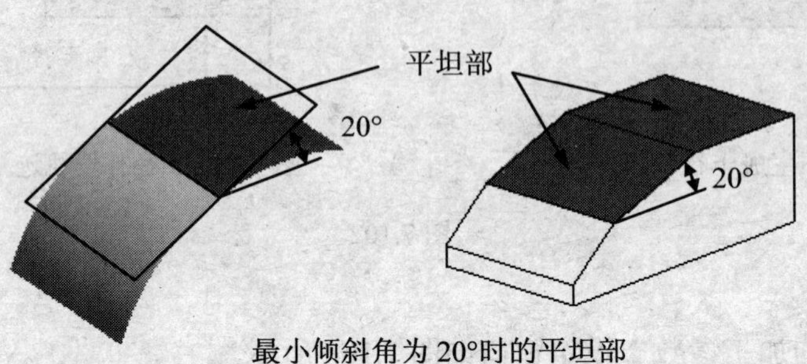

最小倾斜角为 20°时的平坦部

图 7.104

3．切入切出

等高线精加工的切入切出设定窗口如图 7.105 所示。

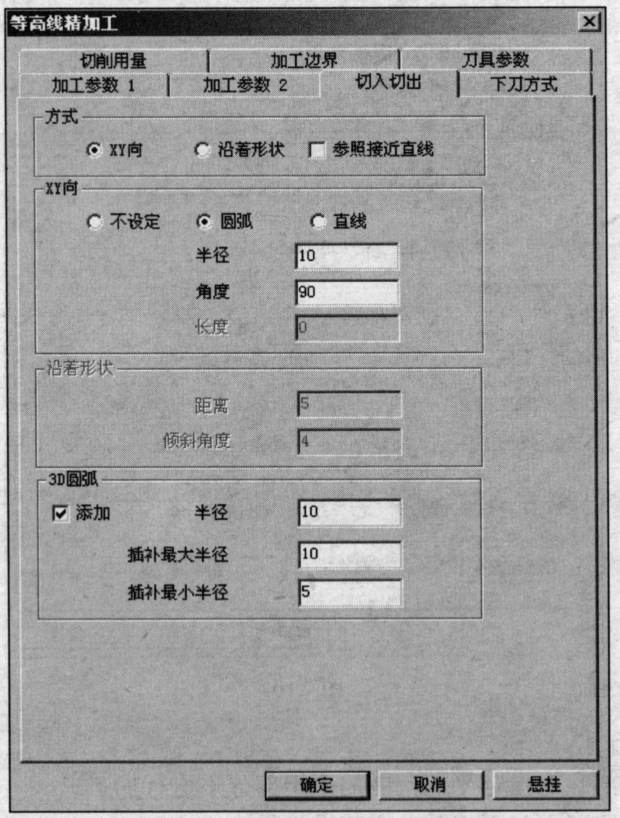

等高线精加工

切削用量 | 加工边界 | 刀具参数
加工参数 1 | 加工参数 2 | 切入切出 | 下刀方式

方式
XY向　沿着形状　参照接近直线

XY向
不设定　圆弧　直线
半径 10
角度 90
长度 0

沿着形状
距离 5
倾斜角度 4

3D圆弧
添加　半径 10
插补最大半径 10
插补最小半径 5

确定　取消　悬挂

图 7.105

3D 圆弧：设定 3D（空间）圆弧的切入切出，可使切入点的加工部位更圆滑。

- 添加：设定是否添加 3D 圆弧切入切出连接方式。
- 半径：设定 3D 圆弧切入切出的半径。
- 插补最大半径/插补最小半径：3D 圆弧之间连接插补的参考值。设 L=行距/2，L＜插补最小半径时，用直线插补连接。插补最小半径≤L≤插补最大半径时，以 L 为半径的圆弧插补连接。L＞插补最大半径时，以插补最大半径为半径插补连接。

【注意】

（1）加工边界宽度不能被指定的行距（残留高度指定同理）整除时，会产生切削残余。

（2）指定 3D 圆弧的切入切出方式后，再指定“下刀方式”页面中的切入方式为 Z 字形或倾斜线时，系统会自动恢复为垂直。

7.3.16　等高线精加工 1 实例

请根据图 7.106 及零件的加工说明，完成零件的加工。

零件的加工说明：零件已经粗加工完毕，且平面部分已经精加工好，只需精加工上部斜面及倒角部分。

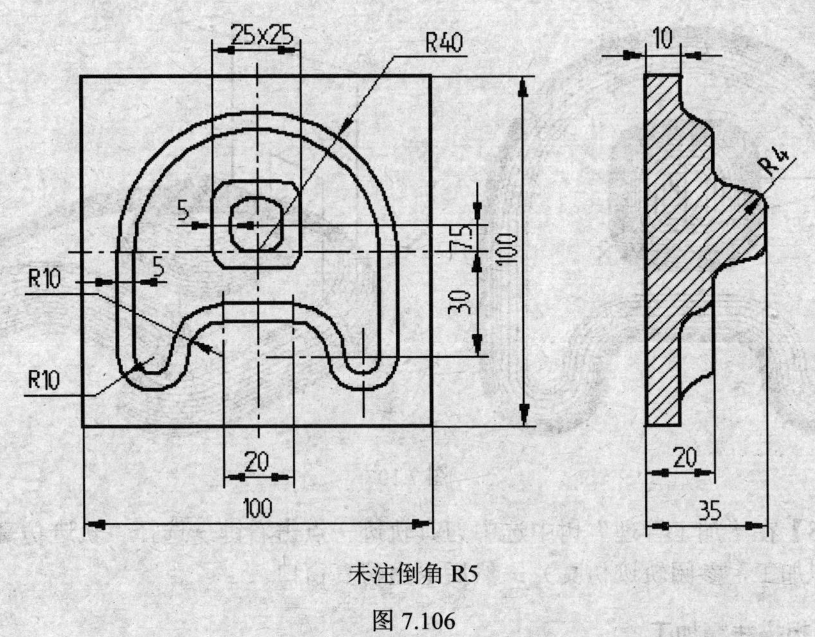

未注倒角 R5

图 7.106

【步骤 1】双击“加工管理”树中的“机床后置”，根据不同的机床进行设置（略）；

【步骤 2】双击“加工管理”树中的“刀具库”，进行刀具设置（略）；

【步骤 3】利用特征工具及曲面工具，根据图 7.106 生成零件实体；

【步骤 4】双击“加工管理”树中的“毛坯”→选中“参照模型”项→点击“参照模型”按钮→点击“确定”按钮；

【步骤 5】双击“加工管理”树中的“起始点”→输入“X0/Y0/Z100”→点击“确定”按钮；

【步骤 6】点击加工工具条中的“等高线精加工”按钮→在各页面中进行下列参数设置→

点击“确定”按钮；

加工参数 1	顺铣→残留高度→残留高度（0.01）→最小层间距（0.1）→最大层间距（1）→XY 优先→删除面积系数（0.1）→删除长度系数（0.1）→加工精度（0.01）→加工余量（0.2）
加工参数 2	不加工平坦部→起始点（X0/Y0/Z100）
切入切出	XY 向→不设定（可设成圆弧，使进退刀加工位置更光滑）
下刀方式	安全高度（H0）（50）（绝对）→慢速下刀距离（H1）（5）（相对）→退刀距离（H2）（5）（相对）
切削用量	主轴转速（1500）→慢速下刀速度（F0）（200）→切入切出连接速度（F1）（100）→切削速度（F2）（40）→退刀速度（F3）（800）
加工边界	
刀具参数	刀具名（D10）→刀具号（2）→刀具补偿号（2）→刀具半径 R（5）→刀角半径 r（5）→刀柄半径 b（5）→刀刃长度 l（30）→刀柄长度 h（25）→刀具全长 L（65）

【步骤 7】拾取加工对象→点击右键确定→拾取加工边界时直接点击右键确定，即生成加工轨迹，如图 7.107 所示；

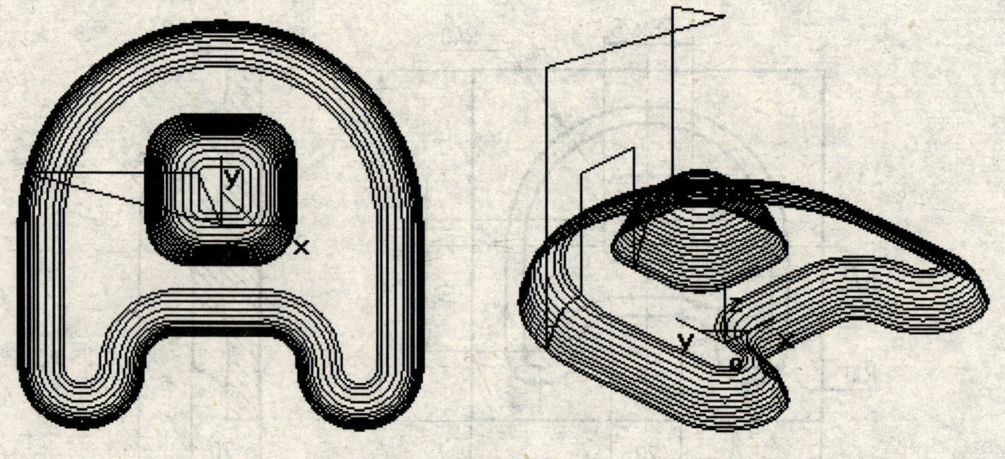

图 7.107

【步骤 8】在“加工管理”树中选中刀具轨迹→点击右键→选择“轨迹仿真”（即可在仿真环境下模拟加工，参阅轨迹仿真）→然后退出仿真窗口。

7.3.17 扫描线精加工

根据零件外形生成扫描线精加工轨迹，一般用于加工有较多倾斜的平面和曲面组合而构成的零件。精加工时多使用球头铣刀。

扫描线精加工的加工参数设定窗口如图 7.108 所示。

（1）加工方法。

- 通常：生成沿轮廓表面的扫描线精加工轨迹，如图 7.109 所示。
- 下坡式：生成下坡式的扫描线精加工轨迹，如图 7.110 所示。
- 上坡式：生成上坡式的扫描线精加工轨迹，如图 7.111 所示。

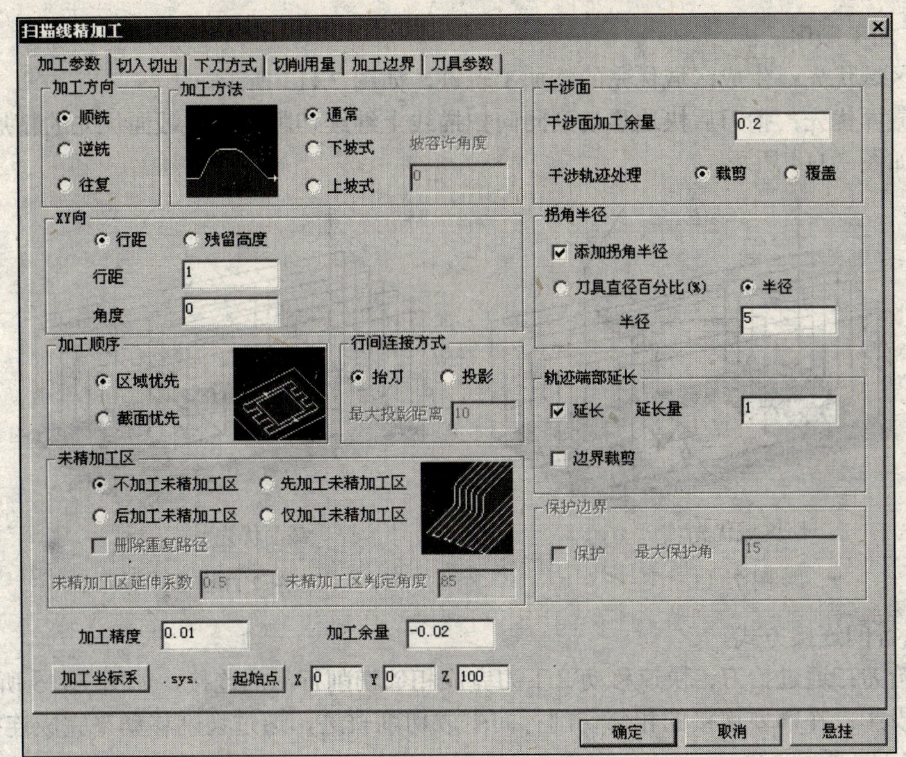

图 7.108

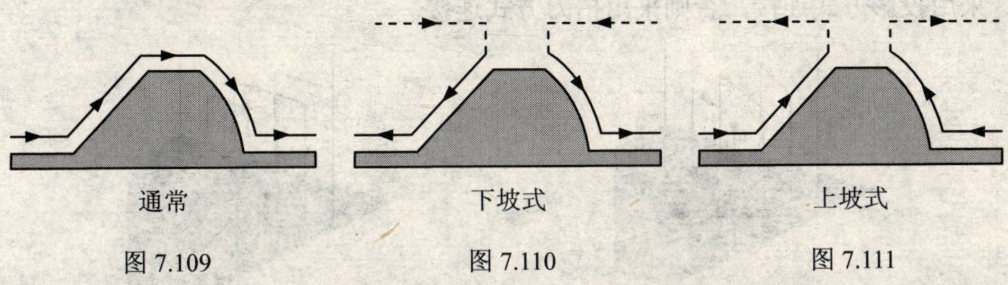

图 7.109　　图 7.110　　图 7.111

- 坡容许角度：上坡式和下坡式的容许角度。例如：在上坡式中即使某一斜面或曲面的一部分向下走，但小于坡容许角度，仍被视为向上，在上坡式中也生成轨迹。在下坡式中即使某一斜面或曲面的一部分向上走，但小于坡容许角度，仍被视为向下，在下坡式中也生成轨迹，如图 7.112 所示。

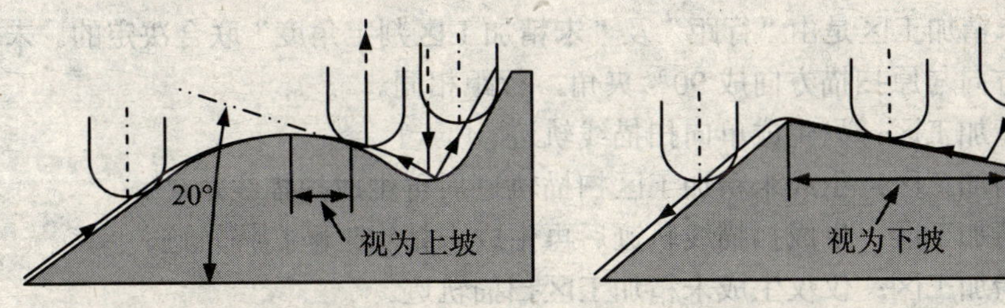

上坡式（坡容许角度为 20°）　　下坡式（坡容许角度为 20°）

图 7.112

（2）加工顺序。

- 区域优先：生成区域优先的精加工轨迹，如图 7.113 所示。
- 截面优先：抬刀后快速移动到同向扫描线上继续切削，生成截面优先的精加工轨迹，如图 7.114 所示。

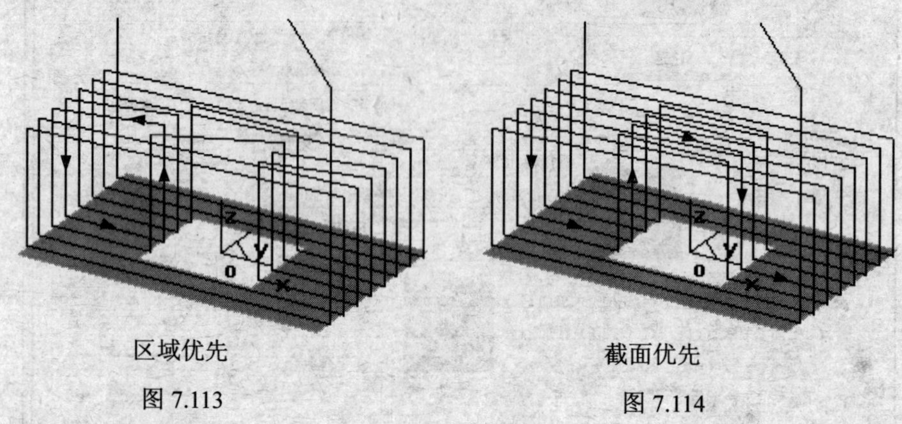

区域优先

图 7.113

截面优先

图 7.114

（3）行间连接方式。

- 抬刀：通过抬刀、快速移动、下刀完成相邻切削行间的连接，如图 7.115 所示。
- 投影：在需要连接的相邻切削行间生成切削轨迹，通过切削移动来完成连接，如图 7.116 所示。
- 最大投影距离：投影连接的最大距离，当行间连接距离（XY 向）≤最大投影距离时，采用投影方式连接，否则采用抬刀方式连接。

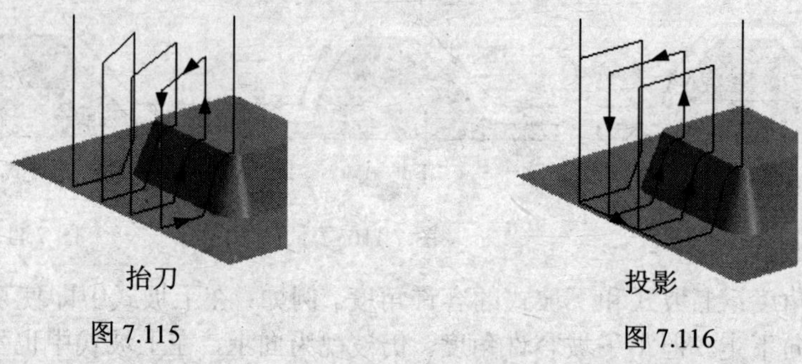

抬刀

图 7.115

投影

图 7.116

（4）未精加工区：由于零件外形、扫描方向、行距、残留高度及曲面的坡度等关系，在一个方向扫描时，某些位置容易产生较大的残余量，达不到加工精度的要求，这些区域就会被视为未精加工区。未精加工区是由“行距”及“未精加工区判定角度”联合决定的。未精加工区的扫描加工轨迹方向与原扫描方向成 90° 夹角，行距相同。

- 不加工未精加工区：只生成单向扫描线轨迹。
- 先加工未精加工区：生成未精加工区扫描轨迹后再生成扫描线轨迹。
- 后加工未精加工区：生成扫描线轨迹后再生成未精加工区扫描轨迹。
- 仅加工未精加工区：仅仅生成未精加工区扫描轨迹。
- 未精加工区延伸系数：设定未精加工区轨迹的延长量，即行距的倍数。
- 未精加工区判定角度：平面或曲面的切平面与 Z 轴方向的夹角。用来判定未精加工区的倾斜程度，在这个范围内的平面或曲面被视为未精加工区。

【注意】

（1）加工边界宽度不能被指定的行距（残留高度指定同理）整除时，会产生切削残余。

（2）指定 3D 圆弧的切入切出方式后，再指定“下刀方式”页面中的切入方式为 Z 字形或倾斜线时，系统会自动恢复为垂直。

7.3.18 扫描线精加工实例

请根据图 7.117 及零件的加工说明，完成零件的加工。

零件的加工说明：零件已经粗加工完毕，只需精加工上部形状。

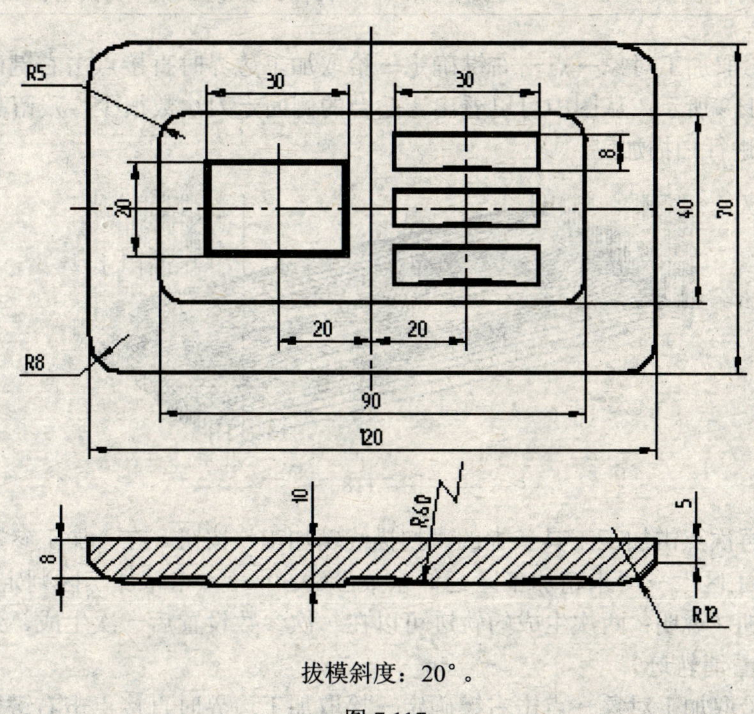

拔模斜度：20°。

图 7.117

【步骤 1】双击“加工管理”树中的“机床后置”，根据不同的机床进行设置（略）；

【步骤 2】双击“加工管理”树中的“刀具库”，进行刀具设置（略）；

【步骤 3】利用特征工具及曲面工具，根据图 7.117 生成零件实体，或只使用曲面设计出零件的上表面外形；

【步骤 4】双击“加工管理”树中的“毛坯”→选中“参照模型”项→点击“参照模型”按钮→点击“确定”按钮；

【步骤 5】双击“加工管理”树中的“起始点”→输入“X0/Y0/Z80”→点击“确定”按钮；

【步骤 6】点击加工工具条中的“扫描线精加工”按钮→在各页面中进行下列参数设置→点击“确定”按钮；

加工参数	顺铣→通常→残留高度（0.05）→角度（0）→区域优先→抬刀→不加工未精加工区→加工精度（0.02）→加工余量（0.2）→起始点（X0/Y0/Z60）
切入切出	切入切出→无
下刀方式	安全高度（H0）（30）（绝对）→慢速下刀距离（H1）（5）（相对）→退刀距离（H2）（5）（相对）
切削用量	主轴转速（2000）→慢速下刀速度（F0）（200）→切入切出连接速度（F1）（100）→切削速度（F2）（40）→退刀速度（F3）（800）
加工边界	使用有效的 Z 范围→参照毛坯→最大（14）→最小（0）→加工边界外侧
刀具参数	刀具名（D3）→刀具号（1）→刀具补偿号（1）→刀具半径 R（1.5）→刀角半径 r（1.5）→刀柄半径 b（1.5）→刀刃长度 l（20）→刀柄长度 h（20）→刀具全长 L（50）

【步骤 7】拾取加工对象→点击右键确定→拾取加工边界时直接点击右键确定，即生成加工轨迹，如图 7.118 所示；从图中可以看出，凸台的侧面走刀次数很少，残留高度较大，所以还需对侧面再次进行扫描加工；

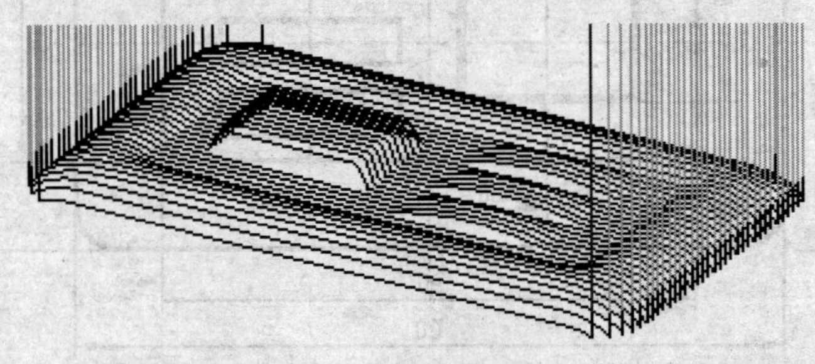

图 7.118

【步骤 8】再次点击加工工具条中的“扫描线精加工”按钮→在“加工参数”页面中选中“仅加工未精加工区”→“未精加工区延伸系数”（0.3）→“未精加工区判定角度”（25）→点击“确定”按钮（说明：两次生成的轨迹可以在一次参数设置后一次生成，分为两次主要是为了使读者能够看清轨迹）；

【步骤 9】拾取加工对象→点击右键确定→拾取加工边界时直接点击右键确定，即生成如图 7.119 所示的加工轨迹；

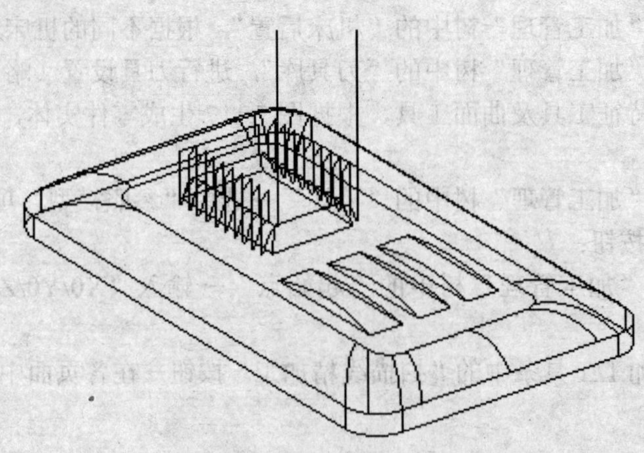

图 7.119

【步骤 10】在“加工管理”树中选中刀具轨迹→点击右键→选择“轨迹仿真”(即可在仿真环境下模拟加工，参阅轨迹仿真）→然后退出仿真窗口。

7.3.19 浅平面精加工

根据给定零件的外形和加工边界生成沿加工表面的浅平面精加工轨迹，主要用来精加工水平平面或倾斜角度不大的平面和曲面。与扫描线精加工很相似。精加工时多使用球头铣刀或刀角半径较大的端铣刀。

浅平面精加工的加工参数设定窗口如图 7.120 所示。

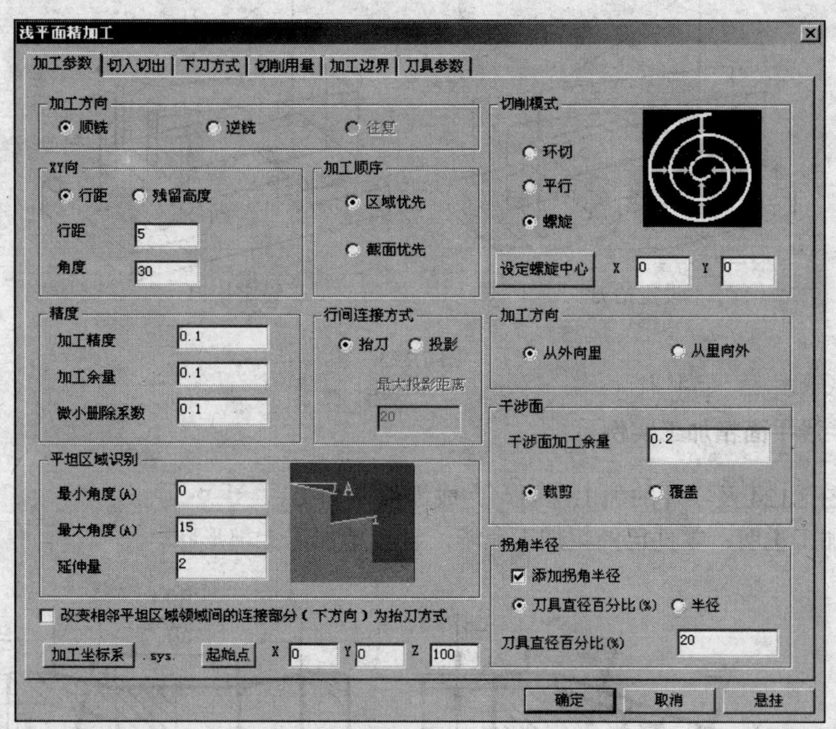

图 7.120

（1）精度。

- 微小删除系数：用来确定在微小的表面上是否生成加工轨迹。被加工表面＜刀具半径×微小删除系数，不生成此表面的加工轨迹，反之则生成。

（2）平坦区域识别：用被加工表面与 XOY 平面之间的夹角来判定哪些表面为平坦部。

- 最小角度：识别平坦部的最小角度。
- 最大角度：识别平坦部的最大角度，如图 7.121 所示。
- 延伸量：设定加工平坦部时，沿切削方向向外的延伸量，如图 7.122 所示。当设定刀具在工件边界内或边界上时，延伸量设定无效。
- 改变相邻平坦区域领域间的连接部分（下方向）为抬刀方式：沿切削方向铣削加工时，相邻平坦部的切削路径是直接连接还是向“下方向”之前先抬刀后再进刀加工。抬刀情况与平坦部识别的最大角度有关，设置不同值时也会“向上方”抬刀，如图 7.123 所示。

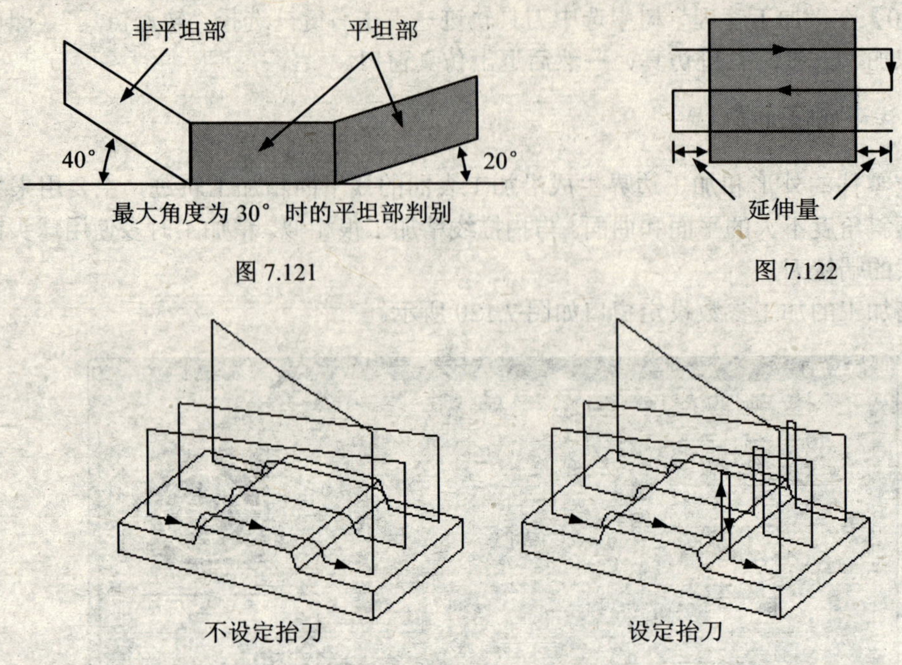

图 7.121　　图 7.122

图 7.123

7.3.20　浅平面精加工实例

请根据图 7.124 及零件的加工说明，完成零件的加工。

零件的加工说明：零件已经粗加工完毕，只需精加工上部形状。

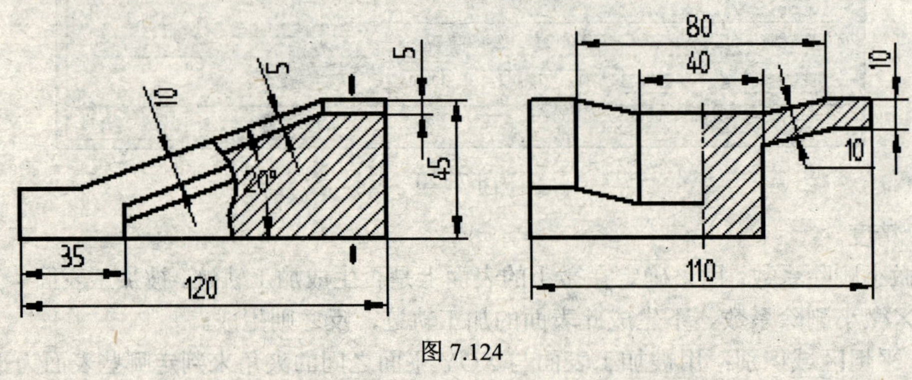

图 7.124

【步骤 1】双击“加工管理”树中的“机床后置”，根据不同的机床进行设置（略）；

【步骤 2】双击“加工管理”树中的“刀具库”，进行刀具设置（略）；

【步骤 3】利用特征工具，根据图 7.124 生成零件实体（可不制作下部形状）；

【步骤 4】双击“加工管理”树中的“毛坯”→选中“参照模型”项→点击“参照模型”按钮→将“高度”值改为“46”（为了能加工到最高的顶面）→点击“确定”按钮；

【步骤 5】双击“加工管理”树中的“起始点”→输入“X0/Y0/Z100”→点击“确定”按钮；

【步骤 6】点击加工工具条中的“浅平面精加工”按钮→在各页面中进行下列参数设置→点击“确定”按钮；

加工参数	往复→行距（2）→角度（0）→区域优先→加工精度（0.01）→加工余量（0.2）→微小删除系数（0.1）→投影→最大投影距离（2）→最小角度（A）（0）→最大角度（A）（21）→延伸量（0）→起始点（X0/Y0/Z60）→平行→干涉面加工余量（0.1）→裁剪
切入切出	（不添加 3D 圆弧）
下刀方式	安全高度（H0）（60）（绝对）→慢速下刀距离（H1）（10）（相对）→退刀距离（H2）（10）（相对）
切削用量	主轴转速（1800）→慢速下刀速度（F0）（200）→切入切出连接速度（F1）（100）→切削速度（F2）（40）→退刀速度（F3）（800）
加工边界	使用有效的 Z 范围→参照毛坯→最大（46）→最小（0）→加工边界上
刀具参数	刀具名（D10）→刀具号（1）→刀具补偿号（1）→刀具半径 R（5）→刀角半径 r（3）→刀柄半径 b（5）→刀刃长度 l（40）→刀柄长度 h（20）→刀具全长 L（70）

【步骤 7】拾取加工对象→点击右键确定→拾取加工边界时直接点击右键确定，即生成加工轨迹，如图 7.125 所示；

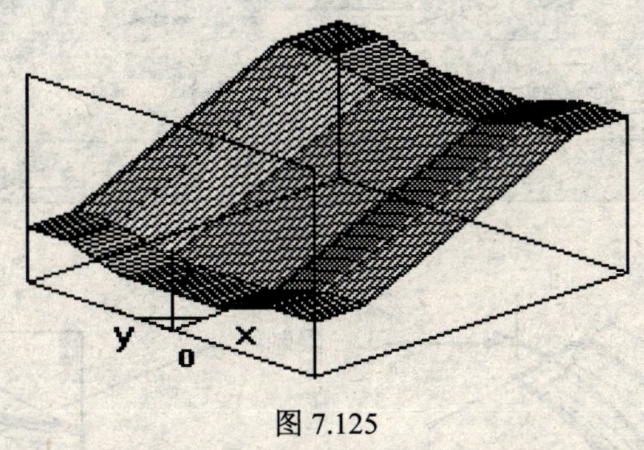

图 7.125

【步骤 8】在“加工管理”树中选中刀具轨迹→点击右键→选择“轨迹仿真”(即可在仿真环境下模拟加工，参阅轨迹仿真）→然后退出仿真窗口。

7.3.21 限制线精加工

根据给定限制线和加工边界生成限制线精加工轨迹，主要适合加工沿限制线方向的曲面轮廓。精加工时多使用球头铣刀或刀角半径较大的端铣刀。

限制线精加工的加工参数设定窗口如图 7.126 所示。

（1）XY 切入。

- 2D 方式：XOY 投影面上的进给量（二维平面步长）。
- 3D 方式：实体模型上的进给量（三维空间步长）。比 2D 加工得更细腻。

（2）路径类型。

- 偏移：使用一条限制线来确定轨迹的走向，生成平行于限制线的加工轨迹。加工区域由加工边界来界定，如图 7.127 所示。

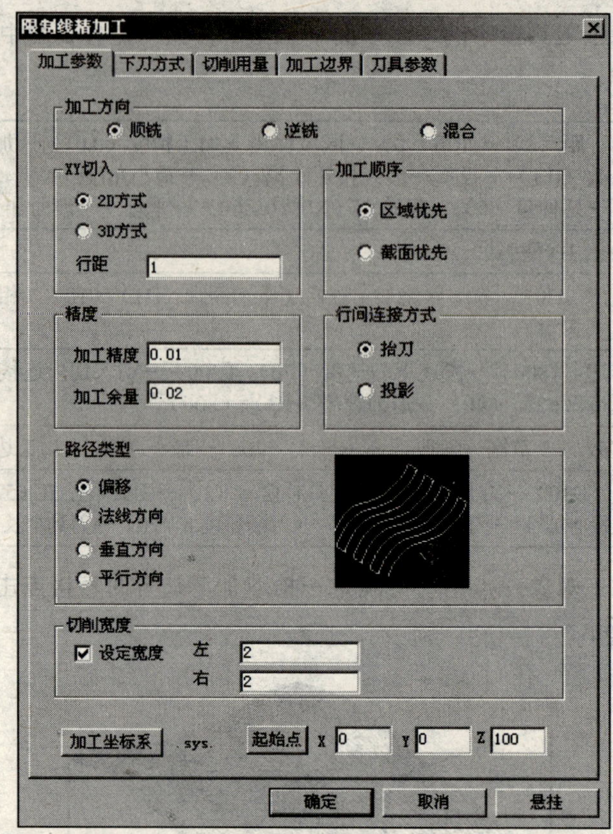

图 7.126

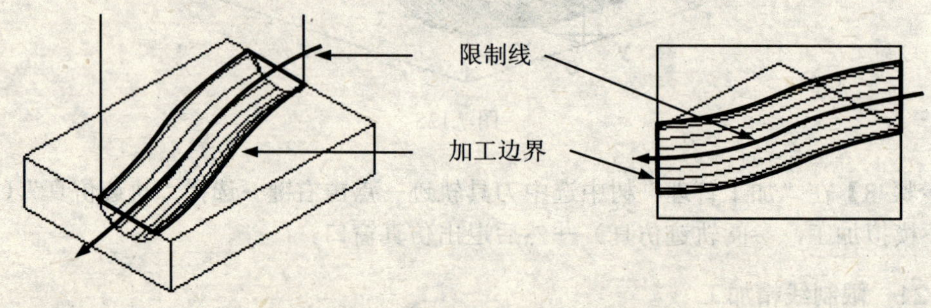

图 7.127

- 法线方向：使用一条限制线来确定轨迹的走向，生成垂直于限制线（直线）方向的加工轨迹。若限制线为曲线，则生成垂直于限制线起点和终点的连线方向的刀具轨迹，如图 7.128 所示。
- 垂直方向：使用两条限制线，生成两条限制线对应点连接方向的加工轨迹，加工区域由两条限制线或加工边界来界定，如图 7.129 所示。
- 平行方向：使用两条限制线，生成两条限制线走势方向上均匀分布的加工轨迹，加工区域由两条限制线或加工边界来界定，如图 7.130 所示。

【注意】

（1）限制线不能封闭，可由多段曲线组成，不一定要光滑，但是限制线整体一定要超出加工区，因为限制线的总长还限制了轨迹范围。

（2）偏移、法线方向都使用一条限制线，限制线用来确定刀具轨迹走向的，此时必须设定加工边界。

（3）垂直方向、平行方向都使用两条限制线，两条限制线不能互相封闭或交叉，且搜索方向要保持一致。

（4）限制线曲率的变化最好不要过大。

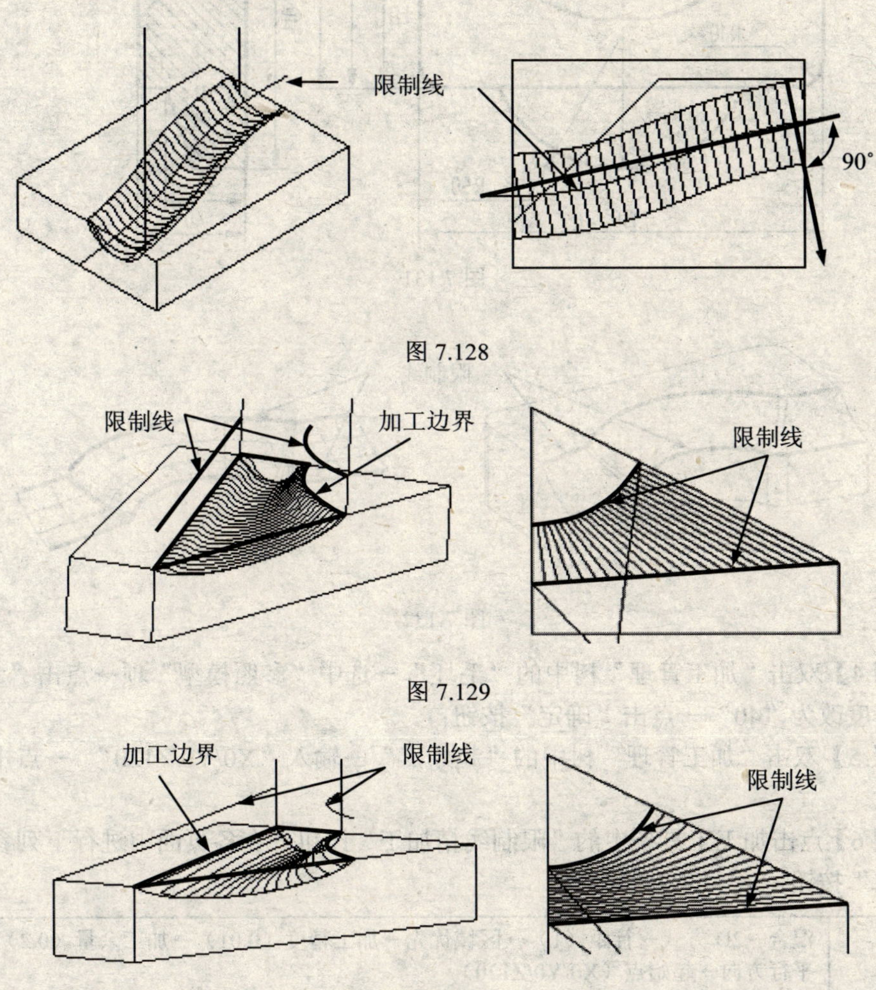

图 7.128

图 7.129

图 7.130

7.3.22 限制线精加工实例

请根据图 7.131 及零件的加工说明，完成零件的加工。

零件的加工说明：零件已经粗加工完毕，只需精加工上部曲面部分。

【步骤 1】双击“加工管理”树中的“机床后置”，根据不同的机床进行设置（略）；

【步骤 2】双击“加工管理”树中的“刀具库”，进行刀具设置（略）；

【步骤 3】利用特征工具及曲面工具，根据图 7.131 生成零件实体及限制线，或利用曲面工具生成加工部位的曲面及限制线，如图 7.132 所示；

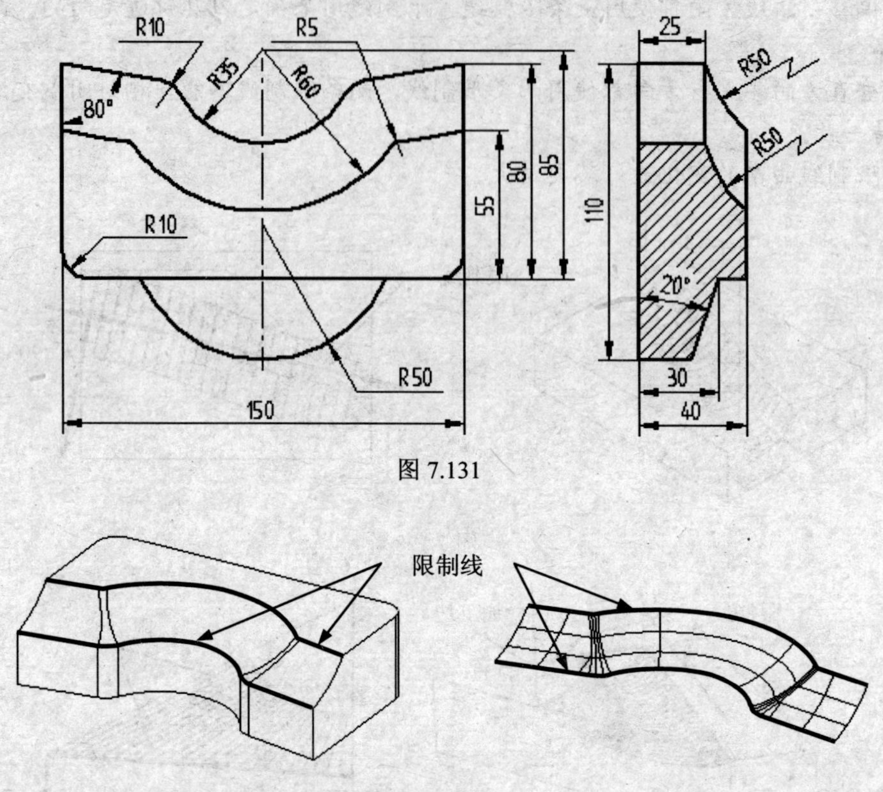

图 7.131

图 7.132

【步骤 4】双击“加工管理”树中的“毛坯”→选中“参照模型”项→点击“参照模型”按钮→将高度改为“40”→点击“确定”按钮；

【步骤 5】双击“加工管理”树中的“起始点”→输入“X0/Y0/Z120” →点击“确定”按钮；

【步骤 6】点击加工工具条中的“限制线精加工”按钮→在各页面中进行下列参数设置→点击“确定”按钮；

加工参数	混合→2D 方式→行距（1）→区域优先→加工精度（0.01）→加工余量（0.2）→投影→平行方向→起始点（X0/Y0/Z120）
下刀方式	安全高度（H0）（80）（绝对）→慢速下刀距离（H1）（20）（相对）→退刀距离（H2）（5）（相对）
切削用量	主轴转速（2000）→慢速下刀速度（F0）（200）→切入切出连接速度（F1）（100）→切削速度（F2）（40）→退刀速度（F3）（800）
加工边界	边界内侧
刀具参数	刀具名（D10）→刀具号（2）→刀具补偿号（2）→刀具半径 R（5）→刀角半径 r（5）→刀柄半径 b（5）→刀刃长度 l（30）→刀柄长度 h（20）→刀具全长 L（55）

【步骤 7】拾取加工对象→点击右键确定→拾取第一条限制线→确定链搜索方向→点击右键确定→拾取第二条限制线→确定链搜索方向→点击右键确定→拾取加工边界→点击右键确

定→再点击右键确定，即生成加工轨迹，如图 7.133 所示；

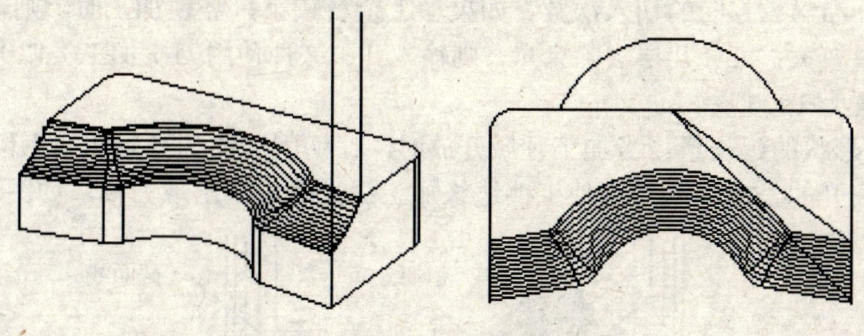

图 7.133

【步骤 8】在“加工管理”树中选中刀具轨迹→点击右键→选择“轨迹仿真”（即可在仿真环境下模拟加工，参阅轨迹仿真）→然后退出仿真窗口。

7.3.23 导动线精加工

根据给定的轮廓和截面线生成分层的导动线精加工轨迹，主要用来加工底面边界水平且截面线单调变化的轮廓，加工性质与导动线粗加工类似，但是它不仅能加工凹模，也能加工凸模。精加工时多用球头铣刀或刀角半径较大的端铣刀。

导动线精加工的加工参数设定窗口如图 7.134 所示。

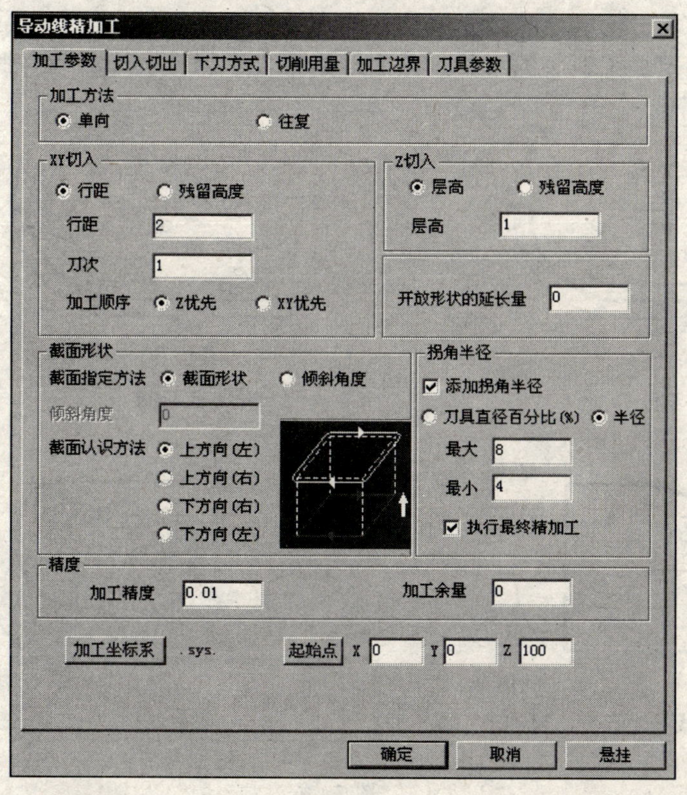

图 7.134

（1）XY 切入。

- 刀次：沿 XY 方向的切入次数。如果加工余量较小只需精加工时，则输入 1；如果加工余量较大，可分几层去除余量，则输入几。这种使用刀次加工类似于粗加工。最大可设置为 1000 次。

（2）开放形状的延长量：当加工领域开放时，在切削断面的开始和结束位置指定沿切线方向的接近或离开的长度，这样可使工件边缘加工更光滑，不出现刀痕，如图 7.135 所示。

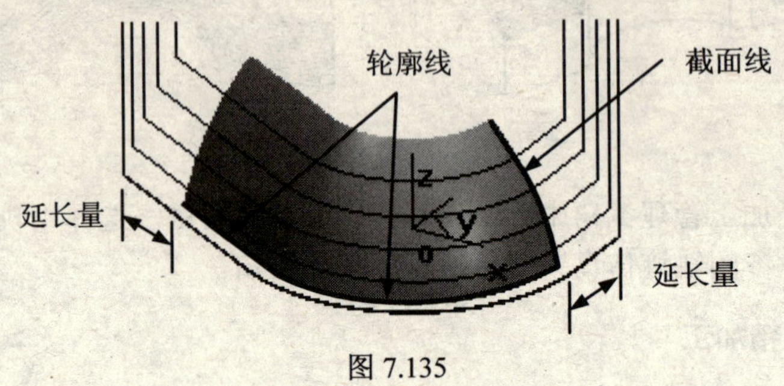

图 7.135

（3）截面形状。

- 截面形状：按截面线形状来确定加工轨迹的形状。
- 倾斜角度：按给定的倾斜角度，生成倾斜的轨迹。倾斜角度范围：0°～90°。
- 截面认识方法：生成凸模加工轨迹还是凹模加工轨迹，由加工方向、刀具沿加工方向行进时位于轮廓线的哪一侧及轮廓线整体的凹凸走势三个方面共同来决定。轮廓线用来确定加工轨迹的形状，截面线用来表示加工轨迹沿 Z 轴的变化情况，如图 7.136 所示。

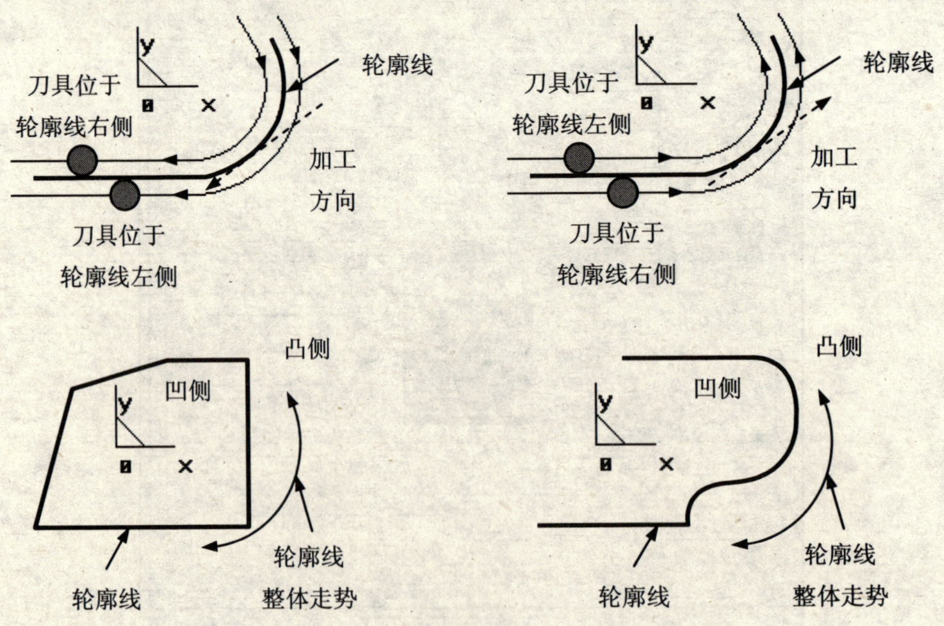

图 7.136

- 上方向（左）：轮廓线位于截面线的下方，轮廓线将沿截面线向上导动认识截面，从而生成加工轨迹，所以确定截面线方向应该向上，“下方向”则相反。

a．当刀具位于轮廓线左侧，且为轮廓线整体走势的凹侧时，生成凹模加工轨迹。

b．当刀具位于轮廓线左侧，且为轮廓线整体走势的凸侧时，生成凸模加工轨迹，如图 7.137 所示。

截面线可
任选一条

上方向（左）

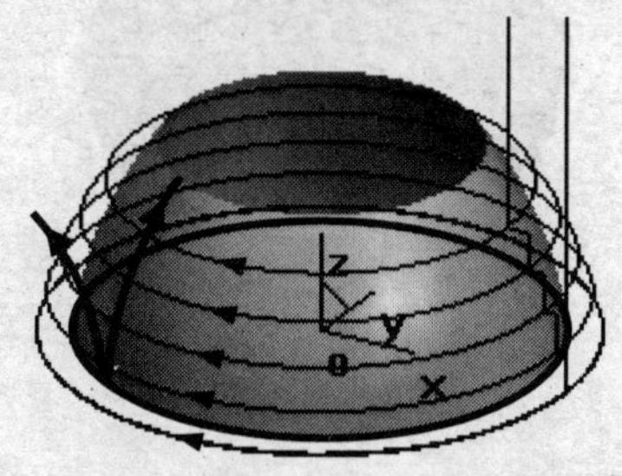

图 7.137

- 上方向（右）。

a．当刀具位于轮廓线右侧，且为轮廓线整体走势的凹侧时，生成凹模加工轨迹。

b．当刀具位于轮廓线右侧，且为轮廓线整体走势的凸侧时，生成凸模加工轨迹，如图 7.138 所示。

截面线可
任选一条

上方向（右）

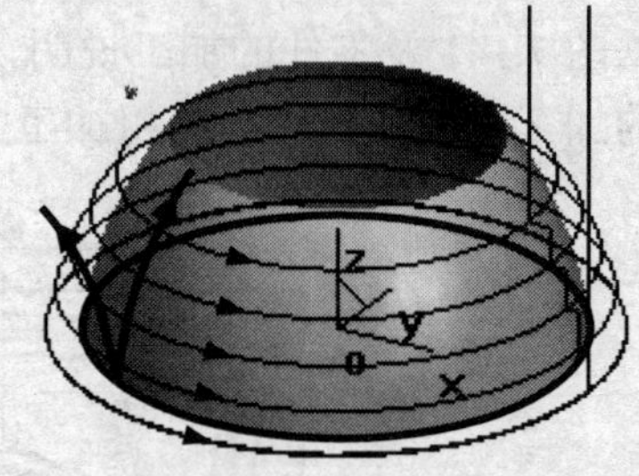

图 7.138

- 下方向（右）

a．当刀具位于轮廓线右侧，且为轮廓线整体走势的凹侧时，生成凹模加工轨迹。

b．当刀具位于轮廓线右侧，且为轮廓线整体走势的凸侧时，生成凸模加工轨迹，如图 7.139 所示。

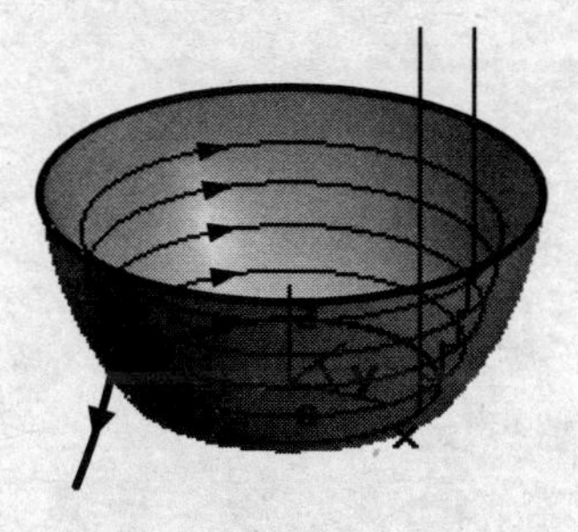

截面线可
任选一条

下方向（右）

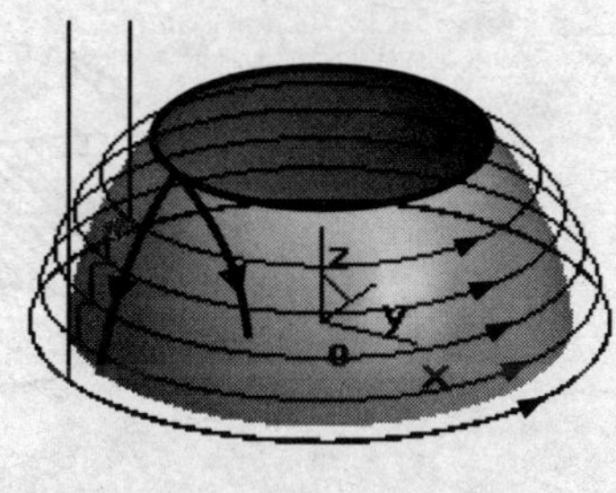

图 7.139

- 下方向（左）。

a．当刀具位于轮廓线左侧，且为轮廓线整体走势的凹侧时，生成凹模加工轨迹。

b. 当刀具位于轮廓线左侧，且为轮廓线整体走势的凸侧时，生成凸模加工轨迹，如图 7.140 所示。

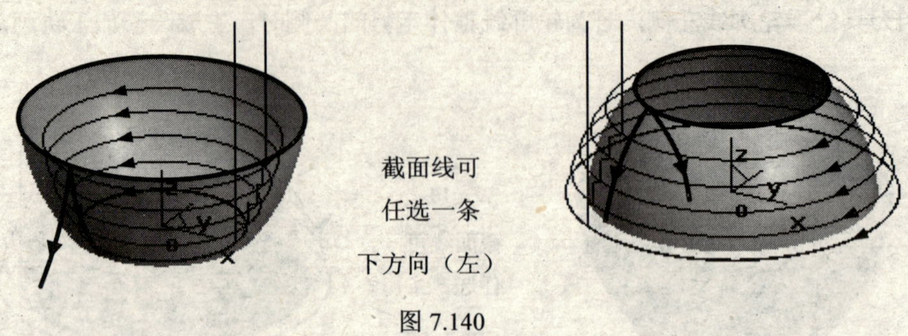

图 7.140

【注意】

（1）截面线必须与轮廓线相交。

（2）轮廓线最好为平面轮廓，且所在平面最好平行于 XOY 平面，否则可能不能生成预想轨迹。

7.3.24 导动线精加工实例

请根据图 7.141 及零件的加工说明，完成零件的加工。

零件的加工说明：零件已经粗加工完毕，只需精加工上部曲面部分。

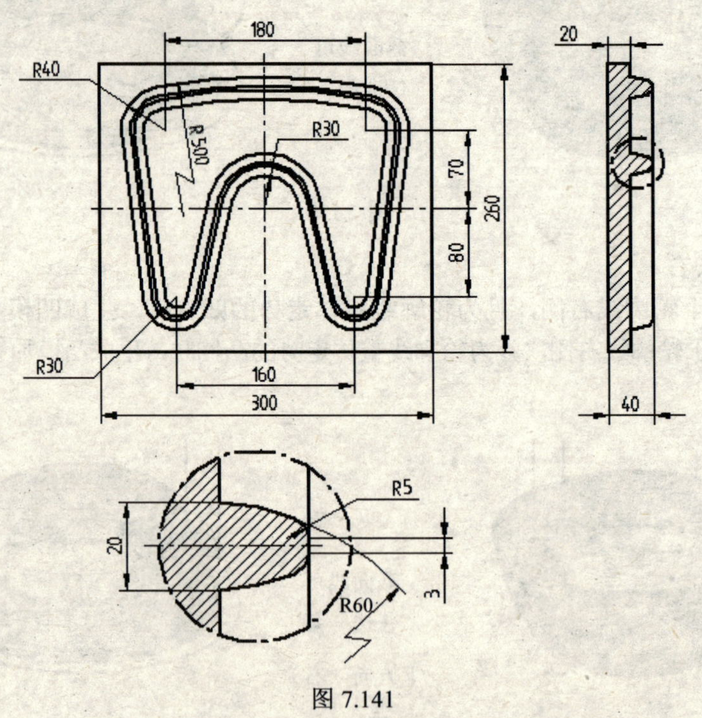

图 7.141

【步骤 1】双击“加工管理”树中的“机床后置”，根据不同的机床进行设置（略）；

【步骤 2】双击“加工管理”树中的“刀具库”，进行刀具设置（略）；

【步骤 3】利用特征工具，根据图 7.141 生成零件实体及导动线，构造出实体便于检查加工质量，如只构造加工部分曲面，仿真时则会显示过切；

【步骤 4】双击“加工管理”树中的“毛坯”→选中“参照模型”项→点击“参照模型”按钮→点击“确定”按钮；

【步骤 5】双击“加工管理”树中的“起始点”→输入“X0/Y0/Z80”→点击“确定”按钮；

【步骤 6】点击加工工具条中的“导动线精加工”按钮→在各页面中进行下列参数设置→点击“确定”按钮；

加工参数	往复→（XY 切入）残留高度（0.02）→（Z 切入）残留高度（0.02）→刀次（1）→Z 优先→开放形状的延长量（0）→截面形状→上方向（左）→加工精度（0.01）→加工余量（0.02）→起始点（X0/Y0/Z80）
切入切出	XY 向→圆弧→半径（R）（10）→角度（A）（60）
下刀方式	安全高度（H0）（30）（绝对）→慢速下刀距离（H1）（5）（相对）→退刀距离（H2）（5）（相对）
切削用量	主轴转速（2000）→慢速下刀速度（F0）（200）→切入切出连接速度（F1）（100）→切削速度（F2）（40）→退刀速度（F3）（800）
加工边界	使用有效的 Z 范围→最大（20）→最小（10）→加工边界上
刀具参数	刀具名（D6）→刀具号（1）→刀具补偿号（1）→刀具半径 R（3）→刀角半径 r（3）→刀柄半径 b（3）→刀刃长度 l（15）→刀柄长度 h（15）→刀具全长 L（35）

【步骤 7】拾取轮廓线和加工方向（如图 7.142 所示）→点击右键确定→拾取截面线→确定链搜索方向向上→点击右键确定，即生成加工轨迹，如图 7.143 所示；

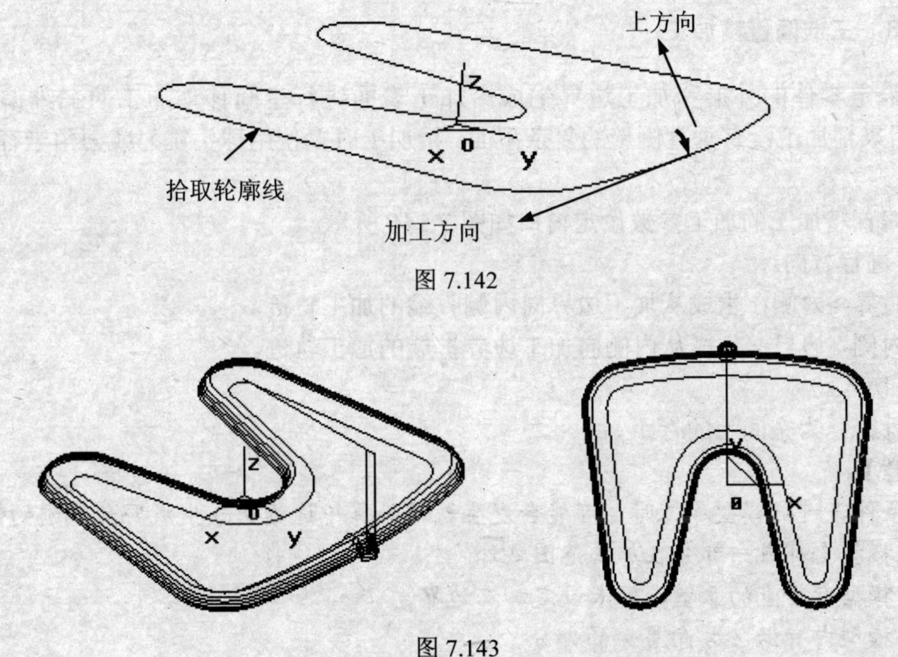

图 7.142

图 7.143

【步骤 8】点击加工工具条中的“导动线精加工”按钮→维持原参数设置→点击“确定”

按钮；拾取轮廓和加工方向（如图 7.144）→点击右键确定→拾取截面线→确定链搜索方向向上→点击右键确定，即生成加工轨迹，如图 7.145 所示；

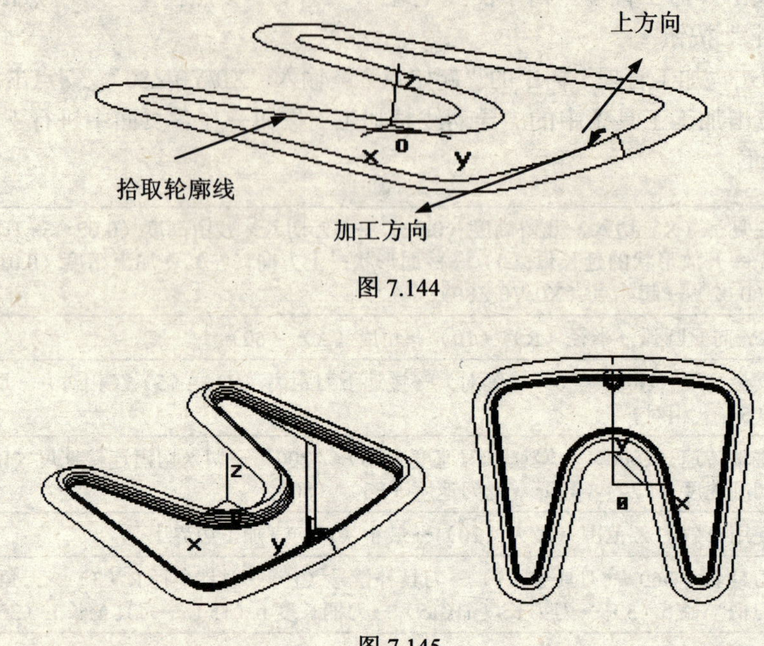

图 7.144

图 7.145

【步骤 9】在“加工管理”树中选中刀具轨迹→点击右键→选择“轨迹仿真”（即可在仿真环境下模拟加工，参阅轨迹仿真）→然后退出仿真窗口。

7.3.25　三维偏置精加工

根据给定零件的外形和加工边界生成沿加工表面进行空间移动加工的三维偏置加工轨迹，主要用来精加工没有垂直侧壁的复杂型面。精加工时多使用球头铣刀或刀角半径较大的端铣刀。

三维偏置精加工的加工参数设定窗口如图 7.146 所示。

（1）进行方向。

- 边界->内侧：生成从加工边界向内侧收缩的加工轨迹。
- 内侧->边界：生成从内侧向加工边界扩展的加工轨迹。

（2）切入。

- 行距：为空间上的行距。

【注意】

下列条件下进行模型加工时，可能会发生轨迹计算中途退出或生成混乱轨迹的情况。

（1）模型全部或一部分在加工范围之外。

（2）模型有垂直的立壁，且未设定加工边界。

（3）模型内有沿 Z 方向贯穿的部分。

（4）模型内有与刀具直径相近宽度的沟形状。

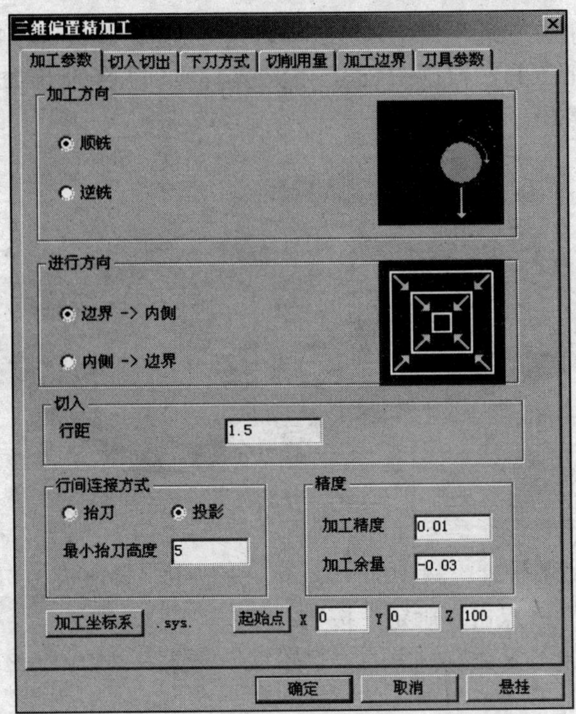

图 7.146

7.3.26 三维偏置精加工实例

请根据图 7.147 及零件的加工说明，完成零件的加工。

零件的加工说明：零件已经粗加工完毕，只需精加工上部曲面部分。

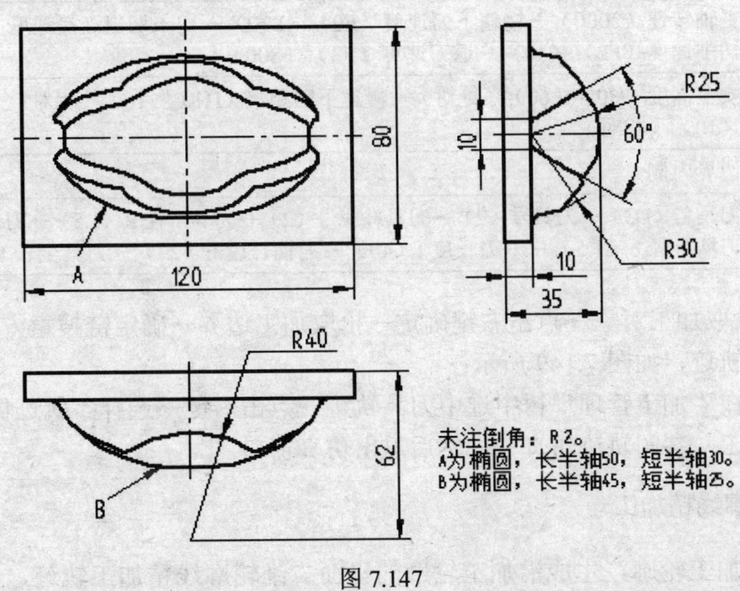

图 7.147

【步骤 1】双击"加工管理"树中的"机床后置"，根据不同的机床进行设置（略）；

【步骤 2】双击“加工管理”树中的“刀具库”，进行刀具设置（略）；

【步骤 3】利用特征工具，根据图 7.147 生成零件实体并绘制出加工边界，加工边界要包含倒角部分，如图 7.148 所示；

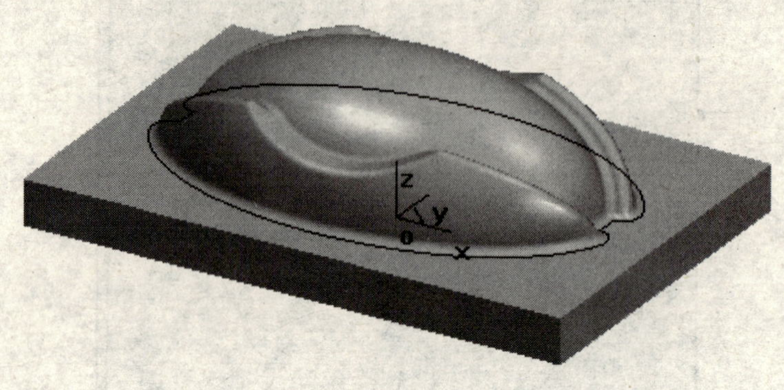

图 7.148

【步骤 4】双击“加工管理”树中的“毛坯”→选中“参照模型”项→点击“参照模型”按钮→将高度改为“36”→点击“确定”按钮；

【步骤 5】双击“加工管理”树中的“起始点”→输入“X0/Y0/Z100” →点击“确定”按钮；

【步骤 6】点击加工工具条中的“三维偏置精加工”按钮→在各页面中进行下列参数设置→点击“确定”按钮；

加工参数	顺铣→边界->内侧→行距（0.5）→投影→最小抬刀高度（10）→加工精度（0.01）→加工余量（0.2）→起始点（X0/Y0/Z100）
切入切出	（不添加 3D 圆弧）
切削用量	主轴转速（2000）→慢速下刀速度（F0）（200）→切入切出连接速度（F1）（100）→切削速度（F2）（40）→退刀速度（F3）（800）
下刀方式	安全高度（H0）（60）（绝对）→慢速下刀距离（H1）（10）（相对）→退刀距离（H2）（10）（相对）
加工边界	边界内侧
刀具参数	刀具名（D3）→刀具号（2）→刀具补偿号（2）→刀具半径 R（1.5）→刀角半径 r（1.5）→刀柄半径 b（1.5）→刀刃长度 l（40）→刀柄长度 h（20）→刀具全长 L（70）

【步骤 7】拾取加工对象→点击右键确定→拾取加工边界→确定链搜索方向→点击右键确定，即生成加工轨迹，如图 7.149 所示；

【步骤 8】在“加工管理”树中选中刀具轨迹→点击右键→选择“轨迹仿真”（即可在仿真环境下模拟加工，参阅轨迹仿真）→然后退出仿真窗口。

7.3.27 轮廓线精加工

根据给定的加工轮廓，生成沿加工轮廓的平面二维轮廓线精加工轨迹，主要用来加工底面水平，且侧壁与底面垂直的侧壁表面。根据底面和侧壁的过渡情况，加工时多选择相应刀角半径的端铣刀。

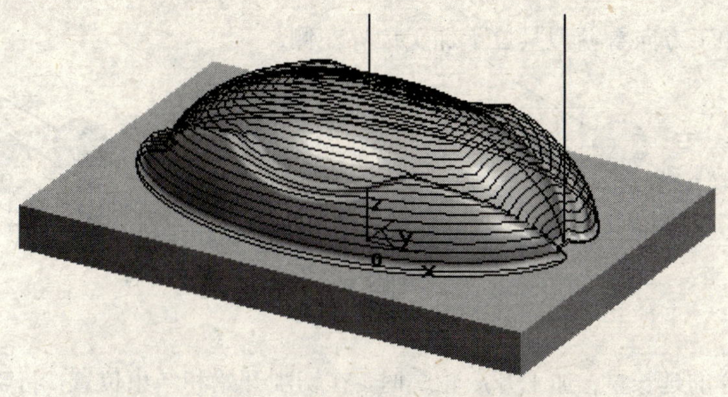

图 7.149

轮廓线精加工的加工参数设定窗口如图 7.150 所示。

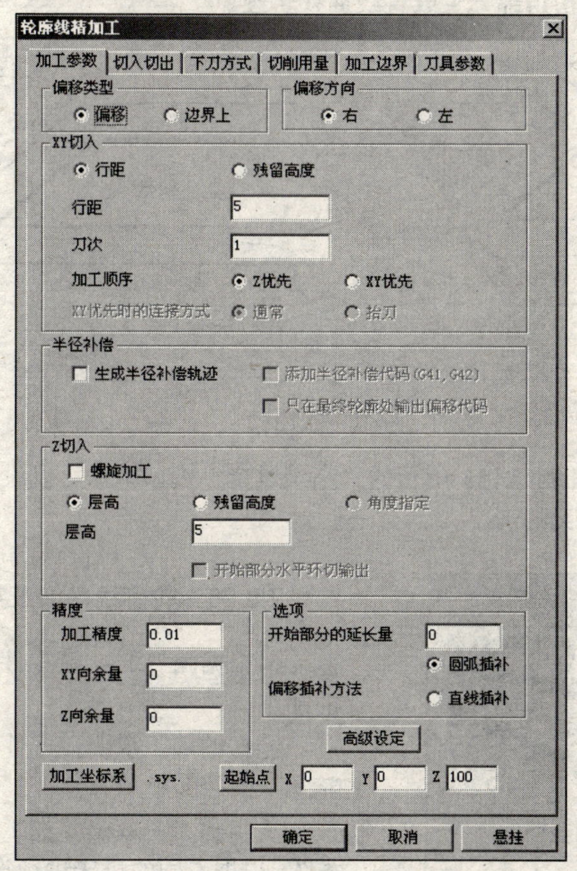

图 7.150

（1）偏移类型。

- 偏移：沿加工方向看，刀具位于加工边界右侧还是左侧。
- 边界上：刀具位于加工边界上。

（2）偏移方向。

- 右：沿加工方向看，刀具位于加工边界右侧，如图 7.151 所示。

- 左：沿加工方向看，刀具位于加工边界左侧。

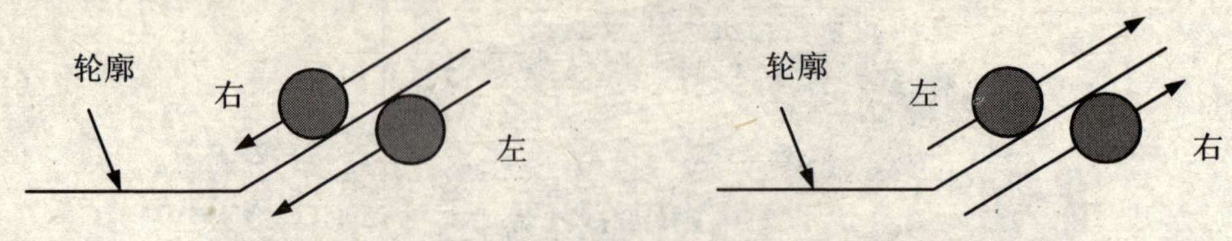

图 7.151

（3）选项。

- 开始部分的延长量：加工开放轮廓时，在切削开始和结束位置，将轨迹沿相切方向延伸给定量，如图 7.152 所示。
- 圆弧插补：在拐角部分生成圆弧插补轨迹。
- 直线插补：在拐角部分生成直线插补轨迹。

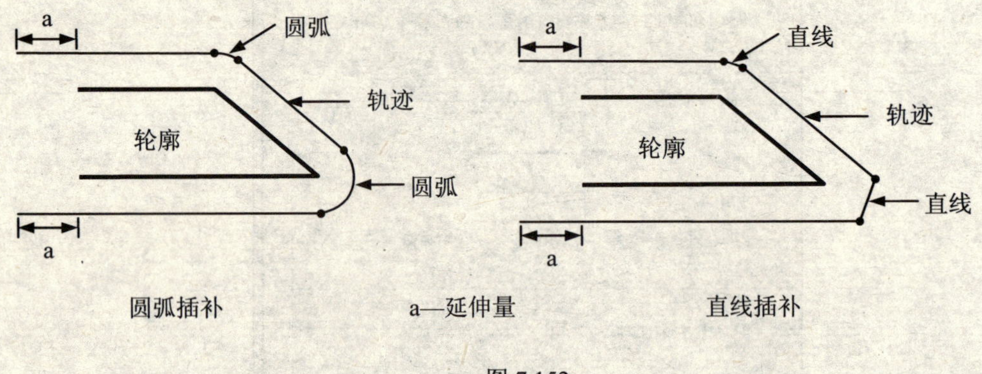

图 7.152

（4）高级设定：在图 7.153 所示的“高级设定”窗口中，可以设定让生成的加工轨迹是否考虑加工轮廓自我交叉的情况。

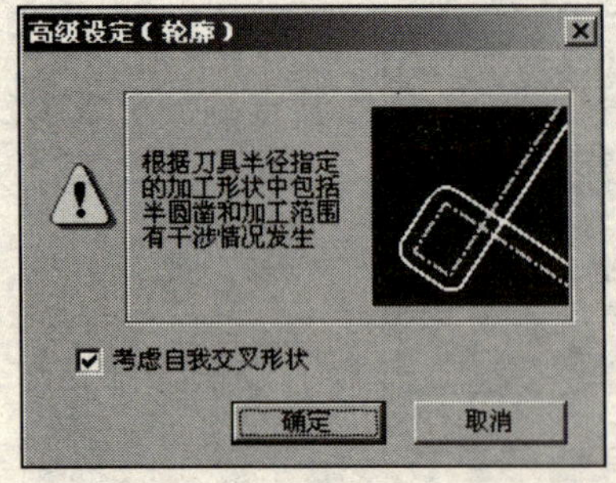

图 7.153

7.3.28 轮廓线精加工实例

请根据图 7.154 及零件的加工说明，完成零件的加工。

零件的加工说明：零件已经粗加工完毕，只需精加工凸轮凹槽部分。

【步骤 1】双击“加工管理”树中的“机床后置”，根据不同的机床进行设置（略）；

【步骤 2】双击“加工管理”树中的“刀具库”，进行刀具设置（略）；

【步骤 3】利用特征工具，根据图 7.154 生成零件实体，或只绘制出加工轮廓，把轮廓中的两段圆弧从（0，-50）、（0，-70）处打断，是为了控制刀具从此点附近切入，如图 7.155 所示；

【步骤 4】双击“加工管理”树中的“毛坯”→选中“参照模型”项→点击“参照模型”按钮→点击“确定”按钮；

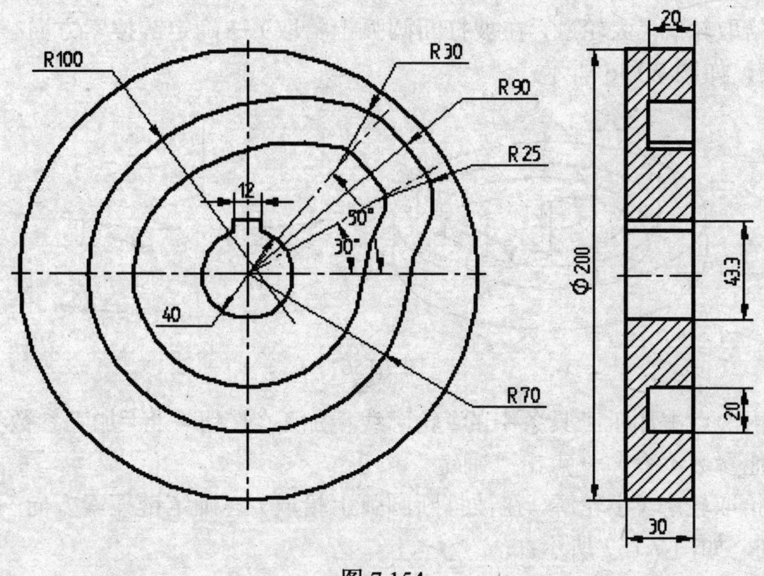

图 7.154

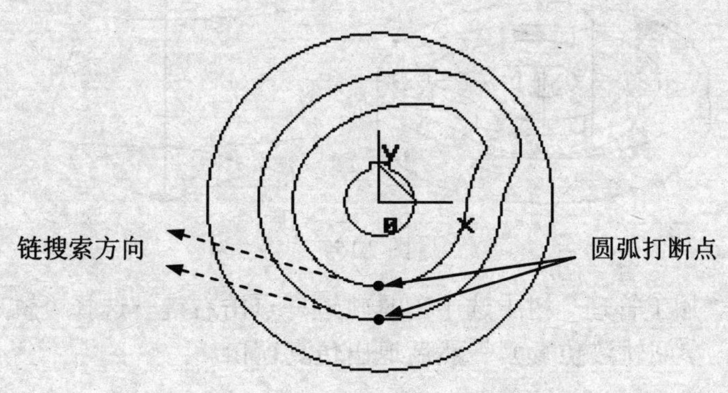

图 7.155

【步骤 5】双击“加工管理”树中的“起始点”→输入“X0/Y0/Z80” →点击“确定”按钮；

【步骤 6】点击加工工具条中的“轮廓线精加工”按钮→在各页面中进行下列参数设置→点击“确定”按钮；

加工参数	偏移→右→行距（5）→刀次（1）→Z 优先→层高（0）→开始部分延长量（0）→圆弧插补→加工精度（0.01）→XY 向余量（0）→Z 向余量→起始点（X0/Y0/Z80）
切入切出	圆弧→半径（R）（10）→角度（A）（30）→设定接近点→X（0）→Y（-60）→设定返回点→X（0）→Y（-60）
下刀方式	安全高度（H0）（50）（绝对）→慢速下刀距离（H1）（25）（相对）→退刀距离（H2）（25）（相对）
切削用量	主轴转速（2000）→慢速下刀速度（F0）（200）→切入切出连接速度（F1）（100）→切削速度（F2）（40）→退刀速度（F3）（800）
加工边界	使用有效的 Z 范围→最大（30）→最小（10）
刀具参数	刀具名（D14）→刀具号（4）→刀具补偿号（4）→刀具半径 R（7）→刀角半径 r（0.1）→刀柄半径 b（7）→刀刃长度 l（30）→刀柄长度 h（20）→刀具全长 L（60）

【步骤 7】拾取轮廓（大轮廓，在被打断圆弧上拾取）→确定链搜索方向→点击右键确定，即生成加工轨迹，如图 7.156 所示；

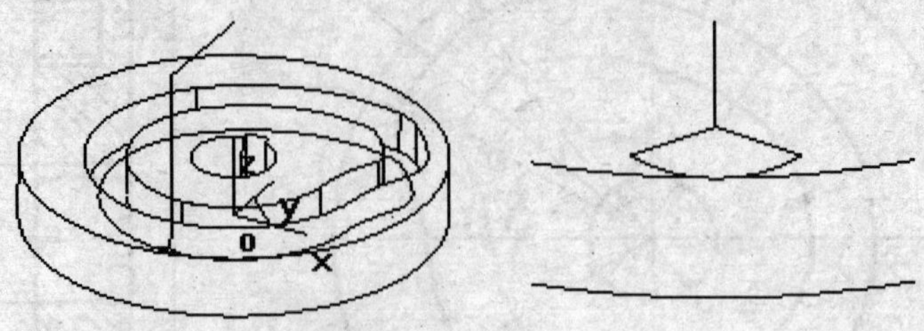

图 7.156

【步骤 8】再次点击加工工具条中的“轮廓线精加工”按钮→将“加工参数”页面中的“右”改为“左”（其他参数不变）→点击“确定”按钮；

【步骤 9】拾取轮廓（小轮廓，在被打断圆弧上拾取）→确定链搜索方向→点击右键确定，即生成加工轨迹，如图 7.157 所示；

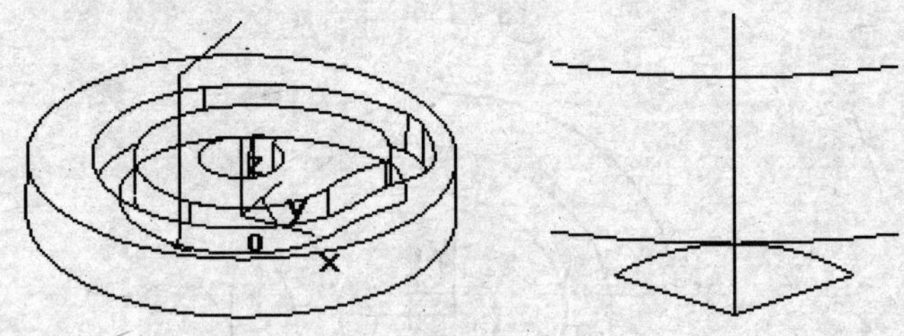

图 7.157

【步骤 10】在“加工管理”树中选中刀具轨迹→点击右键→选择“轨迹仿真”（即可在仿真环境下模拟加工，参阅轨迹仿真）→然后退出仿真窗口。

7.3.29 深腔侧壁加工

根据加工轮廓或加工轮廓和检查面生成深腔侧壁加工轨迹，主要用来精加工侧壁竖直的轮廓。加工时多使用端铣刀，或使用特种深腔侧壁加工的刀具，其刀柄直径要小于刀刃的直径。

深腔侧壁加工的加工参数设定窗口如图 7.158 所示。

（1）偏移方向。

- 右：沿加工方向看，刀具位于轮廓线的右边。
- 左：沿加工方向看，刀具位于轮廓线的左边。

【注意】

各单根轮廓线在向刀具方向等距刀具半径后，各等距线不能出现自交叉现象，即轮廓线上的最小曲率应大于刀具半径，如图 7.159 所示。

（2）加工模式。

- 绝对：在给定的 Z 最大值与 Z 最小值之间生成加工轨迹。
- 相对：在轮廓线和给定的 Z 高度值之间生成加工轨迹，Z 值可正可负。
- 检查面：在轮廓线与检查曲面之间生成加工轨迹。此时轮廓线必须沿 Z 的正或负方向能够全部投影到检查面上，否则不能生成加工轨迹。检查面不能是实体表面，必须是用曲面工具制作的表面。

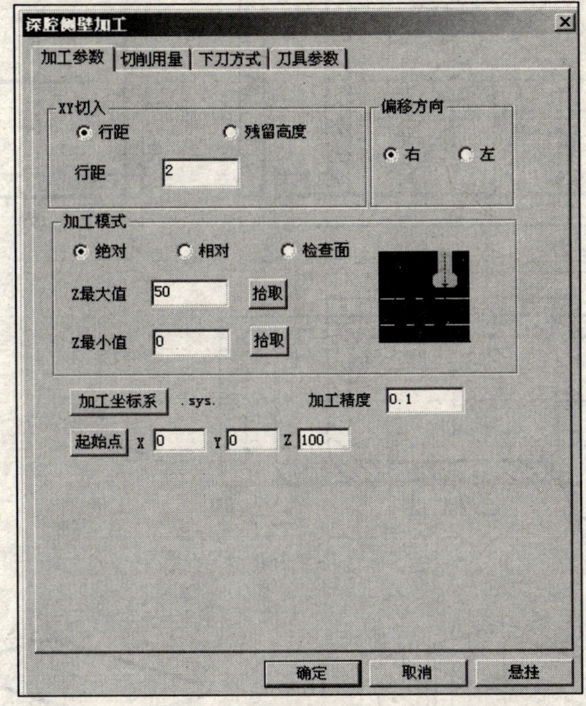

图 7.158

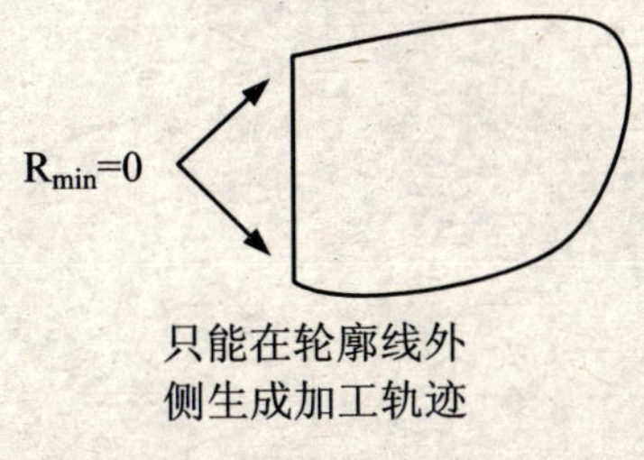

只能在轮廓线外侧生成加工轨迹

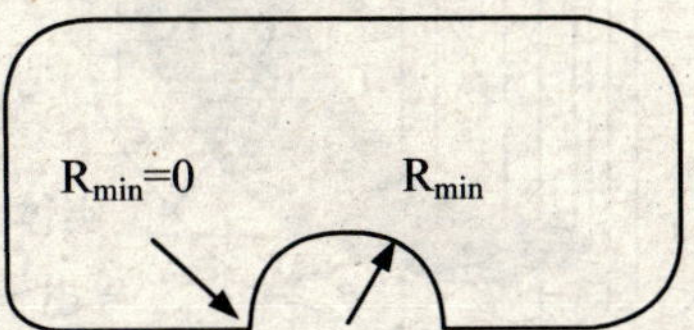

当 R_{min} 小于刀具半径时，不能生成轨迹；当 R_{min} 大于刀具半径时，只能在轮廓线外侧生成加工轨迹

图 7.159

7.3.30 深腔侧壁加工实例

请根据图 7.160 及零件的加工说明，完成零件的加工。

零件的加工说明：零件已经粗加工完毕，只需精加工凹陷部分内侧轮廓面。

【步骤 1】双击“加工管理”树中的“机床后置”，根据不同的机床进行设置（略）；

【步骤 2】双击“加工管理”树中的“刀具库”，进行刀具设置（略）；

【步骤 3】利用特征工具，根据图 7.160 生成零件实体（可只生成加工部分）、加工轮廓和干涉面，或在实体最高处绘制出加工轮廓，并用曲面工具生成干涉面，如图 7.161 所示；

【步骤 4】双击“加工管理”树中的“毛坯”→选中“参照模型”项→点击“参照模型”按钮→点击“确定”按钮；

【步骤 5】双击“加工管理”树中的“起始点”→输入“X0/Y0/Z80” →点击“确定”按钮；

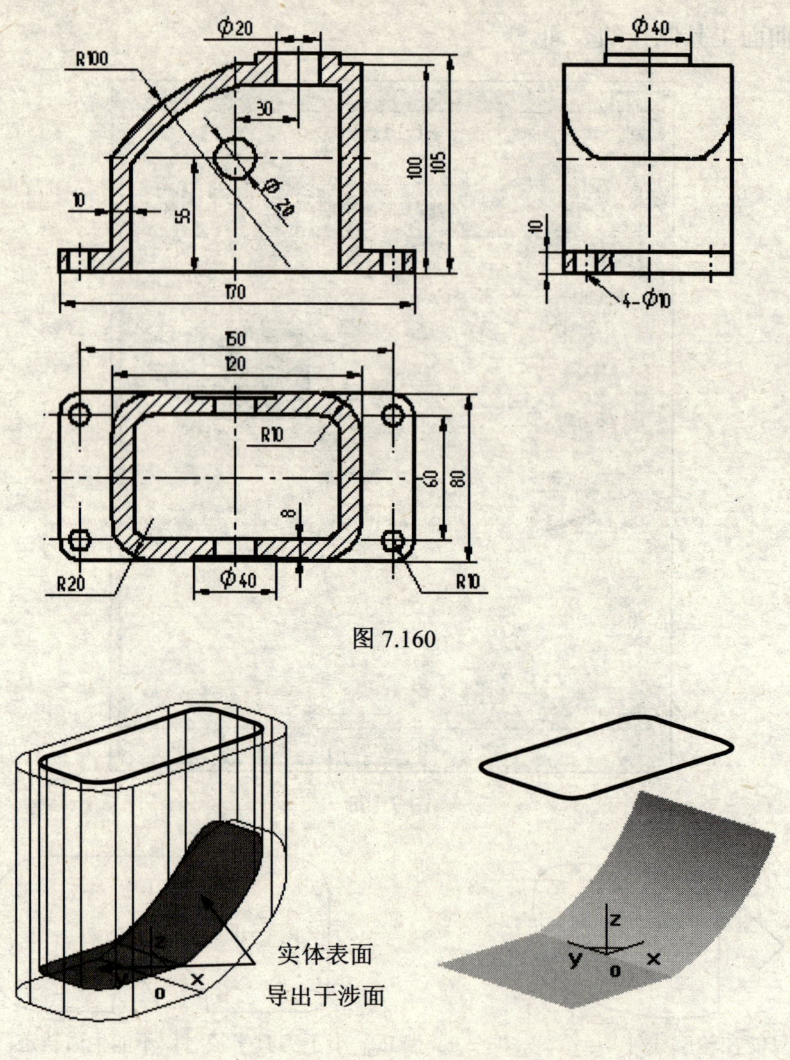

图 7.160

图 7.161

【步骤 6】点击加工工具条中的“深腔侧壁加工”按钮→在各页面中进行下列参数设置→点击“确定”按钮；

加工参数	残留高度→残留高度（0.02）→右→检查面→加工精度（0.01）→起始点（X0/Y0/Z180）
下刀方式	安全高度（H0）（140）（绝对）→退刀距离（H2）（10）（相对）
切削用量	主轴转速（1200）→慢速下刀速度（F0）（200）→切入切出连接速度（F1）（100）→切削速度（F2）（40）→退刀速度（F3）（800）
刀具参数	刀具名（D16）→刀具号（1）→刀具补偿号（1）→刀具半径 R（8）→刀角半径 r（0）→刀柄半径 b（8）→刀刃长度 l（100）→刀柄长度 h（30）→刀具全长 L（140）

【步骤 7】拾取轮廓→确定链搜索方向（要使刀具位于轮廓右侧）→拾取干涉面→点击右键确定，即生成加工轨迹，如图 7.162 所示；

【步骤 8】在“加工管理”树中选中刀具轨迹→点击右键→选择“轨迹仿真”（即可在仿真环境下模拟加工，参阅轨迹仿真）→然后退出仿真窗口。

7.3.31 等高线补加工

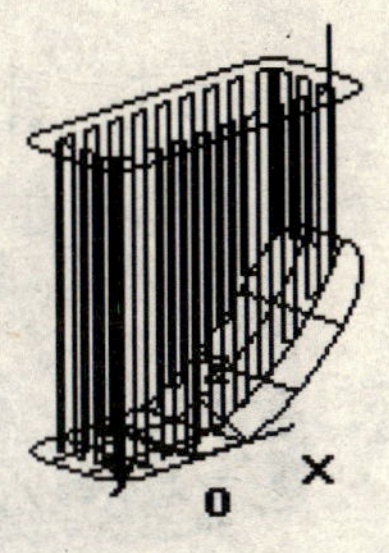

图 7.162

根据零件的内凹棱边生成分层的等高线补加工轨迹，主要用来加工零件中较陡峭的内凹棱边附近的残留区域。加工时多使用小直径的球头铣刀。

等高线补加工的加工参数设定窗口如图 7.163 所示。

（1）XY 向。

- 开放周回（快速移动）：在开放一侧，以快速移动进行抬刀，如图 7.164 所示。

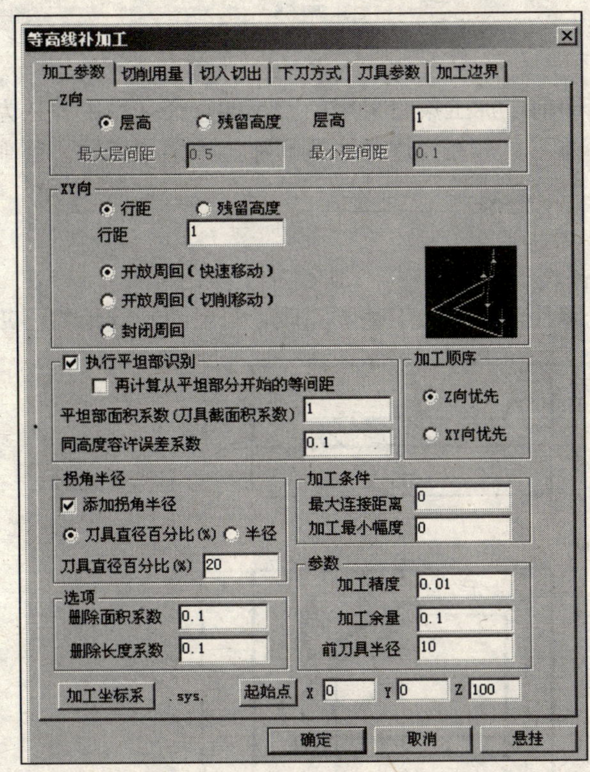

图 7.163

- 开放周回（切削移动）：在开放一侧，生成切削移动轨迹，如图 7.165 所示。
- 封闭周回：在开放一侧，生成封闭的周向回转轨迹，如图 7.166 所示。

（2）加工条件。

- 最大连接距离：有多个补加工区域时，通过正常切削移动速度连接的距离。最大连接距离＞补加工区域间隔距离时，以切削移动连接。最大连接距离＜补加工区域间隔距离时，抬刀后快速移动连接。
- 加工最小幅度：补加工区域宽度小于加工最小幅度时，不生成轨迹，应将加工最小幅度设定为 0.01 以上。如果设定 0.01 以下的值，系统会以 0.01 计算处理。

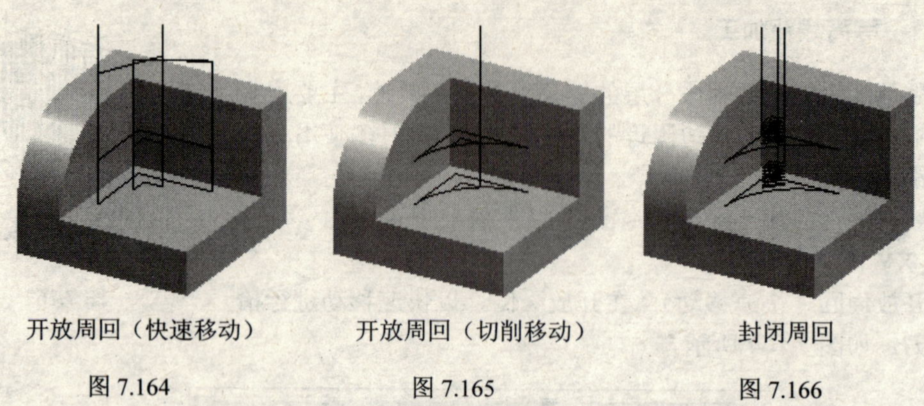

开放周回（快速移动） 开放周回（切削移动） 封闭周回

图 7.164 图 7.165 图 7.166

（3）参数。

- 前刀具半径：即前一加工策略采用的刀具的直径（系统默认为球头铣刀）。补加工刀具半径应小于前刀具半径，这样才能够加工未加工区域，否则不能生成轨迹。

7.3.32 等高线补加工实例

请根据图 7.167 及零件的加工说明，完成零件的加工。

零件的加工说明：零件已经精加工基本完成，只需对较陡峭的内凹棱边进行精加工。

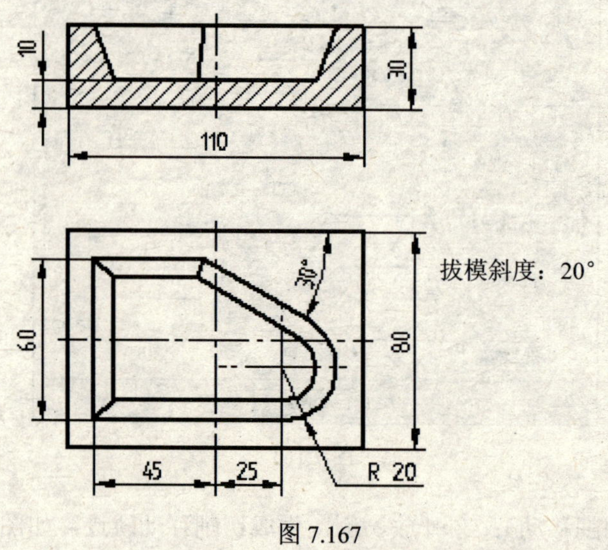

图 7.167

【步骤 1】双击“加工管理”树中的“机床后置”，根据不同的机床进行设置（略）；

【步骤 2】双击“加工管理”树中的“刀具库”，进行刀具设置（略）；

【步骤 3】利用特征工具，根据图 7.167 生成零件实体；

【步骤 4】双击“加工管理”树中的“毛坯”→选中“参照模型”项→点击“参照模型”按钮→点击“确定”按钮；

【步骤 5】双击“加工管理”树中的“起始点”→输入“X0/Y0/Z100”→点击“确定”按钮；

【步骤 6】点击加工工具条中的“等高线补加工”按钮→在各页面中进行下列参数设置→点击“确定”按钮；

加工参数	顺铣→由外到里→行距（1）→深模型→行距（1）→开放四周（移动切削）→Z 优先→最大连接距离（0）→剪刀具半径（5）→偏移量（0.5）→倾斜角→面面夹角（120）→凹棱形状分界面（-50）→近似系数（1）→删除长度系数（0.1）→加工精度（0.01）→加工余量（0.1）→起始点（X0/Y0/Z100）
切入切出	长度（0）
下刀方式	安全高度（H0）（50）（绝对）→慢速下刀距离（H1）（10）（相对）→退刀距离（H2）（10）（相对）→垂直→距离（H3）（5）
切削用量	主轴转速（2200）→慢速下刀速度（F0）（200）→切入切出连接速度（F1）（100）→切削速度（F2）（40）→退刀速度（F3）（500）
加工边界	边界上
刀具参数	刀具名（D4）→刀具号（1）→刀具补偿号（1）→刀具半径 R（2）→刀角半径 r（2）→刀柄半径 b（2）→刀刃长度 l（30）→刀柄长度 h（20）→刀具全长 L（55）

【步骤 7】拾取加工对象→点击右键确定→拾取加工边界时直接点击右键确定，即生成加工轨迹，如图 7.168 所示；

【步骤 8】在“加工管理”树中选中刀具轨迹→点击右键→选择“轨迹仿真”（即可在仿真环境下模拟加工，参阅轨迹仿真）→然后退出仿真窗口。

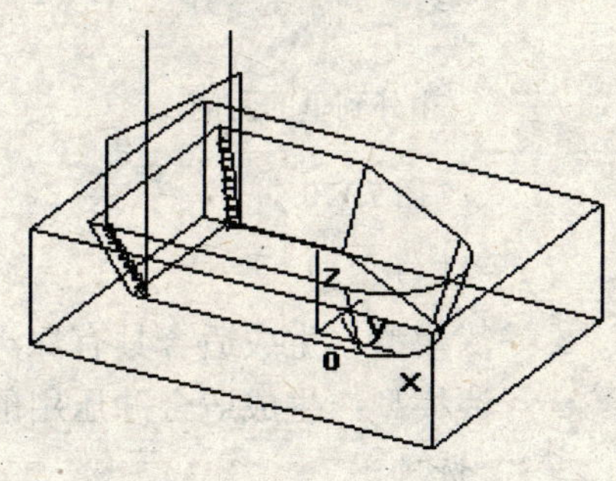

图 7.168

7.3.33　笔式清根加工 1

根据零件的内凹棱边，沿其方向生成笔式清根补加工轨迹，主要用来加工零件垂直区和平坦区中的内凹棱边附近的残留区域。加工时多使用小直径的球头铣刀。

笔式清根加工的加工参数设定窗口如图 7.169 所示。

图 7.169

（1）沿面方向。

- 切削宽度：未加工区域沿面方向的延伸宽度。用来确定切削范围的宽度，设定后沿未加工区域会生成轨迹。设定延伸宽度为 0 时，沿未加工区域只生成一条轨迹。
- 由外到里的两侧：从两面外侧以交互方式向凹棱方向生成轨迹，如图 7.170 所示。
- 由外到里的单侧：从某面的外侧向凹棱方向生成轨迹，再从另一面向凹棱方向生成轨迹，如图 7.171 所示。
- 由里到外：由凹棱分别向两面生成轨迹，生成一个单侧轨迹后再生成另一侧轨迹，如图 7.172 所示。

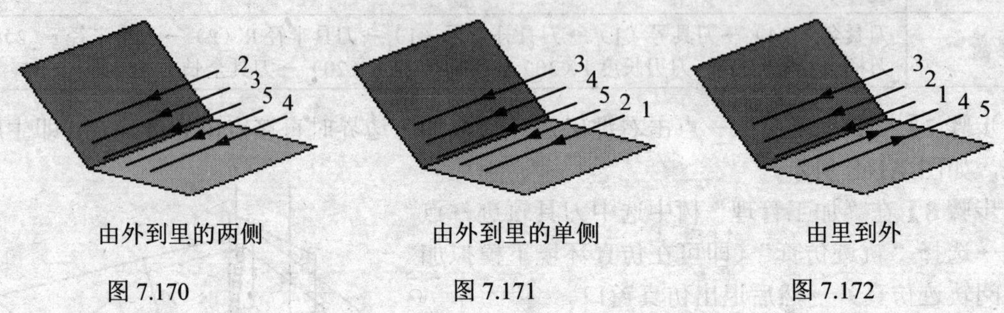

由外到里的两侧　图 7.170　　由外到里的单侧　图 7.171　　由里到外　图 7.172

（2）计算类型。

- 深模型：生成适合具有深沟的模型或者极端浅沟的模型的轨迹。
- 浅模型：生成适合冲压用的大型模型。

（3）选项。

- 面面夹角：两相交面之间的夹角，如图 7.173 所示。如果面面夹角较大时，那么交线附近的残留部分也会较小，可以不对此位置进行补加工。面面之间的夹角小于面面夹角的设定值时，才会在凹棱线处做出补加工轨迹。面面夹角范围为：0°～180°。
- 凹棱形状分界角：两相交面的凹状棱线与水平面之间的夹角，如图 7.174 所示。通过凹棱形状分界角可以把补加工区域分为平坦区和垂直区两个类别，分别按不同的方法计算进行加工。凹棱形状角度 > 凹棱形状分界角的补加工区域为垂直区；凹棱形状角度 ≤ 凹棱形状分界角的补加工区域为平坦区。凹棱形状分界角的范围为：0°～90°。

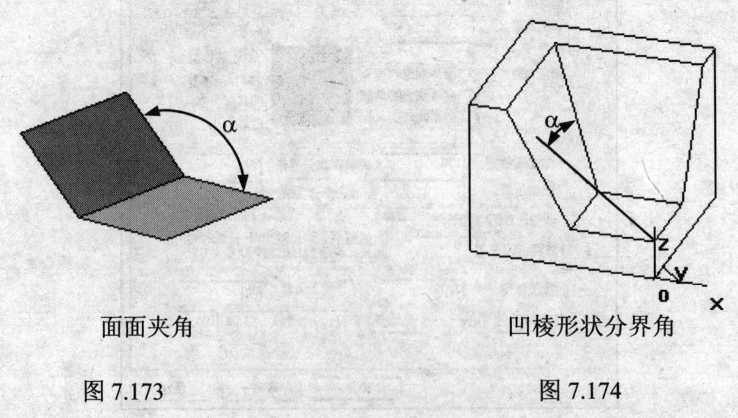

面面夹角　图 7.173　　凹棱形状分界角　图 7.174

- 近似系数：它是一个调整计算加工精度的系数，原则上建议使用“1.0”。近似系数×

加工精度被作为将轨迹点拟合成直线段轨迹时的拟合误差。

- 删除长度系数：根据输入的删除长度系数，设定是否生成微小长度轨迹。删除长度=刀具半径×删除长度系数，一般采用初始值。

（4）调整计算网格因子：设定轨迹光滑的计算间隔因子，因子的推荐值为 0.5～1.0，一般设定为 1.0。因子越小，生成的轨迹越光滑，但计算时间会越长。

7.3.34 笔式清根加工 1 实例

请根据图 7.167 及零件的加工说明，完成零件的加工。

零件的加工说明：零件已经精加工基本完成，只需对内凹棱边进行精加工。

【步骤 1】双击“加工管理”树中的“机床后置”，根据不同的机床进行设置（略）；

【步骤 2】双击“加工管理”树中的“刀具库”，进行刀具设置（略）；

【步骤 3】利用特征工具，根据图 7.167 生成零件实体；

【步骤 4】双击“加工管理”树中的“毛坯”→选中“参照模型”项→点击“参照模型”按钮→点击“确定”按钮；

【步骤 5】双击“加工管理”树中的“起始点”→输入“X0/Y0/Z100”→点击“确定”按钮；

【步骤 6】点击加工工具条中的“笔式清根加工”按钮→在各页面中进行下列参数设置→点击“确定”按钮；

加工参数	顺铣→刀次（0）→切削宽度（2）→行距（1）→由外到里的单侧→深模型→面面夹角（170）→凹棱形状分界角（90）→近似系数（1）→删除长度系数（1）→加工精度（0.01）→加工余量（0.2）→起始点（X0/Y0/Z100）
切入切出	
下刀方式	安全高度（H0）（60）（绝对）→慢速下刀距离（H1）（10）（相对）→退刀距离（H2）（5）（相对）→垂直→距离（H3）（5）
切削用量	主轴转速（2200）→慢速下刀速度（F0）（200）→切入切出连接速度（F1）（100）→切削速度（F2）（40）→退刀速度（F3）（500）
加工边界	边界上
刀具参数	刀具名（D4）→刀具号（1）→刀具补偿号（1）→刀具半径 R（2）→刀角半径 r（2）→刀柄半径 b（2）→刀刃长度 l（30）→刀柄长度 h（20）→刀具全长 L（55）

【步骤 7】拾取加工对象→点击右键确定→拾取加工边界时直接点击右键确定，即生成加工轨迹，如图 7.175 所示；

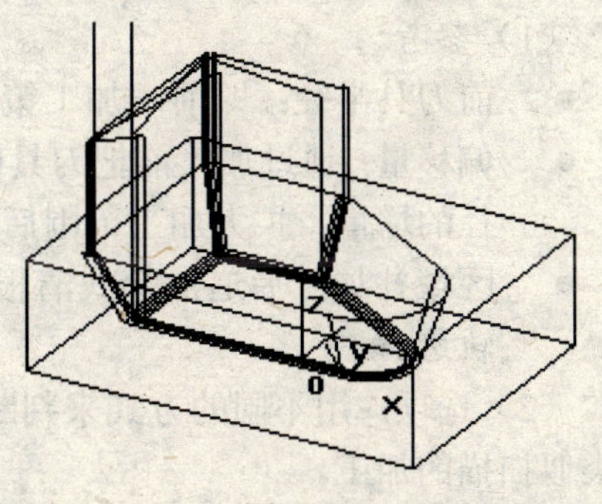

图 7.175

【步骤 8】在“加工管理”树中选中刀具轨迹→点击右键→选择“轨迹仿真”（即可在仿真环境下模拟加工，参阅轨迹仿真）→然后退出仿真窗口。

7.3.35 区域式补加工 1

根据零件的内凹棱边生成区域式补加工轨迹，主要用来加工零件垂直区和平坦区中的内凹棱边附近的残留区域，对于垂直区凹棱采用等高线方式加工，对于平坦区则沿凹棱方向加工。加工时多使用小直径的球头铣刀。区域式补加工比笔式清根加工的加工范围要大，如图 7.176 所示。

笔式清根加工

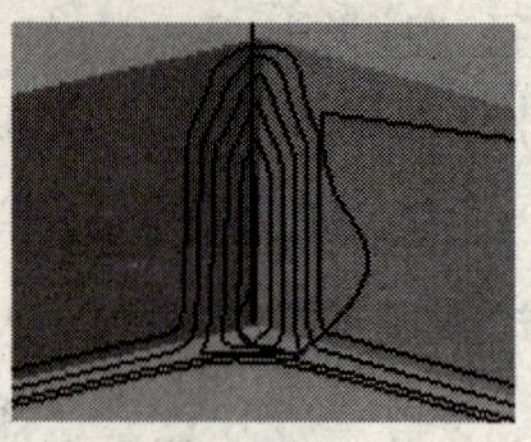

区域式补加工

图 7.176

区域式补加工的加工参数设定窗口如图 7.177 所示。

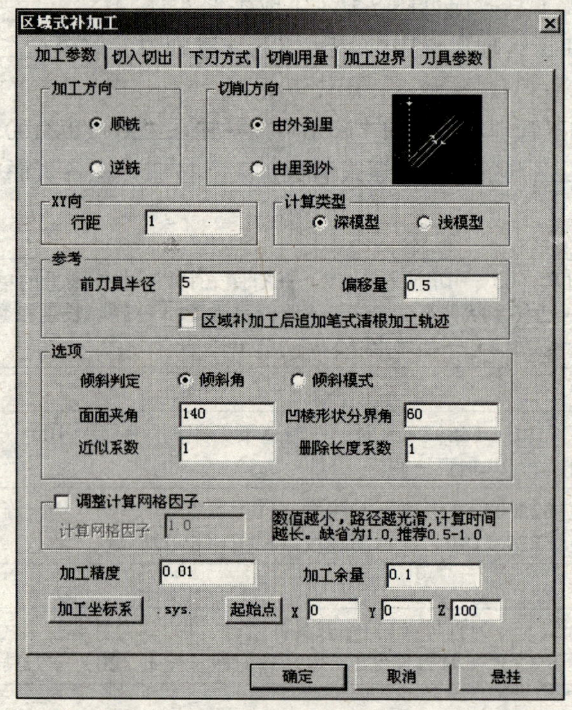

图 7.177

（1）参考。

- 前刀具半径：即前一加工策略采用的刀具的直径（系统默认为球头铣刀）。
- 偏移量：通过加大前把刀具的半径，来扩大未加工区域的范围。偏移量即前把刀具半径的增量，扩大加工范围后可使残留区域加工更彻底，如图 7.178 所示。
- 区域补加工后追加笔式清根加工轨迹：设定是否在区域补加工后追加笔式清根加工轨迹。

（2）选项：用不同的方式来判断垂直区和平坦区，对垂直区进行等高加工，对平坦区进行类似扫描的加工。

- 倾斜角：根据凹棱形状分界角的数值来判断垂直区和平坦区。

● 倾斜模式：根据深模型和浅模型来判断垂直区和平坦区。

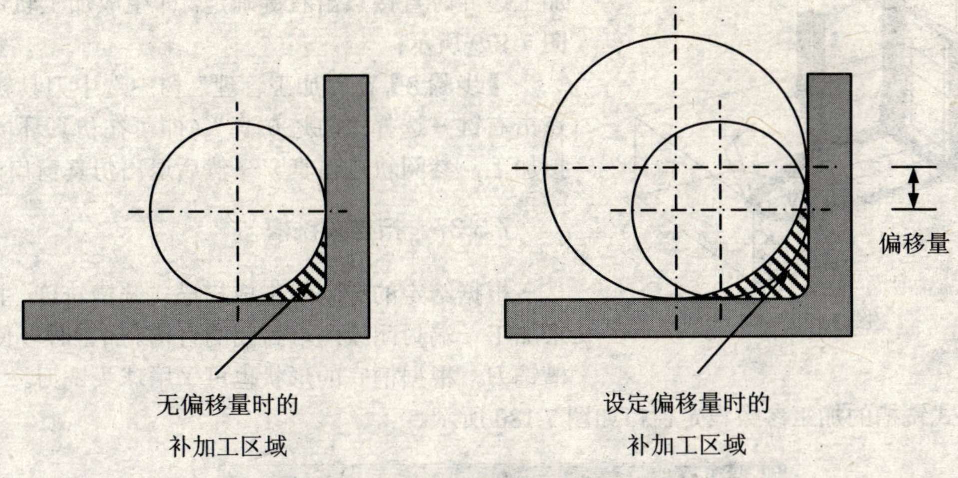

图 7.178

7.3.36 区域式补加工 1 实例

请根据图 7.167 及零件的加工说明，完成零件的加工。

零件的加工说明：零件已经精加工基本完成，只需对内凹棱边进行精加工。

【步骤 1】双击“加工管理”树中的“机床后置”，根据不同的机床进行设置（略）；

【步骤 2】双击“加工管理”树中的“刀具库”，进行刀具设置（略）；

【步骤 3】利用特征工具，根据图 7.167 生成零件实体；

【步骤 4】双击“加工管理”树中的“毛坯”→选中“参照模型”项→点击“参照模型”按钮→点击“确定”按钮；

【步骤 5】双击“加工管理”树中的“起始点”→输入“X0/Y0/Z100” →点击“确定”按钮；

【步骤 6】点击加工工具条中的“区域式补加工”按钮→在各页面中进行下列参数设置→点击“确定”按钮；

加工参数	顺铣→由外到里→行距（1）→深模型→行距（1）→开放四周（移动切削）→Z 优先→最大连接距离（0）→前刀具半径（5）→偏移量（0.5）→倾斜角→面面夹角（120）→凹棱形状分界角（50）→近似系数（1）→删除长度系数（1）→加工精度（0.01）→加工余量（0.1）→起始点（X0/Y0/Z100）
切入切出	
下刀方式	安全高度（H0）（50）（绝对）→慢速下刀距离（H1）（10）（相对）→退刀距离（H2）（10）（相对）→垂直→距离（H3）（5）
切削用量	主轴转速（2200）→慢速下刀速度（F0）（200）→切入切出连接速度（F1）（100）→切削速度（F2）（40）→退刀速度（F3）（500）
加工边界	边界上
刀具参数	刀具名（D4）→刀具号（1）→刀具补偿号（1）→刀具半径 R（2）→刀角半径 r（2）→刀柄半径 b（2）→刀刃长度 l（30）→刀柄长度 h（20）→刀具全长 L（55）

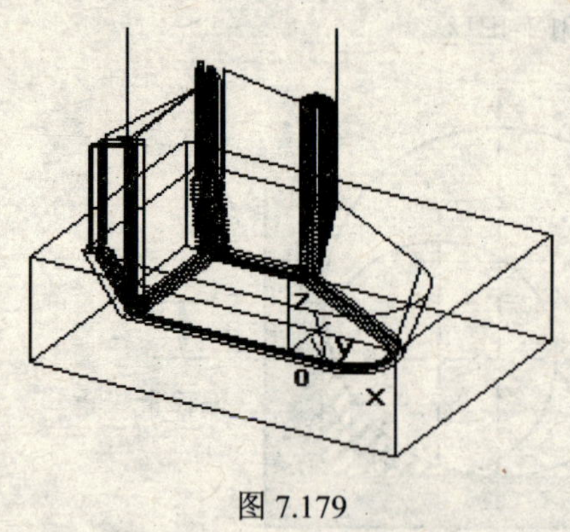

图 7.179

【步骤 7】拾取加工对象→点击右键确定→拾取加工边界时直接点击右键确定，即生成加工轨迹，如图 7.179 所示；

【步骤 8】在“加工管理”树中选中刀具轨迹→点击右键→选择“轨迹仿真”（即可在仿真环境下模拟加工，参阅轨迹仿真）→然后退出仿真窗口。

7.3.37　扫描式铣槽

根据给定的导动线生成扫描式铣槽轨迹，主要用来加工一端封闭或两端封闭的直槽。加工时多使用键槽铣刀，根据槽底的形状也可采用球头铣刀。

扫描式铣槽的加工参数设定窗口如图 7.180 所示。

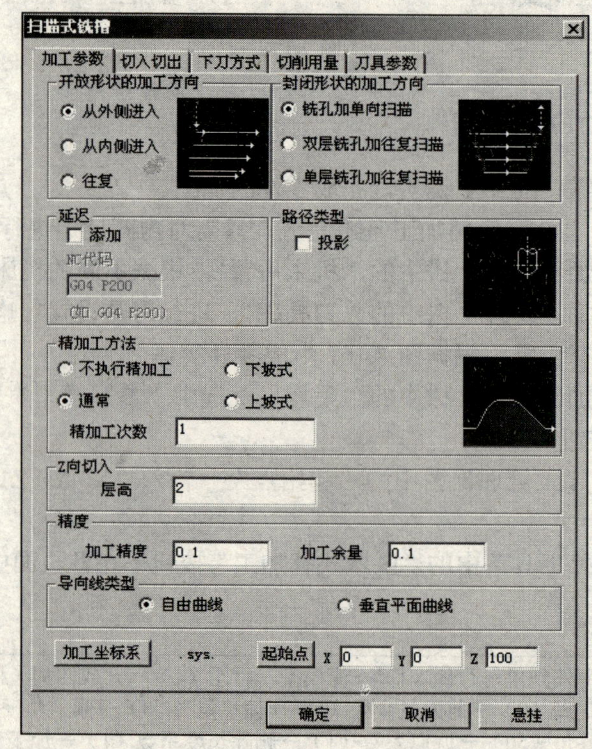

图 7.180

（1）开放形状的加工方向。

- 从外侧进入：刀具从开放侧水平扫描切入模型，接触到轮廓则垂直切出，如图 7.181 所示。
- 从内侧进入：刀具从封闭侧垂直切入模型，接触到轮廓则水平扫描切出，如图 7.182 所示。
- 往复：刀具切入模型后，以层高扫描加工后，不退刀继续进行下一层的加工，如图 7.183 所示。

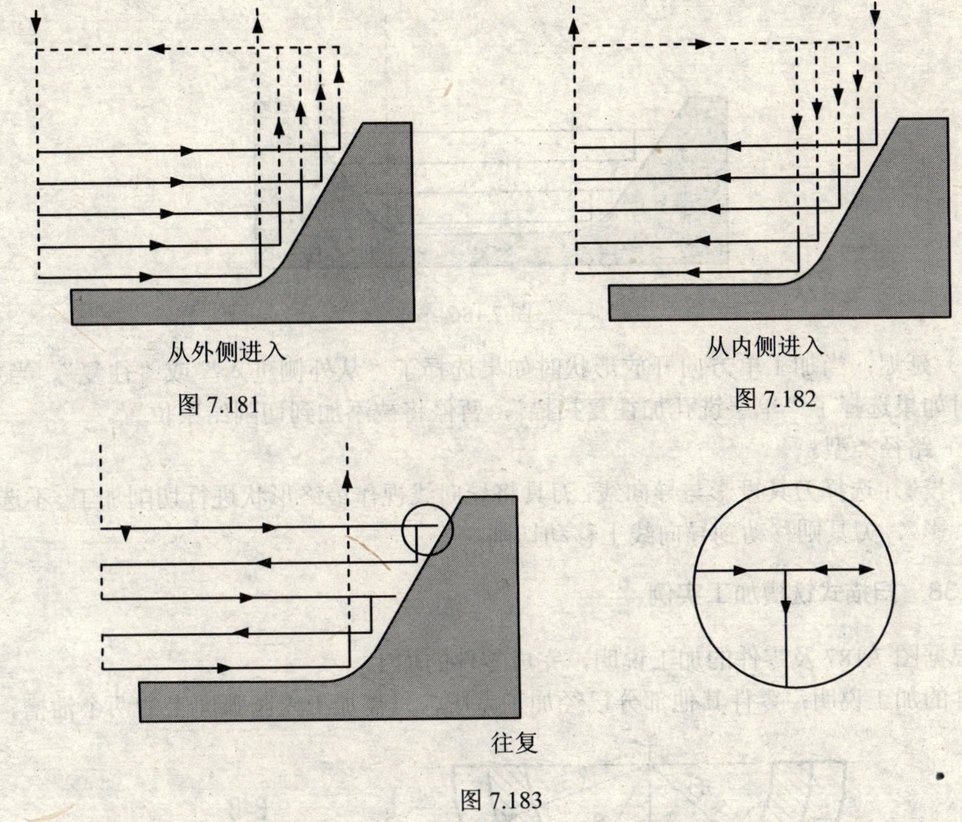

图 7.181

图 7.182

图 7.183

（2）封闭形状的加工方向。

- 铣孔加单向扫描：在槽两端以钻孔的形式下刀后，中间进行单向扫描加工，如图 7.184 所示。
- 双层铣孔加往复扫描：在槽两端按两倍于层高的深度以钻孔的形式下刀，然后退刀到一个层高位置对中间部分进行扫描加工，垂直下刀、退刀、往复扫描加工交替进行，如图 7.185 所示。

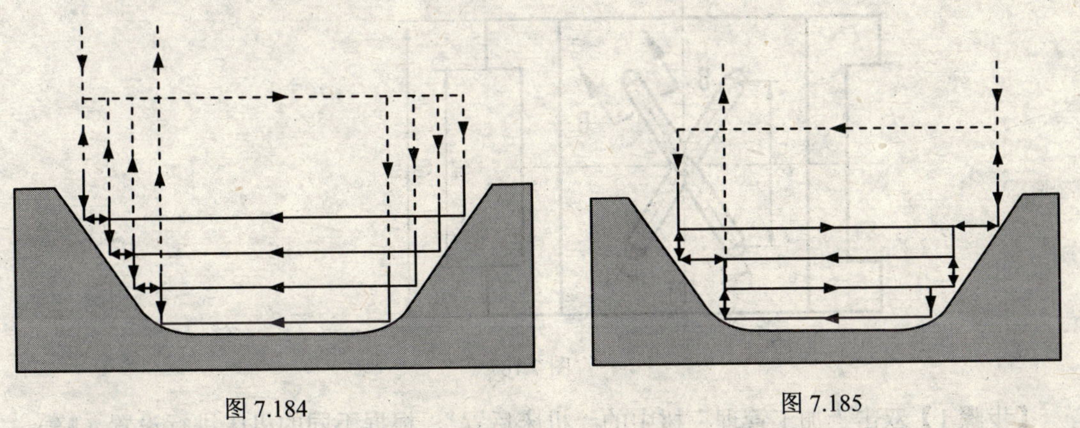
图 7.184

图 7.185

- 单层铣孔加往复扫描：在槽两端按层高以钻孔的形式下刀，然后对中间部分进行扫描加工，垂直下刀、往复扫描加工交替进行，如图 7.186 所示。

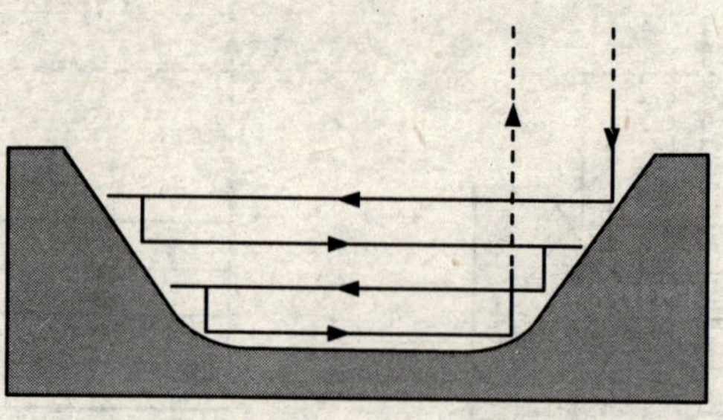

图 7.186

（3）延迟：当加工单方向开放形状时如果选择了“从外侧进入”或“往复”、当加工封闭形状时如果选择了“单层铣孔加往复扫描”，暂停将被添加到切削结束位置。

（4）路径类型。

- 投影：选择刀具投影与导向线，刀具将导向线视作最终形状进行切削加工。不选择“投影”，刀具则移动到导向线上移动切削。

7.3.38 扫描式铣槽加工实例

请根据图 7.187 及零件的加工说明，完成零件的加工。

零件的加工说明：零件其他部分已经加工完毕，只需加工内圆弧面上的两个油槽。

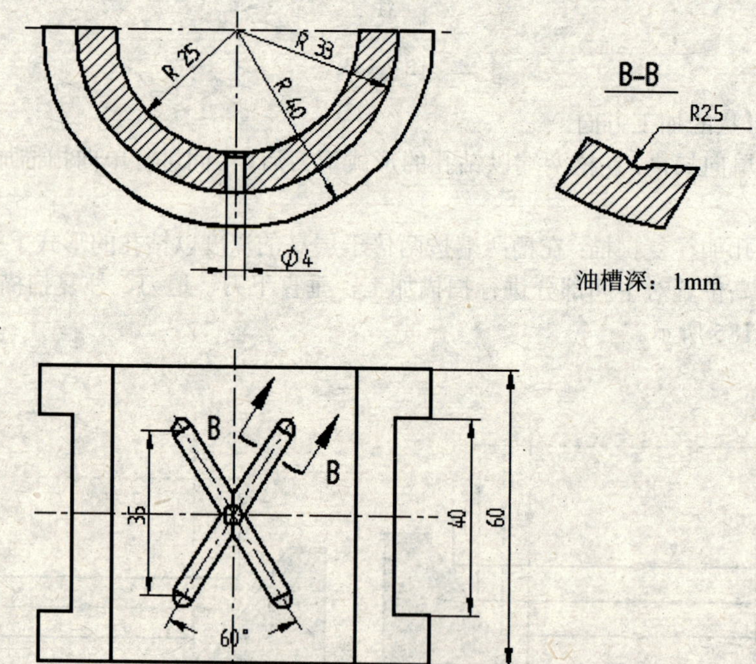

图 7.187

【步骤 1】双击“加工管理”树中的“机床后置”，根据不同的机床进行设置（略）；

【步骤 2】双击“加工管理”树中的“刀具库”，进行刀具设置（略）；

【步骤 3】利用特征工具和曲面工具，根据图 7.187 生成零件实体，并利用曲面工具条生成曲线路径，如图 7.188 所示，或只在槽底处绘制出导向线；

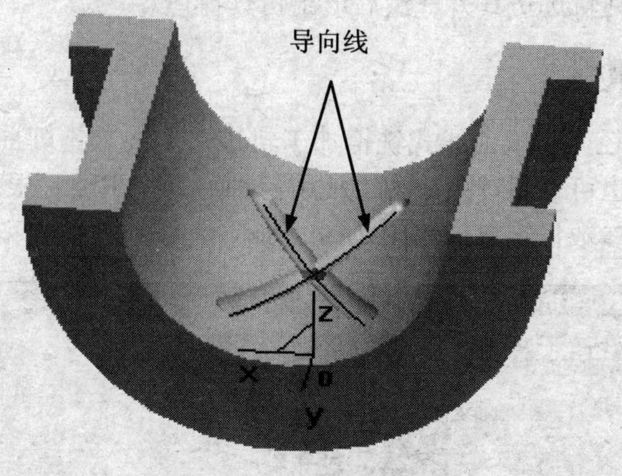

图 7.188

【步骤 4】双击“加工管理”树中的“毛坯”→选中“参照模型”项→点击“参照模型”按钮→点击“确定”按钮；

【步骤 5】双击“加工管理”树中的“起始点”→输入“X0/Y0/Z100” →点击“确定”按钮；

【步骤 6】点击加工工具条中的“扫描式铣槽”按钮→在各页面中进行下列参数设置→点击“确定”按钮；

加工参数	从内侧进入→单层铣孔加往复扫描→投影→通常→精加工次数（1）→层高（0.3）→加工精度（0.01）→加工余量（1）→起始点（X0/Y0/Z100）
切削用量	主轴转速（1800）→慢速下刀速度（F0）（200）→切入切出连接速度（F1）（100）→切削速度（F2）（40）→退刀速度（F3）（800）
切入切出	接近长度（0）→延长量（0）→返回长度（0）→延长量（0）
下刀方式	安全高度（H0）（-10）（绝对）→退刀距离（H2）（5）（相对）→距离（H3）（5）
刀具参数	刀具名（D5）→刀具号（3）→刀具补偿号（3）→刀具半径 R（2.5）→刀角半径 r（2.5）→刀柄半径 b（2.5）→刀刃长度 l（40）→刀柄长度 h（20）→刀具全长 L（70）

【步骤 7】拾取导向线→确定链搜索方向→点击右键确定→拾取导向线（另一条）→确定链搜索方向→点击右键确定→拾取导向线→点击右键确定→拾取检查线(直接点击右键确定)，即生成加工轨迹，如图 7.189 所示；

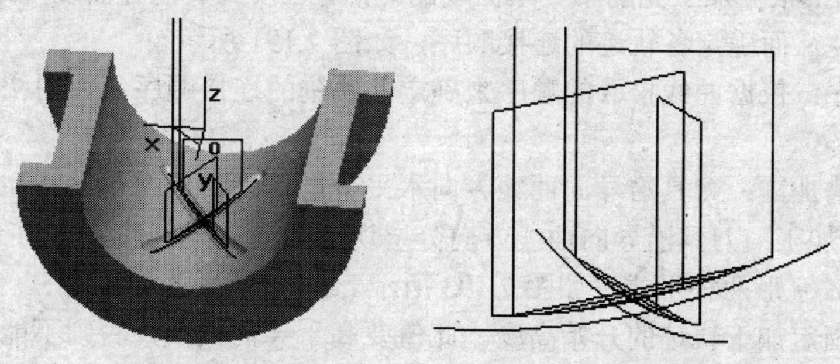

图 7.189

【步骤 8】在“加工管理”树中选中刀具轨迹→点击右键→选择“轨迹仿真”（即可在仿真环境下模拟加工，参阅轨迹仿真）→然后退出仿真窗口。

7.3.39 曲线式铣槽

根据给定的曲线路径，生成曲线式铣槽加工轨迹，主要来铣削曲线槽。加工时常使用的刀具为键槽铣刀，有时也可使用球头铣刀。使用何种刀具，主要是根据槽底的形状来确定。

曲线式铣槽的加工参数设定窗口如图 7.190 所示。

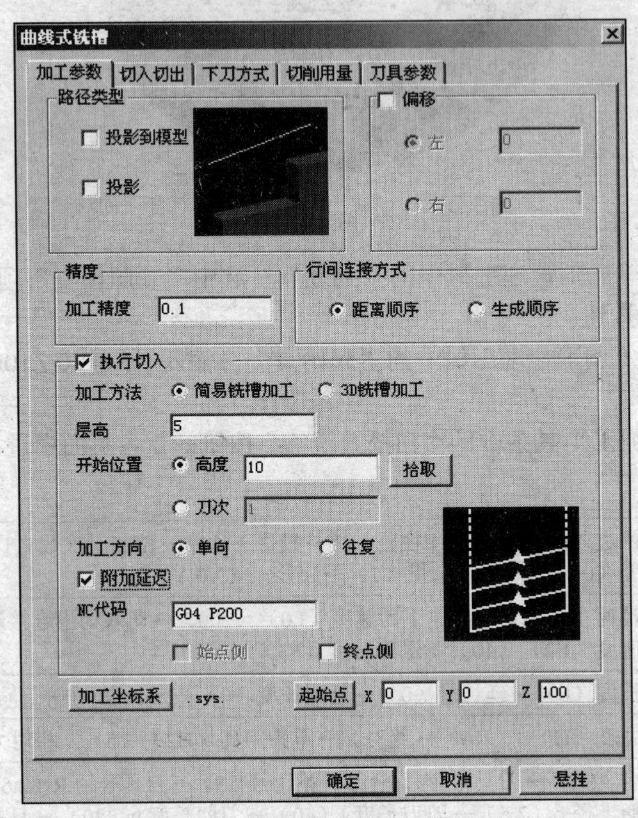

图 7.190

（1）行间连接方式：当要加工多条曲线槽时，用来决定它们之间的加工顺序，并将各轨迹自动连接。

- 距离顺序：依据加工完的第一条曲线的终点，连接到其他各曲线中距此点最近的曲线的起点，从而确定各轨迹的连接顺序，如图 7.191 所示。
- 生成顺序：依据曲线拾取的顺序来确定各轨迹的连接顺序，如图 7.192 所示。

（2）执行切入。

- 简易铣槽加工：刀具沿导向曲线方向水平分层切削。包括单向和往复两种形式。
- 3D 铣槽加工：刀具沿导向曲线方向分层切削的同时，也在 Z 方向上垂直进刀。包括平行和 Z 字形两种形式，如图 7.193 所示。
- 高度：指定加工轨迹的开始高度。此值要高于导向曲线，否则不能生成轨迹。

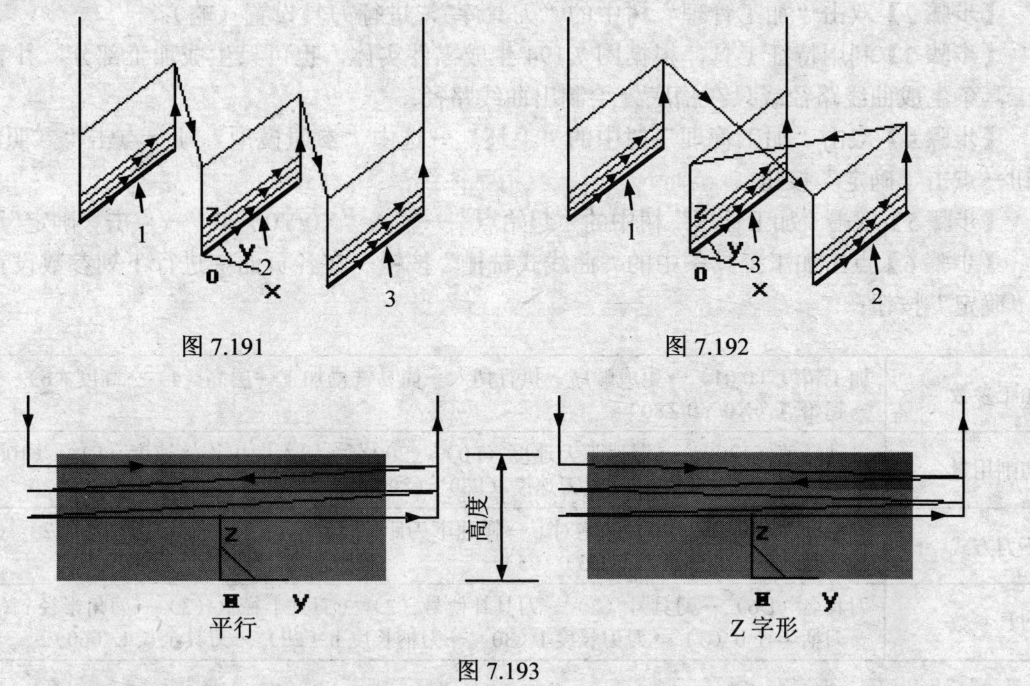

图 7.191　图 7.192

图 7.193

（3）附加延迟。

- NC 代码：在生成的 NC 代码中添加暂停指令。
- 始点侧：在导向曲线的起点侧添加暂停。
- 终点侧：在导向曲线的终点侧添加暂停。

7.3.40　曲线式铣槽加工实例

请根据图 7.194 及零件的加工说明，完成零件的加工。

零件的加工说明：零件已经粗加工完毕，只需精加工凹槽部分。

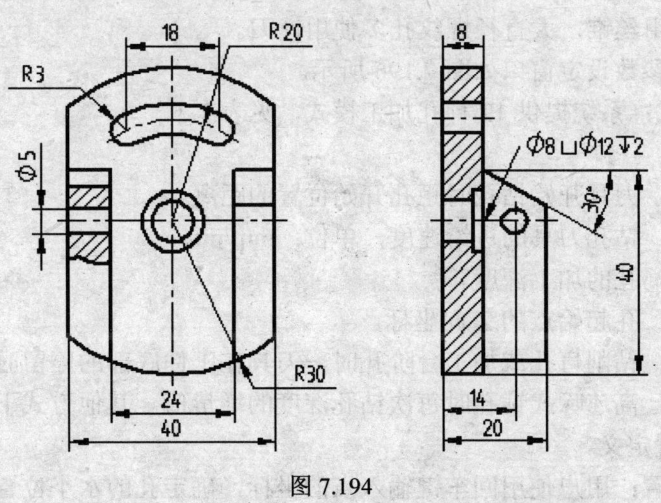

图 7.194

【步骤 1】双击“加工管理”树中的“机床后置”，根据不同的机床进行设置（略）；

【步骤 2】双击“加工管理”树中的“刀具库”，进行刀具设置（略）；

【步骤 3】利用特征工具，根据图 7.194 生成零件实体，也可只生成加工部分，并利用曲线工具条生成曲线路径或只在槽底处绘制出曲线路径；

【步骤 4】双击“加工管理”树中的“毛坯”→选中“参照模型”项→点击“参照模型”按钮→点击“确定”按钮；

【步骤 5】双击“加工管理”树中的“起始点”→输入“X0/Y0/Z80”→点击“确定”按钮；

【步骤 6】点击加工工具条中的“曲线式铣槽”按钮→在各页面中进行下列参数设置→点击“确定”按钮；

加工参数	加工精度（0.01）→生成顺序→执行切入→简易铣槽加工→层高（4）→高度（6）→往复→起始点（X0/Y0/Z80）
切削用量	主轴转速（1200）→慢速下刀速度（F0）（200）→切入切出连接速度（F1）（100）→切削速度（F2）（40）→退刀速度（F3）（800）
下刀方式	安全高度（H0）（40）（绝对）→慢速下刀距离（H1）（5）→退刀距离（H2）（15）（相对）→垂直→距离（H3）（5）
刀具参数	刀具名（D6）→刀具号（2）→刀具补偿号（2）→刀具半径 R（3）→刀角半径 r（0.1）→刀柄半径 b（3）→刀刃长度 l（30）→刀柄长度 h（20）→刀具全长 L（60）

【步骤 7】拾取曲线路径→确定链搜索方向→点击右键确定→拾取曲线路径时直接点击右键确定，即生成加工轨迹，如图 7.195 所示；

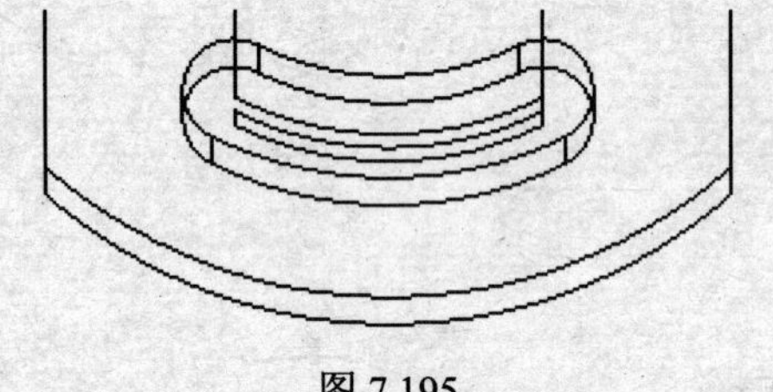

图 7.195

【步骤 8】在“加工管理”树中选中刀具轨迹→点击右键→选择“轨迹仿真”（即可在仿真环境下模拟加工，参阅轨迹仿真）→然后退出仿真窗口。

7.3.41 孔加工

根据孔的位置按设定深度生成孔加工轨迹。深度较小的小直径的光孔多使用钻头、键槽铣刀或立铣刀，深度较大、直径较大的光孔多使用镗刀；小直径螺纹孔多使用丝锥，大直径螺纹孔多使用镗刀。

孔加工的加工参数设定窗口如图 7.196 所示。

（1）钻孔模式：系统提供 12 种孔加工模式，见表 7.2。

（2）参数。

- 安全间隙：刀具开始钻孔时距孔开始位置的距离。
- 钻孔速度：钻孔刀具的进给速度，单位：mm/min。
- 钻孔深度：孔的加工深度。
- 工件平面：孔起始点的 Z 向坐标。
- 暂停时间：钻削盲孔或加工台阶孔时，刀具在工件底部的停留时间。
- 下刀增量：高速啄式钻孔时每次钻孔深度的增量值。其他方式下设置无效。

（3）钻孔位置定义。

- 输入点位置：用户使用回车键输入点的坐标，确定孔的水平位置。
- 拾取存在点：拾取屏幕上的存在点，确定孔的水平位置。

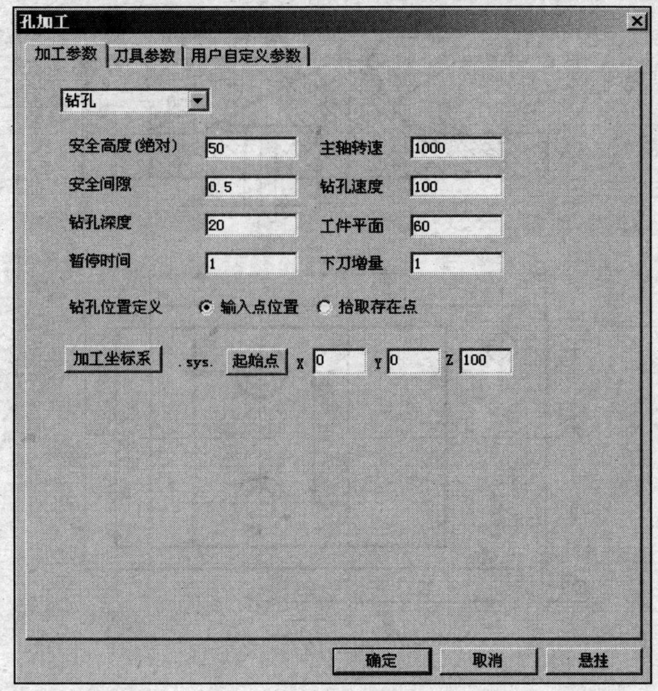

图 7.196

表 7.2 孔 加 工 模 式

G73	高速啄式钻孔	G84	攻丝
G74	左攻丝	G85	镗孔
G76	精镗孔	G86	镗孔（主轴停）
G81	钻孔	G87	反镗孔
G82	钻孔+反镗孔	G88	镗孔（暂停+手动）
G83	啄式钻孔	G89	镗孔（暂停）

7.3.42 孔加工实例

请根据图 7.197 及零件的加工说明，完成零件的加工。

零件的加工说明：只需加工零件上的两个台阶孔。

【步骤 1】双击“加工管理”树中的“机床后置”，根据不同的机床进行设置（略）；

【步骤 2】双击“加工管理”树中的“刀具库”，进行刀具设置（略）；

【步骤 3】利用特征工具，根据图 7.197 生成零件实体，并输入两点（-20，15，22）、（-20，-15，22）；或只绘出钻孔点，然后自定义毛坯大小；

【步骤 4】双击“加工管理”树中的“毛坯”→选中“参照模型”项→点击“参照模型”按钮→点击“确定”按钮；

【步骤 5】双击“加工管理”树中的“起始点”→输入“X0/Y0/Z100” →点击“确定”按钮；

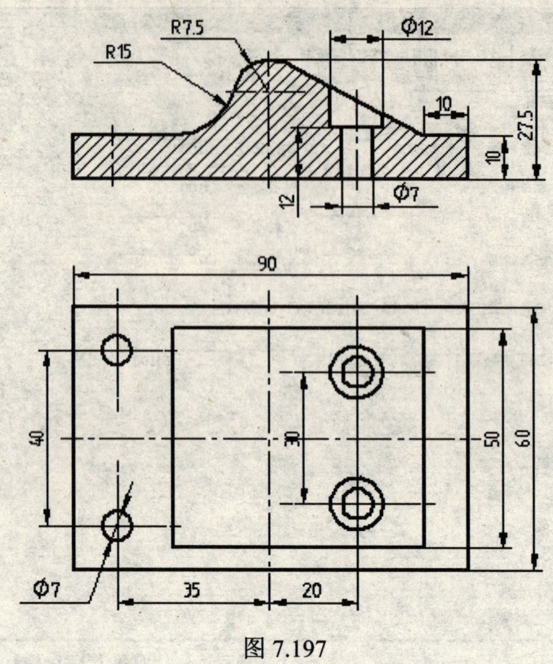

图 7.197

【步骤 6】点击加工工具条中的"孔加工"按钮→在各页面中进行下列参数设置→点击"确定"按钮（先使用键槽铣刀加工斜孔）；

加工参数	安全高度（绝对）（50）→主轴转速（1000）→安全间隙（3）→钻孔速度（40）→钻孔深度（10）→工件平面（22）→暂停时间（0.1）→下刀增量（3）→拾取存在点→起始点（X0/Y0/Z100）
刀具参数	刀具名（R3.5）→刀具号（1）→刀具补偿号（1）→刀具半径 R（6）→刀柄半径 b（6）→刀尖角度 a（180）→刀刃长度 l（30）→刀柄长度 h（20）→刀具全长 L（60）

【步骤 7】拾取点（两点）→点击右键确定，即生成加工轨迹，如图 7.198 所示；

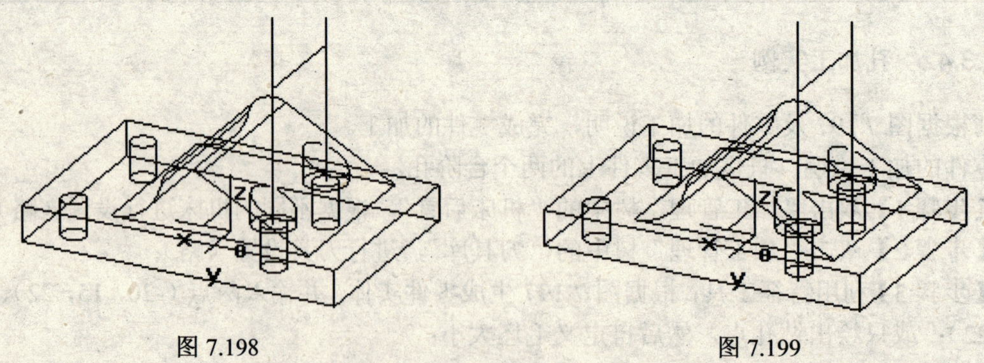

图 7.198　　图 7.199

【步骤 8】再次点击加工工具条中的"孔加工"按钮→在各页面中进行下列参数设置→点击"确定"按钮（用钻头钻通孔）；

【步骤 9】拾取点（两点）→点击右键确定，即生成加工轨迹，如图 7.199 所示；

【步骤 10】在"加工管理"树中选中刀具轨迹→点击右键→选择"轨迹仿真"（即可在仿

真环境下模拟加工，参阅轨迹仿真）→然后退出仿真窗口。

加工参数	安全高度（绝对）（50）→主轴转速（800）→安全间隙（3）→钻孔速度（40）→钻孔深度（15）→工件平面（12）→暂停时间（0）→下刀增量（3）→拾取存在点→起始点（X0/Y0/Z100）
刀具参数	刀具名（R3.5）→刀具号（2）→刀具补偿号（2）→刀具半径 R（3.5）→刀柄半径 b（3.5）→刀尖角度 a（120）→刀刃长度 l（40）→刀柄长度 h（20）→刀具全长 L（70）

7.3.43 工艺钻孔加工

根据加工方法设置工艺孔类型，生成工艺孔设置文件。

1. 工艺钻孔设置

“工艺钻孔设置”窗口如图 7.200 所示。

- 添加按钮 >>：将选中的孔加工方式添加到工艺孔加工设置文件中。
- 删除按钮 <<：将选中的孔加工方式从工艺孔加工设置文件中删除。
- 增加孔类型：设置新工艺孔加工设置文件文件名。
- 删除当前孔：删除当前工艺孔加工设置文件。
- 关闭：保存当前工艺孔加工设置文件并退出。

2. 工艺孔加工

根据工艺钻孔加工向导生成工艺孔加工轨迹。

（1）孔定位方式。

- 输入点：用户可以根据需要，输入点的坐标，确定孔的位置；也可用鼠标在操作窗口中拾取缺省点、中点、存在点等，如图 7.201 所示。

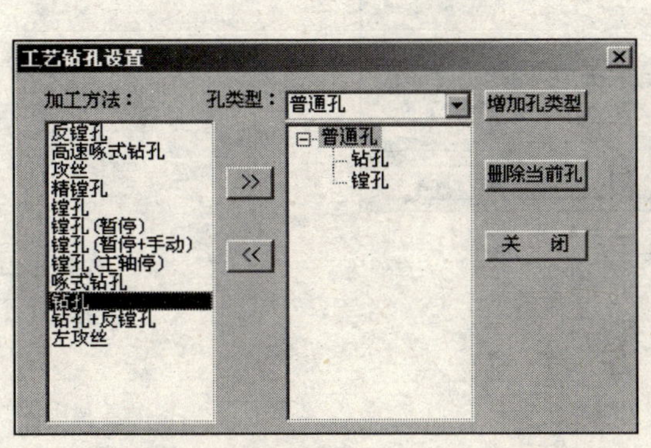

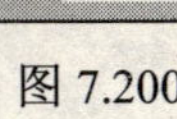
图 7.200

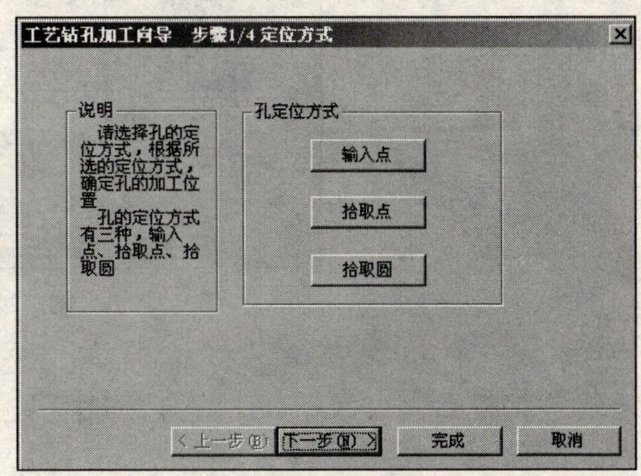

图 7.201

- 拾取点：用户通过拾取屏幕上的存在点，确定孔的位置。
- 拾取圆：用户通过拾取屏幕上的圆，确定孔的位置。

（2）路径优化。

- 缺省情况：按点的拾取顺序生成加工轨迹，如图 7.202 所示。
- 最短路径：依据拾取点间距离，按最小值进行优化。

- 规则情况：该方式主要用于矩形阵列情况，有两种方式：X 优先，依据各点 X 坐标值的大小排列；Y 优先，依据各点 Y 坐标值的大小排列。

（3）选择孔类型：选择已经设计好的工艺加工文件，如图 7.203 所示。

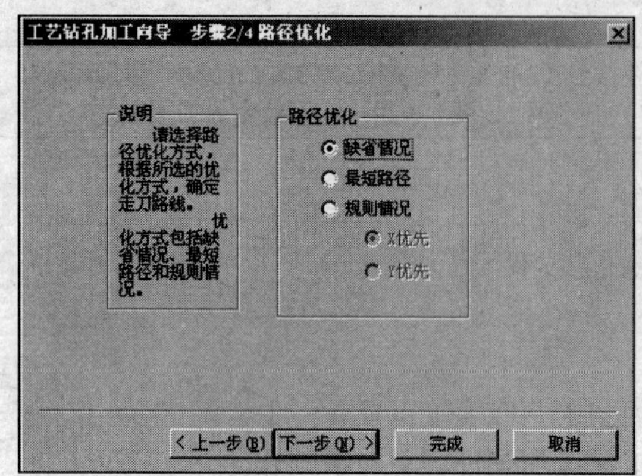

图 7.202

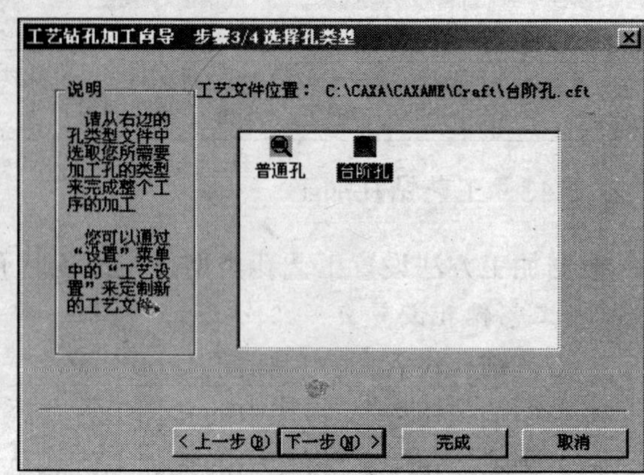

图 7.203

（4）设定参数。

- 工艺流程：展开工艺文件选择对话框内的工艺加工文件子项进行参数设定，如图 7.204 所示。

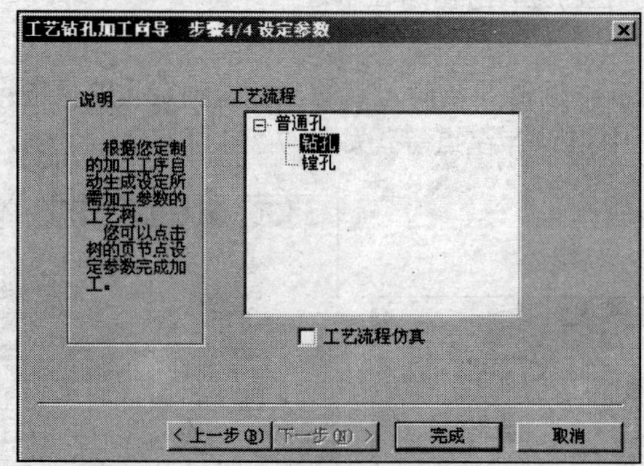

图 7.204

7.4 加 工 方 法 2

7.4.1 加工 2 通用参数

1. 下刀方式

下刀方式设定窗口用来设定刀具的安全高度、慢速下刀距离等，如图 7.205 所示。

抬刀类型参数包括：

- 最佳抬刀高度：由系统根据毛坯高度设定抬刀高度。在确保安全的前提下尽可能地接近模型表面，缩短空走刀时间，如图 7.206 所示。

- 通常抬刀高度：刀具抬刀至安全高度，如图 7.207 所示。

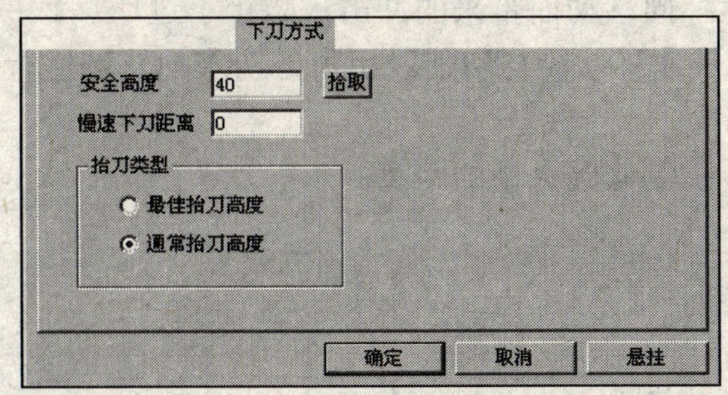

图 7.205

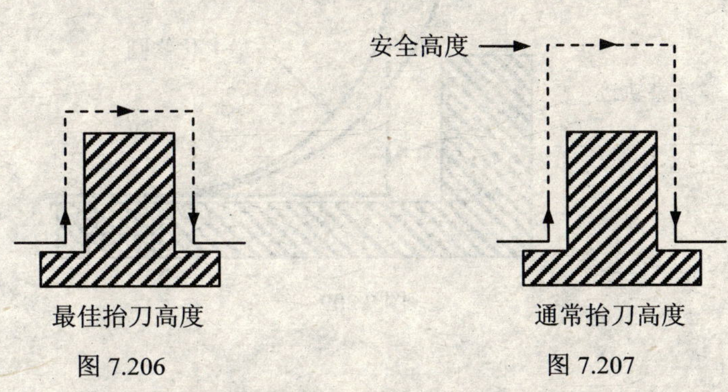

最佳抬刀高度

图 7.206

通常抬刀高度

图 7.207

2. **切入切出**

切入切出设定窗口用来设定刀具切入切出工件时的方式，如图 7.208 所示。

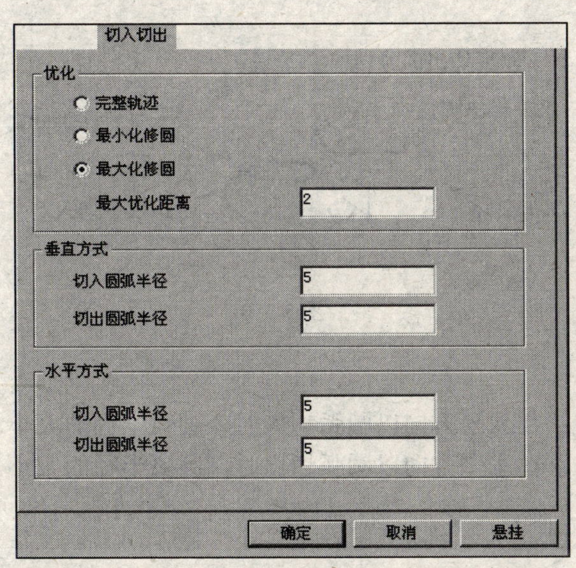

图 7.208

（1）优化。

- 完整轨迹：不对拐角处切入的轨迹进行处理，保留完整的刀具轨迹，如图 7.209 所示。
- 最小化修圆：对快速移动段与切削段拐角处切入的轨迹进行修圆处理，以不小于最大优化距离修圆，并且使轨迹尽可能地贴近模型表面。修圆轨迹后则适合高速加工，避免了机床因突然换向移动而带来的冲击，防止了过切。

- 最大化修圆：对快速移动段与切削段拐角处切入的轨迹进行修圆处理，以不大于最大优化距离修圆。
- 最大优化距离：控制修圆大小的距离。

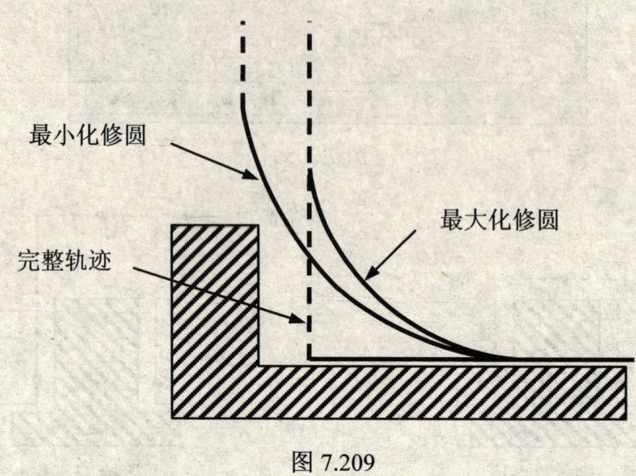

图 7.209

（2）垂直方式。

- 切入圆弧半径：在垂直方向以圆弧切入时，圆弧半径的大小，如图 7.210 所示。
- 切出圆弧半径：在垂直方向以圆弧切出时，圆弧半径的大小。

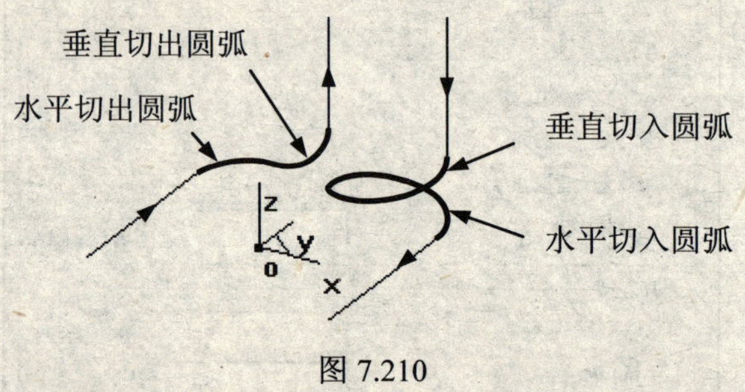

图 7.210

（3）水平方式。

- 切入圆弧半径：在水平方向以圆弧切入时，圆弧半径的大小。
- 切出圆弧半径：在水平方向以圆弧切出时，圆弧半径的大小。

7.4.2 等高线粗加工 2

根据给定零件的加工边界生成分层的等高线粗加工 2 轨迹，主要用来粗加工侧壁倾斜或底面不平整的复杂型面。加工时为了提高加工效率，多使用端铣刀。

1. 加工参数

等高线粗加工 2 的加工参数设定窗口如图 7.211 所示。

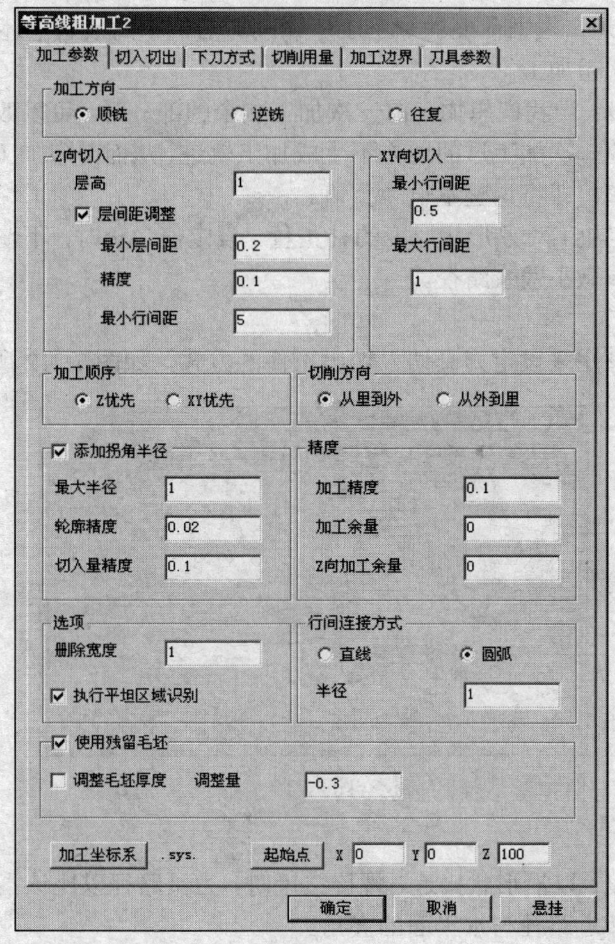

图 7.211

（1）Z 向切入。

- 层间距调整：Z 向等间隔加工时，在平坦区域和平缓斜面会生成切削残留部分。当选定调整 Z 向间距，可在层与层之间将插入轨迹。
- 最小层间距：生成在平坦区域和平缓斜面区域的轨迹相邻层间距的最小值。
- 精度：控制 Z 向层高的精度。
- 最小行间距：在加工平坦区域和平缓斜面时，同层轨迹的行距会较大，形成过多的切削残留部分。用此值限制最大值间距，从而插入等步距层轨迹。

（2）XY 向切入。

- 最小行间距：指定成为基准的最小的行间距，应小于刀具半径。
- 最大行间距：指定比最小行间距大，且比最小行间距的 2 倍小的值。

（3）添加拐角半径。

- 最大半径：指定拐角 R 的最大半径。
- 轮廓精度：加工轮廓时用来限制拐角 R 的大小。值越小，添加拐角后的切削残余越少。
- 切入量精度：用来控制除去加工轮廓处的其他拐角 R 的大小。值越小，拐角半径也越小。

（4）使用残留毛坯：根据前面的加工工序切削完后剩下的残留毛坯情况生成新的加工轨迹，可以用来进行二次粗加工。

- 调整毛坯厚度：当我们想加工前一次加工剩余的部分时，可以改变设定毛坯大小，这样就可以在前一次加工过的地方不生成加工轨迹，从而节省加工时间，一般将毛坯向小的方向调整，即将调整量设为负值。
- 调整量：指定加工对象形状厚度的补正量。设定值为负时，不输出多余路径。设定值为正时，做成微小残余路径。

2. **切入切出**

切入切出设定窗口用来设定刀具切入切出工件的方式，如图 7.212 所示。

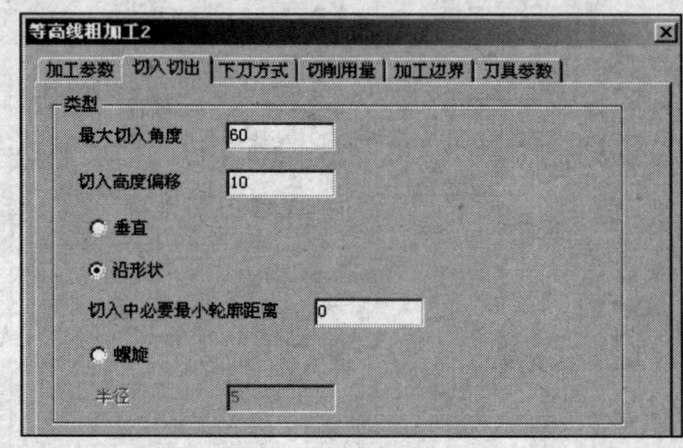

图 7.212

类型参数包括：

- 最大切入角度：以沿形状接近、螺旋接近时，刀具路径以比该指定值小的倾斜角度接近，角度为接近路径与水平面的夹角。
- 切入高度偏移：以上路径段高度的相对值向下接近。
- 垂直：Z 方向垂直切入。
- 沿形状：进行路径的周回且沿形状倾斜接近。
- 切入中必要最小轮廓距离：周围形状的直径指定参照路径的周围形状的限度。
- 螺旋：以螺旋方式切入接近加工部位。干涉时，自动切换成沿形状接近。
- 半径：螺旋的半径。

等高线粗加工 2 与等高线粗加工的区别为：

（1）在设定层高后，还可以通过设定最小行间距和最大行间距来控制调整层高，根据零件的不同部位的不同形状进行更加灵活的调整，从而使得残留部分更少，为精加工创造更好的切削环境，不仅保证了加工精度，而且也提高了劳动生产率。

（2）它的切入切出可以使用圆弧方式，还可以通过斜线方式切入下一层，这样防止了高速切削时而产生的过切现象。

7.4.3 等高线粗加工 2 实例

请根据图 7.213 及零件的加工说明，完成零件的加工。

零件的加工说明：零件已加工成 100×80×41 的矩形，需加工上部所有轮廓。

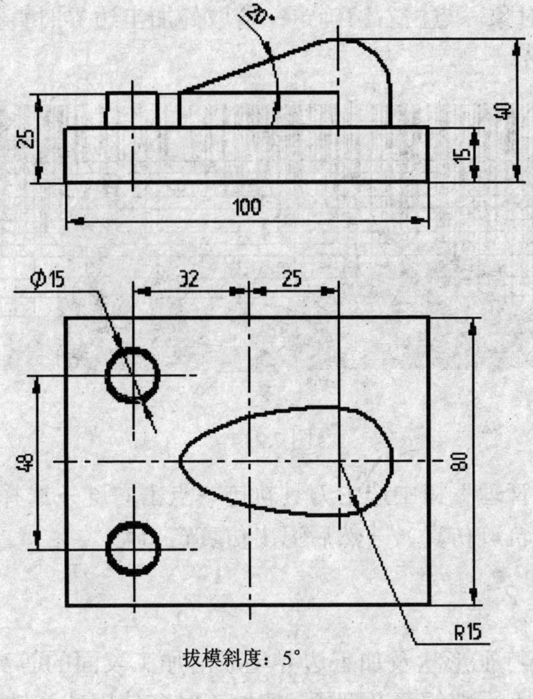

拔模斜度：5°

图 7.213

【步骤 1】双击“加工管理”树中的“机床后置”，根据不同的机床进行设置（略）；

【步骤 2】双击“加工管理”树中的“刀具库”，进行刀具设置（略）；

【步骤 3】利用特征工具，根据图 7.213 生成零件实体；

【步骤 4】双击“加工管理”树中的“毛坯”→选中“参照模型”项→点击“参照模型”按钮→点击“确定”按钮；

【步骤 5】双击“加工管理”树中的“起始点”→输入“X0/Y0/Z100”→点击“确定”按钮；

【步骤 6】点击加工工具条中的“等高线粗加工 2”按钮→在各页面中进行下列参数设置→点击“确定”按钮；

加工参数	顺铣→层高（4）→层间距调整→最小层间距（1.5）→精度（0.1）→最小行间距（2）→最小行间距（3）→最大行间距（5）→Z 优先→从外到里→加工精度（0.1）→加工余量（0.2）→Z 向加工余量（0.2）→删除宽度（1）→执行平坦区域识别→直线→起始点（X0/Y0/Z100）
切入切出	最大切入角度（30）→切入高度偏移（5）→垂直→完整轨迹→（水平）切入半径（4）→（水平）切出半径（4）→（垂直）切入半径（4）→（垂直）切出半径（4）
下刀方式	安全高度（60）→慢速下刀距离（5）→通常抬刀高度
切削用量	主轴转速（2500）→切入切出连接速度（F1）（100）→切削速度（F2）（60）→退刀速度（F3）（500）
加工边界	边界外侧
刀具参数	刀具名（D10）→刀具号（2）→刀具补偿号（2）→刀具半径 R（5）→刀角半径 r（0.2）→刀柄半径 b（5）→刀刃长度 l（40）→刀柄长度 h（20）→刀具全长 L（70）

【步骤 7】拾取加工对象→点击右键确定→拾取外加工边界时直接点击右键确定，即生成加工轨迹，如图 7.214 所示；

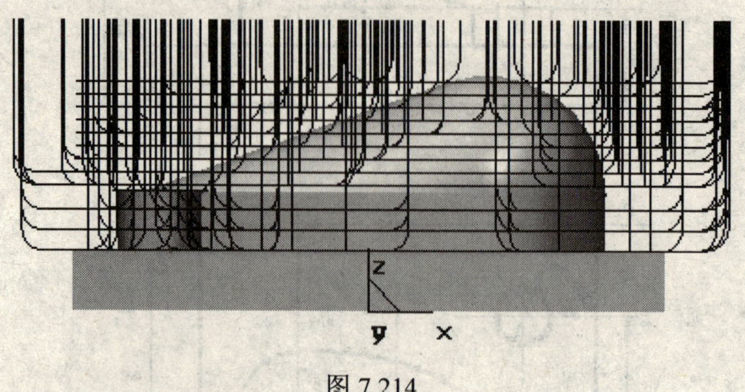

图 7.214

【步骤 8】在“加工管理”树中选中刀具轨迹→点击右键→选择“轨迹仿真”（即可在仿真环境下模拟加工，参阅轨迹仿真）→然后退出仿真窗口。

7.4.4 等高线精加工 2

根据给定零件各部分特征形状及加工边界生成沿加工表面的等高式精加工轨迹，主要用来精加工侧壁倾斜或底面不平整的复杂型面。精加工时多使用球头铣刀，若精加工较平缓侧面时多使用圆角半径较大的端铣刀。

1．加工参数 1

等高线精加工 2 的加工参数 1 设定窗口如图 7.215 所示。

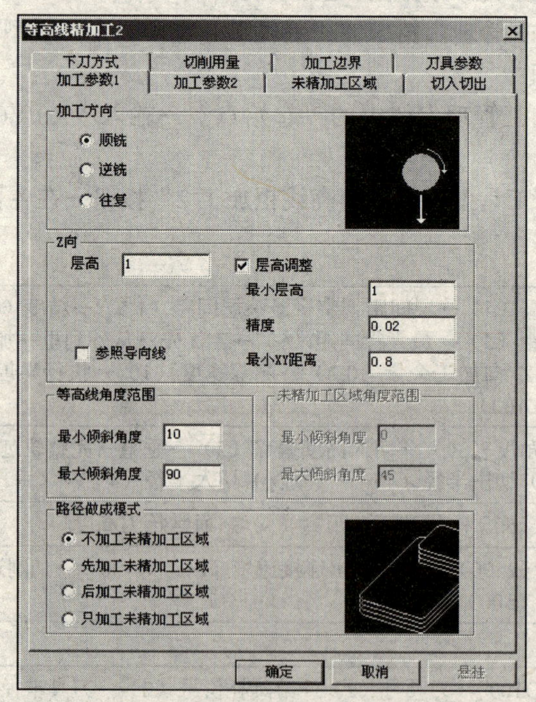

图 7.215

（1）Z 向。

- 层高调整：等层高加工时，对平坦区域和平缓曲面的加工效果不太好，会留下较多的切削残余。选中此项，可通过控制最小层高、最小 XY 距离，调整层高，等步长插入路径，提高了加工效率，也保证了加工质量，如图 7.216 所示。
- 最小层高：指定等间隔的路径和插入路径间的最小步距。
- 精度：系统调整层高的控制精度。
- 最小 XY 距离：在平坦区域和平缓曲面上，设定轨迹之间的最小距离，防止间距过大影响加工质量。

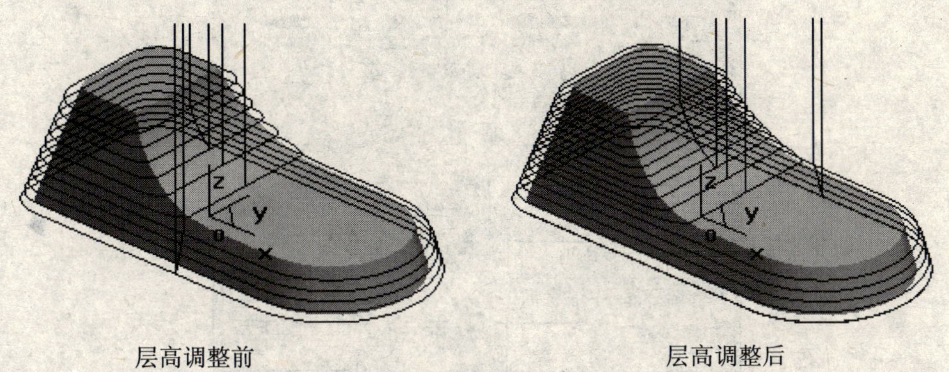

图 7.216

- 参照导向线：生成的轨迹是否参照导向线生成。在直线的高度范围内生成轨迹，此时以层高值沿直线从上至下生成轨迹，导向线一般为倾斜直线，若为水平直线则只能生成一条轨迹。若直线在高度方向上超过加工高度，则超过部分不生成轨迹，如图 7.217 所示。

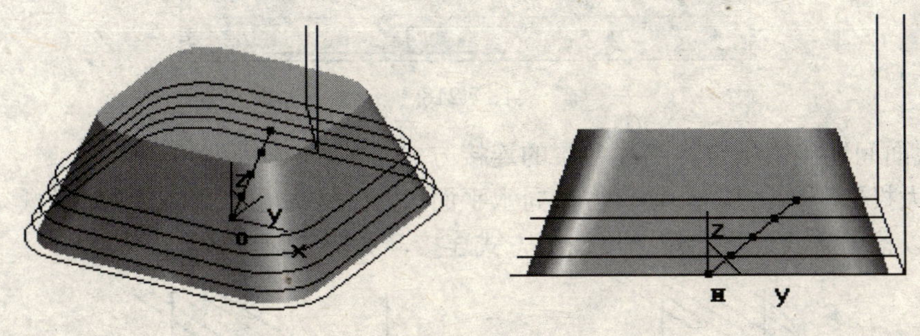

图 7.217

（2）等高线角度范围：用曲面与水平面所成角度指定等高线路径范围。

- 最小倾斜角度：生成精加工区域轨迹的最小值角度。角度范围：0°~90°。
- 最大倾斜角度：生成精加工区域轨迹的最大值角度。角度范围：0°~90°。

（3）未精加工区域角度范围：指定较平坦未精加工区域的加工路径输出角度范围。

- 最小倾斜角度：生成未精加工区域轨迹的最小值角度。角度范围：0°~90°。
- 最大倾斜角度：生成未精加工区域轨迹的最大值角度。角度范围：0°~90°。一般等于等高线角度范围中的最小倾斜角度，否则不能在整个工件上全部生成轨迹。

（4）路径做成模式。

- 不加工未精加工区域：只生成等高线路径。
- 先加工未精加工区域：先加工较平坦区域的未精加工部分，再加工等高线部分。
- 后加工未精加工区域：先加工等高线部分，再加工较平坦区域的未精加工部分。
- 只加工未精加工区域：只在较平坦区域的未精加工部分生成加工轨迹。

2. 加工参数 2

等高线精加工 2 的加工参数 2 设定窗口如图 7.218 所示。

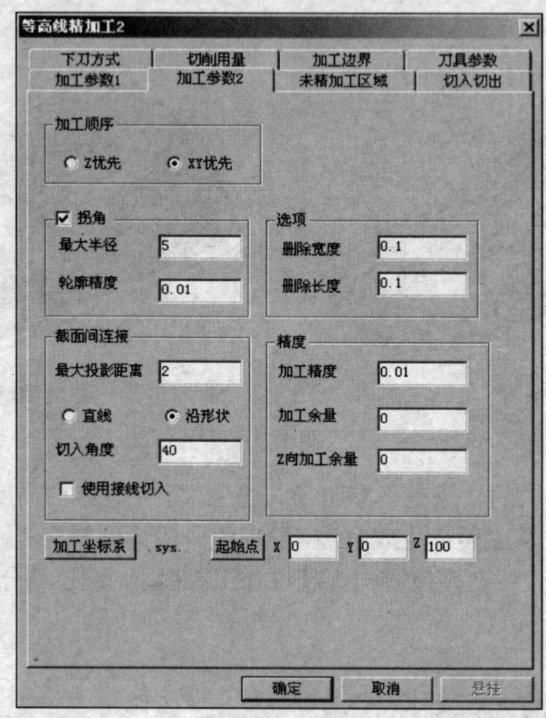

图 7.218

（1）截面间连接：指定等高线各层的连接方式。

- 最大投影距离：从 Z 轴负方向向水平面投影，相邻层间距大于最大投影距离时，各层以抬刀方式连接，反之以切削方式连接，如图 7.219 所示。

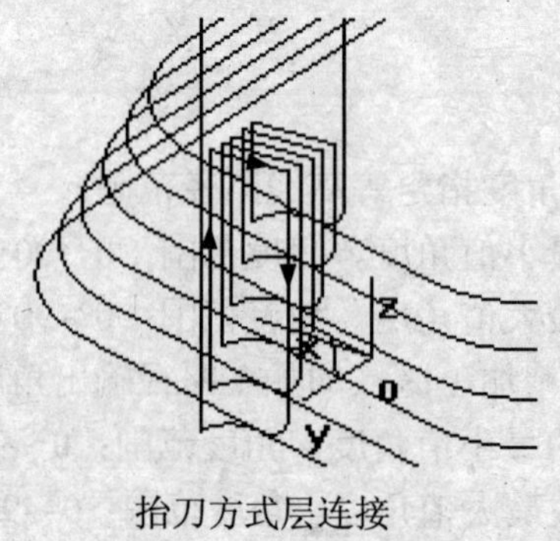

抬刀方式层连接

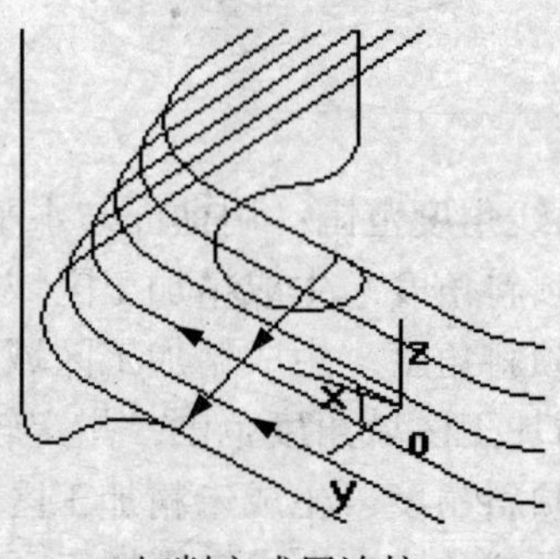

切削方式层连接

图 7.219

- 直线：各层轨迹以直线切削方式连接，如图 7.220 所示。
- 沿形状：以指定的切入角度进行倾斜接近加工层，尽量沿与层轨迹相切的方向切入，没有尖锐拐角，如图 7.221 所示。
- 切入角度：连接轨迹相对于 XY 平面的倾斜切入角度。

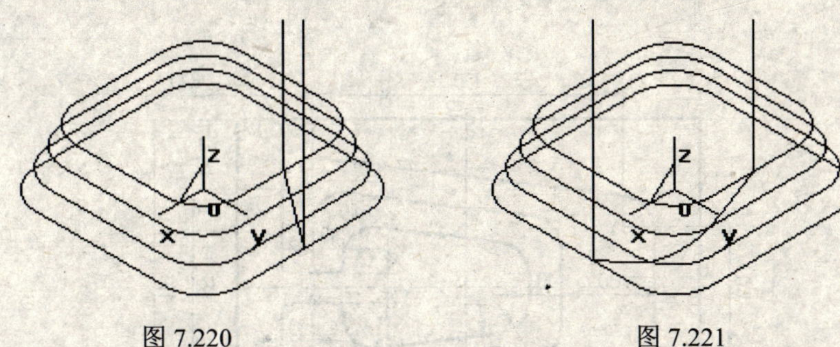

图 7.220　　图 7.221

- 使用接线切入：对等高线各层以相切的方式切入，使得切入更加平滑、柔和，非常适合高速进刀加工，如图 7.222 所示。

（2）精度。

- 加工余量：在零件各表面法线方向为下道工序预留的切削量。
- Z 向加工余量：在零件的高度方向为下道工序预留的切削量。

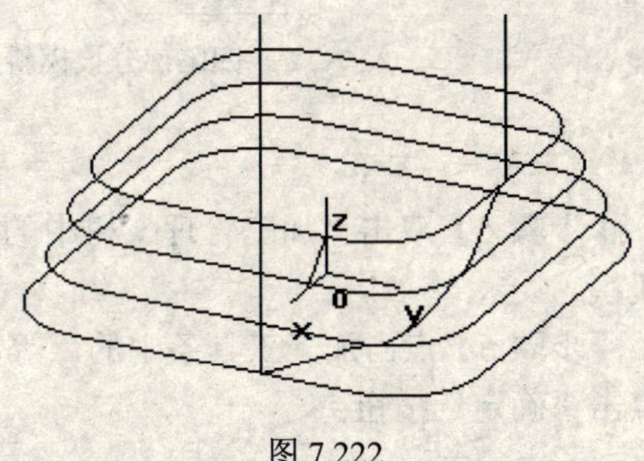

图 7.222

它与等高线精加工相比有以下特点：

（1）它通过等高线角度范围的设定，将加工部分分为精加工区域和非精加工区域，在不同的部位分别生成加工轨迹，这样克服了等高线精加工为了加工平坦部分，只能将层高设定得很小，使得程序数据量大大增加，加工时间太长，生产率太低的缺点。

（2）在设定层高后，可以对最小层高进行设定，还可以通过设定最小 XY 距离来控制调整层高，使得加工更加灵活，从而保证加工精度。

（3）它的切入切出可以使用圆弧方式，还可以通过斜线方式切入下一层，这样防止了高速切削时而产生的过切现象。

7.4.5　等高线精加工 2 实例

请根据图 7.223 及零件的加工说明，完成零件的加工。

零件的加工说明：零件已粗加工完毕，平面部分已经精加工好，只需精加工上部斜面。

【步骤 1】双击“加工管理”树中的“机床后置”，根据不同的机床进行设置（略）；

【步骤 2】双击“加工管理”树中的“刀具库”，进行刀具设置（略）；

【步骤 3】利用特征工具及曲面工具，根据图 7.223 生成零件实体；

【步骤 4】双击“加工管理”树中的“毛坯”→选中“参照模型”项→点击“参照模型”按钮→点击“确定”按钮；

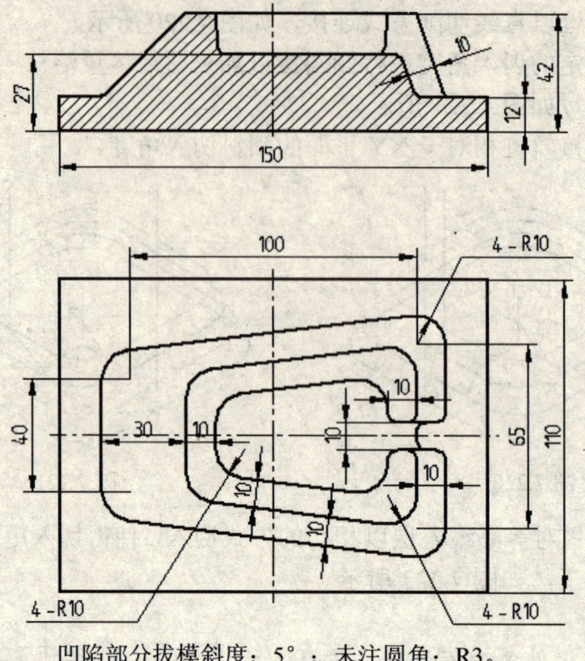

凹陷部分拔模斜度：5°；未注圆角：R3。

图 7.223

【步骤 5】双击“加工管理”树中的“起始点”→输入“X0/Y0/Z100” →点击“确定”按钮；

【步骤 6】点击加工工具条中的“等高线精加工 2”按钮→在各页面中进行下列参数设置→点击“确定”按钮；

加工参数 1	顺铣→层高（0.5）→层高调整→最小层高（0.5）→精度（0.02）→最小距离（0.5）→最小倾斜角度（10）→最大倾斜角度（90）→不加工未精加工区域
加工参数 2	XY 优先→删除宽度（0.1）→删除长度（0.1）→最大投影距离（2）→沿形状→切入角度（40）→使用接线切入→加工精度（0.01）→加工余量（0）→Z 向加工余量（0）→起始点（X0/Y0/Z100）
切入切出	完整轨迹→垂直切入半径（4）→垂直切出半径（8）→水平切入半径（4）→水平切出半径（8）
下刀方式	安全高度（65）→慢速下刀距离（0）→通常抬刀高度
切削用量	主轴转速（2000）→切入切出连接速度（F1）（300）→切削速度（F2）（100）→退刀速度（F3）（800）
加工边界	边界上
刀具参数	刀具名（D6）→刀具号（2）→刀具补偿号（2）→刀具半径 R（3）→刀角半径 r（3）→刀柄半径 b（3）→刀刃长度 l（50）→刀柄长度 h（20）→刀具全长 L（75）

【步骤 7】拾取加工对象→点击右键确定→拾取加工边界时直接点击右键确定，即生成加工轨迹，如图 7.224 所示；

【步骤 8】在“加工管理”树中选中刀具轨迹→点击右键→选择“轨迹仿真”（即可在仿

真环境下模拟加工，参阅轨迹仿真）→然后退出仿真窗口。

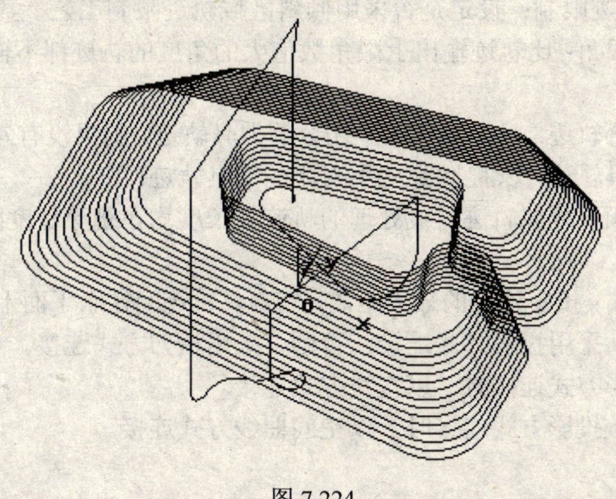

图 7.224

7.4.6　笔式清根加工 2

根据零件的内凹棱边，沿其方向生成笔式清根加工 2 轨迹，主要用来加工零件垂直区和平坦区中的内凹棱边附近的残留区域，进刀沿凹棱边方向。加工时多使用小直径的球头铣刀。

笔式清根加工 2 的加工参数设定窗口如图 7.225 所示。

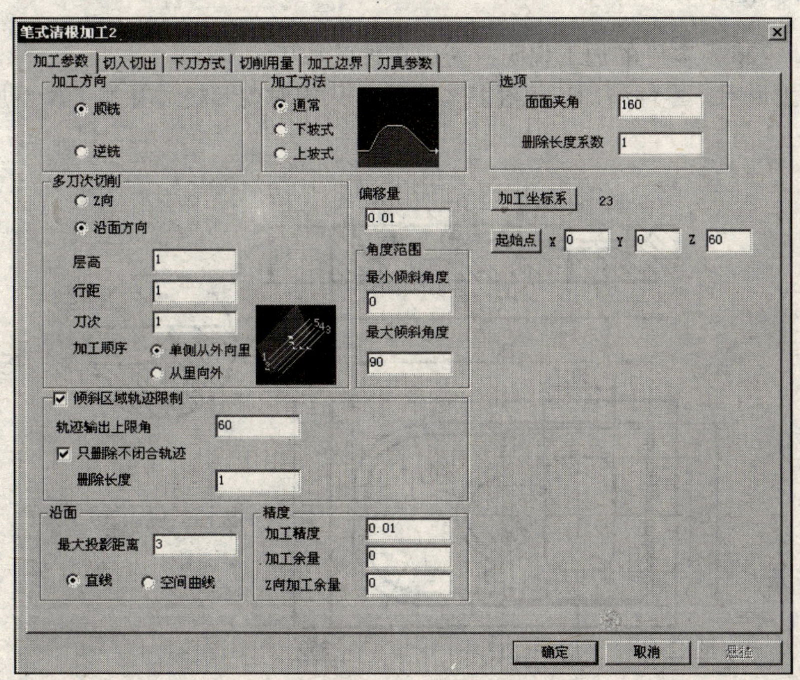

图 7.225

（1）角度范围：指定生成刀具轨迹的角度范围。

- 最小倾斜角度：刀具轨迹与水平面夹角的最小值，不小于 0°。

- 最大倾斜角度：刀具轨迹与水平面夹角的最大值，不大于 90°。

（2）倾斜区域轨迹限制：设定是否采用倾斜区域轨迹限制工艺参数。

- 轨迹输出上限角：比轨迹输出上限角数值大的角度的轨迹都不输出，指定的值是与水平面的夹角。
- 只删除不闭合轨迹：只删除那些不闭合的刀具轨迹；如果没有勾取的话，则既删除那些闭合的刀具轨迹，又删除那些不封闭的刀具轨迹。
- 删除长度：倾斜区域轨迹内被处理的轨迹其长度均在删除长度内。

（3）沿面。

- 最大投影距离：投影连接的最大距离，当刀具轨迹间在水平面上的连接距离小于最大投影距离时，采用投影方式连接，否则，采用抬刀方式连接。
- 直线：按投影方式连接时，以直线方式连接。
- 空间曲线：按投影方式连接时，以空间曲线方式连接。

（4）选项。

- 面面夹角：两相交面之间的夹角。如果面面夹角较大时，那么交线附近的残留部分也会较小，可以不对此位置进行补加工。面面之间的夹角小于面面夹角的设定值时，才会在凹棱线处做出补加工轨迹。面面夹角范围：0°~180°。
- 删除长度系数：根据输入的删除长度系数，设定是否生成微小长度轨迹。删除长度=刀具半径×删除长度系数。一般采用初始值。

7.4.7　笔式清根加工 2 实例

请根据图 7.226 及零件的加工说明，完成零件的加工。

零件的加工说明：零件精加工已经基本完成，只需对内凹棱边补加工，不加工 30×50 内轮廓。

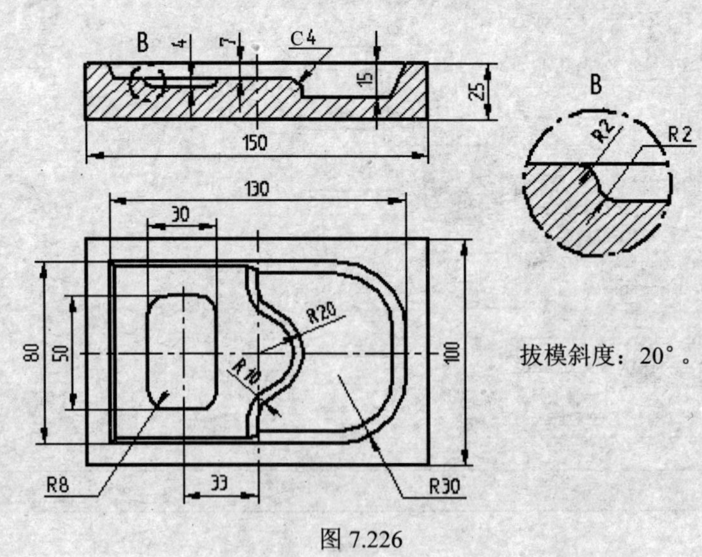

图 7.226

【步骤 1】双击“加工管理”树中的“机床后置”，根据不同的机床进行设置（略）；

【步骤 2】双击“加工管理”树中的“刀具库”，进行刀具设置（略）；

【步骤 3】利用特征工具，根据图 7.226 生成零件实体，并绘制出外加工边界线及不需补加工部分的边界线，内边界所包含的区域可大一些，如用 40×60 的矩形，如图 7.227 所示，也可在制作实体时不制作出 30×50 部分形状，则可不必绘制加工边界；

【步骤 4】双击"加工管理"树中的"毛坯"→选中"参照模型"项→点击"参照模型"按钮→点击"确定"按钮；

【步骤 5】双击"加工管理"树中的"起始点"→输入"X0/Y0/Z100"→点击"确定"按钮；

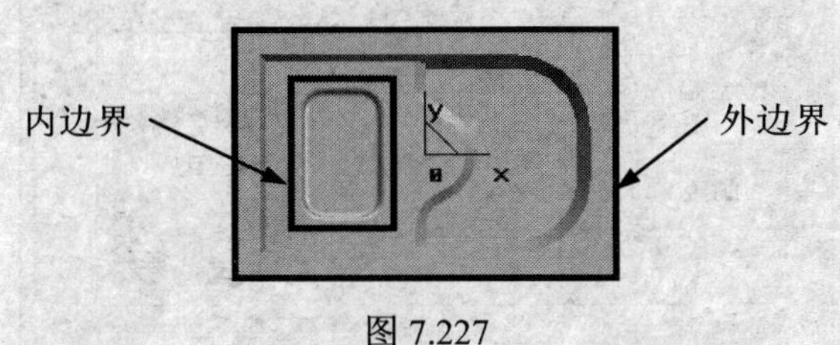

图 7.227

【步骤 6】点击加工工具条中的"笔式清根加工 2"按钮→在各页面中进行下列参数设置→点击"确定"按钮；

加工参数	顺铣→通常→沿面方向→层高（1）→行距（1）→刀次（1）→单侧从外向里→偏移量（0.2）→最小倾斜角度（0）→最大倾斜角度（90）→最大投影距离（2）→直线→加工精度（0.01）→加工余量（0）→Z 向加工余量（0）→面面夹角（120）→删除长度系数（1）→起始点（X0/Y0/Z100）
切入切出	完整轨迹→（垂直）切入圆弧半径（4）→（垂直）切出圆弧半径（4）→（水平）切入圆弧半径（4）→（水平）切出圆弧半径（4）
下刀方式	安全高度（60）→慢速下刀距离（5）→通常抬刀高度
切削用量	主轴转速（2500）→切入切出连接速度（F1）（100）→切削速度（F2）（60）→退刀速度（F3）（500）
加工边界	边界上
刀具参数	刀具名（D4）→刀具号（1）→刀具补偿号（1）→刀具半径 R（2）→刀角半径 r（2）→刀柄半径 b（2）→刀刃长度 l（30）→刀柄长度 h（20）→刀具全长 L（55）

【步骤 7】拾取加工对象→点击右键确定→拾取外加工边界→确定链搜索方向→拾取内加工边界→确定链搜索方向→点击右键确定，即生成加工轨迹，如图 7.228 所示；

【步骤 8】在"加工管理"树中选中刀具轨迹→点击右键→选择"轨迹仿真"（即可在仿真环境下模拟加工，参阅轨迹仿真）→然后退出仿真窗口。

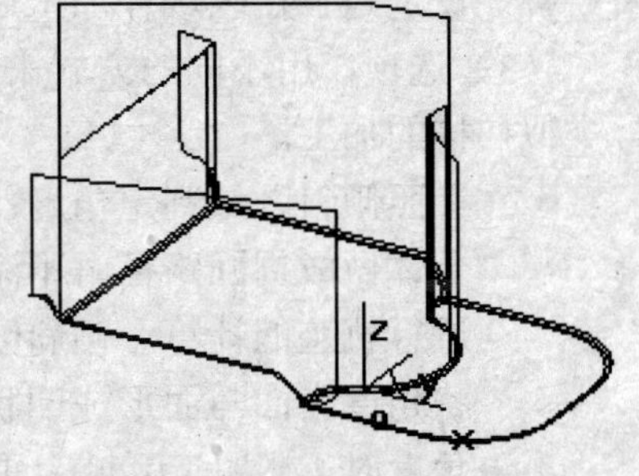

图 7.228

7.4.8 区域式补加工 2

根据零件的内凹棱边，沿其方向生成区域式补加工 2 轨迹，主要用来加工零件垂直区和平坦区中的内凹棱边附近的残留区域。加工时多使用小直径的球头铣刀。

区域式补加工 2 的加工参数设定窗口如图 7.229 所示。

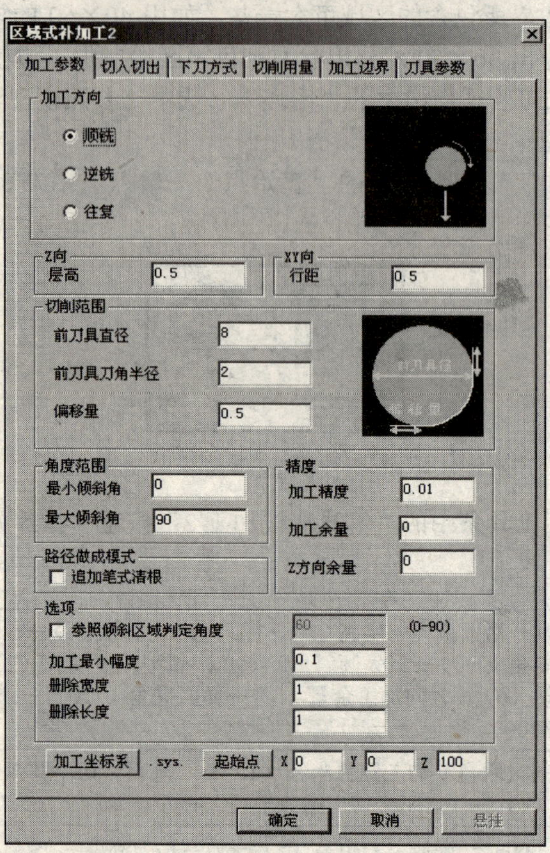

图 7.229

（1）切削范围。

- 前刀具直径：即前一加工策略采用的刀具的直径。
- 前刀具刀角半径：即前一加工策略采用的刀具的刀角半径。
- 偏移量：通过加大前把刀具的半径，来扩大未加工区域的范围。偏移量即前把刀具半径的增量，扩大加工范围后可使残留区域加工更彻底。

（2）路径做成模式。

- 设定是否在区域补加工后追加笔式清根加工。

（3）选项：用不同的方式来判断垂直区和平坦区，对垂直区进行等高加工，对平坦区进行类似扫描的加工。

- 参照倾斜区域判定角度：在陡坡添加检查的等高线，在平坦部做成周回加工的路径。全体做成周回路径时不添加检查。补加工区域部分可以分为平坦区和垂直区两个类别进行轨迹的计算。倾斜区域判定角度的范围为：0°≤倾斜区域判定角度≤90°。形状角度指面与面形成凹状的棱线与水平面所成的角度，当形状角度大于倾斜区域判定角度时，补加工区域为垂直区，生成等高线加工轨迹。当形状角度不大于倾斜区域判定角度时，补加工区域为平坦区，生成表面周回路径。
- 加工最小幅度：设定残余区域的加工最小幅度，如果希望加工得尽可能细微，设一个小值。为了避免生成的轨迹被当成冗余，请设一个大值。一般的，对于端铣刀，设为刀具半径×0.03。对于球刀，设为刀具刀角半径×0.03+0.06。不要设为 0。

- 删除长度：不生成小于规定长度的路径。
- 删除宽度：不生成小于规定幅度区域的路径。

7.4.9 区域式补加工 2 实例

请根据图 7.226 及零件的加工说明，完成零件的加工。

零件的加工说明：零件精加工已经基本完成，只需对内凹棱边进行补加工，不加工 30×50 轮廓内部形状。

【步骤 1】双击“加工管理”树中的“机床后置”，根据不同的机床进行设置（略）；

【步骤 2】双击“加工管理”树中的“刀具库”，进行刀具设置（略）；

【步骤 3】利用特征工具，根据图 7.226 生成零件实体，并绘制出外加工边界线及不需补加工部分的边界线，内边界所包含的区域可大一些，如用 40×60 的矩形，如图 7.230 所示，也可在制作实体时不制作出 30×50 部分形状，则可不必绘制加工边界；

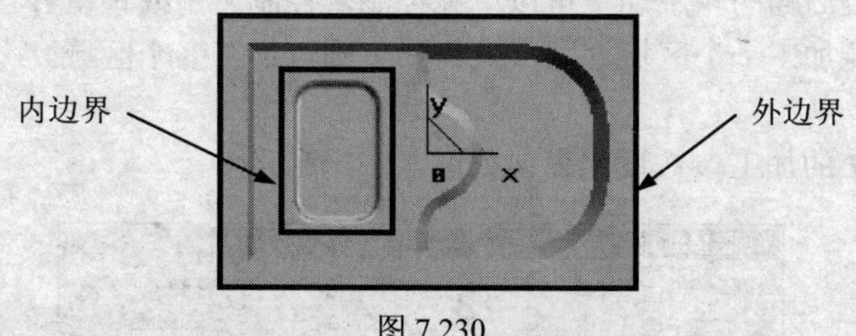

图 7.230

【步骤 4】双击“加工管理”树中的“毛坯”→选中“参照模型”项→点击“参照模型”按钮→点击“确定”按钮；

【步骤 5】双击“加工管理”树中的“起始点”→输入“X0/Y0/Z100” →点击“确定”按钮；

【步骤 6】点击加工工具条中的“区域式补加工 2”按钮→在各页面中进行下列参数设置→点击“确定”按钮；

加工参数	顺铣→层高（0.5）→行距（0.5）→前刀具半径（5）→前刀具刀角半径（2）→偏移量（0.5）→最小倾斜角度（0）→最大倾斜角度（90）→加工精度（0.01）→加工余量（0）→Z 向加工余量（0）→加工最小幅度（0.12）→删除宽度（1）→删除长度（1）→起始点（X0/Y0/Z100）
切入切出	完整轨迹→（垂直）切入圆弧半径（4）→（垂直）切出圆弧半径（4）→（水平）切入圆弧半径（4）→（水平）切出圆弧半径（4）
下刀方式	安全高度（60）→慢速下刀距离（5）→通常抬刀高度
切削用量	主轴转速（2500）→切入切出连接速度（F1）（100）→切削速度（F2）（60）→退刀速度（F3）（500）
加工边界	边界上
刀具参数	刀具名（D4）→刀具号（3）→刀具补偿号（3）→刀具半径 R（2）→刀角半径 r（2）→刀柄半径 b（2）→刀刃长度 l（30）→刀柄长度 h（20）→刀具全长 L（55）

【步骤 7】拾取加工对象→点击右键确定→拾取外加工边界→确定链搜索方向→拾取内加工边界→确定链搜索方向→点击右键确定，即生成加工轨迹，如图 7.231 所示；

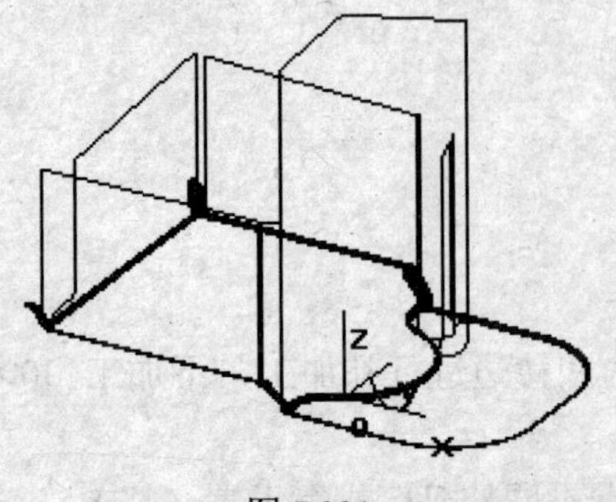

图 7.231

【步骤 8】在“加工管理”树中选中刀具轨迹→点击右键→选择“轨迹仿真”（即可在仿真环境下模拟加工，参阅轨迹仿真）→然后退出仿真窗口。

7.4.10 平面区域粗加工

根据给定的区域及岛屿分层生成平面区域粗加工轨迹，主要是用来粗加工底面与 XY 平面平行、侧面与底面垂直或有一定拔模斜度的平面区域，所以多使用端铣刀。它与区域式粗加工相比有以下特点：

- 可以粗加工具有倾斜角度的侧面部分，在具有倾斜角度的侧面可去除更多的余量，也可以直接进行精加工。
- 它对区域及岛屿的轮廓加工可以单独控制，控制清角或预留各自的加工余量。
- 它一次只能加工一个区域，区域式粗加工则可加工多个区域。

1. **加工参数**

平面区域粗加工的加工参数设定窗口如图 7.232 所示。

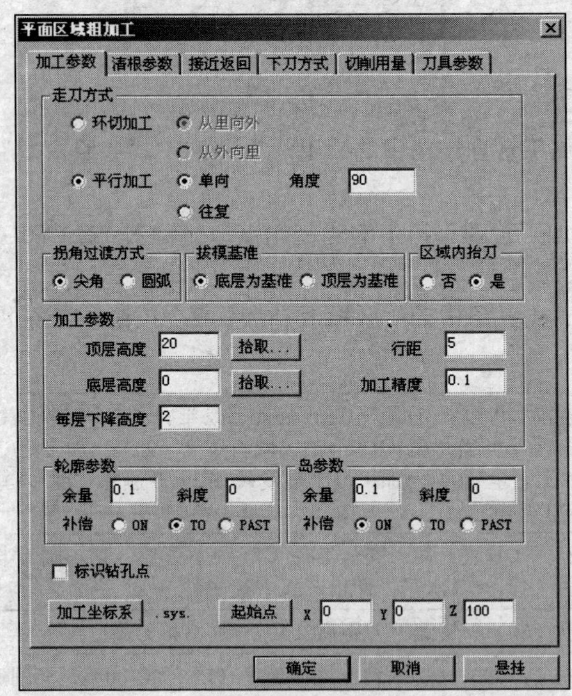

图 7.232

（1）拔模基准。

- 底层为基准：加工中所选轮廓为工件底层的轮廓。

- 顶层为基准：加工中所选轮廓为工件顶层的轮廓。

（2）区域内抬刀：在加工区域遇到岛屿时是否抬刀，此项只对平行加工的单向有用。

- 否：遇到岛屿时不抬刀。
- 是：遇到岛屿时直接抬刀连接。

（3）加工参数。

- 顶层高度：生成轨迹的起始高度值。一般为加工部位的最高点，也可根据需要设定。
- 底层高度：所要加工到的深度的 Z 坐标值，也就是生成轨迹的最小高度值。
- 每层下降高度：层与层之间的高度差，即层高。从顶层开始向下计算。

（4）轮廓参数。

- 余量：轮廓粗加工后给下一加工策略预留的切削量。
- 斜度：轮廓以多大的拔模斜度来加工。
- 补偿：有三种方式。ON：刀尖点在轮廓线上。TO：刀尖点距轮廓线一个刀具半径。PAST：刀尖点超过轮廓线一个刀具半径。相当于区域式粗加工中对刀具和边界位置关系的控制。

（5）岛参数。

- 余量：岛屿粗加工后给下一加工策略预留的切削量。
- 斜度：岛屿以多大的拔模斜度来加工。

（6）标识钻孔点：选择该项，轨迹上将自动显示出下刀打孔的点位置。

2. 清根参数

平面区域粗加工的清根参数设定窗口如图 7.233 所示。

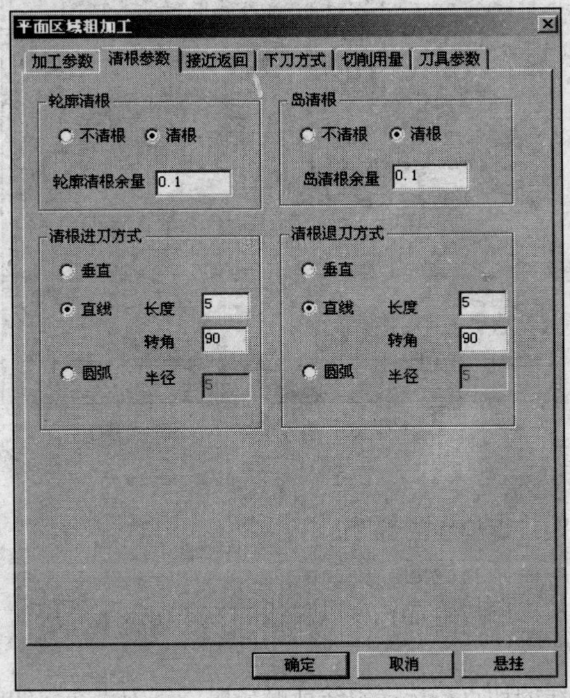

图 7.233

（1）轮廓清根。

- 不清根：最后不进行轮廓清根加工。
- 清根：进行轮廓清根加工。相当于区域式粗加工中的执行轮廓加工。
- 轮廓清根余量：轮廓清根后给下一加工策略预留的切削量。

（2）岛清根。

- 不清根：最后不进行岛屿清根加工。
- 清根：进行岛屿清根加工。相当于区域式粗加工中的执行轮廓加工。

（3）清根进刀、退刀方式。

- 垂直：刀具在轨迹的第一个切削点处垂直向下进刀。
- 直线：按给定长度，以相切方式向轨迹的第一个切削点进刀。
- 圆弧：刀具按给定半径，以 1/4 圆弧向工件的第一个切削点进刀。

3. 下刀方式

平面区域粗加工的下刀方式设定窗口如图 7.234 所示。

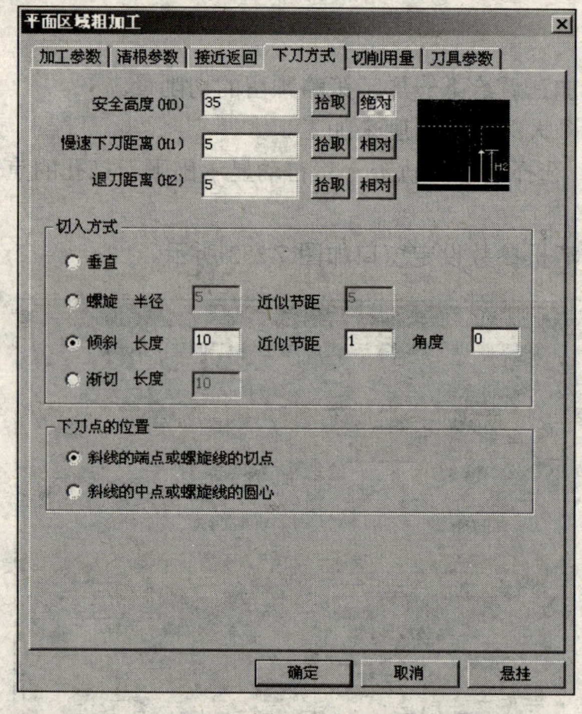

图 7.234

（1）切入方式。

- 螺旋　近似节距：螺旋线的螺距。
- 倾斜　近似节距：倾斜线的高度。
- 渐切　长度：从一层按给定长度以斜线的方式切入下一层。

（2）下刀点的位置。

斜线的端点或螺旋线的切点：选择斜线或螺旋时，下刀点在斜线的端点或螺旋线的切点，如图 7.235 所示。

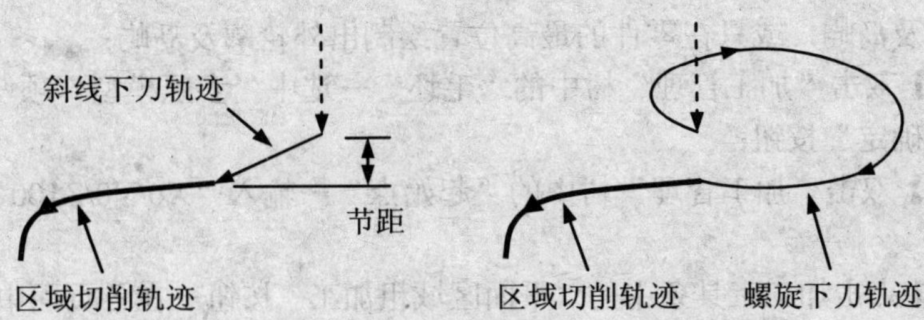

图 7.235

- 斜线的中点或螺旋线的圆心：选择斜线或螺旋时，下刀点在斜线的中点或螺旋线的圆心点，如图 7.236 所示。

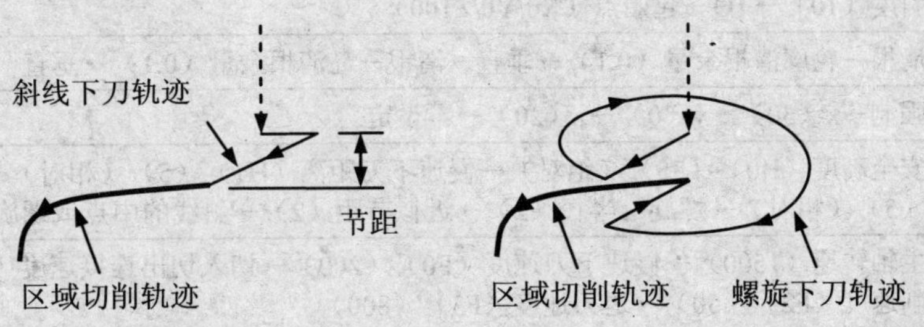

图 7.236

7.4.11 平面区域粗加工实例

请根据图 7.237 及零件的加工说明，完成零件的加工。

零件的加工说明：要求加工零件上部的两个内凹平面区域。

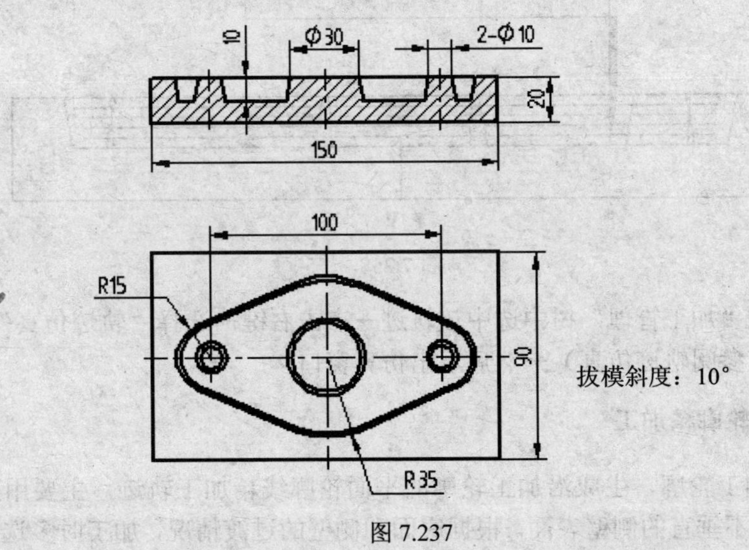

图 7.237

【步骤 1】双击“加工管理”树中的“机床后置”，根据不同的机床进行设置（略）；

【步骤 2】双击“加工管理”树中的“刀具库”，进行刀具设置（略）；

【步骤 3】利用特征工具，根据图 7.237 生成零件实体，并在零件的最高位置用曲线工具绘制出外轮廓及岛屿，或只在零件的最高位置绘制出外轮廓及岛屿；

【步骤 4】双击“加工管理”树中的“毛坯”→选中“参照模型”项→点击“参照模型”按钮→点击“确定”按钮；

【步骤 5】双击“加工管理”树中的“起始点”→输入“X0/Y0/Z100” →点击“确定”按钮；

【步骤 6】点击加工工具条中的“平面区域粗加工”按钮→在各页面中进行下列参数设置→点击“确定”按钮；

加工参数	环切加工→从外向里→尖角→顶层为基准→顶层高度（20）→底层高度（10）→每层下降高度（2）→行距（2.5）→加工精度（0.1）→余量（0.1）→斜度（10）→TO→余量（0.1）→斜度（10）→TO→起始点（X0/Y0/Z100）
清根参数	清根→轮廓清根余量（0.1）→垂直→清根→岛清根余量（0.1）→垂直
接近返回	强制→x（30）→y（0）→z（20）→不设定
下刀方式	安全高度（H0）（35）（绝对）→慢速下刀距离（H1）（5）（相对）→退刀距离（H2）（5）（相对）→螺旋 半径（2）→近似节距（2）→斜线的中点或螺旋线的圆心
切削用量	主轴转速（1500）→慢速下刀速度（F0）（200）→切入切出连接速度（F1）（100）→切削速度（F2）（50）→退刀速度（F3）（800）
刀具参数	刀具名（D6）→刀具号（2）→刀具补偿号（2）→刀具半径 R（3）→刀角半径 r（0）→刀柄半径 b（3）→刀刃长度 l（30）→刀柄长度 h（20）→刀具全长 L（70）

【步骤 7】拾取轮廓（确定链搜索方向）→点击右键确定→拾取岛屿（确定链搜索方向，依次拾取三个岛屿）→点击右键确定，即生成加工轨迹，如图 7.238 所示；

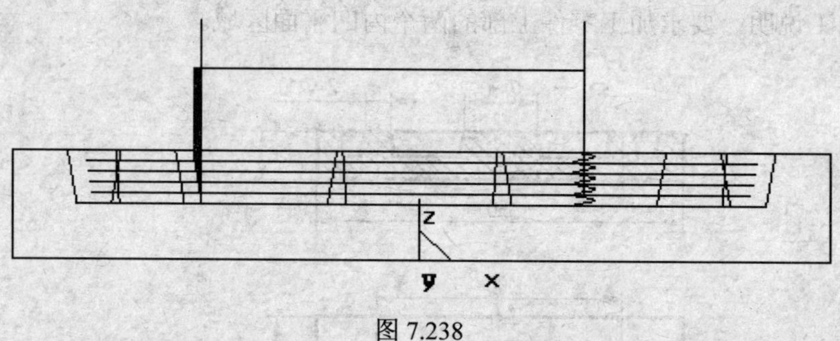

图 7.238

【步骤 8】在“加工管理”树中选中该轨迹→点击右键→选择“轨迹仿真”（即可在仿真环境下模拟加工，参阅轨迹仿真）→然后退出仿真窗口；

7.4.12 平面轮廓精加工

根据给定的加工轮廓，生成沿加工轮廓的平面轮廓线精加工轨迹，主要用来加工底面水平，且侧壁与底面不垂直的侧壁表面。根据底面和侧壁的过渡情况，加工时多选择相应刀角半径的端铣刀或球头铣刀。

它与轮廓线精加工相比有以下特点：

- 可以粗加工具有拔模斜度的侧面轮廓。
- 它可设定多次加工，并可根据设定余量的不同，进行不等行距加工。

平面轮廓精加工的加工参数设定窗口如图 7.239 所示。

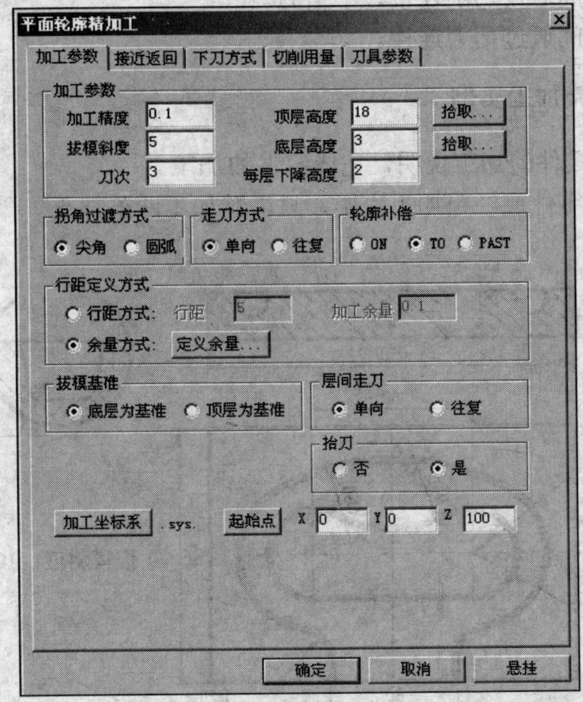

图 7.239

（1）加工参数。

- 拔模斜度：加工完成后轮廓所具有的倾斜度。一般设定为轮廓的拔模斜度。
- 刀次：加工轮廓的次数。加工完同一层中的各刀次后，才进行下一层加工。

（2）行距定义方式：加工刀次大于 1 时，刀具加工相邻刀次轨迹之间行距可有两种确定方式。

- 行距方式：设定不同刀次之间的行距值及加工完所留余量，为等行距加工方式。
- 余量方式：定义每次加工完所留余量，为不等行距加工方式，余量的次数在刀次相同，最多可定义 10 次加工的余量，如图 7.240 所示。余量由小向大设定，刀具从轮廓向远离轮廓的方向加工；余量由大向小设定，刀具向靠近轮廓的方向加工。如刀次设为（3），加工顺序为 3→2→1。一般从小到大设定，特殊情况可根据需要设定。

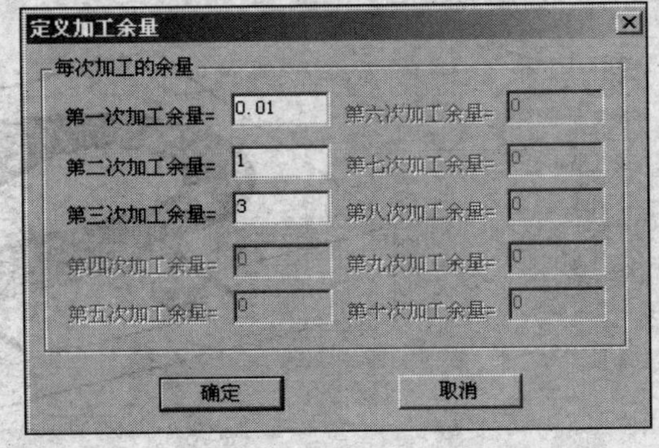

图 7.240

（3）层间走刀：是指刀具轨迹层与层之间的连接方式。

- 单向：在刀具轨迹层次大于 1 时，层之间的刀迹轨迹沿着同一方向。
- 往复：在刀具轨迹层次大于 1 时，层之间的刀迹轨迹为往复。

（4）抬刀。

- 否：层与层之间通过切削连接，不抬刀。
- 是：层与层之间通过抬刀连接。

7.4.13 平面轮廓精加工实例

请根据图 7.241 及零件的加工说明，完成零件的加工。

零件的加工说明：零件已经粗加工完毕，只需精加工凹陷部分。

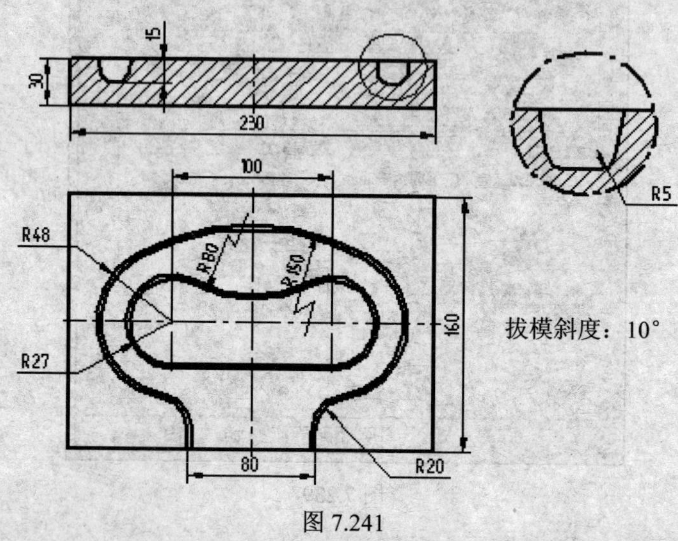

图 7.241

【步骤 1】双击“加工管理”树中的“机床后置”，根据不同的机床进行设置（略）；

【步骤 2】双击“加工管理”树中的“刀具库”，进行刀具设置（略）；

【步骤 3】利用特征工具，根据图 7.241 生成零件实体，零件顶端绘制出加工轮廓线，将开口端直线延长 5mm（这样可以在端口处形成渐切，加工效果更好，如图 7.242 所示；

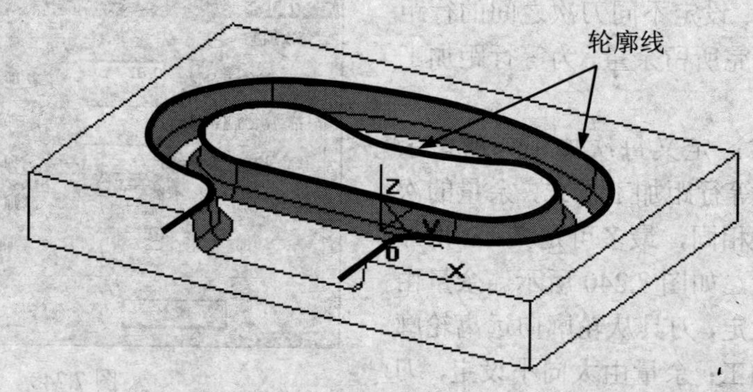

图 7.242

【步骤 4】双击“加工管理”树中的“毛坯”→选中“参照模型”项→点击“参照模型”按钮→点击“确定”按钮；

【步骤 5】双击“加工管理”树中的“起始点”→输入“X0/Y0/Z100”→点击“确定”按钮；

【步骤 6】点击加工工具条中的“平面轮廓精加工”按钮→在各页面中进行下列参数设置→点击“确定”按钮；

加工参数	加工精度（0.01）→拔模斜度（10）→刀次（2）→顶层高度（30）→底层高度（15）→每层下降高度（1）→尖角→单向→TO→余量方式→点击“定义余量”按钮→第一次加工余量（0）→第二次加工余量（0.5）→顶层为基准→单向→否→起始点（X0/Y0/Z100）
接近返回	不设定→不设定
下刀方式	安全高度（H0）（50）（绝对）→慢速下刀距离（H1）（5）（相对）→退刀距离（H2）（5）（相对）→垂直
切削用量	主轴转速（1500）→慢速下刀速度（F0）（200）→切入切出连接速度（F1）（100）→切削速度（F2）（40）→退刀速度（F3）（800）
刀具参数	刀具名（D10）→刀具号（3）→刀具补偿号（3）→刀具半径 R（5）→刀角半径 r（5）→刀柄半径 b（5）→刀刃长度 l（30）→刀柄长度 h（20）→刀具全长 L（60）

【步骤 7】拾取轮廓和加工方向（加工方向是使刀具产成顺铣的方向），如图 7.243 所示→确定链搜索方向→拾取箭头方向（任意）→拾取进刀点（直接点击右键确定）→拾取退刀点（直接点击右键确定），即生成加工轨迹，如图 7.244 所示；

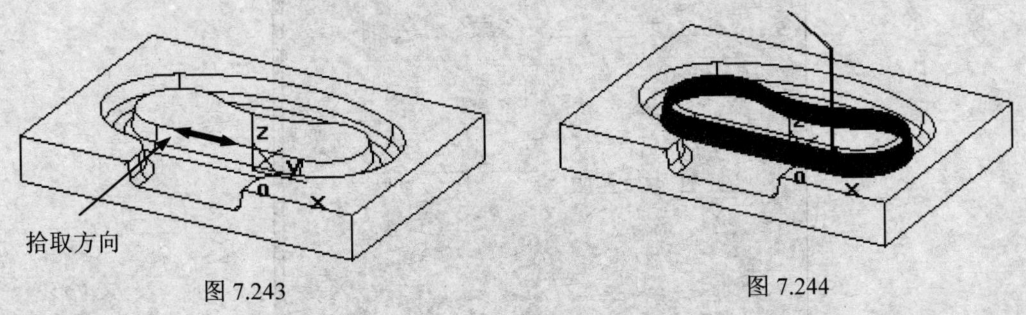

图 7.243　　图 7.244

【步骤 8】再次点击加工工具条中的“轮廓线精加工”按钮→点击“确定”按钮；

【步骤 9】拾取轮廓和加工方向（加工方向是使刀具产成顺铣的方向），如图 7.245 所示→确定链搜索方向→拾取箭头方向（任意）→拾取进刀点（直接点击右键确定）→拾取退刀点（直接点击右键确定），即生成加工轨迹，如图 7.246 所示；

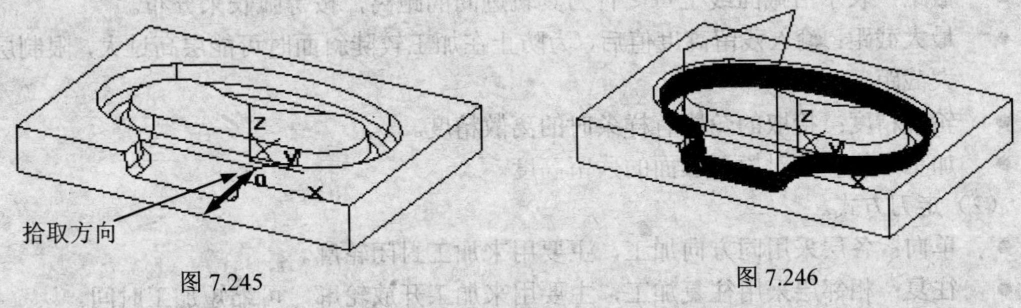

图 7.245　　图 7.246

【步骤 10】在“加工管理”树中选中刀具轨迹→点击右键→选择“轨迹仿真”（即可在仿真环境下模拟加工，参阅轨迹仿真）→然后退出仿真窗口。

7.4.14 轮廓导动精加工

根据给定的轮廓和截面线生成分层的轮廓导动精加工轨迹。它可以加工凹模，也能加工凸模，主要用来加工底面边界水平且截面线沿水平方向单调变化的轮廓。精加工时多使用球头铣刀或刀角半径较大的端铣刀。

它与导动线精加工相比有以下特点：

- 它采用截距方式确定各层位置进行加工，使平缓处加工后更加平滑。
- 易加工沿竖直方向开放周边轮廓，否则易与其他轮廓表面发生干涉。

轮廓导动精加工的加工参数设定窗口如图 7.247 所示。

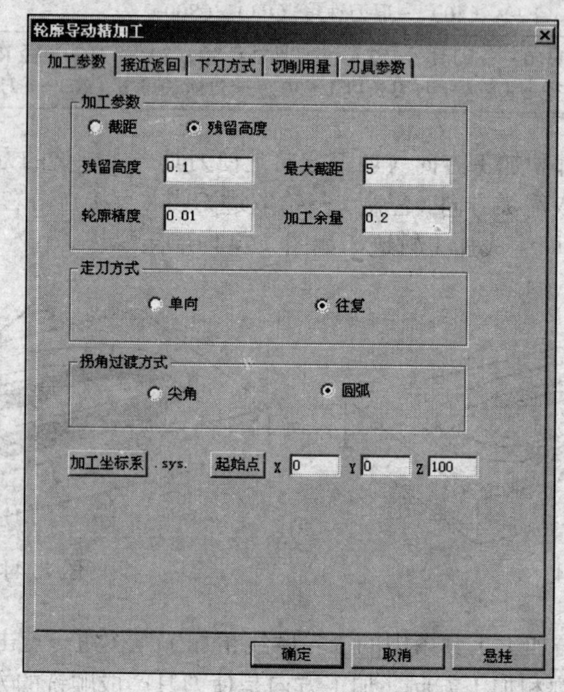

图 7.247

（1）加工参数。

- 截距：表示沿截面线上每一行刀具轨迹间的距离，按等弧长来分布。
- 最大截距：输入残留高度值后，为防止在加工较陡斜面时可能层高过大，限制层间最大截距。
- 轮廓精度：拾取的轮廓有样条时的离散精度。
- 加工余量：相对模型表面的残留高度。

（2）走刀方式。

- 单向：各层采用同方向加工，主要用来加工封闭轮廓。
- 往复：相邻层采用往复加工，主要用来加工开放轮廓，可缩短加工时间。

7.4.15 轮廓导动精加工实例

请根据图 7.248 及零件的加工说明，完成零件的加工。

零件的加工说明：零件已经粗加工完毕，只需精加工上部回转曲面部分。

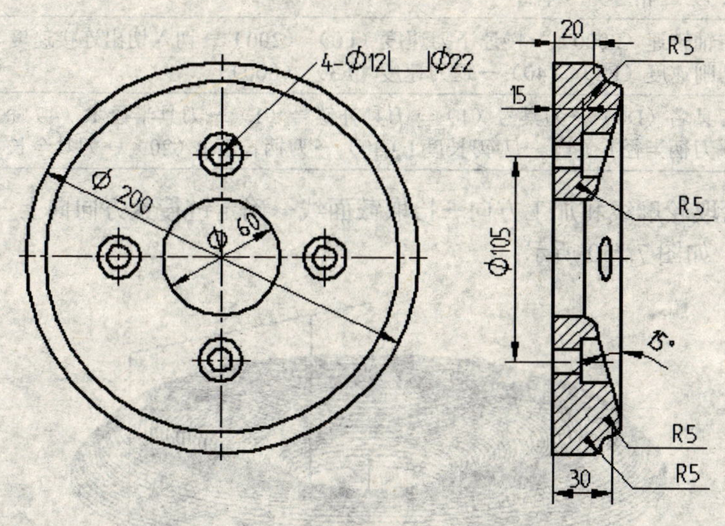

图 7.248

【步骤 1】双击“加工管理”树中的“机床后置”，根据不同的机床进行设置（略）；

【步骤 2】双击“加工管理”树中的“刀具库”，进行刀具设置（略）；

【步骤 3】利用特征工具，根据图 7.248 生成零件实体（可不制作台阶孔）、导动线及截面线，构造出实体便于检查加工质量，或只绘制出导动线及截面线，如图 7.249 所示；

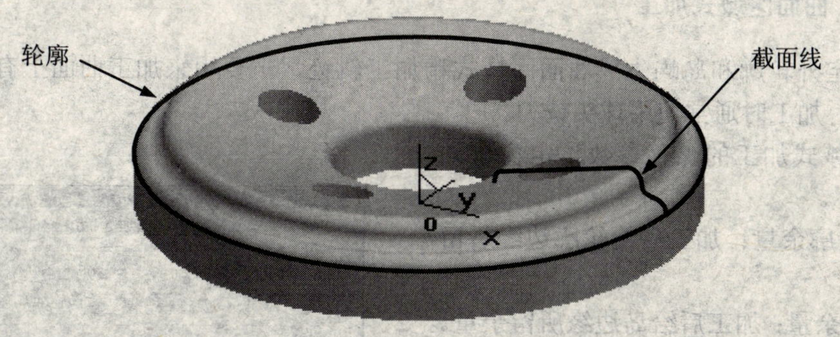

图 7.249

【步骤 4】双击“加工管理”树中的“毛坯”→选中“参照模型”项→点击“参照模型”按钮→点击“确定”按钮；

【步骤 5】双击“加工管理”树中的“起始点”→输入“X0/Y0/Z80”→点击“确定”按钮；

【步骤 6】点击加工工具条中的“轮廓导动精加工”按钮→在各页面中进行下列参数设置→点击“确定”按钮；

加工参数	残留高度→残留高度（0.02）→最大截距（2）→加工精度（0.02）→加工余量（0.2）→单向→圆弧→起始点（X0/Y0/Z80）
接近返回	不设定→不设定

下刀方式	安全高度（H0）（50）（绝对）→慢速下刀距离（H1）（5）（相对）→退刀距离（H2）（5）（相对）→垂直
切削用量	主轴转速（2000）→慢速下刀速度（F0）（200）→切入切出连接速度（F1）（100）→切削速度（F2）（40）→退刀速度（F3）（800）
刀具参数	刀具名（D8）→刀具号（1）→刀具补偿号（1）→刀具半径 R（4）→刀角半径 r（4）→刀柄半径 b（4）→刀刃长度 l（30）→刀柄长度 h（20）→刀具全长 L（60）

【步骤 7】拾取轮廓线和加工方向→拾取截面线→确定链搜索方向向上→选取加工侧边，即生成加工轨迹，如图 7.250 所示；

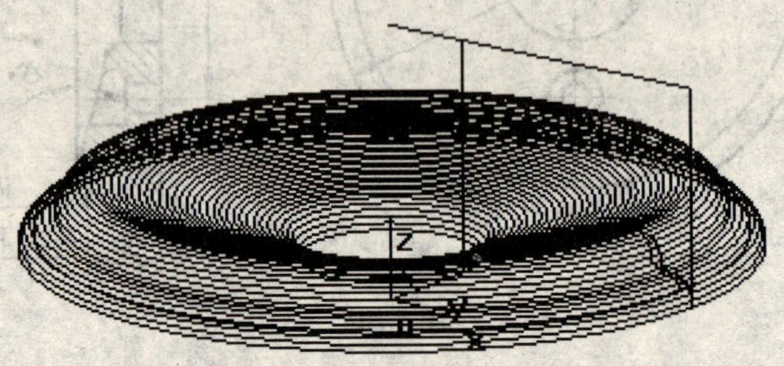

图 7.250

【步骤 8】在“加工管理”树中选中刀具轨迹→点击右键→选择“轨迹仿真”（即可在仿真环境下模拟加工，参阅轨迹仿真）→然后退出仿真窗口。

7.4.16 曲面区域式加工

根据给定外轮廓和岛屿生成曲面区域式精加工轨迹，主要用来加工曲面上有不加工区域的曲面表面。加工时通常使用球头铣刀。

曲面区域式加工的加工参数设定窗口如图 7.251 所示。

（1）轮廓余量：加工后给轮廓边缘所留余量。

（2）岛余量：加工后给岛边缘所留余量。

（3）干涉余量：加工后给干涉边缘所留余量。

（4）行间连接方式。

- 传统：以直线切削方式直接连接。
- HSM：以快速弧形抬刀移动连接。

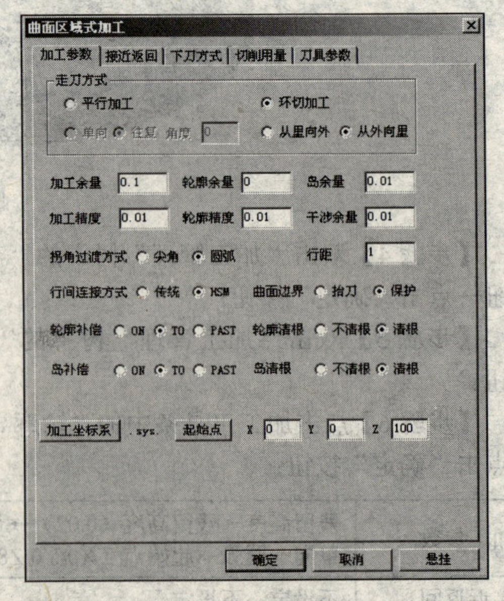

图 7.251

7.4.17 曲面区域式加工实例

请根据图 7.252 及零件的加工说明，完成零件的加工。

零件的加工说明：零件已经粗加工完毕，只需精加工上部半球面部分。

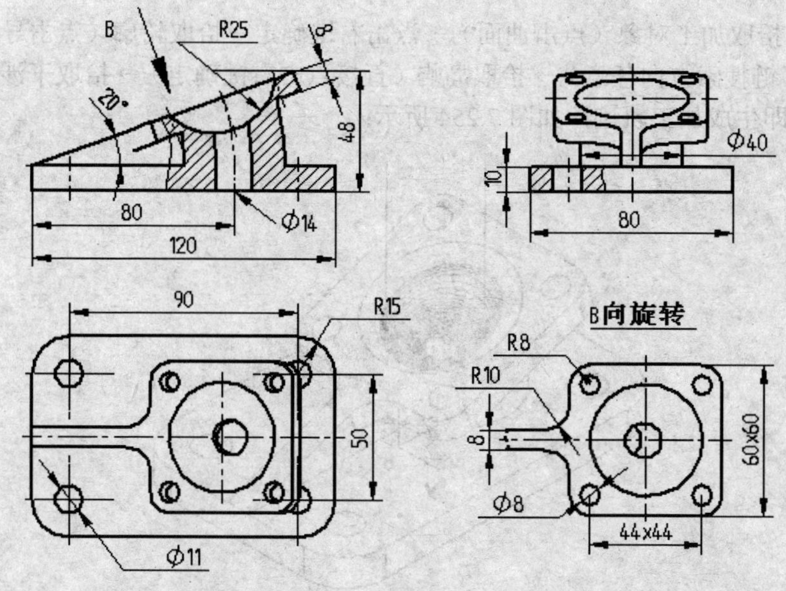

图 7.252

【步骤 1】双击“加工管理”树中的“机床后置”，根据不同的机床进行设置（略）；

【步骤 2】双击“加工管理”树中的“刀具库”，进行刀具设置（略）；

【步骤 3】利用特征工具及曲面工具，根据图 7.252 生成零件实体，并将两实体边界及 R25 曲面导出，使之成为空间曲线和曲面，如图 7.253 所示；

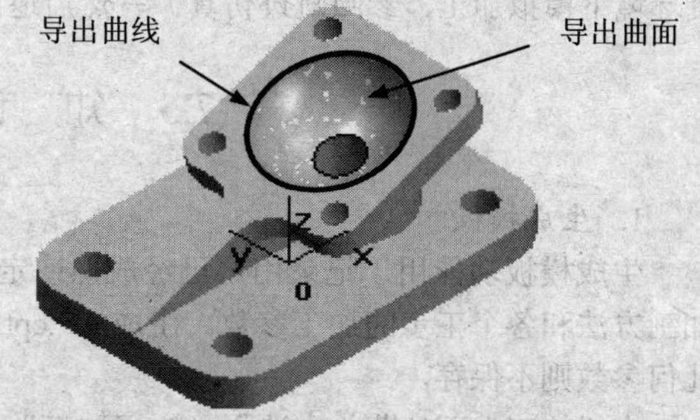

图 7.253

【步骤 4】双击“加工管理”树中的“毛坯”→选中“参照模型”项→点击“参照模型”按钮→点击“确定”按钮；

【步骤 5】双击“加工管理”树中的“起始点”→输入“X0/Y0/Z100”→点击“确定”按钮；

【步骤 6】点击加工工具条中的“曲面区域式加工”按钮→在各页面中进行下列参数设置→点击“确定”按钮；

加工参数	环切加工→从外向里→加工余量（0）→轮廓余量（0）→岛余量（0）→加工精度（0.01）→轮廓精度（0.01）→干涉余量（0）→圆弧→行距（0.5）→传统→保护→轮廓补偿 ON→不清根→岛补偿 PAST→不清根→起始点（X0/Y0/Z100）
接近返回	圆弧→半径（10）→角度（30）→圆弧→半径（10）→角度（30）
下刀方式	安全高度（70）→慢速下刀距离（20）→退刀距离（10）
切削用量	主轴转速（1600）→切入切出连接速度（F1）（300）→切削速度（F2）（100）→退刀速度（F3）（500）
刀具参数	刀具名（D16）→刀具号（2）→刀具补偿号（2）→刀具半径 R（8）→刀角半径 r（8）→刀柄半径 b（8）→刀刃长度 l（40）→刀柄长度 h（20）→刀具全长 L（70）

【步骤 7】拾取加工对象（点击曲面）→点击右键确定→拾取轮廓（点击导出曲线）→确定链搜索方向（链搜索方向任意）→拾取岛屿（直接点击右键确定）→拾取干涉曲面（直接点击右键确定），即生成加工轨迹，如图 7.254 所示；

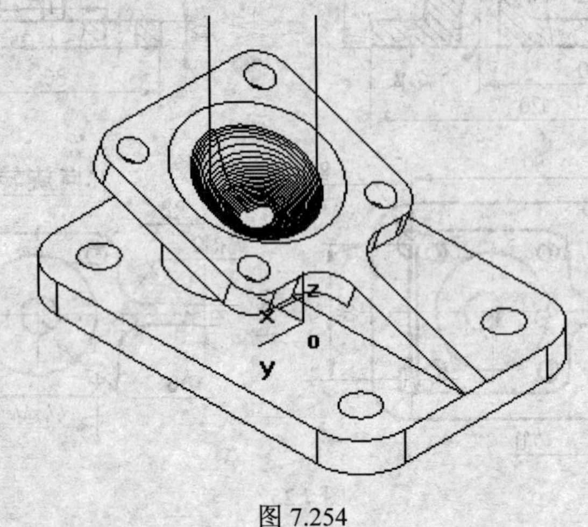

图 7.254

【步骤 8】在“加工管理”树中选中刀具轨迹→点击右键→选择“轨迹仿真”（即可在仿真环境下模拟加工，参阅轨迹仿真）→然后退出仿真窗口。

7.5　知　识　加　工

1. 生成模板

生成模板功能用于记录用户已经成熟或定型的加工流程，在模板文件中记录加工流程的加工方法和各个工步的加工参数。生成的*.cpt 模板文件只保存轨迹的加工参数和刀具参数，几何参数则不保存。

在“加工”下拉菜单中选择“知识加工”下的“生成模板”项，如图 7.255 所示，拾取轨迹后保存即可。

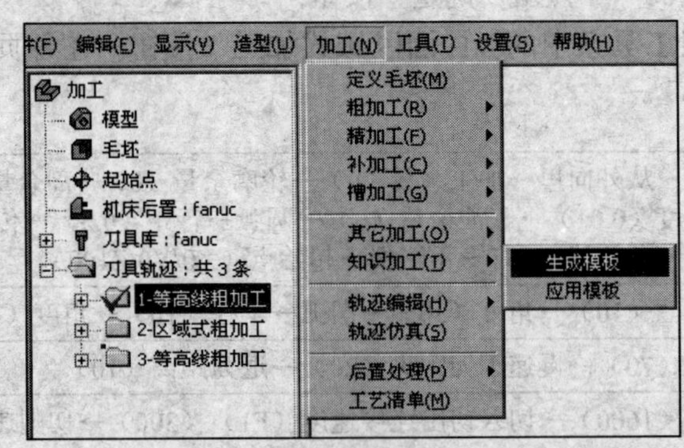

图 7.255

2. 应用模板

使用用户已经生成的*.cpt 模板文件，对类似加工对象进行加工，用户不用再对加工参数进行设置，从而节省了时间，减少了工作量。

打开一个模板文件，系统在轨迹树中生成相应的加工轨迹项，但是新生成的轨迹项没有“轨迹数据”子项，轨迹需要重新生成。应用不同的加工模板后，可以重置轨迹或在几何要素中添加相关曲面或曲线，确定即生成轨迹，如图 7.256 所示。

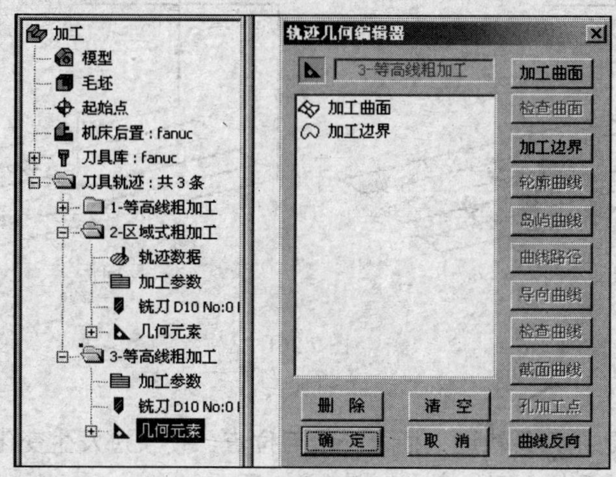

图 7.256

7.6 轨 迹 编 辑

系统根据用户选定的加工方法和设定的加工参数自动生成加工轨迹，但是不一定符合实际加工情况，用户可以根据加工件的结构特点对轨迹进行相应的编辑，以满足不同的加工要求，以保证加工部位的加工精度，并可提高劳动生产率。

1. 轨迹裁剪

用封闭或不封闭曲线（称为剪刀线）对刀具轨迹进行裁剪，去除其中一部分轨迹。可在立即菜单中选择：裁剪边界、裁剪平面和裁剪精度，如图 7.257 所示。

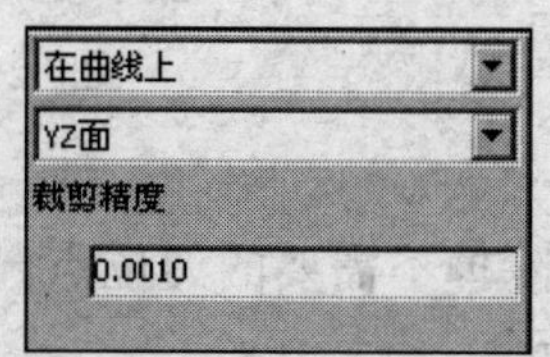

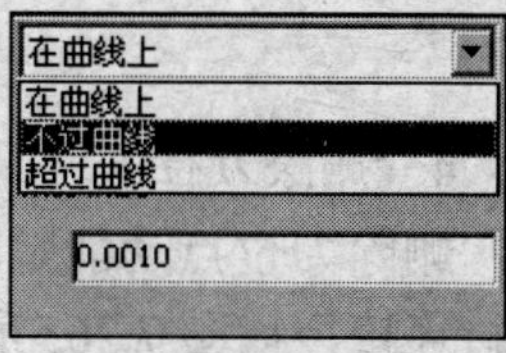

图 7.257

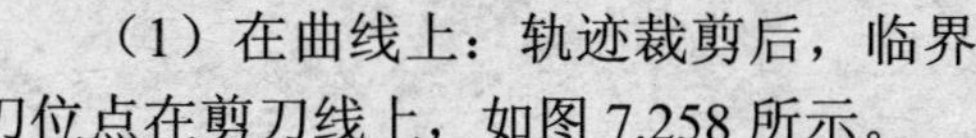

（1）在曲线上：轨迹裁剪后，临界刀位点在剪刀线上，如图 7.258 所示。

（2）不过曲线：轨迹裁剪后，临界刀位点距剪刀线为一个刀具半径，如图 7.259 所示。

（3）超过曲线：轨迹裁剪后，临界刀位点超过剪刀线一个刀具半径，如图 7.260 所示。

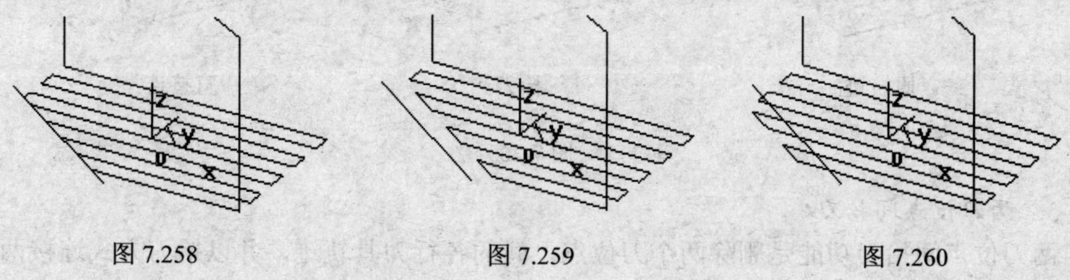

图 7.258　　图 7.259　　图 7.260

2. 轨迹反向

轨迹反向是对刀具轨迹的下刀方向和切削行进方向进行反向处理，如图 7.261 所示。

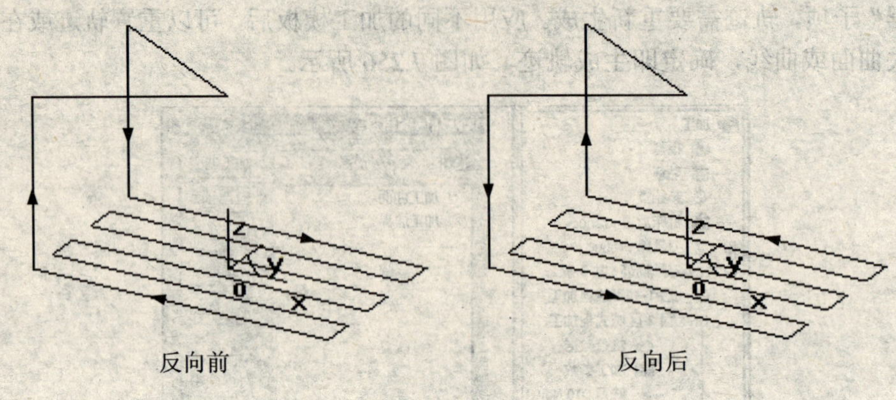

图 7.261

3. 插入刀位点

插入刀位点功能是在刀具轨迹上插入一个刀位点，使轨迹发生变化。可在立即菜单中选择是在指定刀位点前或后插入刀位点，如图 7.262 所示。

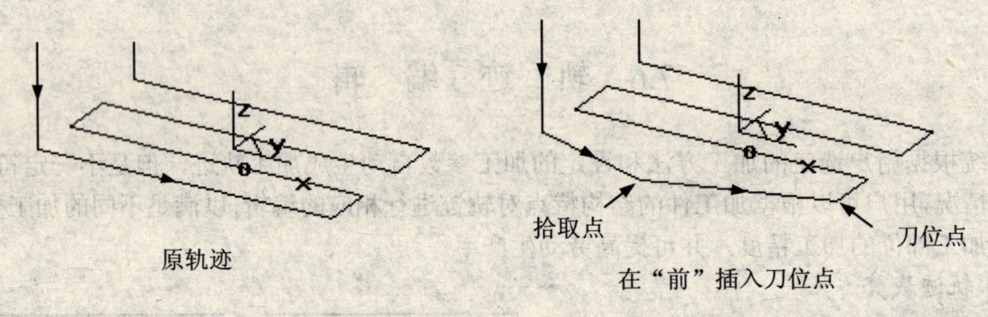

图 7.262

4. 删除刀位点

删除刀位点功能是删除掉不需要的刀位点。可以在立即菜单中来选择删除后是抬刀还是直接连接，如图 7.263 所示。

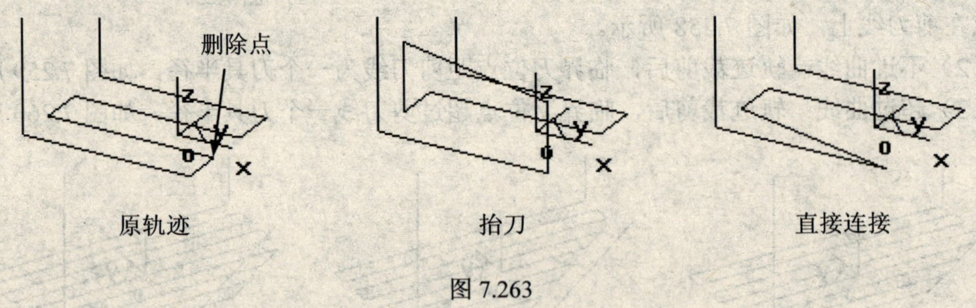

图 7.263

5. 两刀位点间抬刀

两刀位点间抬刀功能是删除两个刀位点之间的各行刀具轨迹，并以抬刀方式连接两刀位点，如图 7.264 所示。但不能把切入结束点和切出起始点作为要拾取的刀位点。

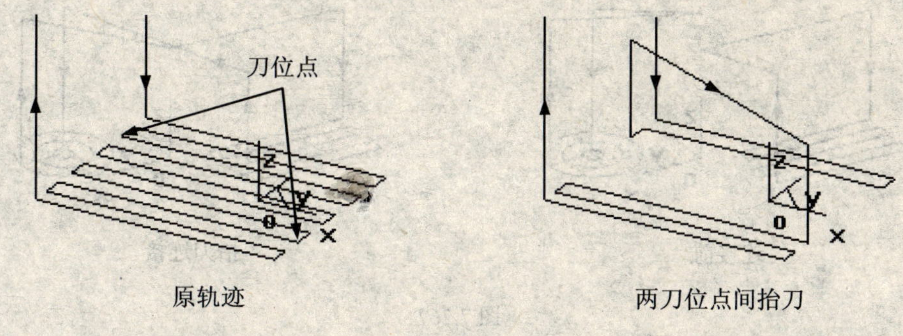

图 7.264

6. 清除抬刀

清除抬刀功能是清除某处或全部的抬刀。在立即菜单中选择：指定删除和全部删除，如图 7.265 所示。

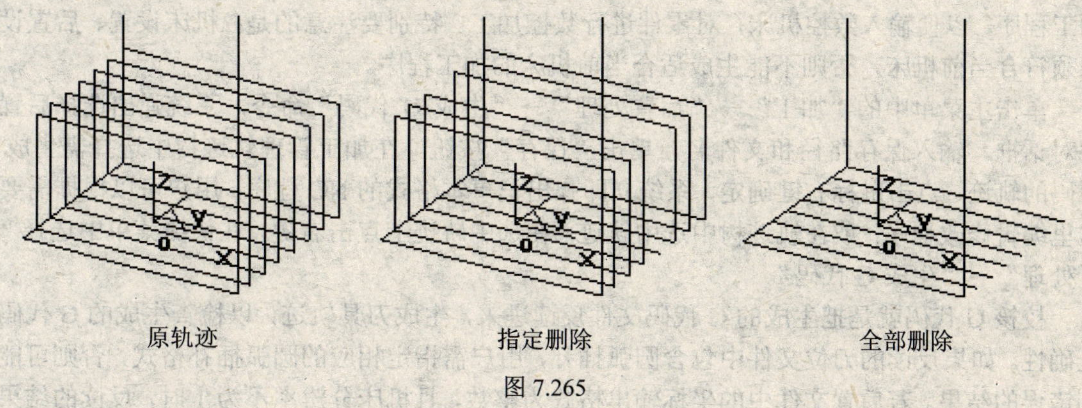

图 7.265

7. 轨迹打断

轨迹打断功能是在被拾取的刀位点处把刀具轨迹分为两个部分，如图 7.266 所示。

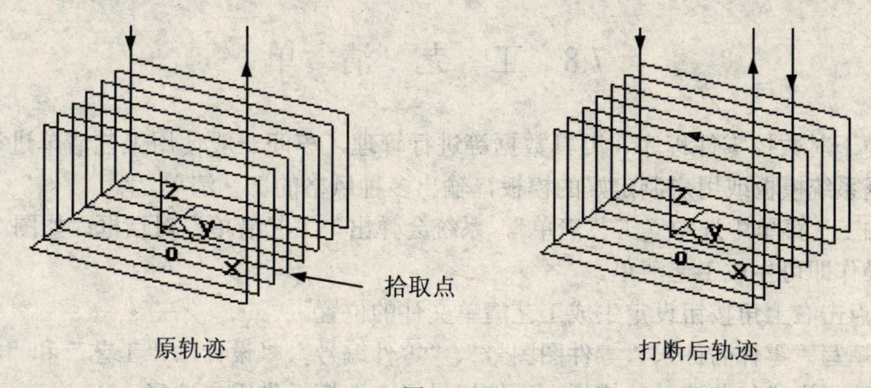

图 7.266

8. 轨迹连接

轨迹连接功能是把两条不相干的刀具轨迹连接成一条刀具轨迹，连接后将以先拾取的轨迹的起始点为准进行连接。可在立即菜单中选择：抬刀连接或直接连接，如图 7.267 所示。

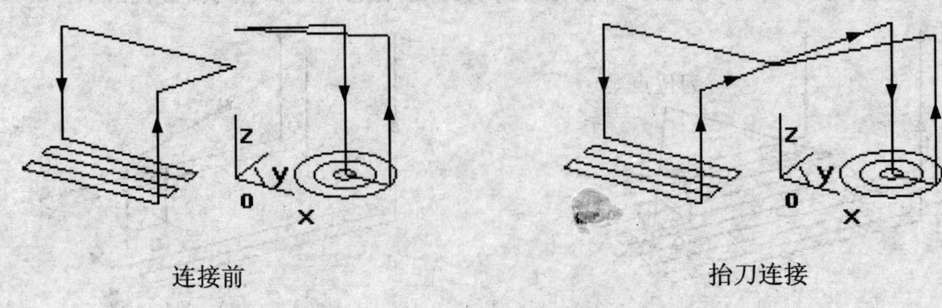

连接前　　　　抬刀连接

图 7.267

7.7 G 代码生成

G 代码生成就是按照当前机床的配置要求，把已经生成的刀具加工轨迹转化成 CNC 数控加工程序，以便输入数控机床，对零件进行数控加工。特别要注意的是，机床设置、后置设置必须符合当前机床，否则不能生成适合当前机床的加工程序。

单击主菜单中的“加工”→“后置处理”→“生成 G 代码”命令，系统弹出选择后置文件对话框，输入保存路径和文件名，单击“保存”按钮。在加工管理轨迹树中选择需生成 G 代码的轨迹，点击鼠标右键确定，系统立即弹出记事本格式的 NC 程序，用户可以根据需要在这里编辑修改程序；或在轨迹树中选中轨迹，在选中轨迹上点击右键，在快捷菜单中选择“后置处理”→“生成 G 代码”。

校核 G 代码就是把生成的 G 代码文件反读进来，生成刀具轨迹，以检查生成的 G 代码的正确性。如果反读的刀位文件中包含圆弧插补，用户需指定相应的圆弧插补格式，否则可能得到错误的结果。若后置文件中的坐标输出格式为整数，且机床分辨率不为 1 时，反读的结果是不对的，亦即系统不能读取坐标格式为整数且分辨率为非 1 的情况。由于精度等方面的原因，用户应避免将反读出的刀位重新输出，因为系统无法保证其精度。

7.8 工艺清单

为了便于对数控零件程序、刀具数据等进行管理，车间一般使用工艺清单进行管理。系统可以根据系统模板或用户制定好的模板，输出多种风格的工艺清单。

在“加工”菜单中选中“工艺清单”，系统会弹出“工艺清单”对话框，如图 7.268 所示，进行如下操作即可生成工艺清单。

（1）点击右上角按钮设定生成工艺清单文件的位置。

（2）填写“零件名称”、“零件图图号”、“零件编号”、“设计”、“工艺”和“校核”项。

（3）选择生成工艺清单的模板。系统提供了 8 个模板供用户选择。

- sample01：关键字一览表，提供了几乎所有生成加工轨迹相关的参数的关键字，包括明细表参数、模型、机床、刀具起始点、毛坯、加工策略参数、刀具、加工轨迹、NC 数据等。

- sample02：NC 数据检查表，几乎与关键字一览表相同，只是少了关键字说明。
- sample03~sample08：为系统缺省的用户模板区，用户可以自行制定自己的模板。

（4）点击“拾取轨迹”按钮，在加工轨迹树中选择相应轨迹，拾取后点击右键确认。

（5）点击“生成清单”按钮，系统会自动生成工艺清单。

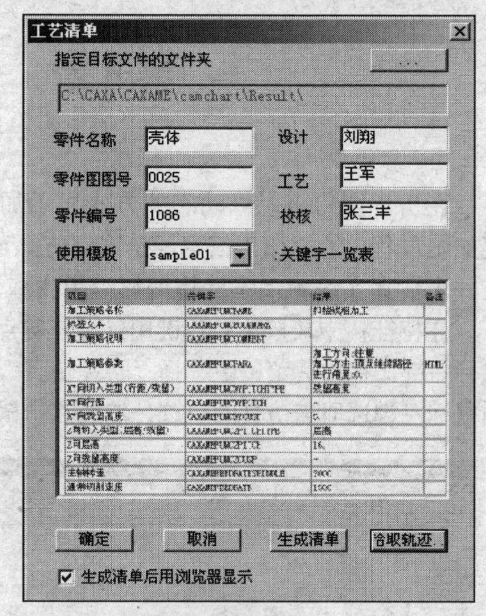

图 7.268

为了满足各用户对工艺清单模板不同风格的需求，系统提供了一套关键字机制，用户结合网页制作，合理使用这些关键字，就可以生成各式各样风格的模板。根据模板组(\CAXAME 安装文件夹\camchart\Template 内的文件夹)中的模板文件，通过更换定义的关键字来输出关于加工工艺参数到指定文件夹。

模板文件允许网页文件（.htm、.html）和文本文件（.txt）两种格式，强烈推荐使用网页文件，常用 Dreamweaver、Frontpage 来编辑网页文件。用户可以在用户模板文件夹中制作一个 index.htm 文件来链接设计模板文件，系统在自动生成完用户制定的模板工艺清单后会自动地打开 index.htm 文件。

7.9 加 工 思 考

数控机床的加工效率一般比普通机床高 2~3 倍，而在加工复杂零件时，生产率却可以提高十几倍甚至几十倍。由此可见，只有加工复杂零件才能充分发挥数控机床的加工能力。对于我国现今的机械加工行业，由于数控机床占总机床的比率份额还很小，所以对于零件来说，应将零件的加工内容分成在普通机床上加工的内容和数控机床上加工的内容，这样才能合理地利用车间设备，做到物尽其用，才能真正发挥出数控机床加工的优势。数控机床加工内容的选择原则是：

（1）优先选择通用机床无法加工的内容。

（2）重点选择通用机床难以加工或质量难以保证的内容。

（3）选择通用机床加工效率低、劳动强度大的内容。

与造型一样，数控加工方法也是多种多样，应根据零件的加工部位特点选用合适的加工方法，这样才能缩短加工时间，保证加工质量。同一个加工部位有多种加工方法，加工中应相互比较选用最合理的方法，而且应广义地理解刀具及加工方法，比如我们可以把立铣刀理解为面铣刀，用曲线式铣槽来加工大平面等，请用户在数控加工中自己反复实践总结，这样才能在实际中更好地发挥软件的作用。

第8章　仿　真　加　工

在仿真窗口可以以动态的方式显示加工全过程，也可以单步显示加工轨迹，方便用户观察加工过程，了解加工信息。在轨迹仿真窗口中进行的刀具轨迹编辑仅用于仿真观察，刀具轨迹并未被真实编辑，不能将编辑结果生成NC程序。

在特征树中，按住Ctrl键用鼠标左键点击需仿真的各轨迹，松开Ctrl键后在选中轨迹上点击鼠标右键，在快捷菜单中选择“轨迹仿真”，或在“加工”菜单中选中“轨迹仿真”，在特征树中用鼠标左键选取需仿真的轨迹，然后点击鼠标右键确认，即可进入仿真窗口，如图8.1所示。

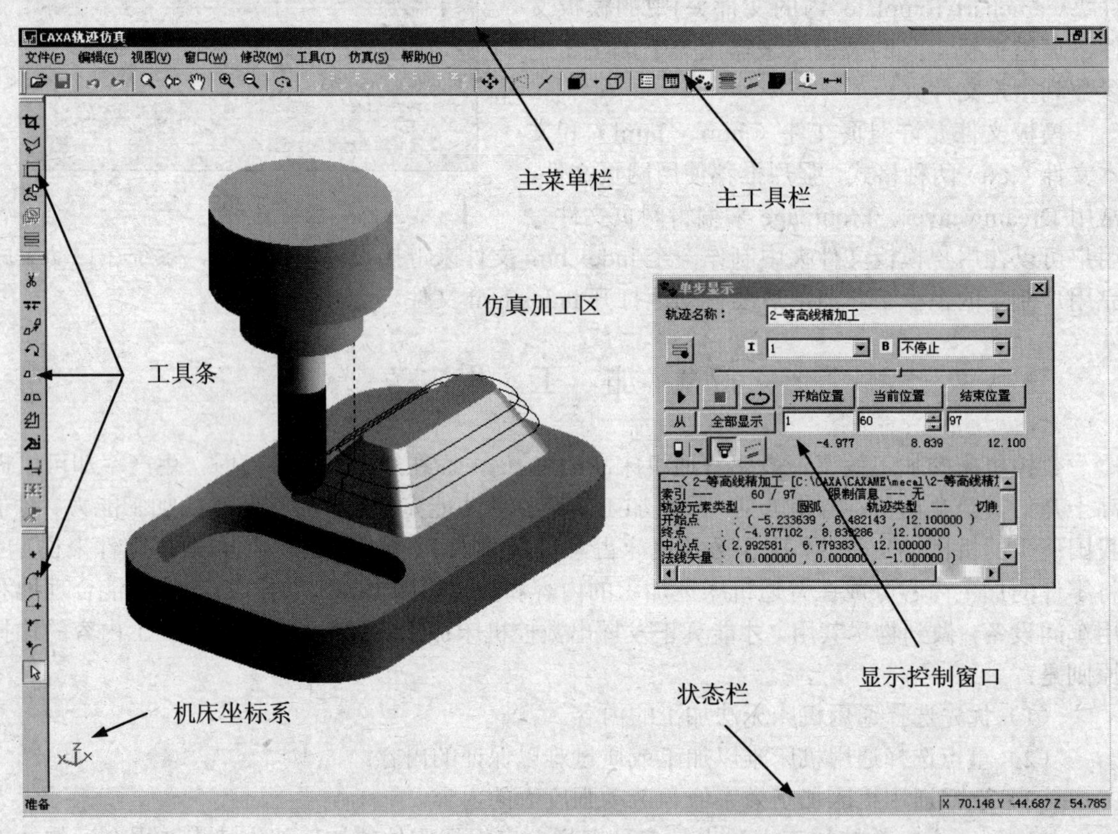

图8.1

8.1　主　菜　单

1. 文件

可以进行打开、环境设置、退出系统等和文件相关的操作。

2. 编辑

可以进行取消、再执行和复制等操作。

3. 视图

可以进行显示的设定、视图的显示、工具条的显示和渲染设置等操作。

4. 窗口

可以显示刀具轨迹列表和详细信息的窗口，进行相应操作。

5. 修改

可以编辑刀具轨迹。

6. 工具

可以启动单步显示、等高线显示和仿真加工等控制窗口。

7. 仿真

进行仿真加工操作，设定刀具、轨迹等的显示方式。

8. 帮助

可以借助系统自带的帮助文件，学习加工和仿真的知识。

8.2 工 具 栏

1. 主工具栏

主要用来调整窗口的显示方位，以及工件和轨迹的显示方式，并提供了单步显示、等高线显示和仿真加工，便于用户监控加工的全过程，如图 8.2 所示。

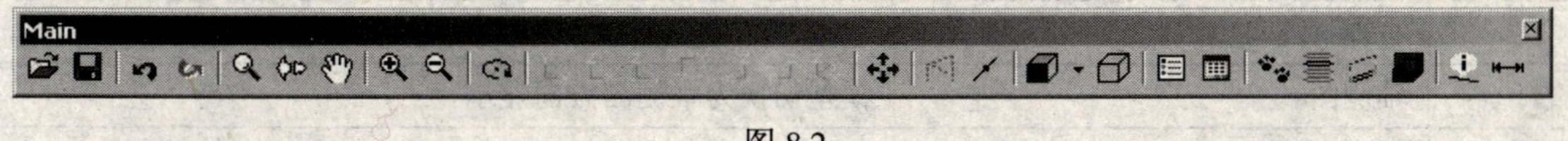

图 8.2

2. 裁剪轨迹工具栏

为用户提供了多种裁剪轨迹方法，但要注意输出的 G 代码并未随之改变，如图 8.3 所示。

3. 修改轨迹工具栏

为用户提供了多种编辑轨迹的方法，如图 8.4 所示。

4. 输入旋转中心工具栏

用来输入视向的旋转中心，如图 8.5 所示。

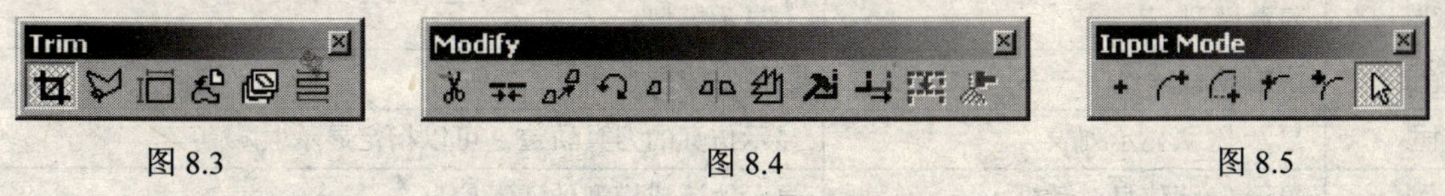

图 8.3　　图 8.4　　图 8.5

8.3 工 具 栏 按 钮

系统为了用户操作方便、快捷，提供了多种工具按钮。主工具栏按钮名称及其功用见表 8.1，裁剪轨迹工具栏按钮名称及其功用见表 8.2，修改轨迹工具栏按钮名称及其功用见表 8.3，输入旋转中心工具栏按钮名称及其功用见表 8.4。

表 8.1 主工具栏按钮一览表

按钮	名称	功用
	打开	打开文件
	保存	保存文件
	取消	取消最后执行的操作命令
	再执行	再次执行被取消的操作
	部分放大/缩小	单击须放大显示的部位，或框选需放大部位
	放大/缩小	按住鼠标中键向左右拖动，放大/缩小
	移动	按住鼠标中键拖动，可以实现模型平行移动
	放大	点击按钮，窗口中模型放大
	缩小	点击按钮，窗口中模型缩小
	旋转中心	更改模型显示时的旋转中心
	俯视	模型切换为 XY 方向显示
	主视	模型切换为 XZ 方向显示
	左视	模型切换为 YZ 方向显示
	仰视	模型切换为仰视方向显示
	后视	模型切换为后视方向显示
	右视	模型切换为右视方向显示
	轴侧图	模型切换为轴侧图方向显示
	全部显示	显示全部的刀具轨迹以及模型
	仅仅显示切削	只显示刀具轨迹切削。单步显示在只显示切削时也有效
	显示端点	显示端点
	渲染显示	模型以渲染方式显示
	半透明显示	模型以半透明方式显示
	显示模型每个水平面高度	模型以渲染显示，并对每个水平面用不同的颜色显示
	三角面显示	模型以三角面显示
	隐藏模型	不显示模型
	线框显示	模型以线框显示
	显示/隐藏显示列表	显示仿真的刀具轨迹，可以指定显示/隐藏等
	显示/隐藏信息对话框	显示轨迹或模型的元素信息
	单步显示	逐步显示刀具轨迹
	根据等高线截面每一高度显示	分段显示等高线各段轨迹
	进给速度用颜色加以区分显示	进给速度用不同的颜色加以区分显示
	仿真加工	动态仿真显示加工图像
	轨迹元素查询	查询轨迹或模型元素信息
	距离查询	查询模型或轨迹上两个点间的距离

表 8.2 裁剪轨迹工具栏按钮一览表

按钮	名称	功用
	矩形裁剪	以矩形框选裁剪范围
	折线裁剪	指定多边形选取裁剪范围
	平面裁剪	指定平面，输入平面上最大、最小坐标值进行裁剪
	任意区域裁剪	按导入区域进行裁剪
	剪裁履历	打开“裁剪履历”对话框
	区间裁剪	打开“裁剪区间”对话框

表 8.3 修改轨迹工具栏按钮一览表

按钮	名称	功用
	打断	打断刀具轨迹
	连接	连接刀具轨迹
	移动	移动刀具轨迹
	反转	反转刀具轨迹
	旋转	旋转刀具轨迹
	镜像	镜像复制刀具轨迹
	编辑缩放	根据指定的基准点，放大/缩小刀具轨迹
	行间连接编辑	编辑行间连接部分
	延伸截面	延长刀具轨迹
	进退刀优化	优化抬刀
	轨迹优化	优化刀具轨迹

表 8.4 输入旋转中心工具栏按钮一览表

按钮	名称	功用
	自由点	在自由点输入旋转中心点
	端点	在几何要素端点输入旋转中心点
	中心点	在圆弧中心点输入旋转中心点
	中点	在几何要素中点输入旋转中心点
	轨迹元素上的点	在轨迹元素上的点输入旋转中心点
	轨迹元素	在轨迹元素上的任意点输入旋转中心点

8.4 监 控 窗 口

1. 单步显示

单步显示是一步一步显示加工的位置，可以拖动位置控制滑块来显示加工的位置，也可以输入当前位置数值来显示加工的位置，如图 8.6 所示。

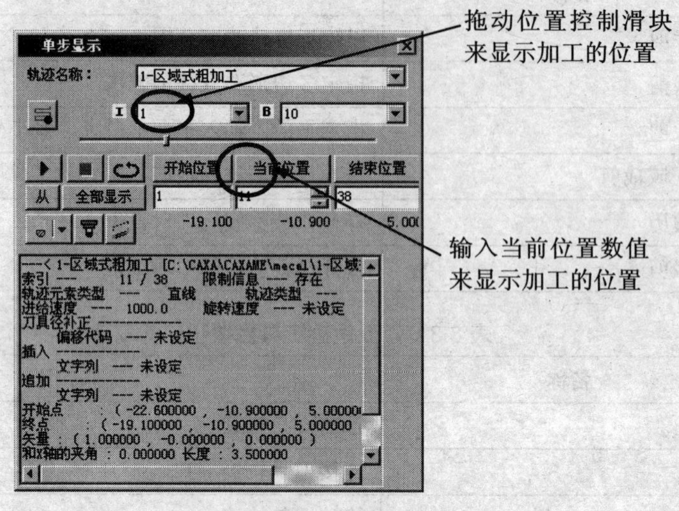

图 8.6

2. 等高线显示

等高线显示是将加工轨迹按不同的加工高度分层一步一步显示，可以拖动位置控制滑块来显示加工的位置，也可以点击“再执行”按钮来控制显示加工位置，如图 8.7 所示。

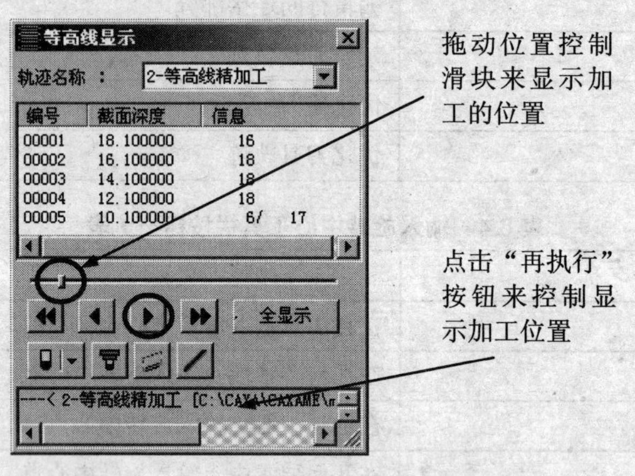

图 8.7

3. 仿真加工

仿真加工是模仿实际加工的情况动态地显示加工全过程，可以设定仿真速度的快慢及停止位置，也可以设定仿真过程中是否检查干涉，也可以通过输入数值来改变产品形状和切削后的形状分颜色比较显示的亮度，如图 8.8 所示。仿真加工各监控窗口中按钮的功用见表 8.5，仿真加工状况显示图标的说明见表 8.6。

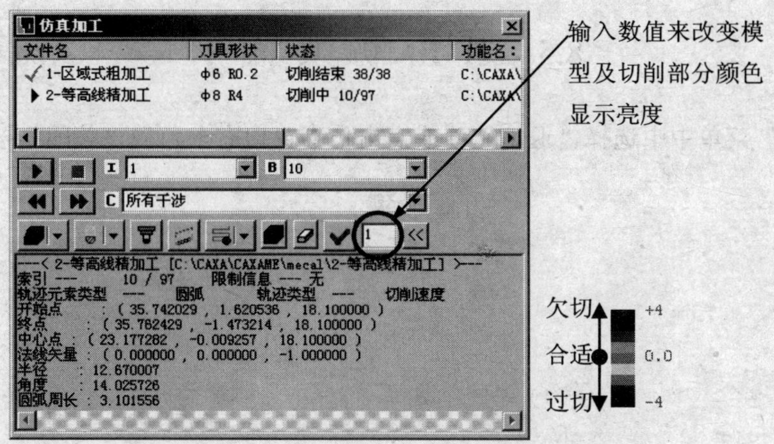

图 8.8

表 8.5　各监控窗口按钮一览表

按钮	功用
	毛坯渲染显示
	毛坯半透明显示
	刀具渲染显示
	刀具半透明显示
	刀具隐藏
	刀具线框显示
	切换夹具的显示/隐藏
	全部显示切削后的轨迹
	显示间隔部分刀具轨迹
	隐藏刀具轨迹
	更改毛坯设定
	清除切削颜色
	产品形状和切削后的形状分颜色比较显示
	涂抹显示

表 8.6　仿真加工状况显示图标一览表

按钮	显示图标说明
▶	当前仿真刀具轨迹
❚❚	等待仿真轨迹
✓	仿真完成，没有 G00 干涉、刀柄干涉以及无效刃切削
✓	仿真完成，有 G00 干涉、刀柄干涉或无效刃切削

8.5 退出仿真窗口

在“文件”菜单中中选择“退出”项或点击仿真窗口右上角的“关闭”按钮☒，即可退出仿真窗口。